冶金过程污染控制与资源化丛书

绿色冶金与清洁生产

马建立　郭斌　赵由才　主编

北　京
冶　金　工　业　出　版　社
2007

图书在版编目（CIP）数据

绿色冶金与清洁生产/马建立等主编. —北京：冶金工业出版社，2007.6
（冶金过程污染控制与资源化丛书）
ISBN 978-7-5024-4247-7

Ⅰ. 绿…　Ⅱ. 马…　Ⅲ. 冶金—无污染技术　Ⅳ. TF1

中国版本图书馆 CIP 数据核字(2007)第 072057 号

出 版 人　曹胜利（北京沙滩嵩祝院北巷 39 号，邮编 100009）
责任编辑　程志宏　美术编辑　李　心　版面设计　张　青
责任校对　符燕蓉　李文彦　责任印制　丁小晶
ISBN 978-7-5024-4247-7
北京鑫正大印刷有限公司印刷；冶金工业出版社发行；各地新华书店经销
2007 年 6 月第 1 版，2007 年 6 月第 1 次印刷
850mm×1168mm　1/32；16.125 印张；432 千字；502 页；1-3000 册
49.00 元
冶金工业出版社发行部　电话：(010)64044283　传真：(010)64027893
冶金书店　地址：北京东四西大街 46 号(100711)　电话：(010)65289081
（本社图书如有印装质量问题，本社发行部负责退换）

丛书前言

冶金工业是一门既古老又现代的工业门类。黑色金属（钢铁）、有色金属（包括铜、锌、铅、铬、镍等）、稀有金属（包括钨、钼、钽、铌等）、贵金属（包括金、银、铂、钯等）、放射性金属（铀、钍等）、稀土金属等的各种形态物质的生产、加工等均属于冶金工业的范畴。

冶金工业是我国国民经济的支柱产业之一，为社会的发展做出了重要贡献。然而，冶金企业造成的环境污染与资源浪费也是相当严重的。每生产1t钢的总耗水量为100～300t。虽然水的循环使用率已大大提高，但每吨钢需要处理的废水一般仍达50t左右。废水中带有大量有害的悬浮泥渣及溶解物质，而且温度较高（30～60℃），直接外排会造成热污染。钢铁工业造成的大气污染尤为严重，每生产1t钢要产生废气10000m^3，粉尘100kg，废气中含有一氧化碳、二氧化硫及氧化铁等有害物质。此外，生产1t钢还要产生近0.5t钢铁废渣。由于冶金工业产生的污染物数量大、毒性强、品种多，造成的环境问题极为严重，因此对冶金工业污染的处理处置及资源化有着巨大的环境价值、经济价值和社会价值。多年来，我国各级政府、相关企业对冶金污染控制与资源化做了大量研究开发和整治工作，取得了明显的成效，积累了大量的经验教训。然而，国内外相关资料比较分散，部分冶金学术著作中对其污染控制与资源化虽有所描述，但并不全面和系统，读者难以系统深入了解和掌握，故实用性较差。

本丛书全面系统地描述了国内外冶金污染控制与资源化

的原理、技术、应用工艺、管理、法律和法规等内容，包括冶金过程固体废物处理与资源化、冶金过程大气污染控制与资源化、冶金过程废水处理与利用、矿山固体废物处理与资源化、冶金企业废弃生产设备设施处理与利用、冶金企业受污染土壤和地下水整治与修复、绿色冶金与清洁生产等。

这套丛书适合于大、中专院校教学使用，也可供从事环境保护的工程技术人员、国家和地方政府的工业管理部门以及科技管理部门的相关人员阅读和参考。

本丛书中所引用的国内外文献资料均在参考文献或文中列出，但由于参考文献来源广泛，如编者在归纳、整理中出现遗漏，请有关资料作者谅解。

赵由才

2007 年 1 月

于同济大学明净楼

前　　言

清洁生产（Cleaner Production）是20世纪80年代以来发展起来的一种全新的、创造性的保护环境的战略措施，它着眼于从根本上解决工业污染的问题，即在污染前采取防止对策，实行工业生产全过程控制，将污染物消除在生产过程之中，而不是在污染后采取措施治理。许多发达国家的政府和各大企业集团（公司）都纷纷研究开发和采用清洁工艺(少废或无废技术)，开辟污染预防的新途径，把推行清洁生产作为经济和环境协调发展的一项重要的战略措施。

清洁生产是时代的要求，是世界工业发展的一种大趋势，是相对于粗放的传统工业生产模式的一种绿色生产方式。工业生产绿色化是清洁生产在工业领域的体现和发展，概括地讲就是：低消耗、低污染、高产出，是实现经济效益、社会效益与环境效益相统一的21世纪工业生产的基本模式。

冶金工业是我国国民经济建设的支柱产业，同时也是环境污染和能耗大户。在冶金行业内推行清洁生产，从而实现冶金工业的绿色化是推动全社会节能降耗，提高能源利用效率，加快建设节约型社会的客观要求；是缓解甚至解决资源约束矛盾，保障国家能源安全的现实选择；是改善环境质量，缓解环境压力的根本措施；是提高经济增长质量和效益，增强企业竞争力的重要途径。

本书从绿色冶金角度出发，将冶金领域内先进的生产设备和技术工艺作为本书的主要内容，阐明在现代化工业发展阶段解决由冶金过程引发的环境、能源等一系列问题的最佳办法。书中详细介绍了清洁生产的概念、企业实施清洁生产的步骤及相关的环境管理体系，并系统、全面地阐述了钢铁行业、有色冶金行业及矿业工业中的清洁生产工艺、节能减废技术、污染物控制技术和资源综合利用技术等内容及其在相关领域的应用。

参加本书编写的有马建立（第1章），周江亚（第2章），倪静（第3章），王金梅、刘涛（第4章），郭斌、李良玉（第5章），马建立、赵由才（第6章），牛冬杰、柴晓利（第7章）。本书由马建立、郭斌和赵由才任主编，王金梅负责全书的统稿工作。

本书在编写过程中得到了程志宏、刘清、王琛等同志的大力帮助，在此表示衷心的感谢。由于编者水平有限，本书难免会存在一些缺点与不足，恳请有关同仁及相关专业人士批评指正。

编　者

2006年12月25日

于同济大学污染控制与

资源化研究国家重点实验室

目　录

1 清洁生产概述

1.1 清洁生产的基本概念

1.1.1 清洁生产的发展历程

1.1.1.1 清洁生产的发展

清洁生产的基本思想最早出现于1974年美国3M公司推行的“污染预防有回报”，即3P（Pollution Prevention Pays）计划中。一些国家在提出转变传统的生产发展模式和污染控制战略时，也曾采用了不同的提法，如废物最少量化、无废少废工艺、清洁工艺、污染预防等等。但是这些概念不能包容上述多重含义，尤其不能确切表达当代环境污染防治于生产及可持续发展的新战略。

联合国环境规划署与环境规划中心（UNEP IE/PAC）综合各种说法，于1989年5月首次提出“清洁生产”这一术语，用来表明从原料、生产工艺到产品使用全过程的广义的污染防治途径，并定义为“清洁生产是指将综合预防的环境保护策略持续应用于生产过程和产品中，以期减少对人类和环境的风险。”

1990年10月联合国环境规划署（UNEP）正式提出清洁生产计划，希望摆脱传统的末端控制技术，超越废物最小化，使整个工业界走向清洁生产。

1992年6月在联合国环境与发展大会上，正式将清洁生产定为实现可持续发展的先决条件，同时也是工业界达到改善和保持竞争力及可盈利性的核心手段之一，并将清洁生产纳入《二十一世纪议程》中。随后根据环发大会的精神，联合国环境规划署调整了清洁生产计划，建立示范项目及国家清洁生产中心，以加强各地区的清洁生产能力。

1993 年 5 月，联合国环境规划署又推出了环境无害技术转让的决定，推动了清洁生产的发展。

1996 年，联合国环境规划署提出了一种新的定义，延伸了 7 年前定义的覆盖面，不仅对生产过程与产品，对服务也提出了要求。新的定义要求将环境因素纳入产品的设计和所提供的服务中。这种服务实际上是对产品最终处置的进一步强调与补充。在产品问世前，应当考虑环境因素，采用“绿色设计”，消除产品形成后对环境产生的负面影响，亦即强调从产品的生产到消费到最终的处置全过程——产品全生命周期的清洁生产。

1998 年 10 月，在汉城清洁生产会议签署了《国际清洁生产宣言》。宣言认识到实现可持续发展是共同的责任，保护地球环境必须实施并不断改进可持续生产和消费的实践；相信清洁生产以及其他例如“生态效率”、“绿色生产力”及“污染预防”等预防性战略是更佳的选择；认识到清洁生产意味着将一个综合的预防战略，持续地应用于生产过程、产品及服务中，以实现经济、社会、健康、安全及环境的效益。

自从清洁生产的概念提出后，每两年都要举行一次全球范围的清洁生产研讨会，交流各国各地清洁生产的方法和经验，为未来的工业化指明发展方向。目前，美国、澳大利亚、荷兰、瑞典、加拿大等国家在清洁生产立法、组织机构建设、科学研究、信息交换、示范项目和推广等领域已取得明显成就。

2005 年 2 月 16 日，旨在遏制全球气候变暖的《京都议定书》正式生效，目前全球已有 141 个国家和地区签署议定书，其中包括 30 个工业化国家。

《京都议定书》规定，到 2010 年，所有发达国家排放的二氧化碳等 6 种温室气体的数量，要比 1990 年减少 5.2%，发展中国家没有减排义务。对各发达国家来说，从 2008 年到 2012 年必须完成的削减目标是：与 1990 年相比，瑞士、中欧和东欧国家、欧盟削减 8%；美国减排 7%；日本、加拿大、匈牙利、波兰削减 6%；新西兰、俄罗斯和乌克兰则不必削减，可将排放量稳定在1990年水平上；挪威、爱尔兰、澳大利亚的排放量可分别增加1%、10%和8%。

为了提高《京都议定书》的可操作性，气候公约缔约方会议及其附属机构会议通过谈判提出了“议定书三机制”，即议定书第六条所确立的允许发达国家“联合履行机制”(Jointly Implement，JI)政策和措施、第十二条所确立的清洁发展机制（Clean Development Mechanism,CDM）和第十七条所确立的国际排放贸易（International EmissionsTrading ,IET)。

JI是指发达国家之间通过项目级的合作，其所实现的减排单位可以转让给另一发达国家缔约方，但是同时必须在转让方的“分配数量”配额上扣减相应的额度。

IET是指一个发达国家，将其超额完成减排义务的指标，以贸易的方式转让给另外一个未能完成减排义务的发达国家，并同时从转让方的允许排放限额上扣减相应的转让额度（“排放配额单位”)。

CDM主要内容是指发达国家通过提供资金和技术的方式，与发展中国家开展项目级的合作，通过项目所实现的“经核证的减排量”，用于发达国家缔约方完成在议定书第三条下的承诺。CDM被认为是一项“双赢”机制：一方面，发展中国家通过合作可以获得资金和技术，有助于实现自己的可持续发展；另一方面，通过这种合作，发达国家可以大幅度降低其在国内实现减排所需的高昂费用。

1.1.1.2 清洁生产在中国的发展

中国对清洁生产也进行了大量有益的探索和实践。中国早在20世纪70年代初就提出了“预防为主，防治结合”，“综合利用，化害为利”的环境保护方针，该方针充分体现和概括了清洁生产的基本内容；80年代开始推行少废和无废的清洁生产过程；90年代提出的《中国环境与发展十大对策》中强调了清洁生产。

1994年将清洁生产明确写入了《中国21世纪议程》。在确定国家可持续发展优先项目中，把建立资源节约性工业生产体系、推行清洁生产列入了可持续发展战略与重大行动计划中，并指出清洁生产的实质是一种原材料和能耗最少的人类生产活动的规划和管理。在《中国 21 世纪议程》中还提出，对人体和环境无害的绿色产品的生产亦将随着可持续发展进程的深入而日益成为今后产品生产的主导方向。

1995 年 5 月和 9 月，先后在北京和上海举行了两次规模较大的国际清洁生产与经济效益高级研讨会，对下一步在中国全面推行清洁生产起到了经验交流、学习宣传和促进推动作用。

1996 年国务院《关于环境保护若干问题的决定》再次明确新建、改建、扩建项目，技术起点要高，尽量采用能耗物耗小、污染物排放量少的清洁生产工艺。

1998 年 9 月 29 日，中国代表在韩国汉城首批签约《国际清洁生产宣言》，向世界承诺中国推行清洁生产的行动战略。

1999 年 3 月，全国人大九届二次会议通过的朱镕基总理的《政府工作报告》提出"鼓励清洁生产"，这是国家最高级别会议首次提出清洁生产，再次充分表明中国政府已将实施污染预防，推行清洁生产提上国家议事日程。

1999 年 5 月，国家经贸委批准北京、天津、上海、重庆、沈阳、太原、济南、昆明、兰州、阜阳等 10 座城市为全国清洁生产示范试点城市；石化、冶金、化工、轻工、船舶等 5 个行业为全国清洁生产示范试点行业。

2003 年 1 月 1 日，我国开始实施《中华人民共和国清洁生产促进法》，进一步表明清洁生产已成为我国工业污染防治工作战略转变的重要内容，成为我国实现可持发展战略的重要措施和手段。

从上面我国推进清洁生产的过程不难看出我国政府的积极态度。目前我国正在根据国情，积极推进清洁生产，以节能、低耗、减污为目标，以管理和技术为手段，将整体预防的环境保护战略，持续应用于全生产过程、产品和服务之中；通过对生产全过程的排污审核，筛选最佳方案并实施污染防治，使污染的产生量和排放量最小化，以期增加生态效益，减少对人类与环境风险，达到防治工业污染、提高经济效益的双重目的。毫无疑问，清洁生产已成为中国工业污染防治的战略决策和最佳选择，必将成为21世纪工业发展的新模式。

1.1.2 清洁生产的定义

1.1.2.1 清洁生产的定义

清洁生产是一项实现与环境协调发展的环境策略，联合国环境规划署与环境规划中心（UNEP IE/PAC）综合各种说法，采用了“清洁生产”这一术语，来表征从原料、生产工艺到产品使用全过程的广义的污染防治途径，给出了以下定义：清洁生产是一种新的创造性的思想。该思想将整体预防的环境战略持续应用于生产过程、产品和服务中，以增加生态效率和减少人类及环境的风险。

（1）对生产过程，要求节约原材料和能源，淘汰有毒原材料，减降所有废弃物的数量和毒性；

（2）对产品，要求减少从原材料提炼到产品最终处置的全生命周期的不利影响；

（3）对服务，要求将环境因素纳入设计和所提供的服务中。

UNEP的定义将清洁生产上升为一种战略，该战略的作用对象为工艺和产品，其特点为持续性、预防性和综合性；其目的是实现自然资源和能源利用的最合理化，经济效益最大化和对人类和环境危害的最小化。

清洁生产的定义包含了两个全过程控制：

（1）对生产过程而言，它要求采用清洁工艺和清洁产生技术，提高能源、资源利用率以及通过能源削减和废物回收利用来减少和降低所有废物的数量和毒性，在全部排放物和废物离开生产过程以前，尽最大可能减少它们的排放量和毒性；

（2）对产品而言，清洁生产旨在减少产品整个生命周期过程中从原料的提取到产品的最终处置对人类和环境的影响，要求对产品的全生命周期实行全过程管理控制，不仅要考虑产品的生产工艺、生产的操作管理、有毒原材料替代、节约能源资源，还要考虑产品的配方设计、包装与消费方式，直至废弃后的资源回收利用等环节，并且要将环境因素纳入到设计和所提供的服务中，从而实现经济与环境协调发展。

清洁生产思考方法与以前不同之处在于：过去考虑对环境的影响时，把注意力集中在污染物产生后如何处理，以减小对环境的危害；而清洁生产则是要求把污染物消除在它产生之前。根据经济可持续发展对资源和环境的要求，清洁生产谋求达到两个目标：

(1) 通过资源的综合利用，短缺资源的代用，二次能源的利用，以及节能、降耗、节水，合理利用自然资源，减缓资源的耗竭；

(2) 减少废物和污染物的排放，促进工业产品的生产、消耗过程与环境相容，降低工业活动对人类和环境的风险。

1.1.2.2 清洁生产在中国的定义

在《中国21世纪议程》中，清洁生产是指既可满足人们的需要，又可合理地使用自然资源和能源，并保护环境的实用生产方法和措施，其实质是一种物料和能耗最少的人类生产活动的规划和管理，将废物减量化、资源化和无害化或消灭于生产过程中。同时对人体和环境无害的绿色产品的生产亦将随着可持续发展进程的深入而日益成为今后产品生产的主导方向。

在《中华人民共和国清洁生产促进法》中也明确规定，所谓清洁生产是指不断采取改进设计，使用清洁的能源和原料，采用先进的工艺技术与设备，改善管理、综合利用，从源头消减污染，提高资源利用效率，减少或者避免生产、服务和使用过程中污染物的产生和排放，以减轻或者消除对人类健康和环境的危害，并对清洁生产的管理和措施方法进行了明确的规定。

1.1.2.3 清洁生产的相关定义

A 生态效率 (Eco-Efficiency)

生态效率是世界可持续发展协会于1992年提出的，具有生态效率的产品和服务是指在满足人类需求和提高生活质量的同时，在其生命周期内将生态影响和资源消耗降低到最小，至少不超出地球的环境承载能力。生态效率的定义与清洁生产类似，两者的不同点在于生态效率着眼于环境效益，而清洁生产既注重环境效益又兼顾经济效益。

B 污染预防（Pollution Prevention）

污染预防在一定程度上可以和清洁生产交替使用，北美地区应用污染预防的概念比较多，其他地方多使用清洁生产。两者都提出了通过使用清洁的原材料，在生产过程中降低污染和环境影响，而不是在生产末端再进行治理。两者都需要废物处理的环节，因为污染预防和清洁生产都不可避免废物的产生。

加拿大环保局对污染预防的定义为：在产品的生产过程和使用过程中，对原材料、资源和能源的使用尽量减少污染和废物的产生，从而降低对人类和环境产生的风险。

美国环保局对污染预防的定义为：在源头上预防和降低废物的产生，即通过提高对原材料、能源、水资源和土地资源等的使用效率，降低或消除污染的产生来保护自然资源和自然环境。1990 年，污染预防成为美国的国家环境政策之一，并启动了污染预防行动计划。

C 废物最小化（Waste Minimization）

美国环保局在 1988 年提出了废物最小化的概念，并列入了 1992 年颁布的污染预防指标中，在这个概念中，将废物预防方法和技术定义为通过改变原材料的输入、提高生产技术水平、优化生产过程和提高产品性能等手段，全程减少资源的使用和废物的产生。废物回收再利用也是废物最小化技术之一。

与污染预防的概念相比，废物最小化不仅包括了在源头上控制污染的产生，还包括了使用循环利用等处理处置废物的技术来减少废物的数量。

D 绿色生产力（Green Productivity）

亚洲生产力组织（Asian Productivity Organization，APO）

于 1994 年提出了实现可持续生产的应对措施，并启动了绿色生产力项目。同清洁生产类似，绿色生产力是一项提高生产力和环境性能的社会经济发展战略。

E　工业生态学/工业新陈代谢（Industrial Ecology and Industrial Metabolism）

工业生态学/工业新陈代谢是对工业系统、经济行为和环境系统关系的研究，目标是模拟生态系统中的物质循环过程，利用生态学原理进行工业的物质流管理。工业生态学/工业新陈代谢包括以下 6 个方面。

(1) 建立工业生态系统。产品中最大程度使用可循环利用材料；使用优化的原料和能源，减少废物产生量；对废物进行评估，使其作为其他生产的原料。

(2) 工业输入输出与自然生态系统容量的平衡。根据生态系统可容纳有害废物和其他典型工业废物的最大容量，平衡两者间的关系。

(3) 减少物质形态的工业输出。缓解工业生产中原料消耗和能源紧张之间的关系。

(4) 建立生产过程和原料消耗过程的新陈代谢途径。通过仿生、高效的途径减少和简化生产过程。

(5) 能源使用的系统模式。通过改善能源供给系统，减少化石能源的使用量，改用清洁环保能源。

(6) 采用生态工业长期规划政策。与经济综合政策和环境政策一起促进工业系统的升级和进化。

1.1.3　清洁生产的主要内容

1.1.3.1　清洁生产的主要内容

清洁生产要求实现可持续的经济发展，即经济发展要考虑自然生态环境的长期承受能力，使环境与资源既能满足经济发展要求的需要，又能满足人民生活的现实需要和后代人的潜在需求。同时，环境保护也要充分考虑到一定经济发展阶段下的经济支持能力，采取积极可行的环境政策，配合与推进经济发展进程。

清洁生产的主要内容包括以下几方面。

（1）清洁的能源　包括常规能源的清洁利用，采用各种方法对常规的能源采取清洁利用的方法，如采用洁净煤技术，逐步提高液体燃料、天然气的使用比例；可再生能源的利用，对沼气、水力资源等再生能源的利用；新能源的开发，如太阳能、风能、地热、潮汐能、燃料电池等；各种节能技术的开发利用，如在能耗大的化工冶金行业采用热电联产技术，提高能源利用率。

（2）清洁的生产过程　尽量少用和不用有毒有害的原料；采用无毒、无害的中间产品；选用少废、无废工艺和高效设备；尽量减少生产过程中的各种危险性因素，如高温、高压、低温、低压、易燃、易爆、强噪声、强振动等；采用可靠和简单的生产操作和控制方法；对物料进行内部循环利用；完善生产管理，不断提高科学管理水平。

（3）清洁的产品　产品设计应考虑节约原材料和能源，少用昂贵和稀缺的原料；产品在使用过程中以及使用后不含危害人体健康和破坏生态环境的因素；产品包装的合理设计；产品使用后易于回收、重复使用和再生；使用寿命和使用功能合理。

1.1.3.2 清洁生产的特点

（1）清洁生产提供了环境管理的预防途径。清洁生产不是将立法和科学割裂开，而是将两者结合在一起从理论上进行分析。清洁生产既包含了生态效率、废物最小化、污染预防和绿色生产力，还包括了其他方面。

（2）清洁生产是一种思维方式。在当前的技术和经济条件下，如何使产品和服务的生产过程对环境的影响最小。

（3）清洁生产不否定社会的发展。清洁生产认为社会的发展是一种生态进化过程。环境效益同样起到推进社会发展的作用，而不是单纯的考虑经济。清洁生产过程将废物看作一种负价值产物。减少原材料和能源的消耗，防止和减少废物的产生，都是生产力的提高，并能给企业带来经济效益。

(4) 清洁生产是“双赢”策略。在保护环境、消费者和工人的同时，提高工业效率，增加企业收益和竞争力。

(5) 清洁生产不同于末端治理。

1.1.3.3　清洁生产的意义

实践证明，沿用以大量消耗资源和粗放经营为特征的传统模式，经济发展正愈来愈深地陷入资源短缺和环境污染两大困境：一是传统的发展模式不仅造成了环境的极大破坏，而且浪费了大量的资源，加速了自然资源的耗竭，使发展难以持久；二是以末端治理为主的工业污染控制政策忽视了全过程污染控制，不能从根本上消除污染。而清洁生产恰能较好地解决这两方面的问题，具有以下显著优点。

(1) 清洁生产一方面用节能、降耗、减污来降低生产成本，改善产品质量，提高企业的经济效益，增强企业的市场竞争力；另一方面，可大大减少末端治理的污染负荷，节省大量环保投入（一次性投资和设施运行费），提高企业防治污染的积极性和自觉性。

(2) 清洁生产可以最大限度地利用资源和能源，通过循环或重复利用，使原材料最大限度地转化为产品，把污染消灭在生产过程之中。通过改进设备或改变燃烧方式，进一步提高能源的利用率，既可减少污染物的产生量与排放量，又可节约资源与能源，用较少的投入获得较大的收益，具有显著的经济效益。

(3) 清洁生产可以避免和减少由于末端治理的不彻底而造成的二次污染。因为清洁生产采用了大量的源头削减措施，既可减少含有毒成分原料的使用量，又可提高原材料的转化率，减少物料流失和污染物的产生量及排放量，因此减少了二次污染的机会。

(4) 清洁生产可最大限度地替代有毒的产品、有毒的原材料和能源，替代排污量大的工艺和设备，改进操作技术和管理方式，从而改善工人的劳动条件和工作环境，提高工人的劳动积极性和工作效率。

(5) 清洁生产可改善工业企业与环境管理部门间的关系，解决环境与经济相割裂的矛盾。末端治理把环境责任只放在环保研究、管理等人员身上，仅仅把注意力集中在对生产过程中已经产生的污染物的处理上。具体对企业来说只有环保部门来处理这一问题，所以总是处于一种被动的、消极的地位。清洁生产是要引起研究开发者、生产者、消费者，也就是全社会对于工业产品生产及使用全过程对环境影响的关注，使污染物产生量、流失量和治理量达到最小，资源充分利用，是一种积极、主动的态度。这种新环境策略要求改变传统的环境管理方式，实行预防污染的政策，从污染后被动治理变为主动进行预防规划。清洁生产与末端治理的区别如表 1-1 所示。

表 1-1 清洁生产与末端治理的不同

项　目	末端处理	清洁生产
产生时间	20 世纪 70～80 年代	20 世纪 80 年代末期
污染处理方式	当工艺和产品已经开发出来了，环境问题已经产生时，才考虑污染控制	污染预防作为产品及工艺研发活动的组成部分，将污染物消除在生产过程中
控制方式	污染物达标排放控制	生产全过程控制，产品生命周期全过程控制
目标对象	企业及周围环境	全社会
成本/效益	污染控制及环境改善增加了企业的生产成本	污染物及废物被当作潜在资源并可能转变为有价值的产品和副产品

1.1.3.4 实现清洁生产的途径

从清洁生产的概念来看，清洁生产的基本途径为清洁生产工艺和清洁产品。清洁生产工艺是既能提高经济效益，又能减少环境问题的工艺技术，它要求在提高生产效率的同时必须兼顾削减或消除危险废物及其他有毒化学品用量，关键是改善劳动条件，减少对人体健康的威胁，并能生产安全的与环境兼容的产品，是技术改造和创新的目标；清洁产品则是从产品的可回收利用性、可处置性和可重新加工性等方面考虑，要求产品设计者本着产品促进污染预防的宗旨设计产品。

实现清洁生产的具体途径包括以下几方面。

A 相关的政策

纵观国内外推行清洁生产的实践，无论工业发达国家，还是发展中国家，为有效推行清洁生产，都必须建立相关法律、法规、政策和制度。将推行清洁生产纳入法制轨道，建立完善的政策体系是推行清洁生产的有力保障。

(1) 明确机构组织和实施主体。清洁生产是一种战略，是高层次的、全方位的。要真正有效推行清洁生产，必须明确组织机构和实施主体。

(2) 建立完善的政策体系。政策体系涉及的内容主要包括：支持企业推行清洁生产，财政给予必要的资金保障和政策倾斜；对于推行清洁生产的企业，在税收减免方面给予优惠；对推行清洁生产的企业，实行加速折旧制度，刺激企业的技术改造和运用新技术、新设备向清洁生产发展，促进企业推行清洁生产；创建清洁生产的市场机制，培育清洁生产的需求市场。

(3) 将推行清洁生产纳入法制轨道，要长期持续有效地推行清洁生产，必须把推行清洁生产纳入法制轨道。

B 工业企业的管理

清洁生产与工业企业管理有着非常密切的关系。清洁生产完全是一种新思维，它将生产与环境保护结合起来，通过对产品的整个生产过程持续运用整体预防污染的环境管理思想，改变企业的环境管理模式和职能。

企业实现清洁生产的另一重要的手段是企业的技术进步和生产设备的技术改造，同时，清洁生产也使技术改造更具针对性，更有利于技术改造的实施，并使技术改造获得更佳的经济效益和环境效益。

C 清洁生产审核

清洁生产审核是一种特殊形式的环境审核，它是从污染预防的角度对现有的或者计划进行的工业生产活动中物料的走向和转换所实行的一种分析程序，它没有特定的审核准则，目的在于揭示推行清洁生产的机会。

企业清洁生产审核是对企业现在和计划进行地的工业生产预防污染的分析和评估，是企业实行清洁生产的重要前提，也是企业实施清洁生产的关键和核心。通过清洁生产审计达到：

(1) 核对有关单元操作、原材料、产品、用水、能源和废物的资料；

(2) 确定废物的来源、数量以及类型，确定废物削减的目标，制定经济有效的削减废物产生的对策；

(3) 提高企业对由削减废物而获得效益的认识和知识；

(4) 判定企业效率低的瓶颈部位和管理不善的地方；

(5) 提高企业经济效益和产品质量。

D 清洁技术转让推广

清洁生产技术也叫无害环境技术、低废无废技术或绿色技术。要使废物的排放降到最低限度，必须开发、研制和推广各种清洁生产技术，才能建立起比较完善的清洁型闭合生产与消费体系。

清洁生产技术的具体技术分类如图 1-1 所示主要包括：

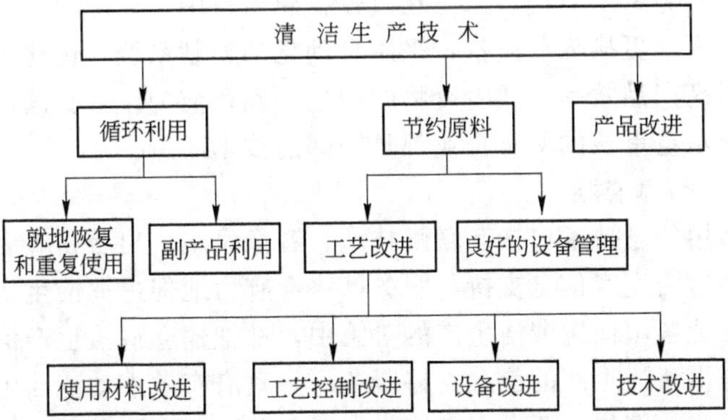

图 1-1 清洁生产技术分类

（1）以煤为主的各种节能降耗技术　包括煤炭脱硫技术、除尘技术、煤电和热电联产技术、煤矸石发电技术、洗精煤技术等，实施一批节能示范工程，不断提高节能率；

（2）各种物料回收与综合利用技术　包括废水回收与处理技术、废水资源化技术、城市大气污染综合治理技术、固体弃物（垃圾）无害化与资源化利用技术、矿山复垦技术、生态环境恢复技术等，通过这些技术的研制与开发利用不断提高自然资源和垃圾资源的综合利用程度，实现净化环境与提高效益的双重目标；

（3）各种新型清洁生产技术　包括生物工程技术，信息技术，以核能、太阳能和风能为主的新能源技术，各种资源替代和产品替代技术等，利用这些技术的高科技产业是现代产业的主要发展方向。

企业采用清洁生产技术可以分为两个类型：一是新建项目，采用最先进的成套技术及配套设备（如燕山石化和宝钢的建设，就是引进国外的较先进的成套技术和设备建立起来的）。技术引进对缩小与先进国家的差距相当重要，但引进后的自我开发、消化吸收和创新，则是赶超技术先进国家的根本所在，在引进先进技术的同时，要切实加强对引进技术的消化吸收和进一步创新，同时要避免重复引进；二是在改建扩建项目中，局部地采用清洁生产技术，更换部分设备，采用自动化的控制系统，优化操作参数，提高产品效率，减少废物的产生。到目前为止，我国进行清洁生产示范审核的所有企业都是局部的技术改造。

E　信息交换

利用信息技术包括互联网技术、音像设施、出版物等多种形式提供清洁生产信息支持与服务，将会有力地促进清洁生产工作的开展。各国促进清洁生产的对策中，都把建立清洁生产信息系统，提供清洁生产的信息支持服务作为政府有效推动清洁生产的重要措施。例如，联合国环境规划署与美国环保局联合建立了国际清洁生产信息交换中心（ICPIC），美国环保局成立了污染预防信息交换中心等。

一般来说，清洁生产信息系统是包括各种有关清洁生产信息的收集、发布、传播等活动的综合体系。清洁生产信息系统的建设不仅能为企业提供大量丰富的清洁生产政策、管理、技术信息，支持企业清洁生产工作的开展，而且可为政府组织推进清洁生产提供管理与决策依据。

F 宣传教育

根据《清洁生产促进法》，国家鼓励组织宣传、普及清洁生产知识。一方面有关行政主管部门要组织开展清洁生产的宣传和培训，提高国家工作人员、企业经营管理者和公众的清洁生产意识，培养清洁生产管理和技术人员；另一方面，新闻出版、广播影视、文化等单位以及社会团体、公众，也应发挥各自优势做好清洁生产宣传工作。

国务院教育行政主管部门，还应将清洁生产技术和管理课程纳入有关高等教育、职业教育和技术培训体系中去。澳大利亚中小学生的课本使用完后转给下一年级的学生使用，这种做法既节约资源，又能从小培养学生的循环利用意识，很值得我国教育部门推广。

1.2 清洁生产与可持续发展

1.2.1 可持续发展含义及内容

1992 年，联合国在巴西里约热内卢的“环境和发展大会”上，首次提出人类应遵循可持续发展的方针，即符合当代人的需求，又不致损害后代人，满足其需求能力的发展。这里的“可持续发展”指的是一种生产和生活方式，和“大量生产－大量消费－大量废弃”的生产生活方式是截然不同的。现代系统思维理论研究告诉我们，可持续发展是指个体系统的发展要能适应大环境的发展而发展，任何违背大环境的做法和生产方式都会付出惨痛的代价。

其基本理论大致包含以下 4 方面内容：

（1）可持续发展并不否定经济增长（尤其是经济落后国家的经济增长），但需要重新审视经济增长方式；

（2）可持续发展以自然资源为基础，同环境承载能力相协调；

（3）可持续发展以提高人民生活水平为目标；

（4）可持续发展承认并要体现出环境资源的价值。

可持续发展的关键是处理好经济发展与资源环境的关系，经济发展与资源环境二者相互促进而又彼此制约。一方面，资源环境是经济发展的前提，只有保持资源环境不被破坏，才能保证经济的持续快速发展；另一方面，持续快速的经济发展又为资源环境的保护提供技术保证和物质基础。

可持续发展总体战略如图 1-2 所示，发展战略总的要求如下：

（1）人类以人与自然相和谐的方式去生产；

（2）从把环境与发展作为一个相容整体出发，制定出社会、经济可持续发展的政策；

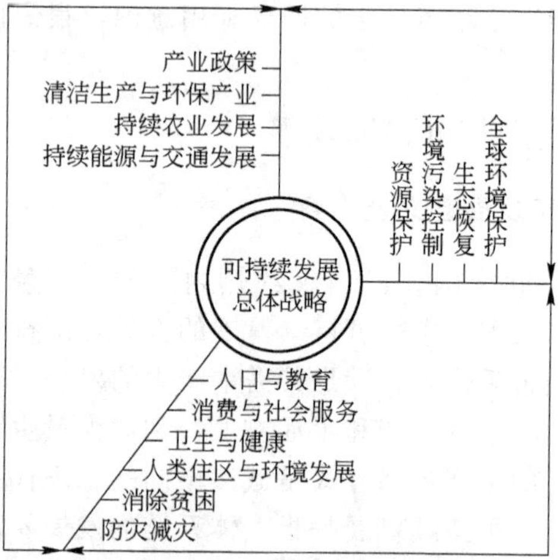

图 1-2 可持续发展总体战略

（3）发展社会科学技术、改革生产力方式和能源结构；

（4）以不损害环境为前提，控制适度的消费和工业发展的生态规模；

（5）从环境与发展最佳相容性出发确定其管理目标和优先次序；

（6）加强和发展资源环境保护的管理；

（7）发展绿色文明和生态文化。

1.2.2 我国可持续发展所面临的问题

“先污染，后治理”是西方发达国家在环境治理方面经历过的一种模式，由于其存在许多弊端，现已逐步淘汰，在我国这种问题却依然存在。长期以来，企业的污染防治一般采用末端控制，即把污染物全部集中在尾部进行处理。其主要缺点如下：

（1）一次性投资和运行费用高，由于污染物量大，处置负荷高，特别是对分散的污染源，规模效益和综合效益差；

（2）不利于原材料的节约，末端控制只注意末端净化，不考虑全过程控制，只重视污染物排放量，不考虑资源、能源最大限度的利用和减少污染物的产生量，资源能源浪费严重；

（3）受技术、经济等条件的制约易造成二次污染，在很大程度上，末端控制是污染物在介质间的转移，特别是有毒、有害物质往往转化为新的污染物，形成治标不治本的恶性循环，不能从根本上消除污染。如：净化污水，产生污泥；净化废气产生废水；焚烧固体废弃物可造成大气污染；填埋有害废物又有可能造成土壤和地下水的污染。

高昂的经济代价未能达到预期的污染控制目标，末端处理在经济上已不堪重负，使得企业普遍缺乏治理污染的积极性，企业生产与环境保护不能协调一致，而且发展是不可持续的。因此，这种主要侧重于对企业的末端污染治理，忽视对生产全过程控制的环境治理方式已远远不能适应社会发展的要求。清洁生产正是在这种背景下应运而生，体现了从污染治理到污染预防的战略转变。图 1-3 是污染治理到污染预防的战略转变的示意图，从图中可以看出两种污染控制思路的本质不同。

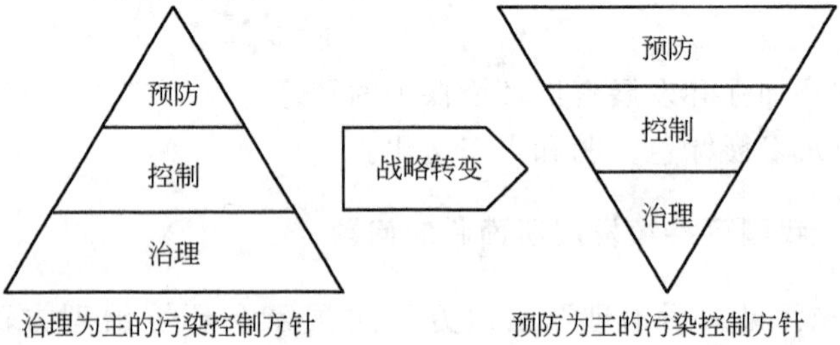

图 1-3　污染治理到污染预防的战略转变示意图

我国作为发展中国家，要从根本上解决环境问题，就必须吸取西方发达国家的教训，在环境治理方面寻求新思路，走“预防为主、防治结合、综合利用、化害为利”的道路。高效地利用能源，发展绿色能源，节约原材料，淘汰有毒的和对环境有危险的原材料，减少和降低所有废物的数量和毒性。加快技术创新，开发对环境友好的技术。这也就提出了清洁生产的发展方向，使其尽量将污染消除在生产工艺过程之中以满足人类社会发展的需求。

1.2.3　推行清洁生产是实现可持续发展的内在要求

清洁生产把工业生产污染预防纳入可持续发展的战略高度，可持续发展理论成为清洁生产的理论基础；清洁生产是可持续发展理论的实践，以保证环境和经济协调发展。清洁生产是一种新的创造性思想，该思想是从生态经济系统的整体优化出发，将整体预防的环境战略应用于生产过程、产品和服务中，以提高物料和能源利用，降低对能源的过度使用，以减少人类和环境自身的风险。这与可持续发展的基本要素（见图 1-4）、资源的永久利用和环境容量的持续承载能力是相符合的。

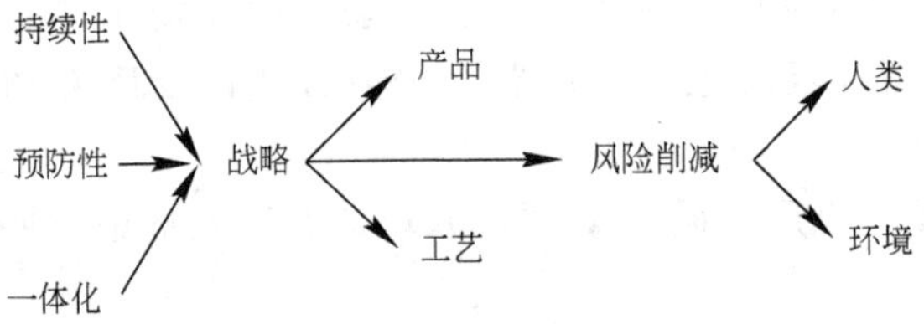

图 1-4　可持续发展的基本要素

清洁生产主要体现在以下 3 个方面：对生产过程，要求节约原材料和能源，淘汰有毒原材料，减低所有废弃物的数量和毒性；对产品，要求减少从原材料产品到最终处置的全过程生命周期的不利影响；对服务，要求将环境因素纳入设计和所提供的服务中。清洁生产在不同的发展阶段和不同的国家有不同的叫法，如："源削减"、"低废"、"无废工艺"、"污染预防"、"废物减量化"及"清洁工艺"等等，其基本内涵是一致的，就是要从病因入手，从根本上解决问题。所以说，推行清洁生产是实现可持续发展的内在要求。

1.3　清洁生产与循环经济

1.3.1　循环经济的内涵

循环经济最初是由美国经济学家波尔丁在 20 世纪 60 年代提出来的，是对物质闭环流动型经济的简称。循环经济建立在物质不断循环利用基础之上，其本质是一种生态经济，即经济活动要按生态学的规律运作，能源和物质在经济活动中循环流动，在发展经济的同时，使资源得到最充分和最持久的利用，并将经济活动对自然环境的影响降到最低限度，传统经济是资源—产品—废物单向流动的线性运行模式，循环经济是资源—产品—资源闭环流动的循环运行模式。

循环经济的内涵体现了"资源—产品—废弃物—再生资源"的物质循环过程，以资源的高效利用和循环利用为核心，以"减量、再用、循环"（即 3R）为原则，以低开采、低消耗、低排放、高效率为基本特征，寻求一条与地球资源储备相协调又能改善生态环境的生产、消费、生活方式以及废弃物有效利用的途径。

“减量、再用、循环”（即 3R）是循环经济最重要的实际操作原则。

（1）减量原则属于输入端方法，旨在提高资源的利用率，减少进入生产和消费过程的物质量。在产品生产和服务过程中尽可能减少资源的消耗和废弃物、污染物的产生，采用替代性的可再生资源，以资源投入最小化为目标，以提高资源利用率为核心。生产者应通过减少产品原料投入和优化制造工艺来节约资源和减少排放。消费群体应优先选购包装简易、结实耐用的产品。

（2）再用原则属于过程性方法，指产品的多次使用和修复、翻新后继续使用，目的是提高产品和服务的利用效率，防止产品过早成为垃圾，从而节约生产这些产品所需要的各种资源投入。要求消费群体改变产品的使用方式，有效延长产品的寿命和产品的服务效能，如纸板箱、玻璃瓶、塑料袋等包装材料的再利用，有时甚至可以多达数十次循环。生产者应采取产业群体间的精密分工和高效协作，加大产品到废弃物的转化周期，最大限度地提高资源产品的使用效率。制造商应使用标准尺寸进行设计，如标准尺寸设计能使计算机、电视机和其他电子装置中的电路更换便捷，而不必更换整个产品。鼓励再制造工业的发展，以便拆卸、修理和组装用过的和破碎的东西，如欧洲汽车制造商把轿车零件设计成易于拆卸以方便再使用，同时又保留原有的功能。

（3）循环原则是输出端方法，通过把废物再次变成资源以减少末端处理负荷，最大限度地转化资源变废为宝、化害为利，既减少自然资源和消耗，又可减少污染物的排放。通过对产业链的输出端-废弃物的多次回收和再利用，促进废物多级资源化和资源的闭合式良性循环，实现废弃物的最小排放。针对整个经济运行系统，通过对产业和产品结构的调整、重组、升级和转型，实现社会—经济—自然复合系统的生态化耦合，从而减少资源消耗和环境污染，提高经济效益和质量。

1.3.2 清洁生产与循环经济的关系

清洁生产是一项实现经济与环境协调发展的环境策略，清洁生产是将综合性预防的环境战略持续地应用于生产过程、产品和服务中，以提高效率，降低对人类和环境的危害。清洁生产的实质是预防污染，从源头减少资源的浪费，控制污染物的产生，实现经济效益与环境效益的统一。

循环经济的具体活动主要集中在3个层次，即：企业层次、企业群落层次和社会整体层次。

（1）在企业层次上根据生态经济效益理念，要求企业减少产品和服务的物料使用量、减少产品和服务的能源使用量、减排有毒物质、加强物质的循环、最大限度可持续地利用可再生资源、提高产品的耐用性、提高产品与服务的服务力度。

（2）在企业群落层次上按照工业生态系统理念，建立企业群落的物质集成、能量集成和信息集成，建立企业与企业之间废物的输入输出关系。

（3）在社会整体层次上，以生活废弃物再利用理念，大力发展绿色消费市场和资源回收产业，在整个社会范围内，完成“自然资源—产品和用品—再生资源”的闭合回路。

因此，循环经济是把清洁生产和废弃物的综合利用融为一体的经济，清洁生产的基本精神是源削减，生态工业和循环经济的前提和本质是清洁生产。这一论点的理论基础是生态效率。生态效率追求物质和能源利用效率的最大化和废物产量的最小化，不必要的再用意味着上游过程物质和能源的利用效率未达最大化，而废物的再用和循环往往要消耗其他资源，且废物一旦产生即构成对环境的威胁。必须指出的是，清洁生产强调的是源削减，即削减的是废物的产生量。循环经济“减量、再用、循环”的排列顺序充分体现了清洁生产源削减的精神。换言之，循环经济的第一法则是要减少进入生产和消费过程的物质量，或称减物质化。循环经济把减量放在第一位并称之为输入端方法，其意义是很清楚的，即：对于生产和消费过程而言，不是进入什么东西就再用什么东西，也不是进入多少就再用多少。相反，循环经济遵循清洁生产源削减精神，要求输入这一过程的物质量越少越好，正是因为循环经济把源头削减放在第一位，生态设计、生态包装、绿色消费等清洁生产的常用工具成为循环经济的实际操作手段。

1.3.3 循环经济发展概况

1.3.3.1 国外循环经济的发展

循环经济在生产、污染控制等方面的要求，没有一定的强制措施和经济鼓励来规范和引导，很难大规模推行。而资源环境法律法规的实施和环境标准的执行，是促进循环经济发展的重要因素。许多国家以立法等多种形式推进了循环经济的发展。相对其他法而言，循环经济法有较大的灵活性和变动性。不同国家以及同一国家的不同时期的循环经济法律一般具有较明显的时限性和阶段性，往往几年就修改一次。

德国1972年制定了《废弃物处理法》，1986年修正后改称《废弃物限制及废弃物处理法》，强调要通过节省资源的工艺技术和可循环的包装系统，把避免废物产生作为废物管理的首要目标。1991年通过了《包装条例》，要求将各类包装物的回收规定为国民义务，设定了包装物再生循环利用的目标。1992年通过了《限制废车条例》，规定汽车制造商有义务回收废旧车。1996年又颁布了《循环经济和废物管理法》，以期把整个消费和生产改造成为统一的循环经济系统，该法规定对废物问题的优先顺序是“避免产生—循环使用—最终处置”。

日本的《循环社会基本法》仅2000年一年就修改了三次，于2001年提交国会审议通过。其基本精神是尽可能地利用资源和能源，减少废弃物的排放，以改变现代文明的“大量生产、大量废弃”的价值观，建立一个以“最佳生产、最佳消费、最少废弃”为特征的“特环型经济社会”。限制产品变为废物等物质，当产品变为循环物质时，促进适当循环利用，确保对不能进行循环利用的循环资源进行适当处理，并限制消耗自然资源，最大限度地减少对环境的压力。

美国于1976年就制定和颁布《固体废弃物处置法》。美国加州于1989年通过《综合废弃物管理法令》，要求在2000年以前，50％废弃物通过源削减和再循环的方式进行处理，未达到要求的城市将被处以每天1万美元的行政罚款。美国7个州规定新闻纸的40％～50％必须使用由废纸制成的再生材料。2003年，美国城镇产生的废弃物为5.5亿t，回收利用率达到40％。在各种废弃物回收利用率中，纸张为42％，软饮料塑料瓶为40％，铁制包装为57％。

在日本、德国和美国对循环经济立法的影响下，欧盟和北美国家相继制定鼓励二手产品回收、绿色包装等法律，同时规定包装废弃物的回收、复用或再生的具体目标。如欧盟实施的家用电器回收办法，规定商业界必须回收90％的废弃电冰箱及洗衣机，并将此类大型电器用品的60％用于再生产利用。在个人电脑方面，其回收比例则按产品重量，由原定的60％提高到70％，再生率也由50％提高至60％。此外，法国政府要求应有85％的包装废弃物循环利用；荷兰政府规定废弃物循环使用率应达到60％；奥地利法规要求80％回收包装材料必须进行再循环处理或再利用；丹麦政府规定所有废弃物要有50％进行再循环处理。

综上所述，德、日、美及欧盟等工业发达国家将发展循环经济的重点领域放在废弃物的回收再利用方面。西方发达国家经历200多年的工业化发展，在资源和能源的利用率方面达到相当高的水平，通过废弃物的再资源化以减少对原生资源的消耗，同时也减少废弃物的排放对生态环境的破坏。

1.3.3.2 我国循环经济的发展

1999 年我国开始循环经济建设的试点，试点工作按国家环保总局的部署从企业、区域、社会三个层面展开。据此，国家环保总局在对中国循环经济战略框架、立法和指标体系等研究的基础上，起草了《关于加快发展循环经济的意见》，制定了循环经济省、市和生态工业园区与建设规划技术指南。2004 年，全国人大环资委、国家发改委、科技部、国家环保总局等单位共同在上海举办了中国循环经济发展论坛，并通过了《上海宣言》，要求把循环经济的试点与示范扩展到生产和消费的各个领域，使循环经济全面展开并进入大范围实施阶段。2004 年中央经济工作会议把发展循环经济提到一个前所未有的战略高度。3 月，国务院总理温家宝在政府工作报告中提出要大力发展循环经济和清洁生产；之后，国家主席胡锦涛提出，发展循环经济，实现自然生态系统和社会经济系统的良性循环，为子孙后代留下充足的发展条件和发展空间。国家有关部门也在研究建立以资源生产率、资源消耗降低率、资源回收率、资源循环利用率等为基本框架的循环经济评价指标体系及相关统计制度，并把主要指标逐步纳入国民经济和社会发展规划。

1.4 国内外清洁生产概况

1.4.1 国内清洁生产概况

我国政府积极响应国际倡导的清洁生产战略，1992 年 12 月国家计委行文“计国地（1992）2394 号”原则同意国家环保局利用世界银行贷款开展环境技术援助项目，“推行清洁生产子项目”（简称 B—4 子项目）。该项目从 1993 年 3 月启动，在全国 29 家企业进行了清洁生产审计和工程示范。

在清洁生产工艺方面，我国从 20 世纪 80 年代就开始研究推广清洁生产工艺，如硫酸工业的水洗流程改为酸洗流程，一转一吸改为两转两吸，减少了酸性废水及 SO_2 废气的排放。又如氯乙烯生产中由乙炔法改为乙烯氧氯化法避免了废汞触媒的污染等，陆续研究开发了许多清洁生产技术，为清洁生产的实施打下了基础。1996 年，国务院做出《关于环境保护若干问题的决定》，明确规定新建、改建、扩建项目必须技术起点高，尽量采用能耗与物耗小，污染物排放量少的清洁生产工艺。

近年来，全国在推行清洁生产试点示范、宣传教育培训、机构建设、国际合作，以及政策研究等方面均取得了较大进展。

A 企业示范试点

据国家环保总局不完全统计，自 1993 年以来，截至 1997 年底，全国已有 219 家企业开展了清洁生产审核工作，这些企业实施清洁生产审核所提出的清洁生产方案以后，获经济效益达 5 亿元。环境效益也十分显著：COD 减少量每年可达 7.8 万 t，平均削减率达 40%左右；废水排放量每年削减达 1260 万 t，平均削减率达 40%～60%；废气排放量每年削减 8 亿 m^3；烟尘排放量每年削减达 3200 t 以上；工业粉尘削减量每年达 1000t 以上，回收率可达 95%；二氧化硫削减量每年达 35t；工业固体废物每年减排量达 8 万 t 以上；石油类污染每年减少量达 40t；六价铬每年减少量达 5t。

开展清洁生产的企业涉及化工、轻工、建材、国防、冶金、石化、铁路、电子、航空、医药、采矿、电力、烟草、机械、仪器仪表、纺织印染、交通等十几个行业。

B 机构建设

在联合国环境署的支持下，1994 年底我国成立了“国家清洁生产中心”，继后，全国陆续成立了一批行业清洁生产中心和地方清洁生产中心，如中国石化总公司清洁生产中心、化工清洁生产中心、中国航空工业总公司清洁生产中心、轻工总会清洁生产中心、冶金清洁生产中心、纺织清洁生产技术中心、船舶清洁生产中心等。已成立的地方清洁生产中心有：北京市清洁生产中心、上海市清洁生产中心、天津市清洁生产中心、陕西省清洁生产指导中心、黑龙江省清洁生产中心、山东省清洁生产中心、江西省清洁生产指导中心、内蒙古自治区清洁生产中心、呼和浩特市清洁生产中心、新疆维吾尔自治区清洁生产指导中心、重庆市清洁生产工程研究中心、长沙市清洁生产中心等。还有不少省市正在筹建。实践证明这些行业和地方的清洁生产中心已经为中国推行清洁生产发挥了巨大作用，随着清洁生产的进一步广泛、深入开展，必将发挥更大的作用。

C　开展清洁生产企业评定

为了深入持久地推行清洁生产，扩大示范效应，国家清洁生产中心已在我国开展清洁生产企业评定工作，其评定要求如下。

通过企业清洁生产审核，完成企业清洁生产审核报告并通过评估；80%以上的企业实施清洁生产无费与低费方案，环境效益明显；拟定切实可行的清洁生产中费与高费方案实施计划；建立了持续清洁生产机制；企业80%以上的职工了解清洁生产对本企业的重要性。

实现全过程的污染预防，尽量采用无毒、无害和能源强度低的原、辅材料；对生产过程，单位产品的主要消耗和污染物产生量在同行业居于上游水平；充分考虑产品（包括包装及必须消耗品）使用期及使用后的处置对环境的不良影响。

符合环保基本法规，遵守国家及地方环保法规、标准及总量控制指标；近三年中无重大污染事故发生。

D　开展国际合作

为扩大我国推行清洁生产的国际影响，开拓国际环保合作的新领域，国家清洁生产中心和国家环保总局环境与经济政策研究中心，顺利完成了中国环境技术援助项目B－4子项目“在中国推进清洁生产”的技术和政策研究。为引入清洁生产概念、企业试点、政策制定和在全国实施奠定了良好基础。

国家环保总局、国家经贸委、原化工部和轻工总会等部门联合组织实施了“中加清洁生产政策与管理合作项目”；“中美清洁生产合作项目：在石化、电镀、医药三行业推行清洁生产”。国家科委（现国家科技部）与挪威合作发展署牵头组织了“中国－挪威清洁生产合作项目”，其主要宗旨是：在中国扩大推广清洁生产，把清洁生产扩展为一种工业可持续发展战略。

地方在清洁生产国际合作方面也取得了较大进展，如上海市与英国海外开发署合作开展“上海环境支持项目”，其中重要内容就是帮助上海工业企业推行清洁生产，实现废物减量化。世界银行贷款资助项目包括“山东小青河流域污染治理”，“重庆工业污染控制与企业重组”，“辽宁本溪大气污染防治”等等。重庆、贵阳、大连中日合作友好环境示范城市建设等项目，其中相当部分是清洁生产的内容。

E 制定相关政策

在《环境与发展10大对策》和《中国21世纪议程》的指导下，在B—4清洁生产政策研究成果的基础上，国家环保局1997年4月制定并发布了《关于推行清洁生产的若干意见》（以下简称《意见》），指导各地将推行清洁生产与现行环境管理制度有机结合，巩固和深化清洁生产。《意见》从转变观念，提高认识；加强宣传，做好培训；突出重点，加大力度；相互协调，依靠部门；结合现行环境管理制度；加强国际合作等方面提出要求。为结合现行环境管理制度的改革推行清洁生产提出了基本框架、思路和具体做法。《意见》下发后，在全国引起较大反响，积极推动了清洁生产深入开展。

地方在制定清洁生产政策方面也取得了重大进展。如江苏省政府办公厅转发省环保局、省计经委关于推行清洁生产审计的实施意见，省环保局下发推行清洁生产行动计划，省清洁生产审计试点工作验收标准等文件；上海市环保局发布清洁生产工作计划纲要；陕西省环保局和经贸委联合下发关于推行清洁生产的若干意见，省环保局发布实施清洁生产计划等文件；北京市清洁生产工作计划；辽宁省环保局和经贸委联合下发清洁生产试点通知；甘肃省环保局和经贸委联合下发推行清洁生产若干意见；安徽省经贸委发布关于加快在安徽推进清洁生产的实施意见；湖北省环保局发布“九五”期间清洁生产纲要等等。

山西省太原市制定了我国第一个地方性清洁生产法规《太原

市清洁生产条例》，已于2000年1月1日开始执行；大连市制定了“大连市清洁生产实施方案”，组长由大连市市长挂帅，推行力度不小，国家经贸委以国经贸厅资源［2001］398号文向全国推广。

F 宣传教育培训

自1993年以来，全国已举办大大小小约200个有关清洁生产的培训和讲座，有1万多人受到了教育和培训。通过宣传教育培训，使许多不同层次的领导对清洁生产有了常识性的了解，从事具体工作的人员掌握了清洁生产专门知识和技能。

近年来，国家清洁生产中心还在全国举办了近20期清洁生产审核员培训，培训了240多名清洁生产外部审核员。组织了50多个清洁生产基础知识培训班，培训学员3000多人。举办了400多个企业清洁生产内审员培训班，参加学员8000多人次。另外还安排清洁生产教员赴有关省市指导地方清洁生产培训和审核，对基层环评人员进行清洁生产思想和方法宣传贯彻。

1.4.2 国外清洁生产概况

联合国环境署、开发组织和世界银行等国际组织都在大力倡导清洁生产，把这看成是防治工业污染，保护环境的根本出路。产业革命的历程表明，一个国家或地区能否成功地实现产业革命，取决于传统产业部门对技术革命所做出的反映，以及双方结合的紧密程度。在发达国家和地区，高新技术以其基础性和广泛渗透性，已与许多的传统技术和产品结合为一体，并使一些传统技术升级为高新技术，进而促进产业不断升级，在这种过程中，国家的技术进步政策发挥了相当重要的作用。

1.4.2.1 美国

美国在1984年通过的《危险和固体废物修正法案》中，提出要在可能的情况下，尽量减少和杜绝废物的产生。1986年环保局在提交给国会的一份报告中再次强调尽量减少废物量是最佳选择方案。1988年美国环保局还颁布了《废物减少评价手册》，该手册系统地描述了采用清洁工艺（少废无废）技术的可能性，并给出了不同阶段的评价程序和步骤。

美国国会1990年8月通过了《污染预防法》，宣布以污染预防政策取代曾长期采用的以末端治理为主的污染控制政策。法案中明确宣告，美国环境政策是必须在污染的产生源预防和削减污染的产生；无法预防的污染物应当以环境安全的方式再生利用；污染物的处置或向环境中排放只能作为最后的手段，并且应当以环境安全的方式进行。并提出改变生产工艺，改进操作，完善管理等具体途径。随之推进了一系列清洁生产的项目。

这是一部从源头防止污染源的排放、实施预防技术的重要法规，其目的就是要把减少和防止污染源的排放作为全美环境政策的核心，并要求环保局从信息收集、工艺改革、财政支持等方面来支持实施这项政策，以推进其发展。这是美国首次通过立法来肯定以预防污染取代长期采用的末端治理为主的污染控制政策，这是控制工业污染战略的一个根本性的转变。

美国的《污染预防法》列出了300种对环境有毒有害的物质，要求10人以上的企业必须每年向环保局上报向环境排放有毒物质的情况，包括废物产生量、源削减量、循环利用量及增减率，对未来1～2年的预测拟采用的污染预防措施等内容。《污染预防法》还规定，环保局应促使企业和政府采用源削减的措施防治污染，并协调联邦机构的源削减战略。建立污染预防信息交流中心，制定衡量源削减的标准和方法，按污染预防的要求修改现有的法规和管理办法。

目前，美国已有26个州相继通过了要求实行污染预防或废物减量化的法规，13个州的立法要求工业设施呈报污染预防计划，并将废物减量计划作为发放废物处理、处置、运输许可证的必要条件。污染预防已经形成一套完整的法规、政策、计算和实施体系。

美国在进行技术改造时，把清洁生产作为首要任务，在生产的全过程中防治了污染的产生，在一些领域和企业实践后取得了比较好的效果。在经济激励政策上采取了一系列的措施，对企业进行奖惩，促进具有广泛应用前景的技术与工艺的研究和开发，为促进工业企业使用源削减技术而向各州拨付配套资金。美国采用预防污染技术的投资回收期见表 1-2 所示。

表 1-2 美国采用预防污染技术的投资回收期

费用分级	投资回收期
低费用技术	
使用高容低压涂料喷枪	6 个月
改进清洁反应釜操作	很快
溶剂回收	5 个月
中费用技术	
安装溶剂节约装置	6～12 个月
化肥厂废水循环使用系统	3 年
高费用技术	
安装酸、碱回收装置（纺织厂）	2.5 年
安装铬回收装置（皮革厂）	2.5 年
改变使用磷酸为三价钠磷酸盐结晶	2.0 年

在整个美国，目前正在国家层次上开展多方面努力，以重新构建美国环境立法体系，试图使之更加多介质化和以预防为基础。美国各地的清洁生产污染预防试验项目和援助计划正在增长。

(1) 33/50 项目　这是美国环保局有毒物质管理办公室管理的一项志愿性的污染预防活动，其目标是通过志愿性源削减，在制造工业中将 17 种化学品和化合物的排放量与转化量从 1988 年的 6.35 亿 kg 减少至 1995 年的 3.17 亿 kg，7 年内削减 50%。分阶段的目标是 1992 年削减 33%，1995 年至少削减 50%。全美排放 33/50 化学品的企业超过 3000 家，美国环保局 1991 年 11 月报道，环保局深为 33/50 项目的早期成果鼓舞，已有近 300 家企业参加这一项目，并承诺在 1995 年前至少削减 0.98 亿 kg 污染物。美国环保局已邀请其余的几千家企业参加 33/50 项目，并将每年公开报道企业参加项目的情况，重点报道源削减活动和化学品替代品方向的进展。

（2）绿光项目　美国环保局在 1991 年 1 月宣布了其新一轮绿光项目。绿光项目是鼓励企业在有利可图、且一定会维持和改进现照明条件的前提下，安装高效节能的照明装置以减少电厂造成的污染。由于绿光活动及其合作者的高度透明性，高效节能照明装置及其改进过程吸引了更多的公众参与，使更多的人认识到高效节能技术和设计的环境效益及经济效益。

（3）联邦场地废物削减评估项目 该项目是由美国环保局“削减风险工程实验室”协调，由若干美国联邦政府部门参加。其目标一是评估在联邦设施内的产污工艺中进行源削减和循环利用的机会；二是通过项目报告、项目总结、会议及研讨班的形式，向公众和私人企业进行技术转让，以增强和推广污染预防与循环利用。

1.4.2.2　欧洲

欧洲联盟委员会从 1991 年起开始实施第五环境行动纲领和走向可持续性文件并发布了综合污染预防指令。荷兰、丹麦、英国和比利时还开展了清洁工艺和清洁产品的示范项目，

荷兰是推行清洁生产的先驱国家之一，其清洁生产成效显著。1989 年 5 月，国会通过了《1990～2010 年环境保护全面规划》（以下简称《规划》），要求到 2010 年将污染降低 70%～90%，根据五项原则制定了分期达到的目标及政策的规划。荷兰在技术评价组织（NOTA）的倡导和组织下，主持开展了荷兰工业公司预防工业排放物和废物产生示范项目，取得了较大成功，示范项目证实了把预防污染付诸实践不仅大大减少污染物的排放，而且会给公司带来很大经济效益。

德国政府积极出台政策支持各项清洁生产工艺，如将 70% 投资用于清洁工艺的工厂可以申请减税。德国积极支持清洁能源的开发，如许多地方政府对风力发电所得的每度电均有一定的补贴以此鼓励企业和个人进行风力及太阳能的投资与开发。德国很多地方政府都积极组织可促进清洁生产工作开展的清洁生产或环境管理项目，具有典型性的有：针对企业开展的“生产过程一体

化环保项目"、"生态经济盈利"；针对政府部门开展的"生态经济审核"；及针对政府下属部门节能降耗开展的"现场办公室"项目等。德国由于对清洁生产极为重视，因此，在取代和回收有机溶剂与有害化学品方面进行了许多工作。对物品回收作了很严的规定，物品回收最初集中在包装品上面，现在已适应包括汽车、计算机、机床等范围极为广泛的产品。物品回收的要求，赋予德国工业界在设计容易循环使用的产品以及在生产过程中增设回收和再利用单元等方面以强大的动力。

法国产业技术政策的特色在于强调政府积极干预，并以法律形式确定科学研究和技术发展的优先领域及科技发展的重大方针。法国政府推进企业科技进步的措施有以下几点。

（1）减轻企业的财政负担。从 1988 年起，逐步削减企业的捐税和社会分摊，规定对企业的征税不得超过其附加价值的 5%。

（2）建立工业现代化基金，专门为企业技术改造发放低息贷款。

（3）政府大幅度增加新技术研究与开发经费，将其占国内生产总值的比重由 1980 年的 1.85%提高到 1985 年的 2.5%，直至 1990 年的 3%；设立科研和技术发展基金，为科研和革新提供资金扶持。

（4）改组生产结构，将生产向技术力量雄厚、竞争力强的企业或企业集团集中，充分发挥大企业的技术创新优势。

（5）政府通过实施"工业现代化计划"、"尤里卡计划"重点发展现代科技产业。

（6）法国政府通过限额采购产品、财政预算拨款等手段，促进企业进行技术改造。

此外，法国政府也大力扶植中小企业成长，重视地区产业技术进步。法国在 20 世纪 80 年代大力推行清洁生产，并为此设立无污染工厂奥斯卡奖，奖励在这方面做出贡献的企业。对 100 个系统的清洁生产技术经济统计分析结果表明，清洁生产设施运行费低于原工业运行费的80%。

英国是世界上最早实施清洁生产立法的国家之一。早在1875年，英国就制定了与清洁生产、环境保护相关的《公共健康法》。英国于1990年11月1日颁布了新的环境保护法，用生产工序排污许可制代替过去实行的排污量控制的许可制，作为开展清洁工艺的措施之一。现在英国施行的清洁生产和环保法律主要有《环境保护法》（1990年）、《污染预防法》（2001年）以及水资源法、废弃物管理法等10余种。

英国的产业技术政策着重培育创新能力，主要表现在两方面：

（1）加强高技术发展，提高产业竞争地位；

（2）大力推动具有商业前景的技术创新。

英国政府在清除大量由工艺过程产生的非放射性和放射性危险废物的污染方面有一定成效，并按照英国和欧洲立法制定了《经济可行最佳工艺指南》，改革了严重的污染工艺。

1988年，丹麦政府颁布了《丹麦环境和发展行动计划》，行动计划指出：通过采用清洁工艺和循环利用，应用市场经济手段刺激生产者和消费者的责任感，在各经济领域中综合考虑环境因素，以预防污染，解决环境问题。丹麦国家环保局为实施清洁工艺安排了3项计划：

（1）1987～1989年清洁工艺发展规划，总预算为9000万丹麦克朗；

（2）1990～1992年清洁工艺行动计划，总预算为2.3亿丹麦克朗；

（3）1993～1997年清洁工艺行动计划，总预算为3.8亿丹麦克朗。

丹麦环保局1991年颁布了《丹麦环境法》，其中指出，法案最主要的目标之一是减少对原材料、资源、能源的消耗和浪费；目标之二是主张推行清洁工艺。自1986年以来，已开展了250多个清洁工艺项目，丹麦政府还拨出专款用于支持工业企业进行清洁生产示范工程。

1.4.2.3　日本

日本促进企业技术进步的主要措施：一是技术引进的政策制度；二是促进技术研究开发的政策制度。

（1）技术引进政策　日本政府主要采取了审查认可制度，设备投资促进政策、补助金制度、财政投融资制度等。

（2）促进技术研究开发政策　自20世纪80年代以来，日本开始实施“科技立国”战略，其核心是创立和维护、巩固研究开发（R&D）的主体地位，现已形成富有特色的“产学官”紧密结合的技术进步机制。其中，“官”者的职责在于创造有利条件，最大限度地调动民间企业的积极性，以促进企业技术进步，并始终保持具有活力和国际竞争力的“先锋型”产业结构，其措施包括：创立产业技术中心；实行技术开发减免税制度；重新制定有关的政策和法规；政府承担起向企业转让科技成果的中介职能，并用法律手段促进技术转让。

1.4.2.4　加拿大

加拿大政府于1988年发布了《环境保护法》，要求企业必须进行污染预防计划。经过1999年修订后，更强调从源头治理污染。1995年加拿大制定了《污染预防行动计划》。该文件要求企业必须做污染预防计划，提交计划书（如果企业不做，就属违法），污染预防计划书的摘要要送交环境部，摘要包括本企业的污染预防目标、如何做污染预防工作的、期限是多少等内容。政府则通过宣传媒体、网站来向社会公告企业的污染预防计划书摘要，接受公众监督。同时，世界银行及国际金融组织，加拿大出口信贷机构及商业银行等金融机构对申请需要资金支持的企业，也对贷款项目提出了环境要求和清洁生产要求。

加拿大政府推进企业技术进步实施清洁生产的主要政策和措施有以下几点：

（1）制定各项法律法规，有效调控和规范宏观经济活动，加政府通过《投资法》、《银行法》、《环保法》等一整套法律法规，规范企业各项生产经营活动和投资行为；

（2）设立专项拨款，支持高新技术产业发展；

（3）提供银行贷款或担保，帮助企业融资；

（4）税收优惠；

（5）采取特殊措施，促进欠发达地区加快发展。

加拿大政府还一直鼓励工业界发展和实施志愿非法规性举措，把传统的以排放标准、惩罚和罚款为基础的命令与控制措施，演变成一种以污染预防为重点的更精细思路，即不同革新性手段和公共私有伙伴关系的一种混合物。这种思路反映了加拿大可持续发展工业的方式，并产生了很多效益。如减少毒物排放方面，加拿大在1994年就建立了“加速削减与消除毒物（ARET）计划”，目标是到2000年使30种持久性、生物积累性和有毒物质削减90％，并使87种其他有毒物质削减50％。到1998年就有152家公司实现了有毒物质削减54％，其他ARET物质削减61％。

2 清洁生产的实施

在实施清洁生产的过程中，企业占据着重要的地位，是清洁生产的主体。但是，清洁生产战略的实施并不只是某一方面的事情，而是涉及政府、企业、市场、公众和社会等多因素的综合性事业，是一项复杂的系统工程。

2.1 清洁生产的实施途径

2.1.1 源头削减

源头削减是指采取一定的手段、措施，使污染物在产生之前就被削减或消灭于生产过程中，避免污染的产生。其在经济上和环境上要比控制和净化污染更为可行。

2.1.1.1 改进原料

优先选择使产品生产和使用过程不产生或少产生污染物的物料作为生产原料，或是采用无毒、无害或者低毒、低害原料，替代毒性大、危害严重的原料。

（1）纯化物料，替代粗制原料。可减少产品生产过程中引起的质量问题，提高合格率，减少废品的产生，同时也可减少污染物的排放。

（2）加强物料的控制。订货、贮存、运输、发放这些程序，是每个企业都要涉及的，但尚未认识到这是污染产生的根源之一。库存控制不当，即过量的、过期的和不再使用的原料，都可能增加企业的废物污染。适当的物料控制程序将保障原料没有流失、无玷污损失地进入生产工艺中，还可保证原料在生产过程中有效的利用，不会成为废物。

（3）添加物料的定量控制。是保证物料完全转化成产品的有效方法。传统的粗放型经营造成物料的浪费，同时还产生了大量废物。原料配比不当、添加不正确是造成物料浪费的很重要的原因之一。

2.1.1.2 改革生产工艺和设备

我国很多企业至今还在使用一些老工艺、老设备，工艺落后、设备陈旧，加上管理不善，布局不合理，物料利用率低，物耗、能耗、水耗都很高，造成严重资源浪费和环境污染。遵循清洁生产的原则和要求，采用资源利用率高、污染物产生量少的工艺和设备，替代资源利用率低、污染物产生量多的工艺和设备。在原料规格、生产路线、工艺条件、设备选型和操作控制等方面加以合理改革，并积极创造条件应用生物技术、机电一体化技术、高效催化技术、电子信息技术、树脂和膜分离技术等现代科学技术，创建新的生产工艺和开发新的流程，从而提高生产效率和效益，实现清洁生产，彻底根除在生产过程产生污染。

采用新的生产工艺和设备可以更有效地利用原料，可减少废品或不合格品，从而减少需要重新加工或处置的物料量。采用有效的生产工艺和设备提高生产能力，降低原料费用和废物处理、处置费用，从而可以增加企业资金收入，给企业带来明显的经济效益和环境效益。

改革工艺和设备，可以局部进行，也可整个生产线的工艺改造，视企业情况和资金能力，包括以下几种情况：

（1）局部关键设备的革新，采用先进、高效设备，提高物料和能源利用减少废物的产生；

（2）改进设备布局，避免操作中工件传递带来的物料流失，减少运转过程造成的产品损失；

（3）生产线采用全新流程，建立连续、闭路生产流程，减少物料损失，提高物料转化率，减少废物的生成；

（4）工艺操作参数优化，在原有工艺基础上，适当改变操作条件，如浓度、温度、压力、时间、pH值、搅拌条件、必要的预处理等，可减少物料损失，提高物料转化率，减少废物的产生；

(5) 工艺更新，采用新工艺，改变落后旧工艺，采用最新的科学技术成果，如机电一体化技术、高效催化技术、生化技术，膜分离技术等，从而提高物料利用率，从根本上杜绝废物的产生；

(6) 配套自动控制装置，实现过程的优化控制，避免人为产生的误操作，减少污染物的产生。

2.1.1.3 改进产品

传统的产品设计原则是从经济利益考虑，仅考虑其适用性和经济性。随着工业的发展，环境问题的恶化，人们开始认识到，工业污染不仅发生在产品的生产过程，有时更严重地出现在使用过程和废弃后。有些产品使用后废弃、分散在环境中也是重要的污染源。如破坏臭氧层的氟里昂冰箱、强致癌联苯、六六六等农药。

按照清洁生产的概念，对于工业产品应进行产品整个生命周期的环境影响分析，也就是对于产品要从设计、生产、流通、消费以至报废后处理、处置几个阶段进行环境影响分析。对于那些生产过程中物耗、能耗高，污染严重的产品，对于那些使用、报废后破坏生态和污染环境的产品要尽快调整与停产，这对保护环境起到了重要作用。对于开发清洁产品可提出如下一些途径：

(1) 产品的更新设计，使产品在生产中、使用中和报废后处理、处置对环境无害，鼓励生产绿色产品；

(2) 调整产品结构，从产品整个生命周期整体设计，优化生产；

(3) 提高产品的使用寿命，减少报废；

(4) 合理的使用功能，盲目追求“多功能”、“万能”往往造成资源浪费；

(5) 易降解、易处理，产品报废后，应易处理，易降解，并且对环境无害。鼓励采用可再生材料制作包装，包装可回收重复使用等，避免产品报废后处理、处置仍造成环境污染。

2.1.1.4 加强管理

加强管理是企业发展的永恒主题。实现清洁生产是一场工业革命，必须转变观念，加强领导和管理，必须制订一套完整的法规与政策，必须建立一套健全的环境管理机构和实施环境审核制度。

根据全过程控制的概念，环境管理要贯穿于企业整个生产过程及落实到企业的各个层次，分解到企业生产过程的各个环节，与生产管理紧密结合起来。

管理措施一般花费很小，不涉及工艺生产过程的技术改造，但经验表明，强化管理能削减40%污染物的产生，对我国现有工业来说，改变粗放型经营，加强管理是一项投资少而成效巨大的有效措施，这些措施包括：

(1) 安装必需的监测仪表，加强计量监督；

(2) 加强设备维护、维修，杜绝跑、冒、滴、漏；

(3) 建立有环境考核指标的岗位责任制与管理职责；

(4) 完善可靠的统计和审核；

(5) 产品的全面质量管理；

(6) 有效的生产调度，合理安排批量生产日程；

(7) 改进清洗方法，节约用水；

(8) 原料合理贮存妥善保管；

(9) 产成品的合理贮存与运输；

(10) 加强人员培训，提高职工素质；

(11) 建立激励机制，公平的奖惩制度；

(12) 组织安全文明生产。

2.1.2 资源循环利用

工业生产中物料的转化率不可能达到100%，生产过程中物料的输送，反应中物料的挥发、沉淀，还有操作的不当，设备的泄漏等原因，总会造成物料的流失。工业中产生的“三废”实质上是生产过程中流失的原料、中间体和副产品及废料、废品。尤其是我国农药、染料行业，主要原料的利用率一般只有30%～40%，其余都以“三废”形式排入环境。因此对这些产生的“三废”进行有效处理和回收利用，既可创造财富，又可减少污染。

实现清洁生产要求对生产过程中产生的废物、废水和余热等进行综合利用或者循环使用。流失的物料必须加以回收利用，返回流程中或经适当处理后作为原料或副产品回用。建立从原料投入到废物循环回收利用的生产闭合循环圈，使工业生产不对环境构成任何危害。

在生产过程中，比较容易实现的是用水闭路循环。工业用水的原则是供水、用水和净水一体化，要一水多用、分质使用、净水重复使用。尤其是在水资源短缺的地区，实现用水闭路循环的工作更为紧迫。

厂内废物循环利用可分以下几种情况：

(1) 将流失的物料回收后作为原料返回流程中；

(2) 将生产过程中产生的废料经适当处理后作为原料或替代物返回生产流程中；

(3) 将生产过程中生成的废料经适当处理后作为其他生产过程的原料回用或作为副产品回收。

2.1.3 必要的末端治理

全过程控制中同样包括必要的末端治理，只不过其优先的次序有所变化。末端治理，只能成为一种采取其他措施之后的最后把关措施，以保证排放物能够达到国家或者地方规定的污染物排放标准和污染物排放总量控制指标。厂内末端处理，往往是作为集中处理前的预处理措施。在这种情况下，它的目标不再是达标排放，而只需处理到集中处理设施可接纳的程度即可。因此，对生产过程也需提出一些新的要求：

(1) 必须清浊分流，减少处理量，有利于组织再循环；

(2) 必须开展综合利用，从排放物中回收有用物质；

(3) 必须进行适当的预处理和减量化处理，如脱水、浓缩、包装、焚烧等。

为实现有效的末端处理．必须努力开发一些技术先进、处理效果好、占地面积小、投资少、见效快、可回收有用物质、有利于组织物料再循环的实用环保技术。

2.1.4 清洁生产的实施工具

2.1.4.1 清洁生产审核

对清洁生产而言，最有效的污染预防措施是源头削减，即在污染发生之前消除或削减污染。而掌握污染的起因和起源是削减污染的基础，一旦明确其起因和起源，就能有的放矢和经济有效的实施污染预防和削减方案，达到清洁生产的目的。企业的清洁生产可以从改进产品设计、改变产品结构、原辅材料替换、改进生产工艺、加强企业内部管理、提高物料循环利用率及进行技术、工艺与设备改造等方面的系统筹划，分步实施。在筹划、实施之前，应对整个生产过程进行科学的核查与评估，以找出问题所在。

2.1.4.2 环境管理体系/ISO14001

为帮助企业改善环境，消除贸易壁垒，促进贸易发展，1992年12月在国际标准化组织（ISO）“环境问题特别咨询组”的建议下，ISO技术委员会决定制定一个与质量管理体系方法相类似的环境管理体系方法。为此，ISO借鉴其成功推行ISO9000的经验，总结了各国环境管理标准化的成果，尤其是参考了英国环境管理体系标准BS7750（BS7750是“一种环境管理体系的规范，旨在保证企业的环境行为符合其所确定的环境方针与环境目标”），于1996年底正式颁布了ISO14000环境管理系列标准。ISO14000系列标准颁布以后，立即被世界各国广泛采用，作为本国标准推广实施。

ISO14000系列标准是一个系列的环境管理标准，它包括了环境管理体系、环境审核、环境标志、生命周期评价等国际环境领域内的许多焦点问题。国际标准化组织给ISO14000系列标准预留了 100 个标准号，其中的 ISO14001～ISO14009 为环境管理体系的相关标准。

2.1.4.3 生态设计

产品的生态设计是 20 世纪 90 年代初出现的关于产品设计的一个新概念，是清洁生产的一个很重要的组成部分。生态设计的概念一经提出，就得到一些国际著名大公司的响应，例如荷兰的菲利浦公司、美国的 AT-T 公司、德国的奔驰汽车公司等立即进行了有关产品的生态设计的尝试，并取得成功。

A 生态设计概念

生态设计也称绿色设计、生命周期设计或环境设计，是指将环境因素纳入设计之中，从而帮助确定设计的决策方向。生态设计要求在产品开发的所有阶段均考虑环境因素，从产品的整个生命周期减少对环境的影响，最终引导产生一个更具有可持续性的生产和消费系统。

生态设计活动主要包含两方面的涵义，一是从保护环境角度考虑，减少资源消耗、实现可持续发展战略；二是从商业角度考虑，降低成本、减少潜在的责任风险，以提高竞争能力。

(1) 环境方面 从降低环境负荷的角度实现可持续发展只有两条途径可走，第一，进行生产过程的污染预防，即进行清洁生产审核和推行清洁生产技术来减少生产过程中的污染物产生；第二，进行产品的生态设计，从真正的源头开始实现污染预防，构筑新的生产和消费系统。荷兰进行产品生态设计的案例也表明，生态设计可减少 30％～50％的环境负荷。

(2) 商业方面 生态设计在商业方面的影响主要表现在：可降低生产成本，包括原料和能源的消耗及环保投入；可减少责任风险。产品的生态设计要求尽量不用或少用对环境不利的物质，可以起到预防的作用，减少企业潜在的责任风险，可提高产品质量。生态设计提出高水平的环境质量要求，如产品的实用性、运行可靠性、耐用性以及可维修性等，这些方面的改善都将有利于产品对环境的影响，可刺激市场需求。随着消费者环境意识的提高，对环境友好产品的需求将越来越大，这是产品生态设计的一个市场。

总之，产品的生态设计可以提高企业的环境形象，无论是在环境方面还是在商业方面均将有可能给企业提供赢得竞争的机会。

B 生态设计战略

产品的生态设计战略是生态设计的精髓，它从不同的侧面提示在生态设计过程中所要考虑的问题，并提出解决问题的思路。

(1) 生态设计的长期战略 从环境的角度考虑，生态设计的最终目标是要寻找到更加合理的、更具建设性的方案来长期地、持续地减少环境影响。这就需要新的设计理念来构筑生态设计的长期战略。生态设计的长期战略包括：非物质化、产品共享、功能的组合、产品（组件）功能的优化。

(2) 生态设计的中、短期战略 中、短期战略主要提供在生态设计中、短期可以采用的改进方案。具体包括：选择低影响的原料、减少原料的使用、优化生产技术、优化销售系统、减少使用期的影响、优化产品寿命及优化寿命终止系统。

C 生态设计方法

产品的生态设计程序的总体结构和一般的传统设计大致相同，但由于增加了环境要求，其内容则更为丰富。生态设计的程序大致可分为 7 个阶段。

(1) 筹划和组织：获得管理层的承诺，尤其是最高管理层的承诺，组建项目小组，最后制订计划并做出预算。

(2) 选择产品：选择合适的产品进行生态设计。首先需制订选择产品的准则，随后进行选择并确定详细的设计概要。

(3) 建立生态设计战略：对产品的生命周期造成的主要环境问题进行分析，而后进行内部和外部的“强-弱”分析，以确定生态设计的内部推动力和外部推动力。对已提出的方案按生态设计战略要求进行汇总和分析，确定哪些方案与内外部的推动力相符合，最终确定本次生态设计的战略，并列出设计要求清单。

(4) 产生和筛选产品创意：产生解决设计要求的方案。

(5) 细化构想：将产品创意进一步开发形成产品构想，并进行深入分析以确定推荐方案。

(6) 实施：对新产品进行详细的设计，并做好正式投产前的准备工作。

(7) 建立后续活动：在基本完成生态设计工作之后进行后评估，以总结经验并指导后续生态设计工作，并制订后续的生态设计计划。

2.1.4.4 生命周期评价

生命周期评价方法可追溯到20世纪70年代的二次能源危机，当时，许多制造业认识到提高能源利用效率的重要性，于是开发出一些方法来评估产品生命周期的能耗问题，以求提高总能源利用效率。20世纪80年代，生命周期评价方法日臻成熟，到了90年代，在美国“环境毒理学和化学学会”（SETAC）和欧洲“生命周期评价开发促进会”（SPOLD）的大力推动下，生命周期评价方法在全球范围内得到较大规模的应用。

1997年国际标准化组织正式出台了ISO14040《环境管理—生命周期评价—原则与框架》，以国际标准形式提出对生命周期评价方法的基本原则与框架，这将有利于生命周期评价方法在全世界的推广与应用。

A 生命周期评价的定义

生命周期评价是一种用于评估产品在其整个生命周期中，即从原料的获取、产品的生产直至产品使用后的处置，对环境影响的技术和方法。按国际标准化组织定义：“生命周期评价是对一个产品系统的生命周期中输入、输出及其潜在环境影响的汇编和评价”。

作为新的环境管理工具和预防性的环境保护手段，生命周期评价主要应用在通过确定和定量化研究能量和物质利用及废物的环境排放来评估一种产品、工序和生产活动造成的环境负载；评价能源资源、材料利用和废物排放的影响以及评价环境改善的方法。

生命周期评价的过程是：首先辨识和量化整个生命周期阶段中能量和物质的消耗以及环境释放，然后评价这些消耗和释放对环境的影响，最后辨识和评价减少这些影响的机会。生命周期评价注重研究系统在生态健康、人类健康和资源消耗领域内的环境影响。

生命周期评价的总目标是比较一个产品在生产过程前后的变化或比较不同产品的设计，为此它应满足以下原则：

（1）运用于产品的比较；

（2）包括产品的整个周期；

（3）考虑所有的环境因素；

（4）环境因素尽可能定量化。

B 生命周期评价的应用

生命周期评价作为一种评价产品、工艺或活动的整个生命周期环境后果的分析工具，迄今为止在私人企业和公共领域都有不少应用。

在私人企业，生命周期评价主要用于产品的比较和改进，典型的案例有布质和一次性婴儿尿布的比较、塑料杯和纸杯的比较、汉堡包聚苯乙烯和纸质包装盒的比较等。

在政府方面，生命周期评价主要用于公共政策的制定，其中最为普遍的适用于环境标志或生态标准的确定，许多国家和国际组织都要求将生命周期评价作为制定标志标准的方法。

生命周期评价还用来制定政策、法规和刺激市场等，如美国环保局在“空气清洁法修正案”中使用生命周期理论来评价不同能源方案的环境影响，还将生命周期评价用于制定污染防治政策；能源部用生命周期评价来检查托管电车使用效应。在欧洲，生命周期评价已用于欧盟制定“包装和包装法”。比利时政府1993年做出决定，根据环境负荷大小对包装和产品征税，其中确定环境负荷大小采用的就是生命周期评价方法。丹麦政府和企业间的一个约定中也特别包含了生命周期评价，并用3年时间对10种产品类型进行生命周期评价。

目前，各国将政策重点从末端治理转向控制污染源、进行总量控制，这在一定程度上反映了现有法规制度无法单独承担对环境和公共卫生造成的危机，从另一侧面也反映了生命周期评价将成为未来制定环境问题长期政策的基础。从某一角度看，生命周期评价反映了现有环境管理已转向各类污染源最小化一排放最小化一负面影响最小化的管理模式，这对实现可持续发展战略具有深远的意义。

2.1.4.5 环境标志

环境标志是一种标在产品或其包装上的标签，是产品的“证明性商标”。它表明该产品不仅质量合格，而且在生产、使用和处理处置过程中符合特定的环境保护要求，与同类产品相比，具有低毒少害、节约资源等环境优势。

发展环境标志的最终目的是保护环境，它通过两个具体步骤得以实现：一是通过环境标志向消费者传递一个信息，告诉消费者哪些产品有益于环境，并引导消费者购买、使用这类产品；二是通过消费者的选择和市场竞争，引导企业自觉调整产品结构，采用清洁生产工艺，使企业环保行为遵守法律法规，生产对环境有益的产品。

2.1.4.6 环境管理会计

1995 年，美国的世界资源研究所在 9 个美国企业中研究并发现成本核算中的问题：一是环境有关的成本和效益不易区分和识别；二是环境成本和效益在企业内的分配常常不正确，因而导致非优化的管理。现有的企业财会制度往往难以反映出环境成本和效益，在清洁生产实践中，这被证明是影响企业实施清洁生产的内部障碍之一。为正确全面地反映、评价清洁生产和清洁产品的成本与效益，国外在 20 世纪 80 年代末就已经开发应用了总成本核算、生命周期核算、全成本核算等主要核算方法。

A 总成本核算

1989 年，美国环保局和美国波士顿 Tellus 研究所合作完成的所谓紫皮书—《污染预防效益手册》中首次提出总成本核算，指出企业环境费用的 4 个层次：直接费用，包括基建费用、原料、运行和维护费用等；不可见费用，如监测、报告和审批费用等；责任费用，如企业所在的被污染场地的恢复费、相应的罚款等；不明显成本和效益，如环境改善后企业的市场形象提高带来的无形资产等。

总成本核算所涉及的常见项目如表 2-1 所示。

表 2-1 企业总成本核算常见成本和效益

层次	分类	细分类	主要内容
1	直接费用	可折旧成本	基建费用、工程、设备采购、材料、水电气管线的连通、场地费、设施、安装费
		运行费用	启动费、培训、试车的原料、原料、供应品、燃料、水电气、维修保养、人工费、残值
		运行收入	收入（尚未扣除成本时的收益）、副产品收入
		原料贮存	贮存设施、二级安全防护设施、培训、报告与记录、安全培训、容器和管道的标志
2	不可见费用	应急措施	应急反映计划、防止遗漏设备
		污染达标	安全设备、废物收集设备、排放控制设备、取样和分析化验、报告与记录、培训、有害与特殊废物的运输与处置、许可证有关的费用、监测、末端治理设施的基建、原料与运行费、排污费
3	责任费用		罚款、风险事故可能带来的人员伤亡赔偿、财产损失及对自然环境破坏、事故责任诉讼费、历史污染责任的赔偿费、恢复污染厂址的费用
4	不明显成本和效益	采购	产品开发研究、法规影响分析、库存控制
		生产	培训、废物收集与管理、检查与审核
		市场	企业及产品市场形象、公共关系
		管理	有关法规的分析研究、信息系统、保险、质量与环境管理体系的建立与维持、利息

在一般财务制度中，上述这些与环境有关的费用往往统一归到企业管理费用中，总成本核算就是将这些费用从管理费中分离出来，识别和量化各种不可见、不明显及责任环境成本，并将这些成本合理地分配到各个生产环节，以便发现哪些环节最需要改进，对各个产品、流程的获利性重新认识和评价，其结果往往有利于企业实行清洁生产。

运用总成本核算进行方案或项目评估时，与传统投资评估一样，采用投资偿还期、净现值法和内部收益率来分析。与传统核算不同，总成本核算可有效识别进而分配与环境有关的、过去被忽略或往往打入管理费的各种现行费用和预期费用。总成本核算面临的挑战是那些处于表 2-1 中 3～4 层次中的非传统性成本，其值往往难以获得。为了提高总成本核算的可操作程度，国外采用了很多的估算方法，如费用的敏感性分析、折现率的敏感性分析、折旧方法的敏感性分析和时间的敏感性分析等。为便于总成本核算的推广和应用，目前已有数种软件可供使用。

目前总成本核算主要应用于：(1) 改进企业内部财会管理系统，把过去一些较隐蔽的成本与效益定量化，并将其合理分配到各个环节；(2) 在项目投资分析时，正确评估真实的获利性，以鼓励清洁生产项目。对于成本转嫁、成本内部分配等问题，尚有待探讨解决。

B 生命周期核算

生命周期核算是将生命周期分析的结论转化为费用形式。生命周期费用核算不仅包括企业内部，而且延伸到企业外部，即产品生命的每个阶段所涉及的成本效益因素，特别是使用过程中材料和能源消耗，以及报废后处理和处置费用。国外一些公司在采购仪器设备或对其产品重新进行生态设计时，采用此法作经济评估。

C 全成本核算

全成本核算比生命周期核算更进一步，全成本核算包括生产、使用和处置过程对社会所造成的环境损失，例如对臭氧层的影响等。该法建立在生命周期分析的量化基础上，根据生命周期分析清单分析得出的物质/能源消耗量和污染量，换算成费用指标。

总成本核算主要针对清洁生产较直接有关的成本和费用节省，是用于企业内部财务核算和投资清洁生产项目时的经济可行性评估；生命周期核算将成本和节省扩展到产品的整个生命周期；而全成本核算则进一步将范围扩大到产品链以外，考虑与产品和生产过程不直接相关的环境损失和避免环境影响所节省的费用。相比之下，总成本核算和生命周期核算已在清洁生产和产品生态（重新）设计中找到用武之地，特别是总成本核算已逐步在国外很多企业发展的决策过程中发挥作用。

2.1.4.7 清洁生产公告制度

清洁生产公告制度是清洁生产市场化的最重要的形式。组织自愿申请，经清洁生产审核进行整改后，由国家权威部门验收。如符合标准，则由国家环保总局向全国公告其为清洁生产组织，同时公告其资源消耗和排污信息。为规范这一制度，验收标准和从业人员资质要由国家环保总局统一制定。

2.1.4.8 产业生态学和生态产业

产业生态学是生态产业的学科基础。产业生态学的研究对象是社会生产活动中自然资源从源、流到汇的全代谢过程及其与生命支持系统的相互关系。生态产业是按生态经济管理和知识经济规律组织起来的基于生态系统承载能力、具有高效的经济过程及和谐的生态功能的网络型进化型产业。它通过两个或两个以上的生产体系或环节之间的系统耦合使物质和能量多级利用、高效产出并持续利用。

生态产业的组合、孵化及设计原则主要有 10 点，即横向耦合、纵向闭合、区域整合、柔性结构、功能导向、软硬结合、自我调节、增加就业、人类生态和信息网络。广西贵港目前正在建设的生态工业园即是按以上 10 点原则设计的。

2.1.4.9 清洁生产诊断

清洁生产诊断与清洁生产审核一样也是一种预防污染的、系统化和科学化的分析和评估程序，与清洁生产审核的不同之处在于，清洁生产诊断的分析和评估对象是国民经济计划的编制过程、政策的制定过程以及区域或区域性组织，而清洁生产审核的分析和评估对象是组织。

清洁生产诊断是一套综合性很强的程序，其使用的工具包括生命周期评价、物料平衡、环境影响评价以及情景模拟、方案对比等。

2.2 清洁生产审核

2.2.1 清洁生产审核概述

2.2.1.1 清洁生产审核的涵义

清洁生产审核（Cleaner Production Auditing），也称为清洁生产审计，国外也称作污染预防评估或废弃物最小化评价。根据2004 年 8 月 1 日我国出台的《清洁生产审核暂行办法》，清洁生产审核是对组织现在的和计划进行的生产和服务实行预防污染的分析和评估程序，通过对一家公司工厂的具体生产工艺设备和操作的诊断，找出能耗高、物耗高、污染重的原因，掌握废物的种类数量以及生产原因的详尽资料，提出如何减少有毒和有害物料的使用以及减少废物产生的方案，经过对备选方案的技术经济及环境可行性分析，选定可供实施的清洁生产方案的分析评估过程。在实施预防污染分析和评估的过程中，制订并实施减少能源、水和原材料使用，消除或减少产品、生产和服务过程中有毒物质的使用，减少各种废物排放及其毒性的方案。

清洁生产审核是企业实施清洁生产的前提和核心。包括对企业生产全过程的重点或优先环节、工序产生的污染进行定量监测，找出高物耗、高能耗、高污染的原因，然后有的放矢地提出对策、制订方案，减少和防止污染物的产生。

清洁生产审核是企业实施清洁生产最主要和最具可操作性的方法。企业实施清洁生产审核的最终目的是节约资源，降低能耗，减少污染，保护环境，增强企业自身的竞争力。以生产过程为主体，从原料投入到产品改进，从技术革新到加强管理，发现问题，解决问题，持续实施的系统的完整的方法学。

2.2.1.2 清洁生产审核的对象

清洁生产审核对象是企业，其目的有两个：一是判定出企业中不符合清洁生产的方面和做法；二是提出方案并解决这些问题，从而实现清洁生产。清洁生产审核适用于第一、二、三产业和所有类型企业。

企业应当对生产和服务过程中的资源消耗以及废物的产生情况进行监测，并根据需要对生产和服务实施清洁生产审核。污染物排放超过国家和地方规定的排放标准或者超过经有关地方人民政府核定的污染物排放总量控制指标的企业，应当实施清洁生产审核。使用有毒、有害原料进行生产或者在生产中排放有毒、有害物质的企业，应当定期实施清洁生产审核，并将审核结果报告所在地的县级以上地方人民政府环境保护行政主管部门和经济贸易行政主管部门。

2.2.1.3 清洁生产审核的特点

从一个企业的角度出发，进行清洁生产审核就是通过一套科学、完整的程序来达到预防污染的目的，因此，清洁生产具备如下特点。

(1) 鲜明的目的性，清洁生产审核特别强调节能、降耗、减污、增效，与现代企业管理要求相一致。

(2) 系统性，清洁生产审核以生产过程为主体，考虑影响产生的各个方面，从原材料投入到产品改进、从技术革新到加强管理等，设计了一套发现问题、解决问题、持续发展的系统而完整的科学方法。

(3) 突出预防性，清洁生产审核的目标就是减少废物的产生，从源头削减污染，从而达到预防污染的目的，这个思想贯穿了审核的全过程。

(4) 符合经济性，污染物一经产生需要花费很高的代价去收集、处理和处置它，这就是末端治理费用往往使许多企业难以承担的原因，而清洁生产审核倡导在污染物产生之前就予以削减，不仅可减轻末端治理负担，同时可将污染物作为有用的原料，能有效的增加产品的产量，提高生产效率。

(5) 强调持续性，清洁生产审核十分强调清洁生产的持续性，无论是审核重点的选择还是方案的滚动实施，均体现了从点到面，逐步改善的持续性原则。

(6) 注重可操作性，清洁生产审核的每一个步骤均能与实际生产情况相结合，在审核程序上是规范的，即不漏过任何一个清洁生产机会，而在方案实施上则是灵活的，即当企业的经济条件有限时，可先实施一些无/低费方案以积累资金，再逐步实施中/高费方案。

2.2.2　清洁生产审核的过程

2.2.2.1　清洁生产审核的主要内容

企业在清洁生产审核过程中，主要涉及以下5方面的工作：

(1) 产品在使用中或废弃的处置中是否有毒、有污染，对有毒、有污染的产品尽可能选择替代品，尽可能使产品及其生产过程无毒、无污染；

(2) 使用的原辅料是否有毒、有害，是否难于转化为产品，产品产生的“三废”是否难于回收利用，能否选用无毒、无害、无污染或少污染的原辅料等；

(3) 产品的生产过程、工艺设备是否陈旧落后，工艺技术水平、过程控制自动化程度、生产效率的高低以及与国内、外先进水平的差距，找出主要原因进行工艺技术改造，优化工艺操作；

(4) 企业管理情况，对企业的工艺、设备、材料消耗、生产调度、环境管理等方面进行分析，找出因管理不善而造成的物耗高、能耗高、排污多的原因与责任，从而拟定加强管理的措施与制度，提出解决办法；

(5) 对需投资改造的清洁生产方案进行技术、环境、经济的可行性分析，以选择技术可行、环境与经济效益最佳的方案，予以实施。

企业清洁生产审核是对企业现在和计划进行地的工业生产预防污染的分析和评估，是企业实行清洁生产的重要前提，也是企业实施清洁生产的关键和核心。

通过清洁生产审核，达到以下目的：

(1) 核对有关单元操作、原材料、产品、用水、能源和废物的资料；

(2) 确定废物的来源、数量以及类型，确定废物削减的目标，制定经济有效的削减废物产生的对策；

(3) 提高企业对由削减废物获得效益的认识和知识；

(4) 判定企业效率低的瓶颈部位和管理不善的地方；

(5) 提高企业经济效益和产品质量。

2.2.2.2 清洁生产审核的思路

清洁生产审核的整体思路可概括为 3 个步骤。分别为判明废弃物在哪里产生，分析废弃物产生的原因，提出消除废弃物的方法。

判明废弃物在哪里产生：通过现场调查和物料平衡找出废弃物的产生部位并确定产生量。

分析废弃物产生的原因：这要求分析产品生产过程（如图 2-1）的每个环节，从 8 个方面，分析产生这些废弃物的原因。8 个方面分别为原辅材料（包括能源）、生产工艺、生产设备、过程控制、管理制度、员工技能、产品和废弃物。

提出消除废弃物的方法：针对每一个废弃物产生的原因，设计相应的清洁生产方案，包括无/低费方案和中/高费方案，方案可以是一个、几个甚至几十个，通过实验这些清洁生产方案来消除这些废弃物产生的原因，从而达到减少废弃物产生的目的。

清洁生产审核的一个重要内容就是通过提高能源、资源利用

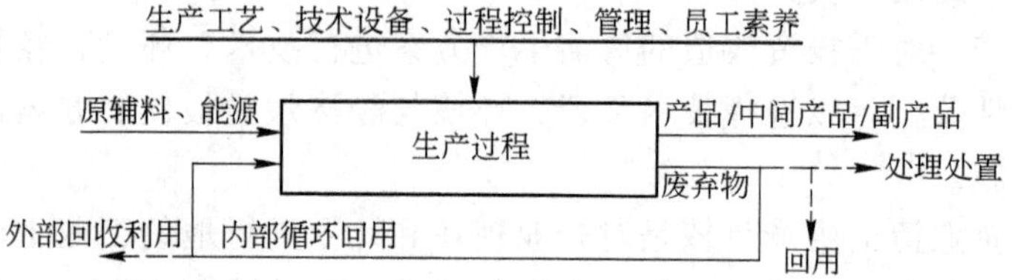

图 2-1 产品生产过程图

效率，减少废物产生量，达到环境与经济“双赢”目的。清洁生产审核的思路见图 2-2。

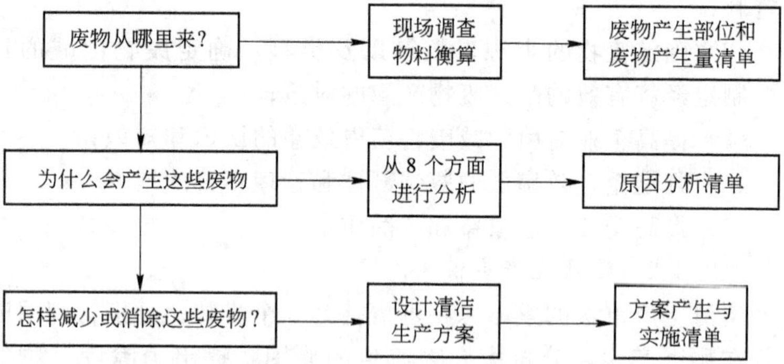

图 2-2 清洁生产审核思路图

2.2.2.3 清洁生产审核的形式

根据《清洁生产审核暂行办法》，审核分为自愿性审核和强制性审核。

国家鼓励企业自愿开展清洁生产审核。污染物排放达到国家或者地方排放标准的企业，可以自愿组织实施清洁生产审核，提出进一步节约资源、削减污染物排放量的目标。

污染物排放超过国家和地方排放标准，或者污染物排放总量超过地方人民政府核定的排放总量控制指标的污染严重企业，使用有毒有害原料进行生产或者在生产中排放有毒有害物质的企业，应当实施强制性清洁生产审核。

有毒有害原料或者物质主要指《危险货物品名表》(GB 12268)、

《危险化学品名录》、《国家危险废弃物名录》和《剧毒化学品目录》中的剧毒、强腐蚀性、强刺激性、放射性（不包括核电设施和军工核设施）、致癌、致畸等物质。

2.2.2.4 清洁生产审核方式

清洁生产审核可以采用企业自我审核、外部专家指导审核和清洁生产审核咨询机构审核三种方式。采用哪种方式审核，要看企业技术水平、管理水平、领导意识和主管部门的要求来决定。

2.2.3 清洁生产与清洁生产审核

在许多清洁生产审核程序指南或手册中，清洁生产审核程序通常包含有清洁生产方案的实施以及持续清洁生产的步骤。但从狭义上来看，当完成清洁生产方案的筛选、可行性分析及其建议后，即可认为一个清洁生产审核过程已经结束。对于属于由企业外部机构实施的清洁生产审核，采用这一概念是可行的。当然就企业而言，狭义清洁生产审核后自然是方案的实施，只有实施才能检验与衡量审核的效果，成为本次清洁生产审核工作的归宿。因此，对清洁生产审核得到的建议方案通过决策过程，进一步制定实施计划，并付诸实施可视为广义上清洁生产审核的一部分。它实质上是将审核作为清洁生产的一个有机组成，反映了清洁生产的P（计划）、D（实施）、C（检查）、A（改进）动态与持续改进的本质特征。

3 清洁生产与环境管理体系

3.1 环境管理体系产生的背景

3.1.1 环境管理体系的形成

环境管理体系是一个有组织有计划，而且协调运作的管理活动，其中有规范的运作程序、文件化的控制机制。它通过有明确职责、义务的组织结构来贯彻落实，目的在于防止对环境的不利影响。

1972 年 6 月 5 日，联合国人类环境大会在瑞典首都斯德哥尔摩召开。大会发表了著名的《人类环境宣言》，并成立了世界环境与发展委员会。世界环境与发展委员会承担了一项重新评估环境与发展关系的调查研究任务，历时 15 年，在考证大量素材后，于 1987 年出版了《我们共同未来》的报告，这篇报告首次引进了“持续发展”和“环境管理体系”的观念，敦促工业界建立有效的环境管理体系。

1992 年在巴西里约热内卢召开的“环境与发展”大会上，与会的各国政府领导、科学家和公众一致认为可持续发展是人类在全面总结自己的发展历程，重新审视自己的经济社会行为而提出的一种新的发展思路和发展模式。要实现可持续发展的目标，就必须改变工业污染控制战略，从加强环境管理入手，建立污染预防（清洁生产）的新观念。通过企业的“自我决策、自我控制、自我管理”方式，把环境管理融于企业全面管理之中。

为响应 1992 年联合国环境与发展大会提出的可持续发展目标，统一协调世界各国的环境管理标准，减少世界贸易中的非关税壁垒，国际标准化组织于 1993 年 6 月成立了环境管理技术委员会（ISO/TC 207），专门负责环境管理工作，主要工作目的就是要支持环境保护工作，改善并维护生态环境的质量，减少人类各项活动所造成的环境污染，使之与社会经济发展达到平衡，促进经济的可持续发展。其职责是在理解和制定管理工具和体系方面的国际标准和服务上为全球提供一个先导，主要工作范围就是环境管理体系（Environmental Management System，EMS）的标准化。为此，ISO 中央秘书处为 TC207 预留了 100 个标准号，标准标号为 ISO 14001～ISO 14100，统称为 ISO 14000 系列标准。自此，一个全新的概念——环境管理体系（EMS）产生了。

根据 ISO 14001 的定义，环境管理体系是一个组织的整个管理体系当中的一个组成部分，包括为制定、实施、实现、评审和保持环境方针所需的组织结构、计划活动、职责、惯例、程序、过程和资源。环境管理体系是一项内部管理工具，旨在帮助组织实现自身设定的环境表现水平，并不断地改进环境行为，不断达到更新更佳的高度。

3.1.2 环境管理体系的标准化发展

1990 年末，欧洲制定了两个有关计划，为公司提供环境管理的方法。第一个计划为 BS7750，由英国标准所制定；第二个计划是欧盟的环境管理系统，称为生态管理和审核法案（Eco-Management and Audit Scheme，EMAS），其大部分内容来源于 BS7750（British Standard 7750）。这两个计划实施后，欧洲的许多国家纷纷开展认证活动，由第三方予以证明企业的环境绩效。很多公司试用这些标准后，取得了较好的环境效益和经济效益。

同时，世界上其他国家也开始按照 BS7750 和 EMAS 的条款，并参照本国的法规和标准，建立环境管理体系。

另外一项具有基础性意义的行动则是 1987 年 ISO 颁发的世界上第一套管理系列标准——ISO 9000《质量管理与质量保证》取得了成功。许多国家和地区对 ISO 9000 系列标准极为重视，积极建立企业质量管理体系并获得第三方认证，以此作为开展国际贸易进入国际市场的优势条件之一。ISO 在成功制定 ISO

9000 系列标准的基础上，开始着手制定标准序号为 14000 的系列环境管理标准。因此可以说欧洲发达国家积极推行的 BS7750、EMAS 以及 ISO 9000 的成功经验是 ISO 14000 系列标准的基础。

环境管理体系这个概念产生以后，经过了 3 年的发展与完善，达到了可以用标准来衡量的程度。于是 ISO 考虑将其标准化，于 1996 年 9 月出台了两个国际标准——ISO 14001 和 ISO 14004 标准，这是环境管理体系标准化发展史上的一个非常重要的里程碑。

ISO 14000 环境管理体系标准把环境置于与产品开发、生产和服务同等重要的地位，强调环境保护与组织的每一部门、每一岗位、每一个人密切相关，从而给全球环境带来根本性变革，在世界范围内掀起了清洁生产、合理利用能源的“绿色革命”。

3.2 ISO 14000 简介

3.2.1 ISO 14000 概况

3.2.1.1 ISO 14000 的制定组织

ISO 是国际标准化组织（International Organization for Standardization）名称的英文缩写，是由多国联合组成的非政府性国际标准化机构。ISO 有正式成员国 120 多个，负责制定在世界范围内通用的国际标准，以推进国际贸易和科学技术的发展，加强国际间经济合作。

ISO 的技术工作是通过它的 2856 个技术机构开展技术活动。其中技术委员会（Technical Committee，简称 TC）共 185 个。根据工作需要，每个技术委员会可设若干分委员会（Sub-committee，简称 SC），目前共设有 611 个 SC，TC 和 SC 下面还设立了工作组（Working Group，简称 WG）2022 个，特别工作组 38 个。由技术委员会通过的国际标准草案提交各成员团体表决，只有取得至少 75％参加表决成员团体的同意，才能作为“国际标准”公布。ISO 技术工作的成果是正式出版的国际标准，即 ISO 标准。ISO 现已制定出国际标准共 10300 多个，主要涉及各行各业各种产品（包括服务产品、知识产品等）的技术规范。

ISO/TC207 是国际标准化组织于 1993 年 6 月成立的一个技术委员会，专门负责制定环境管理方面的国际标准，即 ISO 14000 系列标准，其编号为 TC207。该技术委员会由加拿大担任秘书处，下属 6 个委员会（SC）及一个工作小组（207/WG1）参与工作。目前计约有 20 个标准，ISO 14001 率先于 1996 年 9 月公布。

表 3-1 各分委会秘书处及工作小组所在国

机 构	所 在 国	机 构	所 在 国
SC1	英 国	SC5	法国
SC2	荷 兰	SC6	挪威
SC3	澳大利亚		
SC4	美 国	WG1	德国

3.2.1.2 ISO 14000 的主要组成、分类及运行构架

A 内容组成

ISO 为了将国际环境管理体系（EMS）整合进而标准化，推出了 ISO 14000 系列。它是为保护环境而制定的，旨在指导各类组织（企业、公司）取得和表现正确的环境行为。ISO 14000 系列标准共分环境管理体系、环境审计、生命周期评估、环境标志等 7 个系列，其编号为 ISO 14001～ISO 14100。

表 3-2 ISO 14000 系列标准 标准号分配表

标 准 号	名 称	英文简称	制定部门
14001～14009	环境管理体系	EMS	SC1
14010～14019	环境审核	EA	SC2
14020～14029	环境标志	EL	SC3
14030～14039	环境行为评价	EPE	SC4
14040～14049	生命周期评估	LCA	SC5
14050～14059	术语和定义	T&D	SC6
14060	产品标准中的环境指标	EAPS	WG1
14061～14100	备 用		

a 环境管理体系（Environmental Management System，EMS）

目前包括 ISO 14001、ISO 14002 和 ISO 14004 三项标准。该系列标准的主要目的是：规定了环境管理体系的要求，包括对中小企业的要求（ISO 14002）。该标准要求企业在环保事务上自行设定目标、测量环境、检讨目标、沟通再改进，不仅要符合现行环保法令，更希望企业将环保的观念推广到全机构或全行业，成为企业管理的观念和文件。具体要求是：

（1）实施、保持并改进环境管理体系；

（2）保证其自身遵循制定的环境方针；

（3）向他人证实遵循了环境方针；

（4）寻求外部组织对其环境管理体系进行认证/注册；

（5）进行自我评价并做出符合标准的自我声明。

该标准的全部要求适用于任何环境管理体系，为实施和改进环境管理体系，提供指南是 ISO 14004 标准的根本目的，它对环境管理体系要素进行了详细的论述。

b 环境审核（Environmental Auditing，EA）

环境审核指企业以有机系统的方式，全面分析其产品、服务、活动方式对环境造成的影响。在环境审核中，企业将发现问题，界定其自身的环保政策或目标，进一步修正计划，以达到环境目标。

c 环境标志（Environmental Label，EL）

环境标志于 1995 年 11 月更名为环境要求与公告（Environmental Claims and Declarations，EC&D）。依 TC 207 分为 3 种。

Ⅰ型：第三方认证用的生态标志，系世界各国或国际间所采用的环保标志制度。通过政府或政府所支持的非营利私人组织推动，有一定的申请标准及制度。

Ⅱ型：自我声明提供环境信息的标志。系制造商、进口商、经销商或零售商在产品或包装上利用文字、标志、图表所做的有利于环保的声明，即针对有关产品的环保内容作自我声明。

Ⅲ型：对声明的指标经独立检验而确定其产品质量的标志。系私人验证机构与申请厂商签约，经过测试核发使用环境标志，其产品的项目及规格标准并无公开的过程。

d 环境行为评价（Environmental Performance Evaluation，EPE）

目前有 ISO 14031 和 ISO 14032 两个标准。其主要目的：为组织进行环境表现评价过程的设计和实施，并将环境表现评价的有关信息通报给管理者和其他相关方；鼓励并促进各种类型、地点和规模的组织，主动使用环境表现评价方法；使组织不仅能满足其自身的需要，还能考虑到相关方的需求；该子系列标准作为一种内部的管理工具是一种通用标准。

e 生命周期评价（Life Cycle Assessment，LCA）

目前有 4 个标准 ISO 14040、ISO 14041、ISO 14042、ISO 14043 ，其主要目的是：为实施和报告生命周期评估的研究提供指南，从产品的市场调研、设计开发、制造、流通、使用、用后处置和再生利用的整个生命周期内，评价资源利用是否合理，控制污染的程度，以求达到资源利用最有效，无污染，废物还可再生利用的目的，最终解决环境问题。标准提供了对生命周期中每个环节进行评估的原则和方法。

f 术语与定义（Terms & Definition，T&D）

这是环境管理（EM）子系列的内容之一，其目的是对环境管理的术语进行汇总和定义；对环境管理的原则、方法、程序及特殊因素处理提供指南。

g 产品标准中的环境指标（Environmental Aspect in Product Standards，EAPS）

目前仅有 ISO 14060 一个标准，其目的是为产品标准制定者提供指南，最大限度地消除产品标准要求对环境产生不利的影响。

B 分类

ISO 14000 作为一个多标准组合系统，按标准性质分为

3 类：

（1）基础标准——术语标准；

（2）基本标准——环境管理体系、规范、原理、应用指南；

（3）支持技术类标准（工具），包括：环境审核、环境标志、环境行为评价、生命周期评估。

如按标准的功能，可以分为两类：

（1）评价组织，包括环境管理体系、环境行为评价、环境审核；

（2）评价产品，包括生命周期评估、环境标志、产品标准中的环境指标。

C　运行构架

在国际 EMS 架构中（见图 3-1），企业厂商建立 EMS 的认证登记及 EL 的认可和核发主要以 EA、LCA 及 EPE 为执行的工具和方法，而以 TD 及 EAPS 为准则，其中 EMS，EA 及 EPE 系统针对企业建立审核及整体绩效评估，都牵涉到第三者的验证，而 LCA，EL（EC&D）则针对产品评估作为消费者的导向。

总之，未来环境的管理是向建立一个系统化操作的方向发展，就是将 EMS 纳入企业的管理系统内，用系统化的方法来管

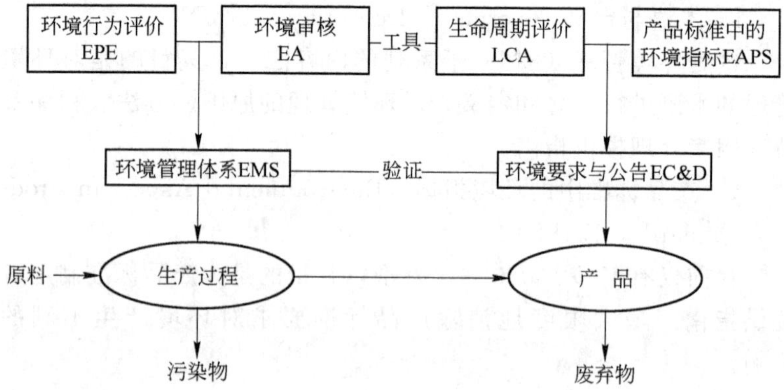

图 3-1　ISO 14000 系列标准的运作构架

理、测量、改进及沟通。

3.2.1.3 ISO 14000 系列标准国内外实施现状

A ISO 14000 在国外的实施情况

美国和日本吸取了制定 ISO 9000 系列标准不积极参与的教训，认为 ISO 14000 标准可消除贸易壁垒，减少国际活动中的损失。要持续改善环境问题，必须由企业自愿建立环境管理体系，并对环境保护做出承诺和不懈的努力才能解决实质问题。目前日本是通过认证企业最多的国家，电子和电气类、化学化工类、机械类占大多数。加拿大每一个城市都成立了推行 ISO 14000 办公室，目前加拿大已有 5、6 家大公司通过了 ISO 14001 认证。

欧洲在 1993 年 6 月颁布《生态管理与审核规则》(EMAS)，并于 1995 年 4 月认证生效，在起草 ISO 14000 时 EMAS 为重要参考之一。由于欧洲的环保意识起点高，目前是推行 ISO 14000 最积极的一个洲。德国 1978 年“蓝色天使”计划已超越了以往的末端治理模式。环境标志制度又称绿色标志制度或生态标志制度，已纳入 ISO 14000 体系。英国环境审核师注册协会受理了大批经过培训的技术人员的申请，这部分人活跃于世界各国，积极从事 ISO 14000 系列标准的审核工作。

东南亚地区在 ISO 14000 标准的实施上也表现出了相同的态势：泰国在 1996 年组织了 10 个企业参加 ISO 14000 试点工作，并着手成立认可机构；马来西亚也于 1995 年 12 月开始试点工作方案，由 32 个政府部门研究机构和民间团体共同参与 ISO 1 4000 的实施工作；菲律宾委托欧盟的一些咨询公司开展培训，仅 1995～1996 年就举办了二十余期 ISO 14000 系列标准的审核员培训。

B ISO 14000 在我国的实施情况

我国自从 1996 年 10 月等同采用 ISO 14000 环境管理体系标准以来，通过认证的企业为数不多。尽管推行 ISO 14000 环境管理体系标准是在我国已经成功实施 ISO 9000 标准的大环境下进行的，但通过 ISO 14000 的企业数量却与通过 ISO 9000 的企业数量相差很远。

就目前情况看，我国企业生态经济管理组织设置尚处于探索阶段。一些大中型企业在环境保护浪潮的冲击下，正积极努力建设和健全企业生态经济管理组织。有些企业还建立了由厂长（经理）负责，副厂长（副经理）或总工程师主管环境管理的领导体制，并制定了一定的环境管理计划，设有环境目标和指标，由环境管理机构利用一系列的监测手段和措施做好企业的环境保护工作。但是，实施的过程及效果却并不理想。这说明我国企业的环境管理组织机构及制度虽已初步建立，但只有进一步完善，才能加快推行 ISO 14000 环境管理标准的步伐。

ISO 14000 环境管理标准实施不理想的企业内部原因主要是思想认识滞后、财力物力限制和体制缺失。针对内部条件存在的问题，要建立和实施 ISO 14000 标准，就必须加强宣传和培训，提高企业人员的环境意识；结合实际情况，建立 ISO 14000 环境管理体系；建立健全企业环境管理机制。

3.2.2 环境管理体系标准（ISO 14001、ISO 14004）概况

3.2.2.1 ISO 14001 的主要内容及运行模式

A ISO 14001 的主要内容

ISO 14001 中文名称是环境管理体系规范及使用指南，是国际标准化组织针对规范组织环境行为颁发的系列标准中的核心标准，于 1996 年 9 月正式颁布。

ISO 14001 标准对环境管理体系的要求共涉及 17 个要素（见表 3-3），根据各款功能，可从 5 个方面加以解释。

（1）环境方针　这是环境管理的指导原则和宗旨，由最高管理者或者集体根据自身特点加以制定。方针内容至少包括遵守环境法律、法规和其他要求的承诺，对持续改进和污染预防的承诺，提供建立和评审环境目标和指标的框架等内容。

（2）规划　规划是环境管理体系中最重要的部分，它要求组织及时发现活动、产品和服务各时期各类型的环境因素问题，并

根据法律和法规的要求确定环境管理重点，形成组织具体的环境管理目标和考核指标，同时制订动态性的环境管理方案。

表 3-3 环境管理体系的一级要素和二级要素

要素层级	一级要素	二级要素
要素名称	（一）环境方针	1. 环境方针
	（二）规划（策划）	2. 环境因素 3. 法律和其他要求 4. 目标和指标 5. 环境管理方案
	（三）实施和运行	6. 组织结构和责任 7. 培训、意识和能力 8. 信息交流 9. 环境管理体系文件 10. 文件控制 11. 运行控制 12. 应急准备和反应
	（四）检查和纠正措施	13. 检测和测量 14. 不一致纠正和预防措施 15. 记录 16. 环境管理体系审核
	（五）管理评审	17. 管理评审

（3）实施与运行　明确组织各成员的环境职责和权限，并形成环境管理体系文件，确定实施方法和操作规程，有效保证体系顺利运作，确保重大环境因素始终处于受控状态。

（4）检查与纠正措施　要求组织建立并保护文件化的监督检测和纠正机制，在管理体系运行过程中根据环境管理目标和指标对重大环境因素进行检测和评价，对不符合项目进行调查分析并及时予以纠正。

（5）管理评审　管理审核是最高管理者或者集体对整个环境管理体系的评判和方向性把握，以重新调整战略，部署并开展新的工作，促进体系进一步完善和提高，保证环境管理体系的持续改进。组织实施 ISO 14001 标准意味着要在其内部建立一套标准化的环境管理体系，它的一切活动、产品和服务都应满足法律和法规的要求，经认证机构评审合格后方能获得认证证书，使得组织的环境管理工作得到国际承认。

这 5 个基本部分包含了环境管理体系的建立过程和建立后有计划地评审及持续改进的循环，以保证组织内部环境管理体系的不断完善和提高。

B 环境管理体系各要素的内在联系及运行模式

在环境管理体系中，环境因素是全部环境管理工作的基础和着眼点。只有尽可能充分地识别和评价出企业可控制及可望施加影响的环境因素，才能使环境管理体系具备工作基础。

针对环境因素这个最基本、最重要的要素，如何进行有效的控制，就是贯穿整个环境管理体系的结构主线。一般可以通过两种控制方式展开，其一可对重要环境因素制订环境目标指标和具体的环境管理方案，进行阶段性的控制；其二可对需持续控制的环境因素制订运行控制程序，对具有潜在环境影响的环境因素考虑其异常和紧急状态，制订应急准备与响应程序，加以控制。环境因素控制方式见图 3-2。

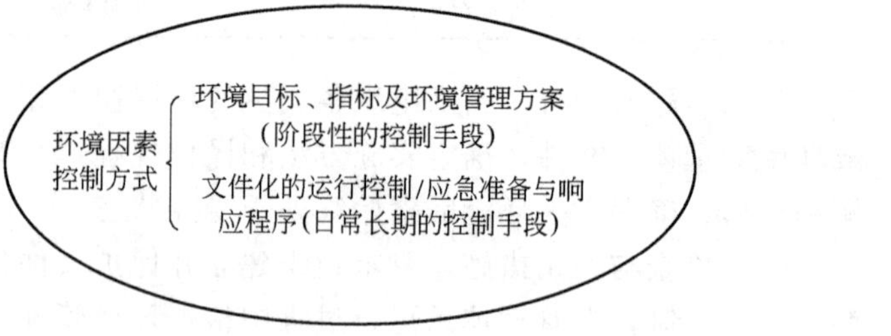

图 3-2 环境因素两种控制方式图

结合环境因素控制的结构主线综合来看，环境管理体系的实施，需要两种控制方式双管齐下。此外，某些环境因素在环境目标指标和管理方案这种阶段性的控制实施完成后，需相应转变为通过运行控制/应急响应程序进一步加以控制。

环境管理体系的运行模式是由德明（Deeming）模式转化来的 PDCA 循环。它是全面质量管理所应遵循的科学程序。全面质量管理活动的全部过程，就是质量计划的制订和组织实现的过程，这个过程就是按照 PDCA 循环，不停顿地周而复始地运转的。它是改善企业环境管理、有效提高企业环境绩效的重要方法，是环境管理体系运行的基本模式。

德明模式在 ISO 9000 中充分地运用并取得了成功。德明模式将企业活动分为 4 个阶段：

（1）计划（Plan），即策划阶段，建立企业的总体目标以及制定实现目标的具体措施；

（2）实施（Do），即行动阶段，为实现企业目标而执行计划和采取措施；

（3）检查（Check），即评估阶段，检查按规划而执行的有效性和效率，并将结果与原规划进行比较；

（4）评审和改进（Action），即纠正措施阶段，改进识别出来的缺点和不足，修改规划使之适应变化的情况，必要时对程序予以加强或重新确定。

这是一个动态循环的管理过程框架，以持续改进的思想指导组织系统地实现目标，环境管理体系成功地运用了这一著名传统模式并给予它新的内涵和应用范围，并使环境管理体系与企业传统管理相融合。ISO 14001 的 17 个基本要素在 PDCA 循环中的关系如表 3-4 所示。

表 3-4　PDCA 循环中各标准要素的关系

序号	PDCA 阶段	步　骤	包括 ISO 14001 标准要素	对应要素名称
1	计划阶段	（1）发现问题； （2）分析原因； （3）寻找主要原因； （4）制定解决计划	4.3 4.3.1 4.3.2 4.3.3 4.3.4	环境方针； 环境要素； 法律与其他要求； 目标和指标； 环境管理方案

续表 3-4

序号	PDCA 阶段	步 骤	包括 ISO 14001 标准要素	对应要素名称
2	实施（执行）阶段	（5）执行计划	4.4.1 4.4.2 4.4.3 4.4.4 4.4.5 4.4.6 4.4.7	机构和职责； 培训、意识与能力； 信息交流； 环境管理体系文件编制； 文件管理； 运行控制； 应急准备与响应
3	检查阶段	（6）检查计划执行情况或问题的解决情况	4.5.1 4.5.2 4.5.3 4.5.4	监测与测量； 不符合、纠正与预防措施； 记录； 环境管理体系审核
4	改进阶段	（7）经验和好的做法及时总结、标准化或制度化； （8）遗留问题、新问题转入下次循环	4.6	管理培训

3.2.2.2 ISO 14001 在 ISO 14000 中的地位

ISO 14001 的 5 个部分与 ISO 14000 系列标准的其他标准均有联系，可以说 ISO 14000 的核心是 ISO 14001，由建立体系而派生出一系列相关的判定、审核、方法及定义、标准。因此 ISO 14001 是处于 ISO 14000 核心位置的龙头标准，其他标准是对它的补充和解释。其位置可以由图 3-3 来表示。

规划部分必须以生命周期评估为基本方法开展对组织的分析，还应以环境标准、环境标志为目标进行规划，因此规划部分与 ISO 14040 有关。

监测及纠正措施部分也与 ISO 14000 的其他标准有关，特别是审核、行为评价均不能脱离监测手段和内部纠正措施。

3.2.2.3 建立环境管理体系（EMS）的主要工作内容

一个组织要建立 ISO 14001 环境管理体系主要经过前期准

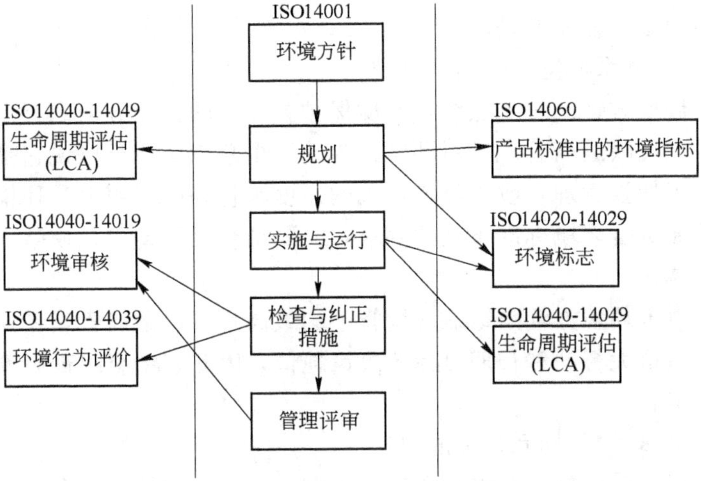

图 3-3 ISO 14001 环境管理体系的主要特点

备、初始环境评审、环境管理体系策划和设计、环境管理体系的试运行和调整、环境管理体系的评审、环境管理体系的认证等 6 个过程。

A 前期准备工作

建立 ISO 14001 环境管理体系，必须首先做好前期的准备工作，通常推动和执行的前期工作可归纳为：获得高层领导的承诺与支持；确定执行 EMS 的目的和范围；与企业其他管理系统的整合性计划；确认投入的资源和人力；向所有员工宣传建立 EMS 的宗旨以及开展相应的培训。

B 初始环境评审

没有正式实施 EMS 的企业在开始进行工作前，最好先进行一次先期的环境审查，以作为参考。即先期审查（Initial review）的结果将对企业了解自身与 ISO 14001 要求的差距及确认进一步评估的必要性提供了帮助。

C 体系策划与设计

环境管理体系的策划与设计是体系的重中之重，其工作主要包括：体系环境方针、环境保护目标和指标的制定、环境管理方案的制定、体系文件的设计。

a 体系环境方针的制定

环境方针是一个组织在环境保护方面总的指导方向和行动原则，也反映最高管理者对环境行为的一个总承诺，可以说它是组织关于加强管理，改进环境表现的态度和行动的声明书。环境方针既要符合环境标准条款的要求，又要结合具体情况，使基本承诺具体化。

由于环境方针是组织环境管理的最高宗旨，最高管理者处于对组织重大行动和长期目标的决策地位，因此它由组织最高管理者制定。

b 环境目标和指标的制定

环境目标是一个组织在确认了自身的环境方针后，在规划自己的行动时确定的环境绩效的总体目的。确定目标时应考虑环境因素和环境影响，以及初始评审的结果。环境目标和指标与重大环境因素密切相关，必须满足国家法律、法规及有关要求，同时符合地方实际情况，经济允许、技术可行。

c 环境管理方案的制订

环境管理方案是实现环境目标和指标的具体措施。环境管理方案要明确每一个部门和每一个岗位的责任，要落实资源配置、技术措施、工作进度。

环境管理方案就是制订每个有关职能和层次为实现环境目标、指标应具有的职责及达标时间表，以使环境方针得以付诸实践。它包括：规定每一有关职能机构在实现目标和指标中的责任、实现目标和指标的方法和时间表。

环境管理方案的制订这一环节在“规划”模块中很重要，起着承上启下的作用，由制定的方案而引导出“实施”模块。

d 设计体系文件

环境管理体系文件是体系运行的核心保证。环境管理体系文件包括环境管理手册、程序文件、作业指导书及支撑性文件。

ISO 14001的系统架构采用PDCA循环手法，如何开展实施EMS，因企业的状况和特点而不同，但ISO 14001文件中提供了一般性的原则和步骤可以作为推动EMS的整个过程的参考。

3.3 清洁生产与ISO 14000环境管理体系

3.3.1 清洁生产审核与环境管理体系审核

清洁生产如前所述是一种战略思想、一种工业生产的目标模式，它是高层次的、宏观的决策，体现在工业布局、国民经济计划、区域发展方针和产业政策等诸方面。而清洁生产审计是保证清洁生产实现的技术和管理工具，它是在行业层次和部门层次进行的微观操作。在中国，清洁生产与清洁生产审计这两个不同层次的概念在实际应用中常常混淆，通常所提到的清洁生产是指引进清洁生产技术和进行清洁生产审计。

清洁生产审计是对计划中的和正在运行的企业生产过程实行分析和评估活动，旨在帮助企业发现高物耗、高能耗、高污染的原因，有的放矢地提出对策和方案，最大限度地提高资源、能源的利用水平，减少污染。它的基本思路是利用产品生命周期分析和过程的物料-能源平衡原理，从原料选择、生产工艺改进、过程参数调整、设备和人员的管理、废弃物的处置以及产品特性等方面分析和核算，找出污染物产生或物料流失的源头、数量和原因，进而针对问题及其原因提出若干个备选方案，并用给出的评价指标对备选方案从技术、环境和经济3方面综合评估，然后实施优化方案，实现对产品的投入、生产、使用和废弃全过程的污染预防和控制。

清洁生产审计是相对的、动态的、持续发展的，不同的时期和背景，其内容和目标值均有所不同。

环境管理体系审核是客观地获取审核证据并予以评价，以判断一个组织的环境管理体系是否符合环境管理体系审核准则的一个系统化并形成文件的验证过程，包括将这一过程的结果呈报委托方。环境管理体系审核的对象是体系，目的是审核体系的符合性和有效性，审核方法是用客观证据（文件、记录、面谈、现场观察结果）与审核准则（ISO 14001 标准、受审核方的环境管理体系文件、适用的环境法律法规）比较，发现其不足，促进体系和环境行为的改善。整个审核过程/程序是系统化和文件化的，审核结果应该公正、客观。

3.3.2 清洁生产与 ISO 14000 环境管理体系的综合应用

3.3.2.1 清洁生产应用于 ISO 14000 对我国环境管理的作用和意义

A 深化环境管理，进一步调动政府与企业自主管理的关系

a 企业真正成为环境管理主体，实现环境管理方式根本转变

多年来我国的环境管理主要依靠政府环境保护行政主管部门行使职能，政府通过运用经济、法律、技术、行政、教育等各种手段，限制企业损害环境质量的活动，使经济发展与环境相协调。这一认识的出发点是政府对企业的制约，企业作为受制的一方，不能主动地进行广泛参与。事实上，政府、企业和公众在环境管理中应该扮演不同的角色。政府通过制定政策、法律、法规，建立激励机制等对企业和公众的行为施加影响；企业通过组织生产为社会发展创造财富，通过技术进步和创新为人类解决环境问题提供硬件支持，尤其重要的是通过自主的环境管理规范企业的环境行为；公众作为环境污染的受害人，对政府和企业起着监督的作用。目前，环境管理发达的国家越来越重视三方之间互制互动的关系，特别是企业和公众的自觉行动。

企业通过将清洁生产与 ISO 14000 的互动推进，真正成为环境管理实施主体。在实施过程中，组织在环境管理方面自我管理、自我约束；在管理方式上实现了由被动管理向自主管理、由“要我做”到“我要做”的根本性转变。各级行政主管部门则更多实施协调监督工作。伴随着管理方式的改进，清洁生产从技术上促进了 ISO 14000 的实施，也必然会使我国环境管理体制进一

步合理有效。

b ISO 14000标准与清洁生产审计制度相结合，强化组织环境管理

清洁生产审计经验运用在企业ISO 14001标准的过程中，使确定目标、优化方案和评价体系有效性的工作更具可操作性。环境管理体系审核也因为包含了清洁生产审计而充实、有实效和不流于形式。

我国已经有很多进行过清洁生产示范工作的企业实施了ISO 14001标准，清洁生产审计工作也依托管理体系形成了持续、有效保障制度。多数组织在建立环境管理体系之初，就要同时考虑适用的清洁生产技术，并在目标指标设立、环境管理方案比选时采用清洁生产审计技术，使两者相辅相成，企业实现了减少污染、降低能耗、提高效益的目的，切实完善改进了企业内部的环境保护工作。

c 强调污染预防，推进清洁生产技术

清洁生产是一项系统工程，要对生产全过程以及产品的整个生命周期采取污染预防措施，因为更多侧重技术，必然要求企业具备相应的管理手段。

ISO 14000环境管理体系规范了企业环境保护工作，并与质量管理、职业安全健康管理工作融合，形成全面管理局面。企业通过实施环境管理体系推进清洁生产技术的落实。

B 合理利用资源，实施推动环境与经济协调发展

a 节约资源，减少污染排放

在我国，生产型企业造成的工业污染源是环境污染的主要污染源。我国现有工业（包括乡镇工业）的总体技术水平比较落后，资源的利用效率不高，单位产品的能耗物耗高于发达国家的水平，大量有用资源成为废物，流失于环境之中。

根据国家环保局1985年至1989年组织完成的《全国工业污染源调查评价与研究》的分析结果表明，我国环境污染，尤其是工业污染的原因，除了工业发展与防治工业污染的经济承受能力

不相协调之外，其直接原因在于我国工艺技术水平落后，设备陈旧，企业环境管理不善等。因此，我国环境污染控制的重点是对工业企业污染源的控制。而清洁生产与 ISO 14000 在企业中的结合应用，直接效果就表现为给企业节约能源资源，减少污染排放，从根本上解决我国的环境污染问题。

b　推动组织由粗放型管理向集约型管理转变

随着市场经济体制的日益完善，企业的物质生产模式逐渐由粗放型向集约型转变。与此同时，在环境管理领域，传统的环境管理模式也逐渐变化，从末端治理转向全过程管理和污染综合预防。清洁生产技术的推广就是基于这一转变。而 ISO 14000 环境管理系列标准是一套充分体现全过程管理和污染综合预防理念的环境管理模式。技术层面与管理层面的相互融合，可以使企业环境管理具有操作性，并且推动组织的生产由粗放型管理向集约型管理转变。

C　突破绿色贸易壁垒，在 WTO 中建立与世界接轨的新机制

由于 ISO 14000 系列标准是以市场驱动为前提的，ISO 14000 的推广将对国际贸易产生深远的影响。这种影响主要表现在两方面：一是对产品市场准入的影响，这是最为直接的影响；二是对产品竞争力的影响，这是间接的影响。

a　对产品市场准入的影响

我国已经成为世界贸易组织的正式成员。世贸组织（WTO）对贸易与环境的问题高度重视，并与国际标准化组织（ISO ）在有关问题上有着积极合作，因此，ISO 标准在 WTO 中受到了特别的待遇。WTO 的《技术贸易壁垒协定》与《卫生与植物检疫协定》要求各国在制定国内法规时以国际标准为基础。其中《技术贸易壁垒》特别涉及 ISO 14000，并对如何制定、设计和执行包括环境领域在内的强制性技术法规和自愿标准，制定了规范。该协议承认 ISO 标准，使得 ISO 14000 系列标准具有了更大的影响力。

ISO 14000 本身不含绝对的环境行为要求，而以各国自己的法律法规作为基础，辅以管理手段。如果清洁生产技术与 ISO 14000 标准相结合应用，可以促进中国实施 ISO 14000 系列标准的速度及规模，提高产品竞争力与我国作为发展中国家的市场准入能力，突破贸易壁垒。

b 对企业竞争力的影响

清洁生产技术使 ISO 14000 标准具有广泛可操作性。在实施过程中，按照标准要求建立环境管理体系，组织内部横向的不同岗位及纵向的各个层次形成一个全方位的环境管理网络，相关人员均受到岗位培训，了解各自岗位的环境因素、岗位责任。清洁生产技术（包括清洁生产审计实施）也需要有同样的员工培训交流过程。因此，当清洁生产和 ISO 14000 标准并行推进时，所带来的最显著变化就是组织内全体人员的环保意识得到普遍提高，从而为环境管理工作创造了一个良好的社会氛围，推动企业自身和全社会的可持续发展。

3.3.2.2 企业推行 ISO 14000 环境管理体系和清洁生产各阶段的整合

清洁生产与 ISO 14000 环境管理体系相辅相成，互相促进，这种辩证关系为清洁生产和 ISO 14000 环境管理体系的综合应用提供了有利条件。表 3-5 列出了两者在各阶段的具体整合方式。

表 3-5 企业推行 ISO 14000 环境管理体系和清洁生产各阶段的整合

阶段	清洁生产	ISO 14000 环境管理体系
策划与组织阶段	1. 领导决策； 2. 组织成立工作小组； 3. 制定工作计划； 4. 开展宣传与计划	
	克服思想观念、技术、资金物资、政策法规等障碍	任命管理者代表

续表 3-5

<table>
<tr><th>阶 段</th><th>清 洁 生 产</th><th>ISO 14000 环境管理体系</th></tr>
<tr><td rowspan="2">初始评审/预评估和评估阶段</td><td colspan="2">1. 现状调研与现场考察；
2. 通过物料平衡或投入产出等方法确定环境因素或评价产污排污状况，以找出重大环境因素或审计重点；
3. 确立环境方针、目标和指标或设置清洁生产目标</td></tr>
<tr><td>(1) 准备审计重点资料（工艺流程图)；
(2) 实测输入输出物流；
(3) 建立物料平衡图；
(4) 分析废弃物产生原因；
(5) 提出和实施无/低费方案</td><td>(1) 明确法律、法规及其它要求；
(2) 评审现有管理制度的有效性；
(3) 对以往环境事故、时间调查及纠正预防措施评价；
(4) 编写初始环境评审报告</td></tr>
<tr><td rowspan="2">方案制定、文件策划与编写/方案产生及筛选和可行性分析阶段</td><td colspan="2">1. 制定环境管理方案或清洁生产方案；
2. 分类汇总并筛选可行管理/技术方案</td></tr>
<tr><td>(1) 继续实施无/低费方案，核定并汇总方案实施效果；
(2) 编写清洁生产中期审计报告；
(3) 进行市场调查、技术评价、环境与经济评估；
(4) 推荐可实施的中/高费方案</td><td>(1) 将目标指标分解到相关职能层次；
(2) 确定文件结构，提出文件编写计划，下达手册、程序文件、作业指导书编写任务；
(3) 评审文件有效性、可行性和符合性</td></tr>
<tr><td rowspan="2">实施阶段</td><td colspan="2">1. 发布实施体系文件或组织方案实施；
2. 控制重大环境因素有关要素的运行</td></tr>
<tr><td>(1) 汇总已实施无/低费方案的成果；
(2) 验证已实施中/高费方案的成果；
(3) 分析总结已实施方案对企业的影响</td><td>(1) 确定人员资格要求，进行培训；
(2) 制定应急预案并进行评审和检验；
(3) 实施绩效测量和评价；
(4) 补充制定相关文件</td></tr>
</table>

续表 3-5

阶段	清洁生产	ISO 14000 环境管理体系
评审改进/持续清洁生产阶段	申请 ISO 14000 环境管理体系认证或申请清洁生产审核	
	(1) 建立和完善清洁生产组织和管理制度； (2) 制定持续清洁生产计划； (3) 编制清洁生产审计报告	(1) 培训内审员； (2) 对体系进行 1～2 次内审； (3) 纠正审核中发现的不符合项； (4) 最高管理者主持管理评审

3.3.2.3 清洁生产审核在环境管理体系中的具体应用

清洁生产审核在环境管理体系应用的总体思路是，以清洁生产作为建立环境管理体系的指导思想，依托环境管理体系作为二者在操作上的结合主体，应用清洁生产审核方法，并按 ISO 14001 的要求建立环境管理体系，在清洁生产思想的指导和体系内外监督机制的作用下，真正在组织机构的环境活动的各个方面预防污染的发生，不断取得环境绩效的改进。

A 在初始环境评审中的应用

初始环境评审的主要内容是明确组织机构所适用的法律、法规和其他要求，并以此为根据，评价组织机构的环境行为；识别和评估生产过程中潜在的环境问题和关注的问题，并根据法规的要求和本组织机构的本身价值观评价出重要环境因素；评价组织机构现有环境管理制度的有效性及与 ISO 14001 的差距。在清洁生产审核的预评估过程中，现状调研和现场考察本身就是对组织机构符合法规制度、环境管理制度、环境行为以及使用的原材料和能源及产出进行源清单调查，确定环境因素。通过权重总和计分法或其他的方法确定审计重点，也即是企业应重点关注的问题和目标指标。因此，通过清洁生产审计的预评估方法，就可系统地完成环境管理体系初始环境评审工作。对在初始环境评审阶段利用清洁生产审核方法发现的清洁生产无/低费方案，应积极实施，以贯彻清洁生产边审核、边实施、边见效的方针，并纳入到环境管理体系中，在文件编制和体系运行中将清洁生产无/低费方案固定下来，以使它们能持续下去。

B 在环境管理体系策划中的应用

在环境管理体系的策划过程中，应确立以清洁生产思想，建立环境管理体系的意识，并在承诺提供资源用于建立符合 ISO 14001 标准的环境管理体系时，将资源优先配置于采用清洁生产方式解决环境问题的需要，而不是优先投向末端治理，把清洁生产审核工作计划与环境管理体系的建立和运行结合起来。环境管理体系策划中的重要内容，是制定环境目标、指标和管理方案，环境管理方案的确定就是针对目标指标制定相应的实施方案。在清洁生产审核的评估阶段，主要应用物料平衡的定量方法，确定审核重点的生产过程中造成的损失和污染的程度，并从原料、工艺、设备、管理、过程控制、员工、产品和废物利用等方面提出解决问题的思路，也即环境管理方案，真正体现了预防污染的思想。清洁生产审核方案的产生与筛选以及可行性分析，提供了一套详细的方案产生、筛选及进行可行性分析的方法，并对备选方案，从技术、环境、经济三方面综合评估，给出相应的评价指标，确定最终实施方案。因此，采用清洁生产审核中的方案产生、筛选和可行性分析的方法来制定环境管理方案，可以确保环境管理方案的最优性，并体现预防污染的思想。

C 在体系文件中的应用

在体系文件编制过程中，把清洁生产思想渗透到体系的各级文件中去。在环境方针中承诺清洁生产；在环境目标、指标的制定上，充分考虑清洁生产指标（如单位产品物耗、能耗等）的改进；在环境管理方案制定和实施上，以清洁生产方案为主，而将末端控制方法作为补充；在机构和职责上，将清洁生产相关内容纳入设计、研究开发及生产部门的职责范围（以清洁的原料、能源，采用清洁的工艺，生产清洁的产品）；在培训上，把清洁生产的内容纳入培训计划并作为全员培训的重点；在信息交流中，及时把组织机构的清洁生产有关要求传递到相关方中去，并对供方和承包方实施清洁生产施加影响；站在清洁生产的高度，监察和纠正不符合清洁生产原则的做法和行为；在内部审核和管理评审中，将清洁生产作为重要的审核和评审内容。

D 在体系运行中的应用

在体系的运行过程中，按照文件所写内容切实贯彻清洁生产思想，使环境管理体系按清洁生产审核的思路运行下去，预防污染，持续改进环境绩效。

E 在内部审核和管理评审中的应用

在内部审核和管理评审过程中，把清洁生产指标的改进与否作为重要的评价依据。体系是否得到正确的实施与保持，不仅在于对于体系文件不折不扣的执行，更在于环境绩效的改善，其中，组织的生产是否变得更清洁（Cleaner）是体系是否有效运行的一个有力的证明。

3.4 环境管理体系审核认证

3.4.1 环境管理体系审核认证程序

3.4.1.1 申请组织须符合的条件

在中国符合以下条件的组织（包括中外合作、合资及外资企业）均可自愿申请环境管理体系认证：

（1）持有法定登记注册证明，如独立法人地位证明文件、工商行政管理部门颁发的《企业法人营业执照》；

（2）遵守国家及地方有关环境保护法律、法规、标准；

（3）排放污染物达到国家或地方规定的污染物排放标准；

（4）未达到国家或地方规定的污染物排放标准，但已经按照地方政府下达的限期治理期限的有关规定制定了污染物排放达标计划及地方政府规定的总量控制指标达标计划；

（5）已按 ISO 14001 标准建立环境管理体系，并实施运行满3个月。

申请组织享有的权利：

（1）与审核中心协商确定审核计划、审核组成员；

（2）与审核组共同确认不符合报告并对审核报告提出意见；

(3) 利用各种宣传媒体进行认证宣传;

(4) 对中心认证活动、人员、认证结果提出申诉、投诉。

3.4.1.2 环境管理体系认证程序

环境管理体系认证程序运作方式如图 3-4 所示。大致可将以上程序分为以下 4 个阶段。

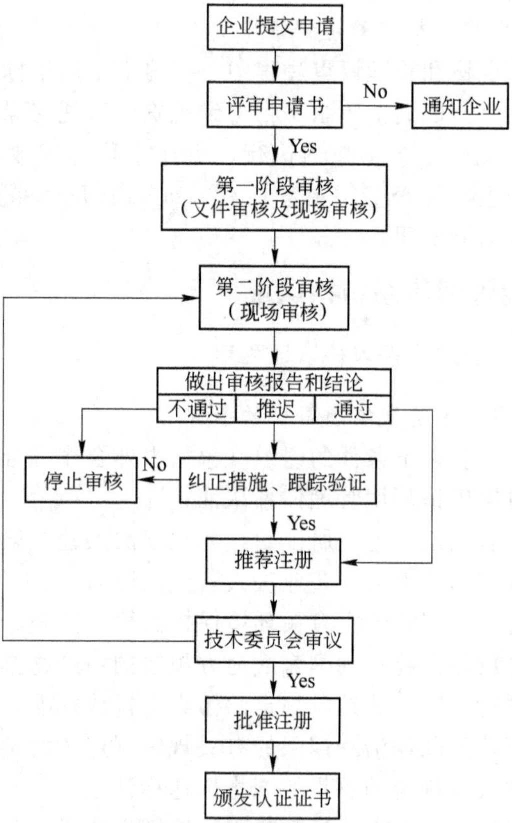

图 3-4 环境管理体系认证程序流程图

A 受理申请方的申请

申请认证的组织首先要综合考虑各认证机构的权威性、信誉和费用等方面的因素,然后选择合适的认证机构,并与其取得联系，提出环境管理体系认证申请。认证机构接到申请方的正式申请书之后，将对申请方的申请文件进行初步的审查，如果符合申请要求，与其签订管理体系审核/注册合同，确定受理其申请。

组织应按中心的要求填写环境管理体系认证申请书，并提供认证必须的文件：

（1）同意遵守认证要求、提供审核所需信息的声明；

（2）组织的基本情况，如组织的名称、地址、法律地位、组织的性质、规模、主要产品及工艺流程、组织环境管理体系主要责任人及其技术资源；

（3）组织的地理位置图、厂区平面图、工艺流程图、污染物分布图、地下管网图、“环评”批复、“三同时”验收报告、监测报告、污染物排放执行标准；

（4）环境管理体系手册、程序及所需的相关文件。

B 环境管理体系审核

在整个认证过程中，对申请方的环境管理体系的审核是关键的环节。认证机构正式受理申请方的申请之后，迅速组成一个审核小组，并任命一个审核组长，审核组中至少有一名具有该审核范围专业项目种类的专业审核人员或技术专家，协助审核组进行审核工作。审核工作大致分为3步：文件审核、现场审核和跟踪审核。

C 报批并颁发证书

根据注册材料上报清单的要求，审核组长对上报材料进行整理并填写注册推荐表，该表最后上交认证机构进行复审。如果合格，认证机构将编制并发放证书，将该申请方列入获证目录，申请方可以通过各种媒介来宣传，并可以在产品上加贴注册标识。

D 监督检查及复审、换证

在证书有效期限内，认证机构对获证企业进行监督检查，以保证该环境管理体系符合ISO 14001标准要求，并能够切实、有效地运行。证书有效期满后，或者企业的认证范围、模式、机构名称等发生重大变化后，该认证机构受理企业的换证申请，以保

证企业不断改进和完善其环境管理体系

3.4.2 环境管理体系两个审核阶段的区别

环境管理体系认证由两个阶段组成，因此一般情况下，环境管理体系认证审核分两个阶段进行。只有特小型组织，可不进行第一阶段审核而直接进行第二阶段审核。这里对一般情况进行探讨。

环境管理体系审核的两个审核阶段的目的和内容各有侧重。如果审核人员不能很好把握，就会由于第一阶段审核不充分，使第二阶段审核无法进行；或者由于第一阶段审核过细，使第二阶段重复进行审核。

3.4.2.1 两个审核阶段的目的不同

第一阶段审核的目的，通过对受审核方的管理权限、活动领域和现场区域等各个方面进行了解与观察，确定第二阶段的审核范围；通过对若干核心要素与 ISO 14001 标准符合性的审核，以及受审核方对审核中所发现问题的整改情况，确定第二阶段审核的可行性和条件；通过对组织所建立的文件化、结构化环境管理体系的了解，包括环境因素及其相关环境影响，体系的策划和自我完善机制的实施状况，确定第二阶段的审核重点。

第二阶段审核的目的，证实受审核方实施了其环境方针、目标指标，并遵守了环境管理体系的各项相应程序；证实受审核方的环境管理体系符合 ISO 14001 标准的所有要求，能够实现其环境方针和目标；评价受审核方的环境管理体系是否符合审核准则，以决定其是否可以通过环境管理体系认证并推荐注册。

3.4.2.2 两个审核阶段内容的区别

在第一阶段审核中，首先是对环境管理体系文件进行审核。体系文件包括环境管理手册、程序文件及其他有关资料。通过文件审核，确定受审核方的体系文件是否满足 ISO 14001 标准及相关法律法规的要求，是否可以作为现场审核的准则之一。

第一阶段现场审核的主要内容，审核环境方针的适宜性，环境管理体系整体策划的合理性，体系自我监督保障、持续改进机制的完备性。

在第一阶段审核中，要全面了解受审核方的基本情况，包括机构职能和产品、活动、服务的特点、过程及方式、现场分布及重要环境控制岗位等。通过对受审核方的环境因素识别与评价程序执行情况的审核，确定其环境因素识别的充分性及重要环境因素评价的合理性。通过对环境管理体系核心要素的审核，判定环境因素与环境方针、法律法规、目标指标、管理方案、运行控制、应急准备与响应、监测与测量等要素的一致性。通过查阅内审程序、计划、结果记录，确认受审核方内审的可信度。通过查阅管理评审记录，证实受审核方的管理评审已经完成且有效实施。通过查阅受审核方的环境监测报告、环保无违规证明等材料，确认其与法律法规及其他要求的符合性。

第二阶段审核的主要内容，全面掌握受审核方的环境管理体系是否符合 ISO 14001 标准的所有要求，能否实现其环境方针和目标。

第二阶段审核的范围必须覆盖环境管理体系所涉及的各有关部门和重要活动现场，必须对 ISO 14001 标准的所有要素进行全面审核，判定受审核方的环境方针是否得到贯彻实施，环境目标指标是否按规定的计划完成，环境管理方案和运行控制程序是否得到遵守，规定的日常监控和监测是否被执行，内审和管理评审是否有效实施。

4 绿色化学与绿色工业

4.1 绿色化学原理

4.1.1 绿色化学的提出及其含义

4.1.1.1 绿色化学

美国国会早在 1990 年，就明确提出了“污染预防”这一概念，要求杜绝污染源，指出最好的防止有毒化学物质危害的办法是从一开始就不生产有毒物质和不形成废弃物。并提出了一个与环境保护密切相关的新学科——绿色化学（Green Chemistry）。

绿色化学是一个概括性概念，即一种“具有给予能力的或可操作的科学，利用它可使经济和环境的发展协调地进行”。目的就是设计没有或尽可能小的对环境产生负面影响的，并在技术上、经济上可行的化学品和化学过程。它是实现污染预防的基本的和重要的科学手段，包括许多化学领域，如合成、催化、工艺、分离和分析监测等。

4.1.1.2 绿色意识

绿色意识是人类追求自然完美的一种高级表现，它不把人看成大自然的主宰者，而是看作大自然中的普通一员，追求的是人对大自然的尊重以及人与自然的和谐关系。

绿色意识与环保不同，它们属于两个不同层次的概念。通常所说的“环保意识”带有明显的被动状态，带有比较强的功利目的。我们经常谈到环境污染给人类带来多少疾病和多大经济损失等等，实际上还是把人放在与自然相对立的位置上，在这种思想指导下，人们可以去治理和解决一些急迫的污染问题，但对于眼下不对人产生危害而仅仅对自然界产生危害的问题，反应就不那么积极了。只有在以绿色意识为核心谈环保意识的时候，才会有正确持续的产物。

绿色意识的发展产物就是绿色科技，绿色科技的范围比绿色化学广得多。是以绿色意识为指导研究与环境兼容、不破坏生态平衡、节约资源和能源的绿色科学和工程技术，它的目标在于研究可持续发展的源头战略问题。由于当今世界主要的环境问题大部分直接与化学反应、化工生产过程及它们的产物有关，因此绿色化学便自然而然地成为绿色科技的重要组成部分。

因此，绿色化学又可定义为以绿色意识为指导，研究和设计对环境副作用尽可能少，在技术和经济上可行的化学和化工生产过程。

4.1.1.3 绿色化学与环境化学的区别

绿色化学不同于环境化学。环境化学是一门研究污染物的分布、存在形式、运行、迁移及其对环境影响的科学。绿色化学则要求副作用尽可能小，它是一种理念，是人们应该倾力追求的目标。它的最大特点在于它是在始端就采用实现污染预防的科学手段，因而过程和终端均为零排放或零污染。它研究污染的根源和本质在哪里，它不是去对终端或过程污染进行控制或进行处理。事实上，没有一种化学物质是完全良性的，化学品及其生产过程或多或少会对人类产生负面影响。绿色化学的目的就是用化学方法在化学过程中预防污染，将传统的化学研究和化工生产从“粗放型”转变为“集约型”，充分地利用每种原料组分，做到物尽其用。

4.1.2 绿色化学的原则

绿色化学是在源头上就防止污染的产生，并将防止污染的理念和行动贯穿于生产、消费全过程的一项行动纲领。美国的总统科技政策顾问 P. T. Anastas 博士和麻省大学的 J. C. Waner 教授提出了绿色化学的十二条原则，绿色化学的原则图如图 4-1 所示。大致可概括如下：

(1) 预防环境污染（Prevention） 防止废物的生成，而不是废物产生后再处理，这既能带来经济效益又能带来环境效益，通过有意识地设计不产生废物的反应，分离、治理和处理有毒物质的必要就减少了；

(2) 原子经济性（Atom Economy） 绿色化学的主要特点是原子经济性，原子经济性的目标是设计合成方法时，应尽可能使用于生产加工过程的材料都进入最后的产品中，最大限度地利用了反应原料，最大限度地节约了资源，最大限度地减少了废物的排放，因而最大限度地减少了环境污染，适应可持续发展的要求；

(3) 无害（或少害）的化学合成（Less Hazardous Chemical Syntheses） 绿色化学所设计的合成方法都应该使用和产生对人类健康和环境具有小的或没有毒性的原料和产品；

(4) 设计安全化学品（Design Safer Chemicals） 化学产品应该设计的使其有效地显示出期望的功能而毒性最小；

(5) 使用安全的溶剂和助剂（Safer Solvents and Auxiliaries） 所使用的辅助物质包括溶剂、分离试剂和其他物品使用时都应是无害的；

(6) 设计要有能源经济性（Design for Energy Efficiency） 化学加工过程的能源要求应该考虑它们的环境和经济的影响并应该尽量节省，如果可能，合成方法应在室温和常压下进行；

(7) 使用可再生的原料（Use Renewable Feedstock） 在经济合理和技术可行的前提下，选用可再生资源代替消耗资源，如用酶为催化剂，以生物质（生物体中的有机物）为原料的可再生资源代替不可再生的资源，如石油等，符合生态循环的要求；

(8) 减少衍生物（Reduce Derivatives） 如果可能尽量减少和避免衍生化学反应，因为，此种反应需要添加额外的试剂并且可能产生副产物或废物；

(9) 新型催化剂开发（Catalysis） 尽可能选择高选择性的催化剂，高选择性的催化剂在选择性和减少能量方面优于化学计量反应，高选择性使其所产生的废物减少，催化剂在降低活化能的同时，也使反应所需能量降到最低；

(10) 设计要考虑降解 (Design for Degradation) 化学产品的设计应使它们在功能终了时分解为无害的降解产物且不在环境中长期存在;

(11) 预防污染进行实时分析 (Real-Time Analysis for Pollution Prevention) 要进一步开发新的分析方法，使可进行实时监测的生产过程在有害物质形成之前给予控制;

(12) 防止事故发生的安全化学 (Inherently Safer Chemistry for Accident Prevention) 在化学过程中使用的物质及物质形态的选择应使其尽可能地减少发生化学事故的潜在可能性，包括排放、爆炸以及着火等。

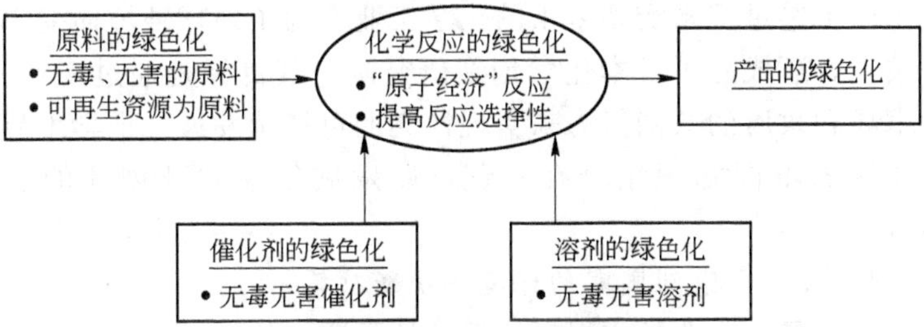

图 4-1 绿色化学的原则图

这 12 条原则目前为国际化学界公认，它也反映了近年来在绿色化学领域中所开展的多方面的研究工作内容，同时也指明了未来绿色化学的发展方向。

4.1.3 各国政府对绿色化学的政策

4.1.3.1 美国"总统绿色化学挑战奖"

1991 年美国环保局开始将绿色化学纳入其工作的重心。1995 年 3 月，美国总统克林顿宣布设立"总统绿色化学挑战奖"，并于 1996 年在华盛顿国家科学院颁发了第一届奖项。这是世界上首次由一个国家的政府出台的对绿色化学实行的奖励政策。其目标为至 2020 年地球日时，将废弃物减少 40%～50%，每套装置消耗原材料减少 20%～25%。另外，美国在国家实验室、大学与企业之间组成了绿色化学院。这些政府行为极大的促进了绿色化学的蓬勃发展。

4.1.3.2 日本的“阳光计划”

日本政府早在 20 世纪 70 年代发生了世界能源危机后，启动了一批诸如研究开发新能源技术的“阳光项目”、研究开发节能技术的“月光项目”和其他环境保护技术开发项目。进入 90 年代，一个由政府规划，旨在防止全球气候变暖、在 21 世纪重建绿色地球的“新阳光计划”开始实施，其主要内容为能源和环境技术的研究开发，该计划提出了“简单化学”（Simple Chemistry）的概念，即采用最大程度节约能源、资源和减少排放的简化生产工艺过程来实现未来的化学工业，为了地球环境而变革现有技术。还成立了日本化学创新研究院，其目标是通过工业界、学术界和政府的共同努力来实现社会的可持续发展，把学术界和工业界的不同知识结合在一起，以发展创新并开创新的工业领域。

4.1.3.3 欧洲国家的环境保护新政策

德国是一个非常重视环境保护的国家，从 20 世纪 80 年代中期开始实施一系列环境保护措施。在绿色化学方面，1997 年底联邦政府正式通过了一个名为“为环境而研究”的计划，主要包括 3 个主题：区域性和全球性环境工程、实施可持续发展的经济及进行环境教育。计划的年度预算达 6 亿美元，其中将实施可持续发展经济的部分内容交给了化学工业。此外，德国联邦教育科学研究和技术部还与化学工业在研究、技术开发、教育和创新等方面建立了正常的对话，可持续发展的化学被确定为这一对话固定的主题之一。

在英国，一项绿色化学奖于 2000 年开始颁发，该奖分为 3 类：一是被称作“Jerwood. Salters 环境奖”的年度学术奖，奖金额为 10000 英镑，用于奖励那些与工业界密切合作而卓有成就的年轻学者，另两项年度奖用于奖励在技术、产品或服务方面做出成绩的英国公司，其中至少有一家为中小型企业，这两项奖励为奖品和证书。

荷兰利用税法条款等方法来推进清洁生产技术的开发和应用，对采用革新性的清洁生产或污染控制技术的企业，其投资可按1年折旧（其他投资的折旧通常为10年）。每年都组织一批工业界和政府的专家对这些革新性的技术进行评估，一旦被认为已获得足够的市场，或被认为应定为法律强制要求采用者，即不再评为革新性技术。清洁生产的概念在荷兰已相当深入广泛，由于荷兰在清洁生产技术领域的成功，其编制的若干清洁生产审核手册（包括通用性和行业性的）已被联合国环境规划署和世界银行译成英文向世界各国推广。

4.1.4 绿色化学在中国的发展和研究战略

在未来的相当时期内，石油、煤炭、天然气仍将是我国的主要能源和基本有机化学品的主要原料。目前，我国在使用汽油、柴油、煤的过程中给环境造成了很大的污染；矿物资源没有得到环境友好的利用，制约了我国工业与环境的协调发展；大量生物再生资源被浪费，缺乏战略和基础研究。化工行业污染物排放见表4-1。

表 4-1 化工行业污染物排放情况

产品名称	污染物名称	单位	产物系数	排污系数
合成氨	废水量	m^3/t	644.21	138.53
	悬浮物	kg/t	11.61	10.18
	氰化物	kg/t	0.4	0.18
	挥发酚	kg/t	0.064	0.012
	油	kg/t	0.45	0.30
	氨氮	kg/t	16.09	12.39
	COD	kg/t	21.46	10.36
	硫化物	kg/t	0.74	0.4
	CO	kg/t	212.39	142.27①
	氨	kg/t	23.62	13.61
	炉渣	kg/t	664.33	34.11
	炭黑	kg/t	20.09	0.04②

续表 4-1

产品名称	污染物名称	单　位	产物系数	排污系数
尿 素	废水量	m^3/t	1.65	1.6
	氨氮	kg/t	10.79	2.72
	尿素	kg/t	5.3	1.60
	COD	kg/t	0.77	0.72
	氨	kg/t	3.5	2.06
	尿素粉尘	kg/t	2.38	2.33
硫 酸	砷	kg/t	140.2	5.9
	氟	kg/t	298.8	98.5
	二氧化硫	kg/t	16.69	13.46
	硫酸雾	kg/t	0.377	0.312
硝 酸	氮氧化物	kg/t	22.26	7.14
磷 酸	废气氟	kg/t	2.95	0.29
	废水氟	kg/t	28.9	1.9
	废水 P_2O_5	kg/t	34.5	0.58
磷 铵	NH_3	kg/t	13.2	1.34

①以煤（焦）为原料生产合成氨的污染物；

②以油为原料生产合成氨的污染物。

近些年，绿色化工技术在我国得以兴起和迅速发展。如利用绿色化工技术将我国每年 15 亿 t 的农作物秸秆转为化学品，可制取 2～3 亿 t 乙醇、8000 万 t 糠醛和 3 亿 t 木质素，创造数百亿元的价值；采用“羰基氧化甲醇法”制取碳酸二甲酯，与“光气法”相比，除了无毒无害外，成本还降低了一半；以酶转化法替代传统方法生产丙烯酰胺，可节省投资 50%，质量更加优异。目前以绿色化学技术制取生态农药、抗菌剂、有机酸和各种酶制剂已得到工业化应用，并产生了很好的经济效益和社会效益。

但是，从目前国家需求和未来的战略眼光两个方面来看，必须加强以下 3 个方面的基础研究工作。

（1）突出强调绿色合成技术、方法和过程的研究　从我国国民经济技术支柱产业之一的石油化学工业 2015 年前的国家重大需求来看，对产量大且环境污染严重的加工技术的绿色化，应加强以石油资源绿色加工利用为背景，选择清洁汽油、柴油、基本有机化学品生产、重要精细化学品、农药和药物的绿色化学合成作为基础研究的工作对象，其科学目标是通过对石油化工及精细化工过程反应机理、环境友好反应原料（试剂）、新型催化剂、反应介质的研究，实现高原子经济性、高选择性反应，发展石油化工、精细化工的环境友好技术，为逐步建立与环境协调的可持续发展的化学工业提供化学和化学工程的科学技术基础。

（2）重视发展可持续再生资源的利用和转化技术　作为生物学的最主要成分的木质素和纤维素是地球上极为丰富、且可再生的有机资源，每年产生约有1640亿t，而为人类所利用的还不到20%，这些资源绝大部分在自然界中自然腐烂、分解，木质素几乎没有得到有效利用，而且由于产生量大，对环境造成了巨大危害。因此，开展可再生资源的转化与利用的基础研究，对于21世纪国民经济的可持续发展和人类走向生态经济具有十分重要的意义。

（3）加快解决矿物资源高效利用中的绿色化学问题　我国钢铁产业现居世界第一，有色金属的产量居世界第二。但是，我国矿产资源特点是复杂，以多元素共生、伴生矿为主，结构复杂，化学分离困难，用传统的化学反应与分离方法，有用成分利用低，环境问题严重，关系到我国社会和经济的可持续发展。例如，攀枝花矿有用金属的利用率仅为10%，包头稀土回收率仅为5%，大量排放造成严重的资源与环境问题，冶金过程的绿色化工迫在眉睫。近年国内外迅速发展的绿色冶金（绿色化工）的关键问题都集中在基于环境协调发展的概念，系统地研究复杂矿物转化过程，特别是内在的化学规律，以及设计新的化学反应和新的反应过程，从源头有效地利用资源和减少排放，实现资源开发利用与环境生态的协调发展。

2000年，我国绿色化工产品销售额达500亿元，20%的化工工程被生化反应所取代，生态农药创产值4.5亿元，占农药总产值的15%左右。随着绿色化学技术的突破，21世纪绿色化工在很多方面完全取代了传统化学工业并创造出传统化工不能制取的新型化学品，同时也可能实现使用绿色植物代替石油作为有机化工原料和能源。

4.2 绿色工业与清洁生产

绿色工业又叫生态工业，即以工业生态理论为指导，绿色设计和绿色制造为主要内容的新兴工业形态，绿色工业的作用就是最大限度地提高资源利用效率，从工业生产源头上将污染物排放量减至最小，甚至实施零排放技术，发展循环经济，实施工业区建设的革命性变革。

4.2.1 绿色工业的理论基础——工业生态学

4.2.1.1 工业生态学的含义

1989 年 9 月，美国通用汽车公司的研究部副总裁罗伯特·福布什（Robert Frosch）和负责发动机研究的尼古拉斯·加罗什（Nicolas Gallopoulos）在《科学美国人》杂志上发表的题为《可持续工业发展战略》的文章首次提出了工业生态学（Industrial Ecology，IE）的概念，认为工业系统应向自然系统学习，并可以建立类似于自然生态系统的工业生态系统，在这样的系统中每个企业必须与其他工业企业相互依存、相互联系从而构成一个复合的大系统，以便运用一体化的生产方式来代替过去简单的传统生产方式，减少工业对环境的影响。

关于工业生态学的定义，不同学者有不同的表述，主要有以下 4 点：（1）强调 IE 是一门综合性学科；（2）强调系统思想的重要性；（3）强调 IE 是实现可持续发展的重要手段；（4）强调工业生产的生态化。

以上定义的基本思想是一致的，认为工业体系是生物圈的一个子系统，正在进行其进化过程，在工业活动中，寻求从矿物原料到加工后的材料，从产品组件到产品，从废品（可循环利用）到最终的废弃物等，一系列过程中实现生态优化和工业物质封闭循环的理论与方法。

Thomas Graedel 描述了自然生态系统的进化过程，即生态系统的物质流动由开放型—半开放型—封闭型进化，从图 4-2 中可以看出，生态系统进化到几乎完全的封闭型物质循环，系统中资源和废物是相对的，一个物种的废物可以是另一物种的资源，系统内部的物质循环是封闭的，只有太阳能作为永久性能源输入。

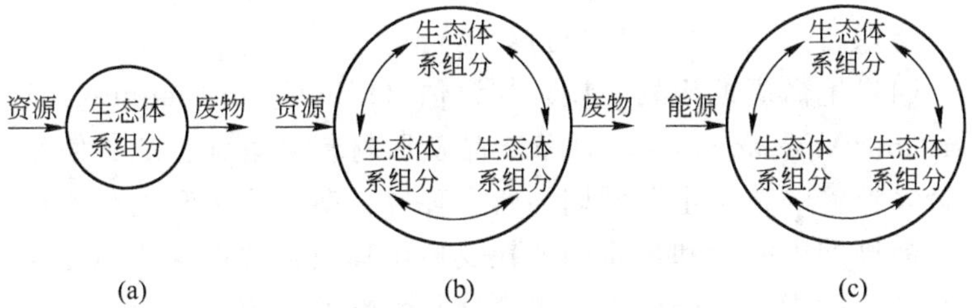

图 4-2 生态系统进化图

(a)“开发型”生态过程中的物质流动；(b)“半开发型”生态过程中的物质流动；(c)“封闭型”生态过程中的物质流动

而现有工业系统原料浪费严重，废物量极大，阻碍了工业生态系统的良性循环。工业生态学研究的目的就是要改变工业生态观念，建立新的工业生态模式，使工业系统物质流动从开放型到半开放型或封闭型进化和发展。它采用工业代谢、生态周期分析和产业系统分析的手段，对工业活动全过程进行定性描述和定量模拟，谋求经济与环境的效益统一，实现人类社会的可持续发展。

4.2.1.2 工业生态学的内容

近十年来，工业生态学研究进展迅速，工业生态学的内涵也不仅仅限于戴维·布泽利讲的减少排放废气废物、减少化学污染和降低能耗。其内容可概括为 6 个方面：

(1) 物质和能量流动 (Material and Energy Studies) 又称工业代谢 (Industrial Metabolism)，研究工业系统、区域及全球物质流向的量化及其对自然生态系统的影响和减少这些影响的技术方法；

（2）非物质化和非碳化（Dematerialization and Decarbonization） 寻找工业经济活动中绝对或相对减少所需原料与能量的办法，如减少资源投入，延长产品生命周期，采用非矿物燃料生产等；

（3）技术创新与环境（Technological Change and the Environment） 研究发展加速工业体系进化的理论及技术，使工业系统能像自然生态系统那样持续运行；

（4）生命周期规划、设计与评估（Life Cycle Planning，Design and Assessment） 评价产品从原材料采集到生产、使用直至最终处置的整个生命周期的所有环境负荷，辨识和量化产品整个生命周期中能量和物质的消耗及环境释放，评价这些消耗和释放对环境的影响，最后提出减少这些影响的措施；

（5）生态再设计（Eco-Redesign） 寻求新概念的产品设计，要求在产品设计阶段，考虑生态和经济的平衡，及产品对环境可能造成的影响，以便生产出整个生命周期内对环境影响最小的产品，建立可持续产品的生产和消费体系。

4.2.1.3 生态工业园区

生态工业园区（以下简称园区）是依据清洁生产要求、循环经济理念和工业生态学原理，仿照自然界生态平衡过程中物质循环的方式来规划工业生态系统（生态工业园）的一种可持续发展的工业模式。

以工业生态学为理论基础建立的生态工业园，既考虑到了单个企业的清洁生产问题，又鼓励园区内的企业相互交换副产品，从系统一体化的角度建立工业共生网络，提高了园区的生态及资源效率。目前许多国家以工业生态学为原则进行了一系列的实践活动，如丹麦的卡伦堡生态工业园、日本通产省发起的生态工厂研发计划、美国能源部环保局的未来环境发展计划以及我们国家的广西贵港国家生态工业示范园区等。

A 生态工业示范园区的内容和目标

生态工业示范园区是在区域层面上通过废弃物交换建立的生态产业链，在企业群体之间实施的循环经济。如果说清洁生产是在单个企业内部将环境保护延伸到企业有关的方方面面，是循环经济的第一阶段，那么生态工业园区则是在企业群落的各个企业之间，即在更高的层次和更大的范围内提升和延伸了环境保护的理念与内涵，是循环经济发展的第二阶段。

在生态工业园（链）中，各种生产过程不是相互孤立的，它通过物流或能流传递等方式，把不同工厂或企业连接起来，形成共享资源和互换副产品的产业共生组合，使一个生产流程中的半成品、废弃物、排放物可以作为另一生产流程的原料、能源而加以利用（再资源化、再能源化、深加工），在产业系统中建立“生产者-消费者-分解者”的循环系统，通过物质集成、水系统集成、能源集成、技术集成、信息共享、设施共享等途径，把系统（生态流程）中各种生产过程从原料、中间产品、废弃（排放）物直至产品的物质循环，扩展到系统（生产流程）以外的生产流程中去，形成生态工业园（链），达到资源、能源、投资的最佳利用，最终实现园区的污染“零排放”，同时收到环境效益，实现环境友好。

生态工业园区的目标体现在：

(1) 设法将人类系统与自然系统进行充分的结合；

(2) 减少对能源和材料的使用；

(3) 减少工业活动对自然系统可承受程度产生的生态影响；

(4) 保护自然系统的生态可靠性；

(5) 确保人们满意的生活质量；

(6) 维持工业、贸易和商业系统的经济可靠性。

B 生态工业示范园区的特征和类型

生态工业示范园区的主要特征：

(1) 紧密围绕当地的自然条件、行业优势和区位优势，进行生态工业示范园区的设计和运行；

(2) 通过园区内各单元间的副产物和废物交换、能量和废水的梯级利用以及基础设施的共享，实现资源利用的最大化和废物排放的最小化；

(3) 通过现代化管理手段、政策手段以及新技术（如信息共享、节水、能源利用、再循环和再使用、环境监测和可持续交通技术）的采用，保证园区的稳定和持续发展；

(4) 通过园区环境基础设施的建设、运行，企业、园区和整个社区的环境状况得到持续改进。

生态工业示范园区有 3 种模式：零排放生态工业园（Zero-Emissions Eco-Industrial）；模拟生态工业园（Virtual Eco-Industrial Parks）；生态发展（Eco-Development）。

具体的生态工业示范园区的类型有 4 种。

(1) 已具有较好生态工业雏形的工业区域或园区。建设重点是在完善已有的生态工业链的基础上，形成稳定的生态工业网。

(2) 尚未建成或尚不具有规模的园区。建设重点是以生态工业的理论和方法，指导建设一个新的工业园区。

(3) 门类较多、企业数量大的工业区域或园区（如我国的大批国家和地方级的科技园区和经济技术开发区）。建设重点是在这些园区中引进生态工业和循环经济理念，采用生命周期观点和生态设计方法，使产品生命周期中资源消耗量少、废物产生量小、易于拆卸回收，由此优化产品结构，并合理构建和完善产品链，从而提高资源效率，降低环境排放，为园区寻找新的经济增长点，促进园区的持续发展。

(4) 虚拟园区。其园区企业在地理上分散，但仍然组成一个生态工业系统。建设重点是从废物循环利用、资源梯级利用入手，遵循市场价值规律，规划建设生态工业网络，建立企业间稳定、持久的物质和能量流动关系。

目前国际上最成功的生态工业园区是丹麦的卡伦堡生态工业区。该园区以发电厂、炼油厂、制药厂和石膏制板厂四个厂为核心企业，把一家企业的废弃物或副产品作为另一家企业的投入或原料，通过企业间的工业共生和代谢生态群落关系，建立纸浆-

造纸、肥料-水泥和炼钢-肥料-水泥等工业联合体。这样，不仅降低了治理污染的费用，而且企业也获得了可观的经济效益。

4.2.2 绿色设计

4.2.2.1 绿色设计的内容

绿色设计（Green Design）也称为生态设计、环境设计、生命周期设计或环境意识设计，是系统地考虑环境影响并集成到产品最初设计过程中的技术和方法。其基本思想是在产品的设计阶段将环境因素和预防污染的措施纳入产品设计之中，将产品的环境属性和资源属性，如可拆卸性、可回收性、可制造性等作为设计的目标，并行地考虑并保证产品的功能、质量、寿命和经济性。

绿色设计要求在产品设计时，选择与环境友好的材料、设备和制造工艺，在使用过程中能耗最低，不产生或少产生毒副作用；在产品生命终结时，要便于产品的拆卸、回收和再利用，所剩废弃物最少。在最大程度上减少对环境系统的破坏，达到与环境协调发展的目的。

绿色设计主要包括 6 方面内容，见图 4-3。面向环境的产品方案设计一般是指涉及产品原理、方法、总体布局、产品类型、包装运输等方面的选择和设计。面向环境的产品结构设计的主要目标是采用尽可能合理和优化的结构（包括有利于包装运输和良好的人机工程的结构），以减少资源消耗和浪费，从而减少对环

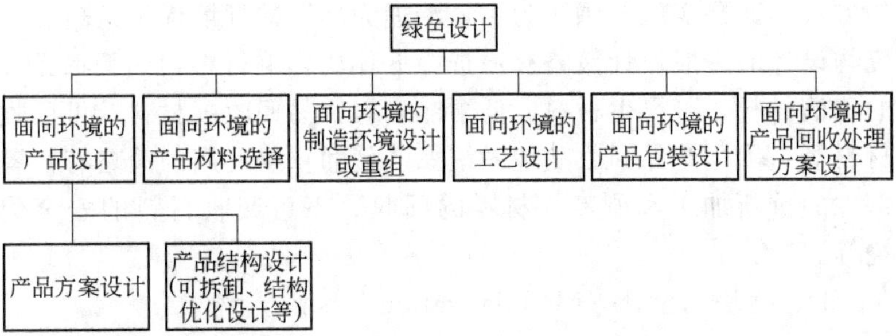

图 4-3 绿色设计内容的框架图

境的负面影响；面向环境的产品包装设计方案就是要从环境保护的角度出发，优化产品的包装方案（从包装材料的选取、包装制品的制造到包装制品的回收处理及包装成本等的优化），使得资源消耗和环境负影响最小。所以在工业设计中要对生产全过程的每一环节可能对环境的影响做出评估，以达到清洁生产。

4.2.2.2　绿色设计的方法

A　面向制造和装配的设计（Design For Manufacturing & Assembly，DFMA）

DFMA 是一种使产品更容易制造和装配的设计方法，它提供了一种从装配和制造的观点分析设计方案的系统化方法。能使产品更简化，装配和制造费用更少，如通过优化零件结构、功能，减少零件数目，就能减少装配时间节省安装费用。

B　面向拆卸的设计（Design For Disassembly，DFD）

良好的拆卸性能和回收性能是绿色设计的主要内容，拆卸是回收的前提，回收则是在产品淘汰废弃后以较为经济的方式实现重复利用，只有在产品设计的初始阶段就考虑报废后的拆卸问题，才能实现产品最终的高效回收。其设计准则是：明确拆卸对象；尽量减少拆卸工作量；在结构上尽量简化设计，减小拆卸难度；易于拆卸；易于分离；产品结构的可预估性等。

C　零废物设计

绿色设计应彻底抛弃传统的“先污染，后处理”的末端治理的方式，而要实施“预防为主，治理为辅”的环境保护策略。零废物设计的一般设计策略有：选择低环境影响材料，如无毒无害的清洁材料、可再生材料、低含能材料、易回收的材料及可回收材料等。优化产品回收处理系统如产品的重复使用的策略有：零部件的重新加工和刷新、材料的回收、不可回收材料的安全焚烧等。

D　模块化设计（Modularization Design，MD）

产品模块化设计就是将在一定范围内不同功能或相同功能的不同性能、不同规格的产品在进行功能分析的基础上，划分并设计出一系列功能模块，通过模块的选择和组合可以构成不同的产品，以满足生产的要求。模块化设计可根据绿色设计的不同目标要求来进行。

模块化设计能够满足绿色产品的快速开发要求，按模块化设计开发的产品结构是由便于装配、易于拆卸、维护、有利于回收及重用等模块单元组成，简化了产品结构，并能快速组合成用户和市场需求的产品。模块化设计可将产品中对环境或对人体有害的部件、使用寿命相近的单元集成在同一模块中，便于拆卸回收和维护更换等。模块化设计可以简化产品结构。按模块化的观点，产品由模块构成，模块即为构成产品的单元，从而减少了零部件数量，简化了产品结构。

E 计算机辅助绿色设计（Computer Aided Design for Green Product）

绿色设计涉及很多学科领域的知识，这些知识不是简单地组合或叠加，而是有机地融合。利用常规的分析方法、计算方法和设计要素，是无法满足绿色设计要求的。此外，绿色设计需要占有大量的资料，运用多种技术和方法才能帮助设计人员做出正确的决策。因此，绿色设计必须有相应的设计工具做支持，绿色设计要素也即绿色产品的计算机辅助设计，是目前绿色设计的研究热点和重点之一。

F 绿色设计的新方法——虚拟设计

虚拟设计（Virtual Design）是利用虚拟现实技术在计算机辅助设计（CAD）基础上发展而来的一种设计手段，它可以在设计的某些阶段来帮助设计人进行设计工作。它与CAX（CAD、CAM、CAE等）结合，实现设计、生产、工程的虚拟化。这项技术不仅能缩短产品开发周期，节省制造成本，而且还可以减少生产过程中不必要的浪费，对有效节约资源具有重要的意义。虚拟设计在产品的概念设计、装配拆卸设计、人机工程学评价等方面有着特别重要的意义。它可以将消费者纳入设计过程，使产品越来越变为设计者与消费者共同设计的产物。因此，运用虚拟设计的产品更贴近消费者，更能满足消费者的需求，减缓产品的过快淘汰。

4.2.2.3 绿色设计与传统设计的区别

绿色设计不同于传统设计，绿色设计包含产品从概念形成到生产制造、使用乃至废弃后的回收、重用及处理处置的各个阶段，即涉及产品整个寿命周期，是从摇篮到再现的过程。绿色设计和传统设计在设计依据、设计人员、设计工艺和技术、设计目的等方面都存在着很大的不同，表 4-2 为绿色设计与传统设计的比较。

表 4-2 绿色设计与传统设计的比较

比较因素	传统设计	绿色设计
设计依据	依据用户对产品提出的功能、性能、质量及成本要求来设计	依据环境效益和生态环境指标与产品功能、性能、质量及成本要求来设计
设计人员	设计人员很少或没有考虑到有效的资源再生利用及对生态环境的影响	要求设计人员在产品构思及设计阶段，必须考虑降低能耗、资源重复利用和保护生态环境
设计技术或工艺	在制造和使用过程中很少考虑产品回收，仅考虑有限的贵重金属材料回收	在产品制造和使用过程中可拆卸、易回收，不产生毒副作用及保证产生最少的废弃物
设计目的	以需求为主要设计目的	为需求和环境而设计，满足可持续发展的要求
产　品	普通产品	绿色产品或绿色标志产品

绿色设计要求在设计产品时必须按环境保护的指标选用合理的原材料、结构和工艺，在制造和使用过程中降低能耗，不产生毒副作用及有利于拆卸和回收，回收的材料可用于再生产，对无回收价值的产品进行无害化处理以致不污染大气、水质等，并保证产生最少的废弃物。

4.2.3 绿色制造

绿色制造（Green Manufacturing，GM）也称环境意识制造，是高效、清洁制造方法的开发及应用，以达到绿色设计目标的要求。包括提高各种资源的转换效率、减少所产生的污染物类型及数量、材料的有效重用等。

4.2.3.1 绿色制造过程

绿色制造以产品生产作为物质转化的过程，其输入端是资源的开采和利用，输出端是产品和废料，而产品在使用后最终也变成废料，废弃于环境之中。因此，制造过程是一个复杂的输入输出系统。输入生产系统的资源和能源，一部分转化为产品，而另一部分则转化为废弃物，排入环境造成了污染和危害。图 4-4 为产品生产过程的输入输出物质简图。由图可见，要想提高加工系统的效益（高的经济效益和良好的社会效益），系统在输出满足要求的产品的同时，应具有较少的输入和较高的输出，尽量减少废弃物，也即使系统达到有效利用输入，且具有优化输出的效果。

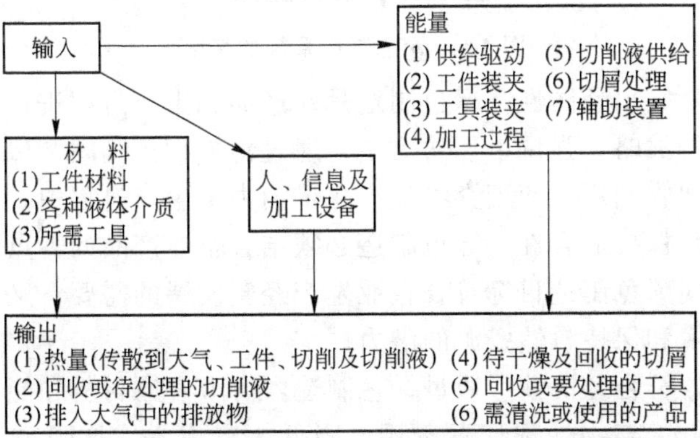

图 4-4 产品生产过程的输入输出的物质简图

绿色制造涉及的问题有 3 部分：（1）是制造问题，包括产品生命周期全过程；（2）是环境保护问题；（3）是资源优化利用问题。绿色制造是这 3 部分内容的交叉，如图 4-5 所示。

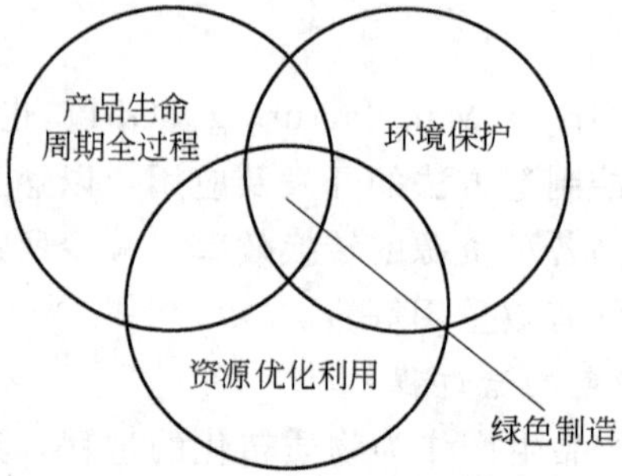

图 4-5　绿色制造的问题领域交叉状况

4.2.3.2　绿色制造的特点

（1）具有系统性　绿色制造系统与传统的制造系统相比，其本质特征在于绿色制造系统除保证一般的制造系统功能外，还要保证环境污染最小，这个特征如图 4-6 所示。

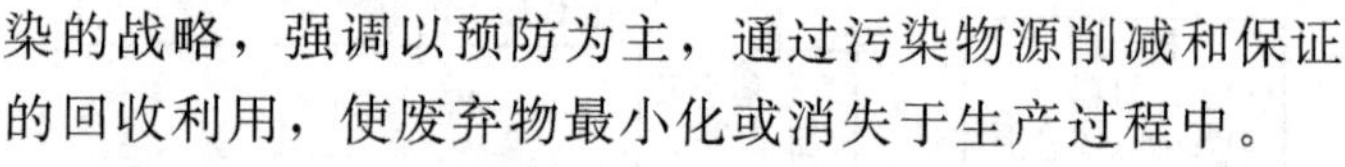

图 4-6　绿色制造系统的特征

（2）突出预防性　绿色制造是对产品和生产过程进行综合预防污染的战略，强调以预防为主，通过污染物源削减和保证环境安全的回收利用，使废弃物最小化或消失于生产过程中。

（3）保持适合性　绿色制造必须结合企业产品的特点和工艺要求，使绿色制造目标符合企业生产经营发展的需要，又不损害生态环境和保持自然资源的潜力。

（4）符合经济性　通过绿色制造，可节省原材料和能源的消耗，降低废弃物处理处置费用，降低生产成本，增强市场竞争力。在国际上绿色产品已获得越来越广泛的市场，生产绿色产品或环境标志产品必然使企业在国际市场上具有更大的竞争力。

（5）注意有效性和动态性　绿色制造从末端治理转向对产品及生产过程的连续控制，使污染物产生最少化或消失于生产过程之中，综合利用再生资源和能源、物料的循环利用技术，有效地防止污染再产生。

随着相关科学技术的发展，绿色制造的目标、内容会产生相应的变化和提高，也会不断地走向完善。绿色制造必须与市场需求、经济发展的动态相适应。

4.2.3.3 绿色制造技术

根据绿色制造工艺技术追求的目标，可将绿色制造工艺划为3种类型：节约资源的工艺技术、节约能源的工艺技术和环保型工艺技术，如图4-7所示。

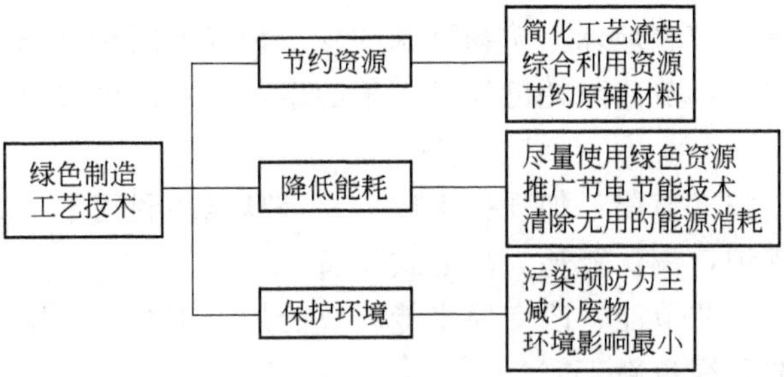

图4-7 绿色制造工艺技术的主要类型

A 低物耗的绿色制造技术

原材料（尤其是一些不可再生的金属材料）的大量消耗，将不利于全社会的持续发展。因此，工业生产应积极推广资源消耗的绿色技术，也就是在绿色制造过程中，优化工艺方案，采用先进的加工技术，可采取以下绿色工艺技术。

(1) 绿色材料：绿色设计与制造所选择的材料既要有良好的适用性能，又要与环境有较好的协调性。为此，可改善产品的功能，简化结构，减少所用材料的种类；选用易加工的材料，低耗能、少污染的材料，可回收再利用的材料。如铝材料，若汽车车身改用轻型铝材制造，重量可减少40%，且节约了燃油量；采用天然可再生材料，如丰富的柳条、竹类、麻类木材等用于产品的外包装。

（2）节水制造技术：水是宝贵的资源，在机械制造中起着重要作用。但由于我国北方缺水，从绿色可持续发展的角度，应积极探讨节水制造的新工艺。如焦炭炼铁工艺中使用氢气或天然气直接从铁精矿制铁，不用焦炭，不用高炉，从传统中革除了烧结、炼焦和高炉熔炼三大工序，用水量减少到1/3，基本无废渣、无废气。

（3）回收利用：绿色设计与制造，非常重视机械产品废弃后回收利用，它使传统的物料运行模式从开放式变为部分闭环式。

B 低能耗的绿色制造技术

以冶金工业为例，在生产过程中，需要大量矿石、电力和煤炭等资源，随着地球上矿物资源的减少和近期国际市场石油价格的不断波动，节能降耗已经是不争的事实，对此可采取以下绿色技术。

（1）技术节能：加强技术改造，提高能源利用率，如采用节能型冶炼炉，淘汰能耗大的老式设备。

（2）工艺节能：改变原来能耗大的加工工艺，采用先进的节能新工艺和绿色新工艺。

（3）管理节能：加强能源管理，及时调整设备负荷，消除跑、冒、滴、漏等浪费现象。

（4）适度利用新能源：可再生利用、无污染的新能源是能源发展的一个重要方向。如把太阳能聚焦，可以得到利用辐射加工的高能量光速。太阳能、天然气、风能、地热能等新型洁净的能源还有待于进一步开发。

（5）绿色设备：冶炼装备将向着低能耗，与环境相协调的绿色设备方向发展，如炼铜工艺中现在已出现闪速炉、奥斯麦特炉（艾萨炉）、诺兰达炉等炉型，由于新炉型的传热与传质效果好，可大大强化冶金过程，达到了提高设备产率和降低冶炼过程能耗的目的。

C 废弃物少的绿色制造技术

冶金工业目前多是采用火法冶金生产工艺，产生大量的冶炼废渣和烟尘等废弃物，既浪费了资源，又污染了环境，对此可采取以下绿色技术。

(1) 湿法冶金技术：这种方法正逐渐代替火法冶金，能处理成分复杂，品位较低的矿石，可提高资源的综合利用率，能减少火法冶金过程排放的含 SO_2 烟气对环境的污染，比较容易实现清洁生产。对于难分离的金属如镍-钴、锆-铪、钽-铌及稀土金属都采用湿法冶金的技术如溶剂萃取或离子交换等新方法进行分离，取得显著的效果。

(2) 生物冶金技术：这是一种细菌作用与湿法冶金相结合的新工艺，可以完成用常规的选冶方法不能开发利用的贫矿、难选冶矿藏等，从尾矿、贫矿、废渣、废液中回收某些有价金属，生物浸出的废弃物为环境所接受，节约了处理废弃物的成本。

D 少污染的绿色制造技术

a 大气污染

冶金工业中的大气污染主要来自工业窑炉（如冶炼工段中的鼓风炉、反射炉、电炉等）、工业锅炉和热处理车间的炉具等，它们在生产加热时产生大量的烟尘，含硫、含氮化合物，对工人及居民的人身健康造成危害，为此可采取以下绿色工艺技术。

(1) 改变节能结构和燃烧方式：对煤进行脱硫处理或采用天然气、水煤浆、太阳能等新能源作为燃料。

(2) 热能回收：通过余热锅炉进行冶炼过程中剩余热量的回收，可考虑集中供热、供暖。

b 水污染

冶金业的废水主要有：含铬废水、含酸（碱）废水、含汞废水和洗涤废水等，由于工业废水处理难度大，费用高，综合防治是现阶段处理水污染较为有效的措施，不过这仍是末端治理技术，绿色化程度不高，还需要从源头上治理。

C 其他污染

除了上述污染源外，冶金制造还存在振动污染、噪声污染、热污染、射频辐射污染、光污染等其他的污染源，应积极研究相应的防护和改善措施。

4.2.4 绿色工业与清洁生产

4.2.4.1 绿色工业

20世纪80年代初，欧、美、日等发达国家提出绿色产业的概念。绿色工业亦包含于其中，所谓绿色工业是以工业生态学为理论基础，以绿色设计和绿色制作为手段，以绿色产品为生产对象的工业；其表现为生产满足人们需要的产品时，能合理使用自然资源和能源并保护环境和实现生态平衡；其实质是减少物料消耗，同时实现废物减量化、资源化和无害化。绿色工业模型如图4-8所示。

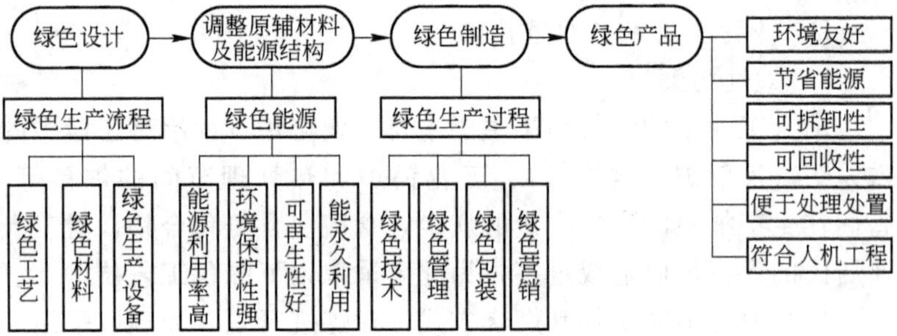

图4-8 绿色工业模型

4.2.4.2 绿色工业是清洁生产的重要组成部分

从产业经济的角度来看，清洁生产作为一种绿色生产方式，是我国"生态-经济-社会"三维复合系统健康运行与可持续发展的必然选择。清洁生产意味着对生产过程、产品和服务持续运用整体预防的环境战略，以期增加生态效率，并减低对环境的负面影响。

图4-9展示了绿色生产过程的基本途径，由此可见，绿色工业与清洁生产的指导思想是一致的，通过使用清洁的能源和材料，对产品进行绿色设计；采用物料的闭路循环，将工业废弃物转化为二次能源，实现综合利用等方法是实现清洁生产的主要途

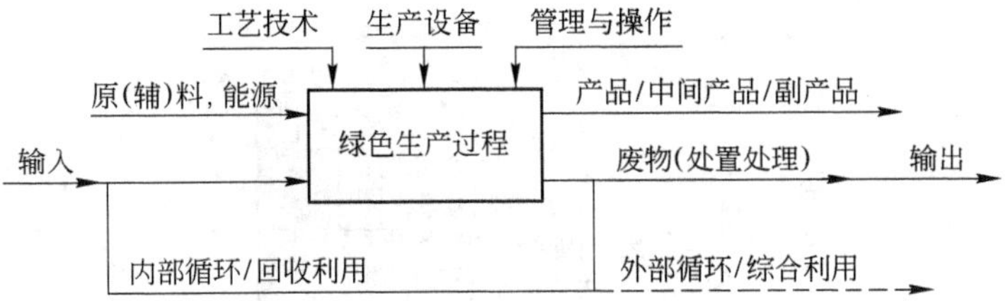

图 4-9 绿色生产过程的基本途径

径。因此，绿色工业是清洁生产的重要组成部分。

4.2.4.3 绿色工业是清洁生产的未来

目前，我国防治工业污染的主要措施是加强对企业的技术改造、推广清洁生产，即对生产过程与产品采取整体预防性的环境策略，以减少对人类与环境可能的危害。然而，清洁生产过于重视在单个企业内部开展系统化的污染预防工作，忽略了不同企业的合作。对于一个地区来说，污染和生态破坏是一个系统问题，仅从单个企业着手而不考虑整体预防是无法实现区域范围内整体环境和生态改善的。清洁生产的提倡者往往不能从工业系统的高度来审视系统内部不同成员之间的物流和能流关系，这种缺乏一体化的思想导致大量有用资源和能源的白白浪费，而且也往往忽视了工业发展和周围的自然环境之间的和谐问题。

绿色工业的核心是产业系统和自然系统、经济社会系统之间的相互关系。绿色工业是按照自然界生态系统的物质、能量运行特点来协调工业活动，使工业活动中的所有物质能量的投入及产出形成一个闭合的环路，在整个工业领域之中实现无废物排放。因此，绿色工业是对清洁生产理论与实践的深化和拓展。污染控制与可持续发展的发展过程见图 4-10。

4.2.4.4 传统工业的绿色化

完整的绿色工业系统是一个生态经济系统，它是由包括自然资源如矿山、厂区、森林等在内的生态系统和产品加工销售等在内的经济系统复合起来的有机统一体，包括生产系统、技术系统

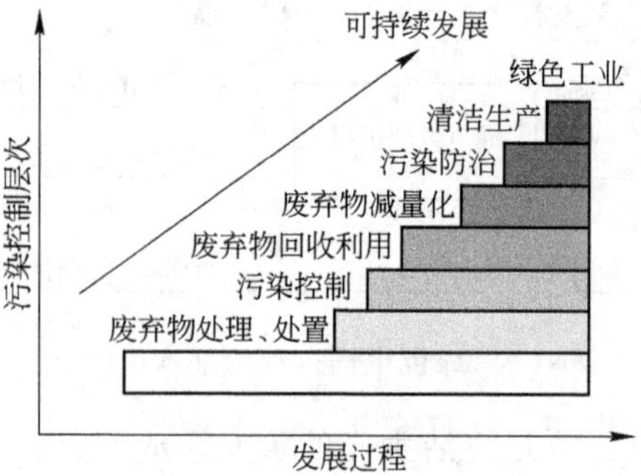

图 4-10 污染控制与可持续发展的发展过程

以及相关联的生态系统。它本身存在自身的生态经济规律，必须遵守规律，维护生态环境，才能可持续地、不危害社会地正常生产，走上绿色工业的道路。发展新兴环保产业无疑是发展绿色产业的重点，但除专门面向环境问题的绿色产业外，传统产业的绿化也是绿色产业发展的重要内容。

（1）工业布局要与区域经济、社会、生态协调发展。工业布局涉及到自然资源、交通、动力、社会经济等多方面，众多因素要优化组合、有机衔接，避免急功近利，要有长远规划与发展计划，使工业布局能够启动不同区域的经济发展，使整个社会经济全局均衡发展。工业企业在可能情况下可考虑相对集中布局（如卫星团状分布），形成工业内部互补优势，并使城市公用基础设施与社会福利设施得以充分发挥效益，工业企业的具体选址也应充分考虑生态因素。

（2）在保护资源的基础上合理地、可持续地开发利用资源。目前对可再生资源（太阳、风、水、潮汐、地热、生物）的开发利用程度十分有限，而对于不可再生资源（煤炭、石油、各类矿产）开发利用程度不仅力度大，甚至是掠夺性的。绿色工业追求的目标与方向应是充分利用和开发清洁无污染的可再生资源；绿色工业要有计划、有组织合理布局地节约开发利用，努力提高回采率，不要破坏矿产资源；要充分地综合开发利用，采用以一业为主，通过工业链带动和发展多种产业的全面合理的资源开发模式；要对资源产品进行加工、升值，尽量减少初级产品率，提高资源的加工利用程度，使资源得到充分利用。

(3) 使用有利于环保的原材料。如有害杂质较少的铁精矿、洁净煤等；生产中尽可能使用无污染或少污染的太阳能、电能等，综合利用二次物料和能源，加强废品回收，减少废物的产生。

(4) 对生产工艺进行绿色改进。通过建立工业生产链，将上道产品的"废料"，作为下道生产的"再生"资源或新产品加工的原料，使资源充分利用且减少生产过程中的废物。

(5) 对生产方式进行绿色改进。在制造业中，一种新的绿色生产方式——再制生产正在悄然兴起。再制生产即企业把回收的旧部件，通过严格的检验、翻新，再用于制造新产品的生产方式。如富士公司和柯达公司已在一次性胶卷照相机上采用了再制生产方式，引起了各界的巨大关注。

(6) 注意更新、替代有害环境的产品，发展对环境无害的绿色产品。例如快餐盒的白色污染是一件令人相当头疼的事，必须采取措施禁止使用泡沫塑料饭盒，而用能降解的纸质饭盒取代。为此，要制定相关绿色产品的质检方法，对于绿色产品的生产、流通应从税收、信贷、价格等方面予以鼓励和优惠，至少使绿色产品生产有利可图。同时应从行政、法律上对非绿色产品进行限制。

4.3 绿色产品的生命周期评价

4.3.1 绿色产品

绿色产品 (Green Product)，或称为环境协调产品 (Environmental Conscious Product，ECP)，是20世纪80年代后期世界各国为适应全球环保战略，进行产业结构调整的产物。即采用绿色材料，通过绿色设计、绿色制造、绿色包装而生产的一种节能、降耗、减污的环境友好产品。

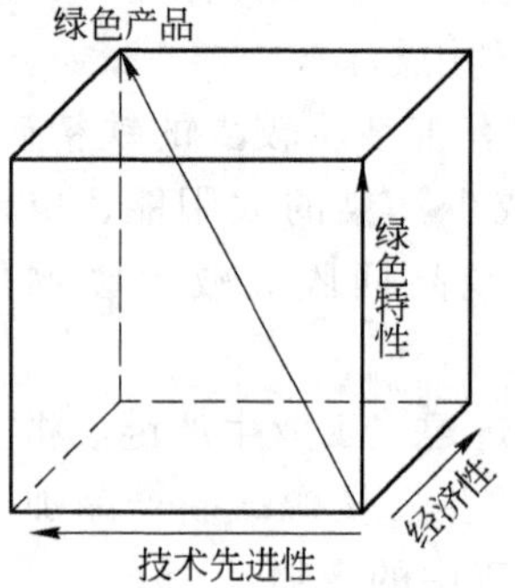

图 4-11 绿色产品的三维坐标体系

绿色产品由三个基本要素组成，即经济性、绿色性、技术先进性。图 4-11 用一个三维坐标体系表示了绿色产品三要素之间的关系。

技术先进性是绿色产品设计和生产的前提。绿色产品强调在其全生命周期中采用先进的技术，以保证安全、可靠、经济地实现产品的各项功能性能和交货期等要求，保证产品生命周期全过程具有很好的绿色特性。

绿色性包括节省资源和能源、减少和消除对环境的污染、对人类具有良好保护三个方面的内容。它是通过在产品全生命周期的各个阶段中采取各种绿色措施，并实行严格的管理来控制的。绿色产品的绿色性可以用产品的绿色度来衡量。

经济性对绿色产品是必不可少的因素之一。一个产品若不具有用户可接受的价格，就不能走向市场。从生命周期的角度来看，产品成本应包括企业成本、用户成本和社会成本，即所谓生命周期成本。

绿色产品可分为两大类：一是绝对绿色产品，指具有改进环境条件的产品，如用于清除污染的设备及净化、保健服务等；二是相对绿色产品，指那些可以减少对社会和环境损害的产品，如可降解的塑料制品和再生纸等。

4.3.2 绿色标志

4.3.2.1 绿色标志的定义

环境标志又称为绿色标志或生态标志。根据国际标准化组织的定义，环境标志是印在或贴在产品或其包装上的宣传环境品质或特征的用语和（或）象征符号。环境标志标明产品从生产、使用以及回收处置的整个过程符合保护特定环境的要求，对生态环境无害或损害极小，有利于资源再生和回收利用。经权威部门认定，授予环境标志的各类产品称为环境标志产品。推行环境标志制度能够实现许多目标。

环境标志是一种证明性商标，它表明该产品不仅质量合格，而且在生产、使用和处理处置过程中符合特定的环境保护要求，与同类产品相比，具有低毒少害、节约资源的特点。正是有了这种证明性商标，使得消费者很轻易的明确哪些产品有益于环境，便于消费者购买、使用这类产品，而通过消费者的选择和市场竞争，可以引导企业自觉调整产业结构，采用清洁工艺生产对环境有益的产品，最终达到环境与经济协调发展的目的。

4.3.2.2 绿色标志的发展概况

A 国外绿色标志的发展概况

绿色标志实施已有近 20 年的时间。德国是最早使用绿色标志的国家，德国的“蓝天使”环境标志计划于 1977 年由政府制定，到 1992 年底，已有 800 多家企业（包括外国企业）生产的 3300 多种标志产品，71 个产品类别；到 1999 年底，德国的环境标志产品所认证的产品类别已达到 100 个。

加拿大的“环境选择”于 1988 年由加拿大环境部宣布实施，这个规划至 1999 年底包括 50 个产品类别。1989 年日本环境厅开始实施“生态标志”计划，1999 年底，该计划已有 68 个产品类别，约 4400 种生态标志产品。

北欧部长级委员会于 1989 年 11 月决定实施北欧环境标志计划“北欧天鹅”，该标志在芬兰、冰岛、挪威和瑞典都可以使用。1999 年底，这项计划已有 58 个产品类别，1200 多种标志产品上市。欧共体于 1992 年 3 月开始实施生态标志计划“欧洲之花”。该计划没有排除或改变成员国各自的标志计划，并有希望成为欧共体唯一的环境标志。发展到 1999 年，该计划共包括了希腊、英国等多个欧共体国家，并已开展了 23 类产品的认证。图 4-12 展示了一些国家的环境标志。

图 4-12 国外的一些环境标志

从国外实施环境标志多年来的经验可以看出，实施环境标志为消费者提供准确的信息；增强消费者的环境意识；促进销售，改变被标志产品的形象，有助于推动企业改进环境行为；促进产品生产厂家将环境因素贯穿到整个产品的开发过程之中，达到保护环境的目的。据联合国统计署提供的数字，1999 年全球绿色消费总量已达到 3000 亿美元。

B 国内绿色标志的发展概况

1993 年 8 月，中国国家环保局正式颁布中国的环境标志图形。中国环境标志图形由青山、绿水、太阳及十个环组成。环境标志的中心结构表示人类赖以生存的环境；外围的十个环紧密结合，环环紧扣，表示公众参与，共同保护环境；同时十个环的“环”字与环境的“环”同字，其寓意为“全民联合起来，共同保护人类赖以生存的环境。”国内的一些环境标志如图 4-13 所示。

4.3.3 绿色产品的生命周期评价

4.3.3.1 生命周期评价

绿色产品的生命周期评价最有力的工具是生命周期评估法(Life Cycle Assessment，LCA)，它能对改善环境的各种绿色产品开发方案做出评估，并为开发方案的改进提供方向，同时也有利于企业及时做出产品开发的各种决策，是绿色产品特有的评估方法。

以美国环境保护署、环境毒理学与化学学会（SETAC）为代表的美国研究机构认为，产品生命周期评价是对产品生命周期全过程的环境影响评价的一种思想和方法。需要评价的环境因素包括原材料使用、能源消耗和污染排放；全部生产过程包括原材料采集、生产制造、运输和销售、使用、回收和最终处置。

它的基本思想是通过对产品生命周期过程的定量调查，做出环境负荷分析，制订出环境负荷改善措施，并将此结果反馈给生命周期的各个环节，以提高产品的绿色性能。

它的主要内容是，首先辨识和量化整个生命周期阶段中能量

图 4-13 国内的一些环境标志

和物质的消耗以及环境的释放，然后评价这些消耗和释放对环境的影响，最后辨识和评价减少这些影响的机会，生命周期评价注重研究系统在生态健康、人类健康和资源消耗领域内的环境影响。

按照其技术复杂程度可分为 3 类：

(1) 概念型 LCA（或称“生命周期思想”） 根据有限的，

通常是定性的清单分析评估环境影响。因此，它不宜作为市场促销或公众传播的依据，但可帮助决策人员识别哪些产品在环境影响方面具有竞争优势。

(2) 简化型或速成型 LCA 它涉及全部生命周期，但仅限于进行简化的评价，例如使用通用数据（定性或定量），使用标准的运输或能源生产模式，注重最主要的环境因素、潜在环境影响、生命周期阶段或 LCA 步骤，同时给出评价结果的可靠性分析。其研究结果多数用于内部评估和不要求提供正式报告的场合。

(3) 详细型 LCA 包括 ISO 14040 所要求的目的和范围确定、清单分析、影响评价和结果解释全部 4 个阶段。常用于产品开发、环境声明（环境标志）、组织的营销和包装系统的选择等。

4.3.3.2 生命周期评价的步骤

具体来说，LCA 采用系统分析方法，可以通过 4 个步骤实现，如图 4-14 所示。

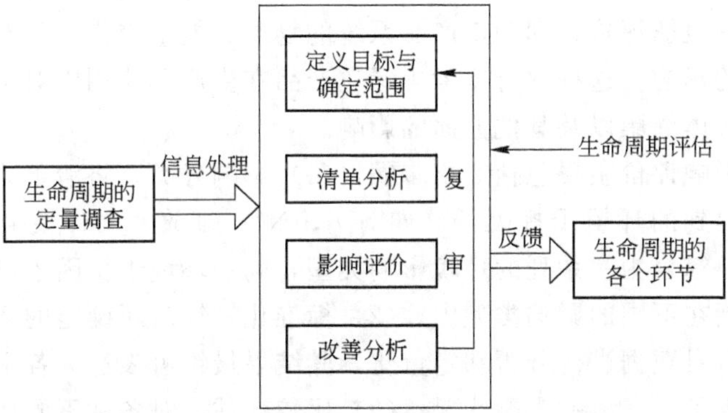

图 4-14 生命周期评估（LCA）模式图

A 定义目标与确定范围（Purpose and Scope）

定义目标是为了清楚地说明开展此项生命周期评价的目的和原因，以及研究结果的可应用领域。确定研究范围应当保证能够满足研究的目的，包括选择产品系统、确定系统边界、说明数据要求、指出重要的假设和限制等。在这个阶段，必须清楚地定义系统的功能单元。

B 清单分析（Inventory）

清单分析就是根据已确定的系统边界和功能单元，建立产品系统在寿命周期每个阶段的能流、物流流程图。它是一种考察分析产品的工艺和生产活动在整个生命周期内对能量和原材料需要量以及各种排放物（包括废气、废水、固体废弃物及其他环境污染物）对环境的污染程度，并以数据为基础对此进行客观量化的过程。

清单分析应当通过以下几个步骤进行：(1) 详细地收集针对功能单元的输入、输出数据；(2) 对所有数据进行标准化处理；(3) 采取一定的方法确保在每个系统功能单元内物质和能量都能达到平衡；(4) 最后建立生命周期清单分析表格，使清单分析的结果能够明确地表现出来。

C 影响评价（Impact）

影响评价就是对清单分析阶段所识别的环境压力进行定量或定性的表征评价，即确定产品系统的物质、能量交换及其对外部环境的影响。这种评价要考虑绿色产品在生产和使用中对生态系统、人体健康以及其他方面的影响。

影响评价主要包括 3 个步骤：(1) 影响分类，将清单分析阶段所得到的环境干扰因子（如 SO_2、NO_x 排放、固体废弃物排放等）综合为一系列的环境影响类型，同一环境干扰因子可能会被包括在不同的影响类型中；(2) 标准化，针对所确定的环境影响类型对数据进行分析和定量化，其结果最终可表达为各个环境干扰因子对环境的影响状况；(3) 比较评估，对各种不同环境影响类型的贡献进行分析，从而可以对不同的潜在环境影响进行比较。

D 改善分析（Improvement）

对产品的生态环境影响有了定性和初步结论后，就可以对产品进行生态诊断，其目的在于确定该产品最重要的潜在环境影响及其主要来源，进而确定生命周期的哪一阶段和产品结构的哪一部分对环境的影响最大。根据生态诊断的结果，需要进一步替代模拟数据，改变产品中对环境影响最大的某个部件结构或选择新的材料，提出相应的替代方案，然后比较新方案与原方案之间对环境影响的差别，为进一步进行生态产品的定义和开发打下基础。

4.3.3.3 产品生命周期评价指标体系

绿色产品的评价指标体系应包括资源利用指标、能源利用指标、环境负荷指标、人体职业健康及经济指标。每一指标都是由复杂的多元参数组成，见表 4-3。这些指标经细化后进行定量或定性分析，即可对产品进行评价。

表 4-3 生命周期产品指标体系

指标分类	描 述 性 指 标
资源利用	材料种类、材料消耗、毒性材料污染、材料有效利用率、材料回收率、零部件可拆卸/重用率
能源利用	能源浪费、能源污染、能源结构、能源有效利用率、再生能源的使用率、清洁能源利用率
环境负荷	污染物排放量、温室气体的排放如 CO_2 等、消耗臭氧层物质的状况、酸化物质的排放如 SO_x 等、土地污染面积、废气利用率、废弃物回收利用率、废弃物处置率
人体健康	生产中有毒有害物质及粉尘的排放量、生产中各种噪声源排放量、化学物质致癌、刺激皮肤、刺激眼睛、损害呼吸系统、损害神经系统、噪声对听力损害
经济	单位材料或零部件成本、单位制造及包装成本、运行成本（能源、保养等）、运输费用回收、废弃物管理支出

4.3.3.4 绿色产品的评价方法

目前用于进行各类评价的方法很多，有经济分析法、专家咨询法、加权平均法、成本效益法、价值分析法、模糊评价法、层次分析法等。这些都可供评价绿色产品考虑，下面简单介绍其中的一些方法。

A　成本效益法

此法就是把不同技术方案的成本和效益进行比较分析的方法，成本可以反映主要费用，而效益则反映了经济和社会效果。当有可能找到成本（或效益）与方案特征参数之间的关系时，就可以建立成本（效益）模型。

对于某一方案，根据成本模型和效益模型，我们就可绘制该方案的成本效益曲线。根据待评的各个方案的成本效益曲线，可以建立效益模型和成本模型的综合模型图。从模型图中我们可知，在一定成本下，哪个方案效益最高；在一定效益下，哪个方案成本最低；哪个方案的效益成本比率（E/C）最大。图 4-13 所示为 4 个备选方案的成本效益综合模型图。由图可知，在成本为 C_1 时采用方案 A_1，成本为 C_2 时，采用方案 A_2，均可使效益最高；在效益为 E_3 时，采用方案 A_4 成本最低；效益成本比率最大的是方案 A_1（成本为 C_1 时）。

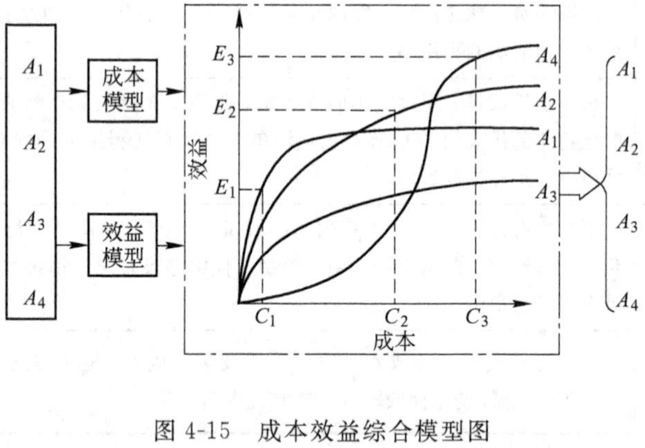

图 4-15　成本效益综合模型图

B　价值工程评价法

价值工程评价法是 1947 年由美国迈尔斯创建的，后来在美国各工业部门得到迅速推广。20 世纪 60 年代在西欧、日本、东欧也得到了广泛采用，并收到了显著成果，被公认为是一种相当成熟的管理技术。我国近年来也开始采用这一方法。

价值工程方法的实质就是在于正确处理产品功能和成本的相互关系，以最大限度地提高产品价值，价值工程方法的基本原理，可用下式表示：

$$V=F/C$$

式中，V 为价值；F 为功能；C 为成本。

根据上式，价值与功能成正比，与成本成反比，即产品的功能好、成本低，则价值大。因此，要提高一个产品的价值，必须从改善功能与降低成本两方面入手。价值工程基本原理就是在于如何正确处理产品功能与成本之间的关系，以最大限度地提高产品价值。

C 层次化评价方法

绿色工业产品的评价可采用层次评价方法(AHP)，其整个评价过程可分为两个相逆的层次过程：第一个层次为产品的结构层次的分析建立，这是从整个产品到最小可拆卸单元的过程，即自顶向下的过程；第二个层次为评价过程，它是从最小可拆卸单元的单一属性到综合属性，最后到达产品总体属性的过程，即自下而上的过程，是第一个层次的逆过程。绿色工业产品的评价是一个多层次综合评价的过程。

D 模糊评价法

模糊评价法是对受多个因素影响的事物做出全面评价的一种有效的综合评价方法，它突破了精确数学的逻辑和语言，强调了影响事物因素中的模糊性，较为深刻地刻画了事物的客观属性。

模糊评价法的具体内容如下所述。

(1)建立模糊评价集 $U=(u_1, u_2, \cdots, u_i, \cdots, u_m)$，式中，$m$ 为评价方面的个数。

对第 i 个方面 $u_i(i=1,2,\cdots,m)$ 可进一步划分为：$u_{i1}, u_{i2}, \cdots, u_{ij}, \cdots, u_{in}$($n$ 为第 i 个评价方面中评价要素的个数)。

对第 j 个要素 $u_{ij}(j=1,2,\cdots,n)$ 还可进一步划分为：$u_{ij1}, u_{ij2}, \cdots, u_{ijk}, \cdots, u_{ijp}$($p$ 为第 j 个评价方面，第 j 个评价要素中评价因素的个数)。

根据实际情况还可继续划分下去。

(2)建立评价等级集 $V=(v_1,v_2,\cdots,v_q)$，式中，q 是评价等级的个数。

(3)建立模糊矩阵 $\boldsymbol{R}_{ij}$

第 i 个方面，第 j 个要素的模糊矩阵 $\boldsymbol{R}_{ij}$ 可表示为：

$$\boldsymbol{R}_{ij}=\begin{bmatrix} r_{11} & r_{12} & \cdots & r_{1n} \\ r_{21} & r_{22} & \cdots & r_{2n} \\ \vdots & \vdots & & \vdots \\ r_{p1} & r_{p2} & \cdots & r_{pn} \end{bmatrix}$$

元素 r_{ks} 表示第 k 个评价因素对第 s 个评价等级的隶属度，它反映了各评价因素与评价等级之间用隶属度表示的模糊关系。

(4)建立权重系数矩阵。

1)评价方面的权重系数矩阵 $\boldsymbol{A}=(a_1,a_2,\cdots,a_i,\cdots,a_m)$，式中，$a_i$ 为第 i 个评价方面的权重，而且满足 $0<a_i\leqslant 1,\sum\limits_{i=1}^{m}a_i=1$。

2)评价要素的权重系数矩阵 $\boldsymbol{A}_i=(a_{i1},a_{i2},\cdots,a_{ij},\cdots,a_{in})$，式中，$a_{ij}$ 为第 i 个评价方面中第 j 个评价要素的权重，而且满足 $0<a_{ij}\leqslant 1,\sum\limits_{j=1}^{n}a_{ij}=1$。

3)评价因素的权重系数矩阵 $\boldsymbol{A}_{ij}=(a_{ij1},a_{ij2},\cdots,a_{ijk},\cdots,a_{ijp})$，式中，$a_{ijk}$ 为第 i 个评价方面第 j 个评价要素中第 k 个评价因素的权重，而且满足 $0<a_{ijk}\leqslant 1,\sum\limits_{k=1}^{p}a_{ijk}=1$。

(5)单要素综合评价矩阵第 i 个方面第 j 个要素的综合评价可表示为：

$$\boldsymbol{B}_{ij}=\boldsymbol{A}_{ij}\cdot\boldsymbol{R}_{ij}=(a_{ij1},a_{ij2},\cdots,a_{ijk},\cdots,a_{ijp})\begin{bmatrix} r_{11} & r_{12} & \cdots & r_{1n} \\ r_{21} & r_{22} & \cdots & r_{2n} \\ \vdots & \vdots & & \vdots \\ r_{p1} & r_{p2} & \cdots & r_{pn} \end{bmatrix}$$

由于在按上式运算时，考虑了影响评价结果的诸要素及其在评价中的重要性,因此其量化结果能较好地反映实际情况。

(6)模糊综合评价 将单要素模糊评价结果 $\boldsymbol{B}_{ij}(j=1,2,\cdots,n)$ 集成,构成高一级的评价矩阵 $\boldsymbol{R}_i$,将评价要素权重系数矩阵 $\boldsymbol{A}_i$ 乘以 $\boldsymbol{R}_i$,得出第 i 个要素的综合评价结果 $\boldsymbol{B}_i(i=1,2,\cdots,m)$;由 $\boldsymbol{B}_i$ 构成更高一级的矩阵 $\boldsymbol{R}$,最后由下式求得综合评价矩阵 $\boldsymbol{B}$,即:

$$\boldsymbol{B}=\boldsymbol{A}\cdot\boldsymbol{R}=(a_1,a_2,\cdots,a_m)(\boldsymbol{B}_1,\boldsymbol{B}_2,\cdots,\boldsymbol{B}_m)^T$$

综合评价矩阵 $\boldsymbol{B}$ 不仅考虑了所有因素的影响,而且保留了各级评价的全部信息。根据综合评价矩阵 $\boldsymbol{B}$,利用最大隶属度原则就可以得到产品的绿色性程度。综合评价的结果也可以用一数值来表达,取评价标准隶属度集 $u=(u_1,u_2,\cdots,u_k,\cdots,u_n)$,按 $\boldsymbol{F}=100\cdot\boldsymbol{uB}^T$ 可计算出综合评价结果的具体得分 $\boldsymbol{F}$。

在评价绿色产品的各项指标中既有定性因素,又有定量因素,即使是定量因素,其量纲差异也很大,采用一般的评价方法难以准确描述和评定。而模糊综合评判应用模糊变换原理和最大隶属度原则,全面考虑与被评价事物相关的各个因素,经模糊交换、运算后,得出综合评价。因此,可在现行评价方法的基础上,采用模糊综合评判方法,就可克服量纲的不统一,实现绿色产品的定量分析。

4.3.3.5 LCA与清洁生产审计

企业清洁生产将整体预防的环境战略应用于生产过程、产品和服务中,以增加生态效益和减少环境风险。清洁生产审计是对企业的生产和服务实行预防污染的分析和评估,其审计的具体对象是企业生产的产品和生产过程。清洁生产审计思路是“判明废物产生的部位—分析废物产生的原因—提出方案以减少或消除废物”。

生命周期评价作为一种环境评估工具用于清洁生产审计,可以保证更全面地分析企业生产过程及其上游(原料供给方)和下游(产品及废物的接受方)产品全过程的资源消耗和环境状况,找出存在的问题,提出解决方案。

生命周期理论是判断产品和工艺是否真正属于清洁生产范畴

的基础,在这方面,LCA 可以作为最有效的支持技术之一。目前,在中国判断清洁生产的标准往往针对一定的生产过程,因而有其局限性。通过 LCA 方法来制订产品和工艺的清洁生产技术规范,可以更好地反映可持续发展的要求。

4.4　绿色冶金工业的发展趋势

冶金工业是工业化国家经济发展的支柱产业之一,也是污染严重的产业之一。为了保护和发展已经严重退化而且还在日益退化的生态环境,要求我们变革传统工业发展模式,建立与现代市场经济相适应的绿色冶金工业。

4.4.1　绿色冶金工艺技术

发展绿色冶金工艺技术,即在冶金工业生产中将污染物低排放(或零排放)的生产工艺。

(1)闭路循环生产。把有可能造成污染的物质封闭在生产系统内,不排出污染物如脱金贫液,也是含氰废水,可采用硫酸硫化法回收,其原理是用硫酸或二氧化硫将含氰废水酸化至 pH＝2～3,污水中的氰根转化为氢氰酸,在高于沸点(26.5℃)和空气流作用下,呈气态溢出,经碱液吸收,可使氰化物的质量分数达到 20%～30%后送氰化车间使用。

(2)无污染或少污染的新工艺。如生物冶金工艺,又称生物浸出技术,通常指矿石的细菌氧化或生物氧化,由自然界存在的微生物进行。这些微生物被称作适温细菌,大约长 0.5～2.0μm、宽 0.5μm,只能在显微镜下看到,靠无机物生存,对生命无害。这些细菌靠黄铁矿、砷黄铁矿和其他金属硫化物如黄铜矿和铜铀云母为生。

通过化学和生物作用,可将酸性金属氧化变成可溶性的硫酸盐,不可溶解的贵金属留在残留物中,铁、砷和其他重金属,如铜、镍和锌进入溶液。溶液可与残留物分离,在溶液中和之前,采取传统的加工方式,如溶剂萃取,来回收重金属,如铜。残留物中可能存在的贵金属，经细菌氧化后，通过氰化物提取，将含有贵金属的溶液用溶剂萃取。在生物提取过程中，溶入酸性溶液中的重金属也可通过湿法冶金技术获取。

通过对金属硫化物矿和精矿的生物浸取，不但可提取重金属，如铜、镍、锌、钴、钼，还可提取金、银、铂、铑等贵金属。该方法的金属回收率很高(精矿可达到90%以上)。适宜的温度、养分、氧气供应、矿浆浓度和残留物处理时间是取得良好回收率的重要条件。该方法在近乎于常温和大气压下进行，节省了前期投资和运营成本，减少了劳动安全和健康问题，减轻了环境的影响。生物浸出的废弃物为环境所接受，节约了处理废弃物的成本。

(3)回收副产品中的有用原料。尽量使流失在三废(废气、废水、废渣)中的副产品(原料或成品)加以分离，就地回收，既可降低生产成本，增加经济效益，又可大大降低废弃物对环境的影响。如闪速炉熔炼过程中产生的烟尘和烟气，比其他熔炼方法高很多。一般烟尘率为10%～20%，烟尘中高度富集砷、镍、铜、钴、铁等金属，一般采取返回熔炼的措施；而烟气中 $\varphi(SO_2)$ 高，$\varphi(O_2)$ 低，烟气量稳定，可将闪速炉烟气和转炉烟气合并制硫酸。制得的稀硫酸中也含有铜、锌、砷、镉等重金属，仍须进一步的提纯。若采用闪速炉烟气制得的含重金属稀酸氧化浸出闪速炉烟尘，可浸出砷、铜、铁等金属，实现以废治废，同时综合回收闪速炉烟尘和废酸中的有价金属的目的。

4.4.2 冶金工业的绿色化生产

4.4.2.1 钢铁工业的绿色化生产

钢铁工业的绿色化生产不仅是清洁生产，还体现了生态工业的思想和循环经济的3R思想，即“减量化（Reduce)、再利用(Reuse)、再循环（Recycle)”。

(1) 资源与能源消耗最小及实用高效化。少用铁矿石及其他天然矿物资源，多用再生资源如废钢、钢厂粉尘等；少用不可再生能源（如煤、油、天然气等)，开发采用新的能源如氢、太阳能等；少用新水和淡水资源，发展节水技术，强化水循环，减少废水排放。

（2）生产过程清洁化。充分利用资源、能源；少排放废弃物、污染物和含毒物质；不用有毒物质。

（3）钢铁产品绿色化。产品的生产制造过程环境负荷低，少污染或不污染环境；产品的使用寿命长，使用效率高；产品及其制品对环境的污染负荷低；产品使用报废后易于回收、循环。

（4）与相关行业及社会进行代谢循环。可向社会提供余热和副产品（煤气、热水、高炉渣、钢渣等）；可消纳社会的废弃物（如废钢、废塑料、垃圾、废轮胎、各种合金返回料等）；与相关工业形成工业生态链。

4.4.2.2 有色冶金工业的绿色化生产

A 推行清洁生产

技术改造是以先进工艺和设备（清洁工艺）代替陈旧落后的技术准备，实现工艺研究与环保一体化，强化对节能无废的清洁工艺的研究，实行全过程控制，从而达到“节能、降耗、减污”的目标。这是有色金属工业污染控制的主要导向，也是有色金属工业科研发展的主要模式和方向。例如，大型铝电解项目应全部采用大型中间下料预焙槽及烟气干法净化技术；铜冶炼在强化闪速熔炼的同时又引进诺兰达法等先进炼铜工艺；锌冶炼采用沸腾炉或锌精矿氧压浸出等技术。

除此之外，清洁生产还应包括原料、产品、员工素质、先进的管理方法和综合利用等重要内容。

B 强化固体废物的资源利用产业化进程

有色金属工业固体废物历年堆存已达 15 亿 t，且每年以 7000 万 t 的速度增长，预计到 2010 年历史堆存量将达到 25 万 t。这部分固体废物资源储量丰富，且具有巨大的潜在价值。在“九五”期间，已有 40 余家企业提出开发各类固体废物的综合利用，作为企业新的经济增长点，市场需求强劲。

例如，湖南有色金属研究所、江西铜业公司银山铅锌矿等单位合作进行的江西铜业公司银山铅锌矿选矿尾矿绢云母回收利用研究，集浮选、浓密、过滤、干燥为一体的综合性研究使绢云母改性并富集，其产品质量超过了除白炭黑外的其他无机补强剂，目前已投产，取得了很好的经济效益。

4.4.3 绿色的污染物处理技术

现阶段处理废物已成为生产过程的一个重要环节。甚至如果不能达标排放，生产是被限制甚至是被关停的。由于生产过程中产生的废物有固体、液体、气体等，种类繁多、处理手段不同，下面仅就常见的处理方法做简单介绍。

A 吸附或吸收

吸附或吸收是指利用分子间相互作用或化学键力，一种物质被固定于另一种物质的表面的作用。例如，含铬废水大量产生于冶金、电镀、皮革、染色等行业，对环境造成严重污染。活性炭、啤酒酵母、改性蜂窝煤渣、粉煤灰等可以被用作吸附剂，其中活性炭对Cr（Ⅵ）的去除率可达到99.78%。

B 沉淀法

沉淀法是向含污染物的水中加入某种物质，使其与溶在污水中的物质发生反应，生成难溶于水的沉淀物被去掉的方法。例如，在航空仪表生产过程中的电镀工序，产生含Cd^{2+}、Cr^{6+}、Cu^{2+}、Zn^{2+}、Ni^{2+}等污染物废水，对环境危害较大。采用沉淀法处理后，重金属离子（Cr^{6+}需预处理，使其先转变为Cr^{3+}）转变为氢氧化物沉淀被除去。

$$M^{n+}+nOH \longrightarrow M(OH)_n \downarrow$$

式中，$M^{n+}=Cd^{2+}$、Cu^{2+}、Zn^{2+}、Ni^{2+}、$Cr^{3+}\cdots$。

经过处理后的水质可达到国家标准。

C 离子交换法

离子交换法是指用离子交换树脂浓缩废水中的离子组分，使其从水中被提取的方法。用这种方法能够从水中除去污染物并能回收仍有利用价值的物质。

例如，染料厂在生产 2-萘磺磷酸钠的过程中，产生大量废液，其中含 2-萘磺酸钠 4%，对生物危害较大。传统的电渗析、溶剂萃取等处理方法各有弊端，而使用弱碱性阴离子交换树脂进行处理，2-萘磺酸交换吸附率达到 98%，分离效果好。

D 膜分离法

膜分离法是发展迅速的一门新技术，在污染物的处理中发挥着愈来愈大的作用，在工业废水的处理、生活污水的处理等方面得到应用。膜分离法的特点是技术简单、易于操作、选择性好、快速、高效。例如，味精废水中含有高浓度的有机物，采用超滤膜技术能够除去并回收其中的大分子蛋白等成分，具有很强的实际应用价值。

E 光解作用

污染物的光解是指污染物在光的作用下发生分解的化学过程，是近年来新发展起来的一种节能、高效处理污染物的工艺，光源可以是日光，也可以是人工光源。对于化学性质不稳定的有机污染物，特别是在光的作用下易于分解的如农药等，光解作用是减低其危害的有效方法。光解的途径主要有两条：一是光直接作用于目标分子使其能量升高发生分裂；二是加入光活性物质，这些物质在光的作用下被激发，进一步作用于目标分子。

例如金属-草酸络合物在光的照射下能够发生分解，所产生的 H_2O_2 和 ·OH 自由基等活性物质，进一步氧化废水中的有机物成无害的小分子。TiO_2-水体系是目前光催化研究的热点，在紫外光照射下，在 TiO_2 表面能产生具有强氧化能力的 ·OH 和超氧离子 O_2^-，这些活性物质可以用于分解水中有机污染物，此项研究引起了极大的关注。

用一般方法难以降解的烃类物质在光催化氧化过程中被逐渐氧化成相应的醇、醛等中间产物，最后分解成小分子的 CO_2 等，实现完全的无害化。

F 生物降解

生物降解是指利用微生物的作用使污染物（主要是有机物）

分解的过程。生物降解主要依赖于生物产生的酶来发生反应，因此温度、pH 值、含氧量等环境因素会对分解过程造成不同程度的影响。但使用生物降解技术对环境影响较小，同时效率较高。已经可用于生物降解的材料主要有可降解塑料等产品。另外，微生物方法降解小分子化合物如喹啉的研究也取得了成果。

污染物的处理是一项复杂的系统工程。不同的污染体系要使用不同的处理方法，在很多情况下要将不同的方法组合起来应用才能取得理想的效果，例如超声波与电化学协同作用能有效地降解苯胺。

4.4.4 绿色冶金生态工业示范园

4.4.4.1 生态工业示范园区设计

园区规划设计原则包括以下几点。

(1) 与自然和谐共存原则 园区应与区域自然生态系统相结合，保持尽可能多的生态功能。对于现有工业园区，按照可持续发展的要求进行产业结构的调整和传统产业的技术改造，大幅度提高资源利用效率，减少污染物产生和对环境的压力。新建园区的选址应充分考虑当地的生态环境容量，调整列入生态敏感区的工业企业，最大限度地降低园区对局部景观和水文背景、区域生态系统以及对全球环境造成的影响。

(2) 生态效率原则 在园区布局、基础设施、建筑物构造和工业过程中，应全面实施清洁生产。通过园区各企业和企业生产单元的清洁生产，尽可能降低本企业的资源消耗和废物产生；通过各企业或单元间的副产品交换，降低园区总的物耗、水耗和能耗；通过物料替代、工艺革新，减少有毒有害物质的使用和排放；在建筑材料、能源使用、产品和服务中，鼓励利用可再生资源和可重复利用资源。贯彻“减量第一”的最基本的要求，使园区各单元尽可能降低资源消耗和废物产生。

(3) 生命周期原则 要加强原材料入园前以及产品、废物出园后的生命周期管理，最大限度地降低产品全生命周期的环境影响。应鼓励生产和提供资源、能源消耗低的产品和服务；鼓励生产和提供对环境少害、无害和使用中安全的产品和服务；鼓励生产和提供可以再循环、再使用和进行安全处置的产品和服务。

(4) 区域发展原则　尽可能将园区与社区发展和地方特色经济相结合，将园区建设与区域生态环境综合整治相结合。要通过培训和教育计划、工业开发、住房建设、社区建设等，加强园区与社区间的联系。要将园区规划纳入当地的社会经济发展规划，并与区域环境保护规划方案相协调。

(5) 高科技、高效益原则　大力采用现代化生物技术、生态技术、节能技术、节水技术、再循环技术和信息技术，采纳国际上先进的生产过程管理和环境管理标准，要求经济效益和环境效益实现最佳平衡，实现“双赢”。

(6) 软硬件并重原则　硬件指具体工程项目（工业设施、基础设施、服务设施）的建设。软件包括园区环境管理体系的建立、信息支持系统的建设、优惠政策的制定等。园区建设必须突出关键工程项目，突出项目（企业）间工业生态链建设，以项目为基础。同时必须建立和完善软件建设，使园区得到健康、持续发展。

4.4.4.2 绿色冶金生态工业园（区）设计实例

冶金生态工业园（区）设计方案的依据如下：冶金工业的高温特性，使它能有效利用资源而产出较少的废弃物，不仅如此，它还可以消纳处理一部分社会中产生的其他废物。目前，已有人利用氢还原铁矿石，改变当今铁矿石的还原主要依赖焦炭造成大量温室效应的状况。而技术上更为成熟的是高炉喷吹塑料技术，高炉喷吹塑料粒子对焦炭的置换比可达 1∶1，而废塑料的能量利用率达 80%，比其他方法高。需增加的投资是塑料的分选和制粒设施，如软塑料用软化粘接压缩法，硬塑料则用破碎法。废塑料由于其具有不可降解性，已经泛滥成灾，高炉喷吹塑料不但是处理废塑料的有效手段，而且可以节能降耗。除高炉喷吹塑料外，也可以利用焦炉使废塑料再循环。回收的废塑料先根据其形状、性质除去异物，破碎、分离出聚氯乙烯塑料，压缩成形后和煤混合装入焦炉，在碳化室经 1200℃热分解成碳化氢油（可作化工原料）和燃气，残渣进入焦炭。焦炭移动床熔融还原炉也可以焚烧城市垃圾，城市垃圾中含有一半左右可燃物，发热值约为 10～15MJ/kg，焚烧处理是目前比较普遍的处置方式。通常的垃圾焚烧温度低，难免生成二噁英，新日铁开发的焦炭床熔融温度在 1700℃以上，有利于抑制二噁英的生成。这些充分利用钢铁工业的高温技术优势处理废弃物的工程技术，应加强开发并努力推广。

钢铁厂在生态工业园区中可能承担角色的构想：

（1）煤化工的起点——新清洁能源的供应者；

（2）未来的海港生态工业——贸易园的起点；

（3）城市废弃物的处理站和生活热源供应站（废钢、废塑料、废水、热水、煤气）；

（4）排放过程再资源化循环、再能源化转换、无害化处理协调循环的载体过程。

中国工程院院士殷瑞钰指出，一座 800～1000 万 t 级钢铁厂可消耗 14～28 万 t 废塑料，所产生的煤气可供 120 万 kW 电站发电，其产生的废渣可为一座 300 万 t 水泥厂提供熟料。如果建立钢铁和有关工业的生产（链）网，开发各种行业间的能量流动和物质循环新流程，实现生产资源的链式循环，可以形成不同企业之间共享资源和互换副产品的产业共生组合，使上游过程中生产所产生的废弃物成为下游生产的原料，达到相互间资源的最优化配置，完成物质的反复循环流动。使钢铁厂不仅生产钢材，而且是清洁、高效的能源转化工厂和废弃物回收及综合利用厂。

以沿海进口大宗资源、能源为特点的工业港口区为例，1997 年日本成立资源和能源整体管理系统研究会，调查研究整个工业系统的物质和能源的流向、工艺因素和过程关系，为生态城镇和工业园的建设提供依据和设想，冶金工业在整体系统中处于中心地位。调查研究认为，应该建立不同工业之间的过程间链，这种过程间链有些是习惯形成的，如钢铁渣作水泥原料。

其生态工业园（区）可以考虑的方案之一是在进口国际铁矿资源和原油的情况下，将钢厂、水泥厂、热电厂和石油化工厂、化肥厂、聚合物加工厂综合起来，进一步从工程技术角度上看，受到熔融还原工艺的启发，以煤－铁矿－纯氧为源头的炼铁工艺，很有可能发展成为一种铁－煤化工过程，这个过程一方面因生产钢铁制品而立足，同时，由于可以产生巨量的气体而有可能转换成为大量的氢——一种气态的新能源，进而或与石化工业结合，或经储存、输送作为清洁能源使用。

人类仅用了 200 多年的时间就建立了现代工业文明体系，但是，在实现工业化和城市化的进程中，遇到了前所未有的环境污染和生态破坏问题，从污染的治理到清洁生产的提出，我们越来越认识到，只有采用这种前瞻性的、与环境友好的、体现生态效率的生态工业发展模式，才能实现工业的可持续发展。

5 绿色的钢铁工业

5.1 钢铁工业生产概述

5.1.1 我国钢铁工业发展现状

5.1.1.1 我国钢铁工业的生产现状

钢铁工业是国民经济重要的基础原材料工业。我国钢铁工业经过建国后50多年的发展，已成为世界第一产钢大国。特别是近20年来，我国发展连铸技术，淘汰平炉和化铁炼钢技术，淘汰关闭“五小”钢铁企业，形成了一批具备参与国际竞争实力的大型企业。2005年中国钢铁工业产量继续大幅增长，钢产量首次超过3亿t，钢铁产品产量及增长率见表5-1。

表5-1 2005年全国钢铁产品产量及增长率

指标	钢	生铁	钢材
2005年产量/万t	34936.15	33040.47	37117.02
比2004年增长量/万t	6887.6	9317.4	7214
增长率/%	24.6	22.5	24.1

目前，我国钢铁行业的发展特点：一是钢铁行业投资增长过猛；二是钢铁产能过大，且低水平生产能力占相当比重，增长率大部分来自内地的中、小企业；三是产品结构不合理，高技术含量和高附加值产品不能自给，产品质量不高，代表钢铁工业技术水平和钢材消费层次的板带比低。

5.1.1.2 我国钢铁工业的能耗现状

钢铁工业是高耗能、高污染工业。从选矿、烧煤、炼铁、炼钢到轧钢，每个生产工序都要消耗大量的能源和辅助原材料。我国钢铁工业每生产 1t 钢需消耗 6～7t 原料和燃料，其中 80%以上以各种废物形式排入环境。废气、废水、废渣排放量占全国工业“三废”排放总量的 10%～15%。

与国外发达水平相比，我国钢铁工业能耗差距明显。表 5-2 列出了 2003 年我国重点企业主要工序能耗与国际先进水平（1999 年）的比较，数据表明，我国转炉工序能耗与国外先进水平差值最大，炼铁工序差值最小。2003 年我国钢铁工业吨钢综合能耗为 770kg（标煤），吨钢可比能耗 698kg（标煤）；2003 年日本钢铁工业吨钢综合能耗为 656kg（标煤），2000 年国外主要产钢国家（英、日、法、德）平均吨钢可比能耗为 642kg 标煤。这两项指标分别比国外先进水平高出 17.4%和 8.7%。

表 5-2 国内外钢铁工业能耗比较 kg（标煤）/t

年 份	代 表	焦化	烧结	炼铁	转炉	电炉	综合能耗	可比能耗
2003 年	全国平均	148.51	66.42	464.68	27.04	230.2	770	698
2003 年	宝钢集团	94.45	61.12	394.27			675	656
1999 年	国际先进	128.1	50.89	463.36	－8.88	198.6	656（日本，2003 年）	642（2000 年）
差 值		20.41	15.53	1.32	35.92	31.6	114	56

资料来源：上海科学技术情报研究所。

另外，我国钢铁工业铁金属一次综合收得率为 54.45%，比世界先进水平的 72.88%相差 18.43 个百分点。由于铁金属综合收得率低，要生产更多的钢材，就必须多采矿、多选矿、多烧结、多炼铁、多炼钢，投入多、产出少，必然流失大，从而造成恶性循环。

5.1.2 钢铁生产工艺

我国钢铁企业按其生产产品和生产工艺流程可分为两大类

型，即钢铁联合企业（高炉/转炉法）和电炉钢（EAF 法）企业。钢铁联合企业的生产流程主要包括烧结（球团）、焦化、炼铁、炼钢、轧钢等生产工序——即“长流程”生产；电炉钢企业的生产流程主要包括炼钢、轧钢等生产工序——即“短流程”生产。钢铁联合企业中炼钢生产采用高炉炼钢或转炉炼钢和电炉炼钢，转炉炼钢以铁水为主要原料，电炉炼钢以废钢为主要原料。而特殊钢企业中炼钢生产采用电炉炼钢，以废钢为主要原料。

5.1.2.1 “长流程”钢铁生产（高炉/转炉法）

长流程的钢铁联合企业主要使用铁矿石以及少量废钢铁。在生产过程中，首先是从矿石炼铁，随后将铁炼成钢。这一工艺流程所用的原料包括：铁矿石、煤、石灰石以及回收的废钢、能源和其他数量不同的各种辅助材料，如油料、耐火材料、合金材料、水等。目前高炉/转炉法炼钢生产约占世界钢产量的 60%。我国某钢铁联合企业生产工艺流程如图 5-1 所示。

5.1.2.2 “短流程”电炉炼钢（EAF 法）

电炉炼钢主要使用废钢或越来越多地使用其他来源的金属铁，例如直接还原铁（DRI）。EAF 法炼钢主要工艺过程示意如图 5-2。电炉炼钢不需要钢铁联合企业所采用的炼铁工序，而是直接在电炉内熔炼回收废钢铁，并通过在较小的钢包炉（LF）中添加合金元素来调节金属的化学成分。用于熔炼的能源主要是电力，也可直接喷入电炉氧气和其他矿物燃料来代替或补充电能。EAF 法主要投入和产出的主要物料平衡如图 5-3 所示。

与钢铁联合企业炼钢相比，电炉炼钢工艺工序简单，占地面积小。下游工艺步骤如浇铸或连铸、轧制，与联合企业类似。目前电炉（EAF 法）钢厂生产约占世界总产量的 1/3。

5.1.2.3 平炉炼钢

平炉炼钢实质上仍属于“长流程”冶炼。但因其能耗高、效率低，现已被逐步淘汰，其产量所占比重甚少。

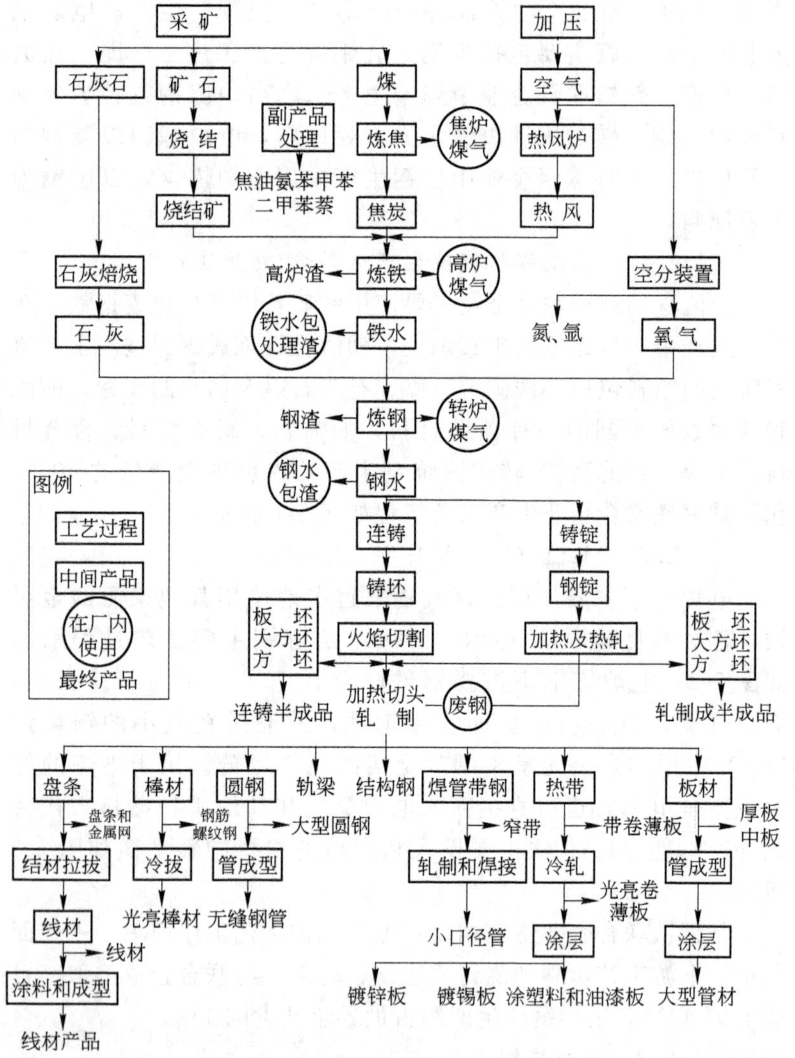

图 5-1 我国某钢铁联合企业生产工艺流程

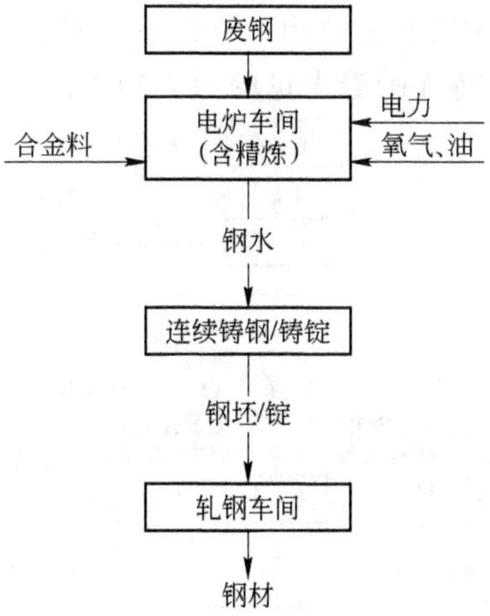

图 5-2 电炉炼钢厂主要生产工艺流程示意图

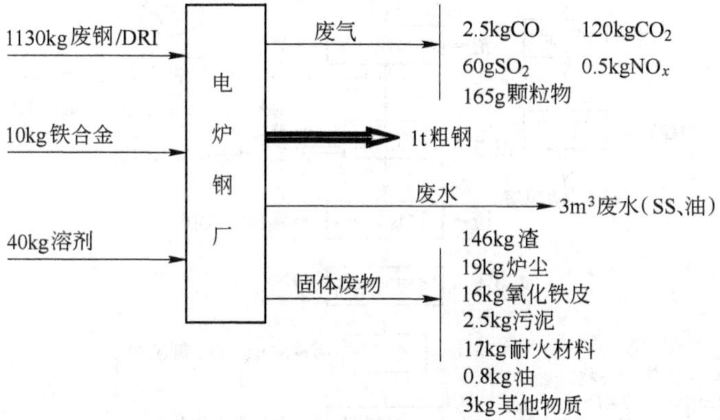

图 5-3 电炉钢厂的主要物料平衡图

5.1.3 钢铁工业污染物排放及其特点

5.1.3.1 钢铁工业污染物排放情况

钢铁工业生产要消耗大量的资源和能源，而金属回收率相对较低，这就决定了在钢铁生产整个过程中将会有大量的废气、废水、废渣及其他污染物的排出，如图 5-4 所示。换言之，每生产出 1t 钢铁产品，将伴随着大量的污染物排出。

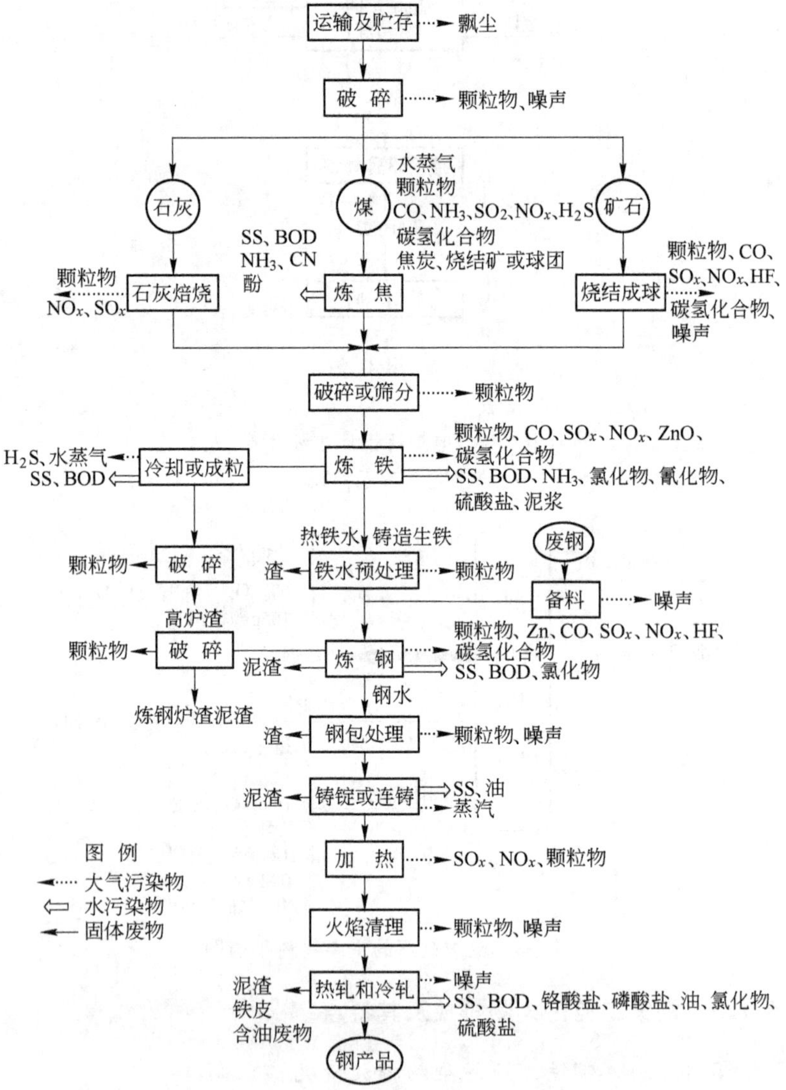

图 5-4　某钢铁联合企业主要工艺及其污染物排放

5.1.3.2 烟气排放及其特点

钢铁厂的烧结、球团、炼焦、化学副产、炼铁、炼钢、轧钢、锻压、金属制品与铁合金、耐火材料、碳素制品及动力等生产环节，拥有各种排放大量烟尘的窑炉。全国钢铁工业每年废气排放量可达12000亿m^3左右，其中，二氧化硫等外排放废气约占全国1/6，排放量仅次于电力工业，居全国第二位。

根据钢铁企业排放的废气，大体可分为3类：(1) 生产工艺过程化学反应中排放的废气，如冶炼、烧焦、化工产品和钢材酸洗过程中产生的烟尘和有害气体；(2) 燃料在炉、窑中燃烧产生的烟气和有害气体；(3) 原料、燃料运输、装卸和加工等过程产生的粉尘。

钢铁工业废气的特点是：

(1) 排放量大、污染面广　钢铁工业生产过程中释放的废气，每吨钢的废气排放量约为20000m^3（标），在全国40个行业中，钢铁工业废气年排放量占全国总排放量的18%，位居第二。钢铁企业的工业窑炉规模庞大、设备集中。全国40个行业中，废气排放量在100万m^3（标）以上的76个大户中，钢铁企业即有14户，占18.4%。

(2) 烟尘颗粒细，吸附力强　钢铁冶炼过程中排放的多为氧化铁烟尘，其粒径在10μm以下的占91%以上。由于尘粒细，比表面积大，吸附力强，易成为吸附有害气体的载体。

(3) 废气温度高，治理难度大　冶金窑炉排出的废气温度一般为400～1000℃，最高可达1400～1600℃，在钢铁企业中，有1/3烟气净化系统处理高温烟气，处理烟气量占整个钢铁企业总烟气量的2/3。由于烟气温度高，对管道材质、构件结构以及净化设备的选择均有特殊要求，高温烟气中含硫、一氧化碳，使烟气在净化处理时，必须妥善处理好“露点”及防火、防爆问题。所有这些特点，构成了高温烟气治理中的艰巨性和复杂性，使处理技术难度大、设备投资高。

(4) 废气具有回收价值　钢铁生产排出的废气虽然对环境有害，但高温烟气中的余热可通过热能回收装置转换为蒸汽或电能，可燃成分如煤气可作为燃料，净化过程收集的尘泥多数富含氧化铁，可以回收利用。

5.1.3.3 废水排放及其特点

钢铁工业用水量很大，每炼 1t 钢，约用 200～250m^3 水，外排废水量约占全国的 1/7，仅次于化工，位居第二。钢铁生产过程中排出的废水，主要来源于生产工艺过程用水、设备与产品冷却水、设备和场地清洗水等。70％的废水来源于冷却用水，生产工艺过程排出的只占一小部分。废水中含有随水流失的生产用原料、中间产物和产品以及生产过程中产生的污染物。

钢铁工业废水通常按下述方法分为 3 类：(1) 按所含的主要污染物性质，可分为含有机污染物为主的有机废水和含无机污染物（主要为悬浮物）为主的无机废水以及仅受热污染的冷却水；(2) 按所含污染物的主要成分，可分为含酚氰污水、含油废水、含铬废水、酸性废水、碱性废水和含氟废水等；(3) 按生产和加工对象，可分为烧结厂废水、焦化厂废水、炼铁厂废水、炼钢厂废水和轧钢厂废水等。各厂又有几种主要废水以及这些废水处理工艺的选择，如表 5-3 所示。

表 5-3 钢铁企业主要废水及其单元处理工艺选择一览表

排放废水的工厂	按污染物主要成分分类的废水								单元处理工艺选择															
	含酚氰废水	含氟废水	含油废水	重金属废水	含悬浮物废水	热废水	酸废(液)水	碱废水	沉淀	混凝沉淀	过滤	冷却	中和	气浮	化学氧化	生物处理	离子交换	膜分离	活性炭	磁分离	蒸发结晶	化学沉淀	混凝气浮	萃取
烧结厂					●	●			●	●	●	●												
焦化厂	●	●			●	●			●	●	●	●		●		●			●			●		●
炼铁厂	●				●	●			●	●		●										●		

续表 5-3

排放废水的工厂	按污染物主要成分分类的废水								单元处理工艺选择															
	含酚氰废水	含氰废水	含油废水	重金属废水	含悬浮物废水	热废水	酸废(液)水	碱废水	沉淀	混凝沉淀	过滤	冷却	中和	气浮	化学氧化	生物处理	离子交换	膜分离	活性炭	磁分离	蒸发结晶	化学沉淀	混凝气浮	萃取
炼钢厂					●	●			●	●	●	●								●	●	●		
轧钢厂			●	●	●	●	●	●	●	●	●	●	●	●	●		●	●		●		●	●	
铁合金	●			●	●	●	●	●	●	●	●	●	●		●							●		
其他			●	●	●	●	●	●	●	●	●	●	●		●		●					●	●	

钢铁工业废水的特点是：

(1) 废水量大，污染面广　钢铁工业生产过程中，从原料准备到钢铁冶炼以至成品轧制的全过程中，几乎所有工序都要用水，都有废水排放。

(2) 废水成分复杂、污染物质多　表 5-4 列出了钢铁工业废水的污染特征和主要污染物质，从中可以看出钢铁工业废水污染特征不仅多样，而且往往含有严重污染环境的各种重金属和多种化学毒物。

(3) 废水水质变化大，造成废水处理难度大　钢铁工业废水的水质因生产工艺和生产方式不同而有很大的差异，有的即使采用同一种工艺，水质也有很大变化。如氧气顶吹转炉除尘污水，在同一炉钢的不同吹炼期，废水的 pH 值可在 4～13 之间，悬浮物可在 250～25000mg/L 之间变化。间接冷却水在使用过程中仅受热污染，经冷却后即可回用。直接冷却水因与物料等直接接触，含有同原料、燃料、产品等成分有关的各种物质。由于钢铁工业废水水质的差异大、变化大，无疑加大废水处理工艺的难度。

表 5-4 钢铁工业废水的污染特征和主要污染物

排放废水的单元（车间）	污染特征						主要污染物																
	浑浊	臭味	颜色	有机污染物	无机污染物	热污染	酚	苯	硫化物	氟化物	氰化物	油	酸	碱	锌	镉	砷	铅	铬	镍	铜	锰	钒
烧结	●		●		●																		
焦化	●	●	●	●	●	●	●	●	●		●	●	●	●			●						
炼铁	●		●		●	●	●		●		●				●			●				●	
炼钢	●		●		●	●				●		●											
轧钢	●		●		●	●						●											
酸洗	●		●		●					●			●	●	●	●			●	●	●		
铁合金	●		●		●	●	●		●										●			●	●

5.1.3.4 固体废物排放及其特点

钢铁工业固体废物（即冶金渣或废渣）是指钢铁生产过程中产生的固体、半固体或泥浆废弃物。主要包括：采矿废石、矿石洗选过程排出的尾矿、冶炼过程产生的各种冶炼矿渣、轧钢过程中产生的氧化铁皮和各生产环节净化装置收集的各种粉尘、污泥以及工业垃圾。此外，按固体废物管理范畴还包括容器盛装的酸洗废液和废油等。

钢铁工业固体废物产生于钢铁生产的各个环节，换言之，伴随着从矿石的采掘到钢铁成品的出厂，每一步工序都有其特定的固体废物的产生、排放，其品种因工序而异，其发生量因工艺技术而增减。表 5-5 列出了钢铁厂通常产生的固体废物和副产品。

钢铁工业固体废物有以下两方面特点。

(1) 量大面广，种类繁多 钢铁生产消耗原材料和燃料多，但 80%以上的消耗又以各种形式的废物排出。即每生产 1t 钢，固体废物排放量即超过半吨。我国现已成为世界第一产钢大国，年产量逾2亿t，其固体废物产生量约占我国工业固体废物产生总量的1/5，排在矿业和电力行业之后，位居第三。从表5-5中又可以看出固体废物产生于钢铁生产的各个环节，不仅涉及面广，而且种类各异、品种繁多。

表5-5 钢铁工业中的废物和副产品

生产阶段	副产品和废物
焦炭生产	硫酸铵、苯、浓焦油、萘、沥青、粗酚、硫酸、焦油 锅炉与冷却器清除残渣 氨生产中排出的石灰泥浆 焦化废水机械澄清排出的污泥 熄焦水与温法除尘器排出的湿尘泥 焦化废水处理的活性污泥 粉尘
烧结厂	废气净化产生的粉尘 二次烟尘产生的粉尘
高　炉	高炉渣 铸造厂烟气除尘产生的粉尘 煤气净化产生的粉尘 煤气洗涤水净化产生的污泥
炼　钢	钢渣 二次排放控制产生的粉尘 干法烟气除尘产生的粉尘 钢厂除尘用工艺水产生的污泥
热成形和连铸	铁屑 轧机污泥 铁皮坑渣 辗磨与切削废物 轧辊辗磨产生的污泥
精加工	来自表面机械处理的铁屑 工艺水处理产生的铁屑 粉尘 再生设备产生的 Fe_2O_3 再生设备产生的 $FeSO_4 \cdot 7H_2O$ 酸洗废液 中和污泥 废热处理盐 来自金属表面除油与清洗的残渣

续表 5-5

生产阶段	副产品和废物
其他辅助部门	含油废弃物 液态废弃物：如废油和废油乳化液，含油污泥 含油固体废弃物：如润滑剂生成的固体废物及含油的金属切削物 轧钢废料，建造和拆除的废钢 废耐火材料 屋顶集尘 挖掘出的土 下水道污泥 家庭废物 大块的废物

（2）蕴含有价元素，综合利用价值高　钢铁工业原料多为各种元素共生矿物。废物中蕴含各种不同的有价元素，如：铁、锰、钒、铬、钼、铝等金属元素和钙、硅、硫等非金属元素。因此，钢铁工业固体废物是一项可再利用的二次资源。有些固体废物稍加处理即可成为其他生产部门的宝贵原料，如高炉渣经水淬处理成为粒化高炉矿渣，是生产矿渣水泥的重要原料。尤其应指出的是，含铁固体废物即是钢铁厂内部循环利用的金属资源，不仅综合利用价值高，而且减少废物外排，有利于减少污染。从图 5-5 中不难看出，相当一部分固体废物（确切地说应是副产品）可以在企业内部循环利用。

（3）有毒废物少，便于处理与利用　钢铁工业除金属铬与五氧化二钒生产过程产生的水浸出铬渣和钒渣、特殊钢厂铬合金钢生产过程中产生的电炉粉尘以及炭素制品厂产生的焦油、轧钢过程废水治理产生的含铬污泥等少量有毒有害废物外，其他固体废物，如尾矿、钢铁渣、含铁尘泥等，虽然量大，但基本属于一般工业固体废物。因而，比起易燃、易爆、有腐蚀性、有毒等危险固体废物更易于收集、输送、加工、处理，也便于作为二次资源加以利用。

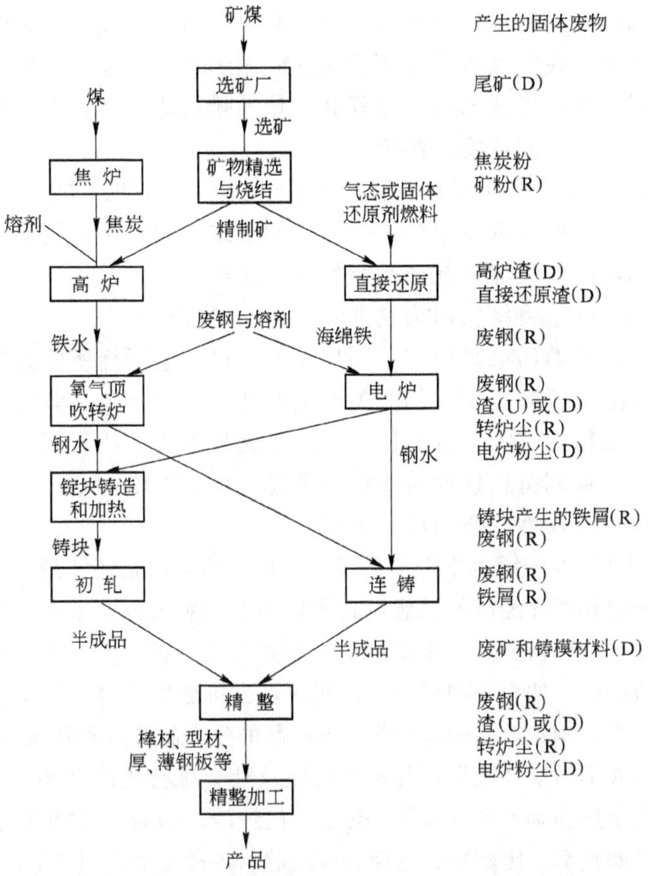

图 5-5 某综合性钢铁企业中主要的副产品与废物流程图

5.2 绿色的钢铁工业生产技术

5.2.1 绿色的钢铁工业概述

5.2.1.1 钢铁工业绿色化

钢铁工业绿色化是绿色工业在钢铁工业中的具体体现，绿色工业是一个综合考虑资源、能源消耗和环境影响的现代工业模式。钢铁工业属于流程制造业，钢铁制造过程从本质上看是集物质状态转变、物质性质控制和物流有序、有效管制于一体的生产制造体系。在钢铁制造体系中大量的物质/产品流、大量能量转换过程、多种形式的排放过程和大量的排放废弃物都对环境造成不同层次、不同程度的影响。

绿色的钢铁工业是在清洁生产基础上进一步延伸、扩展,具体包括：

（1）从源头入手根治造成污染的制造过程，注意资源、能源的选择，高度关注钢铁产品绿色生命周期；

（2）尽量将钢铁污染物消除在生产过程中；

（3）所谓污染是指在不同尺度上超过生态平衡所能接受的外源性污染，不同类型、相关类型企业之间形成生态工业链，促进构成污染物的“零”排放体系（或称为最小排放体系）；

（4）强调持续性的对环境污染集成预防策略，追求构成可持续钢铁生产发展战略的最佳模式。

钢铁工业的绿色化生产不仅仅包括清洁生产，还体现了生态工业的思想和循环经济的思想，具体表现在原料方面，如少用铁矿石及其他天然矿物资源，多用再生资源如废钢、钢厂粉尘等；生产过程的清洁化，如充分利用资源、能源，少排放废弃物、污染物和含毒物质等；钢铁产品的清洁化，如产品的生产制造过程环境负荷低，少污染或不污染环境等；与相关行业及社会进行代谢循环，如向社会提供余热和副产品（煤气、热水、高炉渣、钢渣）；消纳社会的废弃物（如废钢、废塑料、垃圾、废轮胎、各种合金返回料等）。

因此，绿色的钢铁企业具有以下 3 种功能。

（1）冶金材料生产功能　通过新一代生产流程的构建，新一代钢厂模式的确立，质优、价廉、清洁地生产钢铁材料，满足经济、社会发展需要。

（2）能源转换功能　钢厂不仅要质优、价廉、清洁地生产钢铁产品，而且还要发挥其能源转换功能。因为传统模式的钢厂没有充分利用能源，钢厂发挥能源转换功能是很有希望的。比如钢、电、水泥集成运营，可以形成一个环境负荷低的生态工业过程。再具体点讲：一个千万吨级钢厂，可以和120万kW电站匹配，它的年发电量为70亿度，每度电煤耗268g，而世界最好的IGCC机组是330g。钢厂每生产1t生铁要产生300kg左右炉渣，磨细了就是水泥。总之，钢厂是可以转化能源的——提供大量的低硫煤气、富氢煤气、富CO煤气等，用于发电或作为化工原料，甚至探索转化为氢气；钢厂也可为社会提供热水和蒸汽等。

（3）大宗社会废弃物的消纳、处理功能　如废钢，现在中国钢铁业年处理废钢已近4000万t，15～20年也许可达到近亿吨；又如废塑料处理后喷进高炉或压进焦炉可作为一种能源的补充，1t废塑料相当于1t油的热值；再如废轮胎可用钢厂的液氮来脆化、磨碎、分离处理；还有生活垃圾、社区污水等，可以通过钢厂的生产流程来消纳、处理等。

5.2.1.2　钢铁制造流程系统的优化

钢铁制造流程优化既有助于提高钢的市场竞争力，又有助于环境友好、可持续发展。全球钢厂正以积极推进最有效技术为动力，不断使钢铁制造流程从间歇-停顿-长流程向紧凑化-准连续化-流程缩短的方向发展，实际上也是一系列的节能技术、清洁生产技术运用的过程，更是源头治理的体现（见图5-6）。从流程

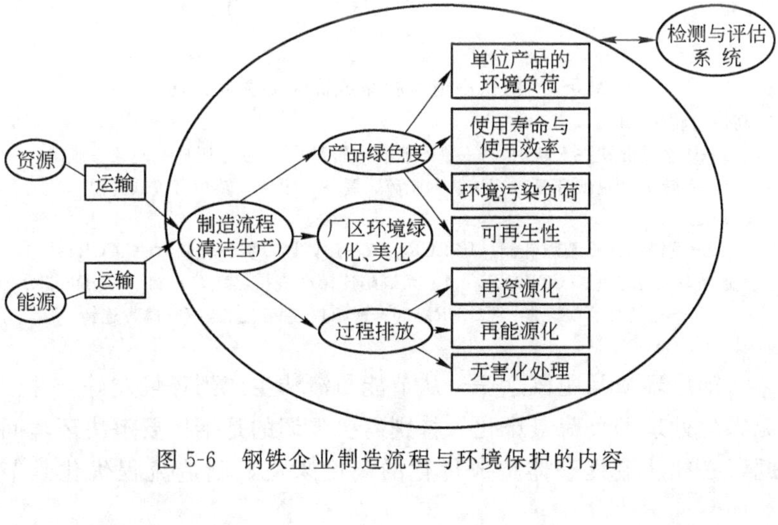

图5-6　钢铁企业制造流程与环境保护的内容

整体优化的高度出发，而不是简单地从单元工序、单个装备改造出发再简单相加，才可以使物质获得率最大化、能源效率最佳化和制造过程时间最小化的综合效果（见图 5-7）。当然，同时也得到清洁生产、降低环境负荷的效果。

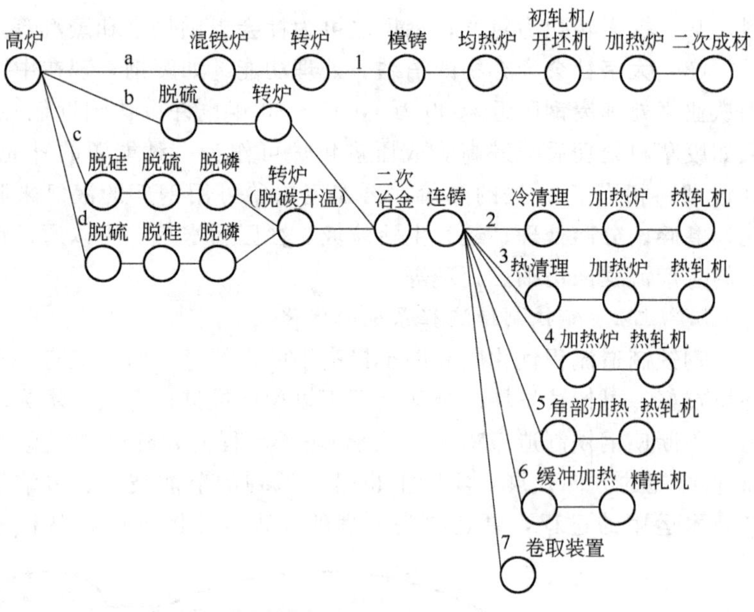

图 5-7 钢铁制造流程集成优化的发展方向

高炉与转炉之间：

a—铁水进混铁炉入转炉；b—铁水脱硫入转炉；c—铁水脱硅、脱硫、脱磷入转炉（脱碳升温）；d—铁水脱硫、脱硅、脱磷入转炉（脱碳升温）

转炉之后：

1—模铸钢锭冷装炉轧制（IC-CCR）；2—连铸坯冷装炉轧制（CC-CCR）；—连铸坯热送轧制（CC-HCR）；4—无缺陷连铸坯直接热装炉轧制（CC-DHCR）；5—连铸坯直接轧制（CC-DR）；6—薄板坯连铸-连轧；7—薄带连铸

钢厂环境问题概念——从节能与清洁生产到环境友好，并使无害化处理的负荷最小化。特别需要强调的是钢厂要解决环境问题，必须从流程整体集成优化的高度来看，制造流程优化是节能、清洁生产最根本的支撑力量。当然，在改进金属制造流程的同时，必须高度重视排放过程的控制以及排放物质的再能源化、再资源化和尽可能少的无害化处理。

5.2.1.3 钢厂生产流程的排放过程中的节能

钢厂生产流程的排放过程中节能与环境保护是一致的，而且更为积极，它的内涵主要是对排放物质/能源首先进行再能源化循环处理、再资源化循环使用，最后是尽可能小的无害化处理。

（1）再能源化循环处理 主要集中在化学冶金过程中，特别是高炉炼铁系统中（见图 5-8），在转炉、电炉乃至轧钢加热炉中对烟气的化学能、物理热也有非常好的再能源化处理工艺。

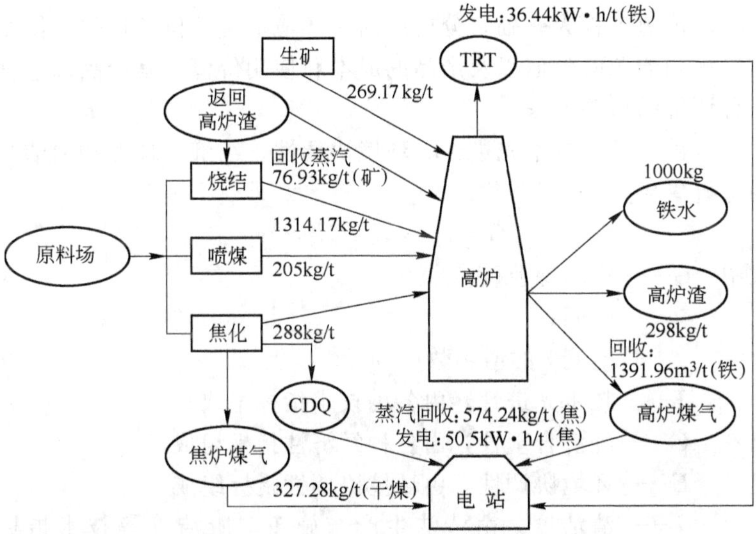

图 5-8 高炉炼铁系统的物料与能源利用框图

（2）再资源化处理与循环使用 主要体现在高炉、转炉、电炉对各类含铁物料和可用资源（废钢、铁皮、含铁尘泥、炉渣等）的处理和加工利用。

（3）无害化处理 主要集中在水处理和节水技术、烟气处理技术（特别是烟气脱硫），还有其他有害气体的防止产生和处理技术等。当前从节能、清洁生产和环境保护角度看，钢厂的节水、水的闭路循环和污水处理技术、热水社区供应技术等应引起特别重视。

5.2.1.4 关于钢材及其制品的绿色度问题

绿色度是指制造过程中单位产品环境负荷的标志及其在再加工过程、使用过程、废弃、回收过程中对环境友好的程度。其具体指标可分为：

(1) 单位产品的环境负荷；

(2) 产品的使用寿命与使用效率；

(3) 钢材及其制品对环境的污染负荷；

(4) 钢材及其制品的可再生性。

以价值工程为基础，分析产品对环境危害的价值损失、使用的资源和能源的价值以及产品的成本和使用价值，是产品绿色度综合评价的重要方法。

绿色产品是技术先进性、环境协调性、经济合理性和清洁性的有机集成：

$$G = f(T, E, C, t, c)$$

式中 G——产品绿色度；

t——时间；

f——时间 t 的增函数；

T——技术先进性，由各种技术指标组成；

C——经济合理性，由各种经济性指标组成；

E——环境协调性，由环境协调性指标组成；

c——清洁度，由清洁生产与施工、康洁度等技术指标组成。

各因素对环境贡献的综合效应分析比较复杂，但符合累加准则。加权系数 W_i 反映了各个因素的相对重要性（$\Sigma W_i = 1$），以加权平均值表征各因素的累加效应和综合效果。

采用最优化方法的加权均方根法计算产品绿色度。

$$G = \sqrt{\Sigma(W_i V_i^2)/n}, (n = 4)$$

建议权重值为：环境负荷为0.4，使用寿命与效率为0.1，污染负荷为0.3，可再生性为0.2。除了比较产品的绿色度，还要分析质量和经济性指标。

总评价指标可表示为

绿色度指标：

$$G = |[W_{gj}]^T[g_{ij}]|$$

性能质量指标：

$$Q = |[W_{qj}]^T[q_{ij}]|$$

经济性指标：

$$C = |[W_{cj}]^T[c_{ij}]|$$

式中，g_{ij}、q_{ij}、c_{ij} 为各个阶段的不同步骤和各个因子的相应指标；$[W_{gj}]^T$、$[W_{qj}]^T$、$[W_{cj}]^T$ 分别为相应的权向量；绝对值符号表示行向量的元素之和。

对企业来说，考虑了绿色度之后，因为没有涉及环境的损失，可能会增大产品的直接成本，影响产品的性能。从社会的角度和社会价值分析来看，绿色产品的社会价值很高，许多情况下绿色度与企业利益是一致的。绿色产品的价值评价方法，将产品的绿色度和经济性综合在一起，性价比是产品唯一的决策指标。减少原材料消耗和原材料带来的环境负担，产品的绿色度较高，而经济指标也有大幅度的改善，因此采用综合评价方法，不仅不会提高产品成本，还会使产品有更高的性价比。

5.2.1.5 我国钢铁工业绿色化进展

北京首钢设计院与新日本制铁株式会社，北京中日联节能环保工程技术有限公司联合设计的武钢焦化公司1号、2号焦炉干熄工程于2005年12月竣工投产。每小时可处理焦炭140t，年处理焦炭能力在100万t以上，年产1.2MPa蒸汽59.62万t，可发电 34.98×10^6 kW·h，是国内目前处理能力最大的干熄焦装置。其主要特点是：国产化率高，达到90%以上；回收能源水平高，每吨红焦通过干熄焦装置能够产生0.6t的蒸汽；环保水平高，经过除尘后的烟气排放量含尘浓度小于或等于 $30mg/m^3$，大大低于国家规定的 80mg/m^3；自动化水平高，且与武钢现有设备有机结合在一起。

攀钢于 2005 年 12 月生产限制有害物质热镀锌产品取得成功，具备环保家电用板批量供货能力，成为国内率先完全满足家电用板环保要求的生产企业。该产品通过了国际权威认证机构（SGS）的无公害检测认证，完全满足欧盟 ROHS 指令对电子电器产品含有汞、镉、铅、六价铬、聚溴连苯、聚溴二苯醚 6 种有害物质的要求。

本钢 5 号高炉是国内第一家使用从卢森堡引进的新英巴法冲水渣系统的高炉，填补了国内大高炉环保方面的空白。原来的 5 号高炉的污水、废气、粉尘排放给本溪的水和空气环境都造成了严重的污染，采用新系统后，原有的水渣池被替代，高炉产生污水通过系统内水槽和冷却塔形成闭路循环，污水不再外排，系统内的冲制箱同时解决了硫化氢、二氧化硫等废气排出的问题。此外，原来圆形的除尘管道增大容量，改建成方形管道，与 10000m^2 的大型布袋除尘器联合使用，把高炉排出粉尘的 99%吸入电除尘器重新进入炼铁循环系统，出口烟气粉尘远远低于国家 100mg/m^3 的粉尘排放标准。

5.2.2 烧结工序生产新技术

5.2.2.1 小球、球团烧结工艺

我国贫矿和多金属共生复合矿占有相当大的比例，这些矿石经过破碎选矿之后粒度很细，如天然富矿的粒度一般为 0～8mm，精矿粉的粒度小于 0.074mm（200 网目）的占 40%以上，所以必须事先造成块状，然后才能装入高炉冶炼。

矿石经过烧结或球团成块以后，一般称为“熟料”。原料经过造块不仅可以满足冶炼对原料粒度的要求，而且在造块过程中加入溶剂可以使原料达到自熔，这样高炉炼铁就可以少加或不加石灰石。另外，在造块的焙烧过程中可以除去原料中的有害杂质硫等，对原料中的其他有益元素也可进行综合回收，因此各国都

非常重视入炉的熟料比。我国烧结矿以细精矿为主，粒度细，料层透气性差，产量低，能耗高。小球烧结是解决上述问题的成熟技术，投资少，效益明显，集中了低温烧结和厚料层操作的优点，适合于精矿配比较高的烧结机。小球团烧结工艺所采用的原料为一般普通的烧结原料，各种原料的化学成分见表 5-6。

表 5-6 原料的化学成分 %

成分	精矿	富矿	澳矿	高炉返矿	轧钢皮	钢渣	污泥	石灰石	生石灰
TFe	64.5	56.4	63.3	57.0	68.3	30.0	53.0		
SiO_2	5.0	9.2	4.2	6.0	3.1	13.5	7.0	0.8	1.5
CaO	1.5	1.7	0.4	9.5		45.0	13.0	52.5	82.0
FeO	23.5	2.0	1.0	11.0		8.4	68.0		
MgO	0.8	0.5	0.27	1.0		5.5		0.93	0.66
Al_2O_3	0.7	0.8	1.45	0.8		6.6			
S	0.25	0.12	0.02	0.03		0.20			
P	0.003	0.05	0.02	0.03		0.14			
烧损		5.0	3.6					43.4	7.5

将烧结原料和溶剂的粒度＜3mm 粒级控制在 60%～70%，并在配料室内加雾化水进行润湿。按球团造球无水长大，无水密实理论，根据混合机内不同区域对加水强度的要求，在一次混合机内进行三段加水，在二次混合机内进行一段加水，当一混加水不足时进行补充。小球烧结工艺流程见图 5-9。

小球、球团烧结工艺与传统烧结、球团工艺相比有如下优点：

(1) 球团烧结、小球烧结工艺生成的产品为球团烧结矿，其

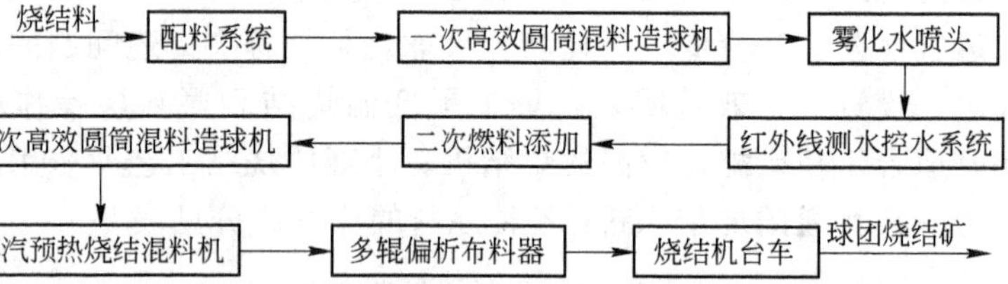

图 5-9 小球烧结工艺流程图

还原度和低温还原粉化率均有所改善，克服了烧结矿粒度不够均匀和球团矿的高温还原度低和软化性能差的缺点，特别适合于细精矿等难烧矿种；

(2) 球团烧结、小球烧结可提高产量 10%～15%。因为小球烧结料粒度均匀，强度较好，改善了料层内部的气体动力分布状况，使原始混合料透气性能比普通烧结料提高了 30%，同时也改善了水分蒸发条件，使干燥带厚度减薄；

(3) 采用小球团烧结工艺，使混合料中≥3 mm 粒级达到70%左右，从而改善了烧结料层的透气性；

(4) 由于小球料的堆密度和粒度较大，燃料分布均匀，使小球在烧结软化后生成的烧结饼的单位阻力比普通料略高，克服了普通烧结过程中风量分布不合理的现象，提高了产品的强度；

(5) 采用小球、球团烧结工艺可降低能耗 20%左右，经过成球，混合料透气大大提高，改善了烧结条件，实现了厚料层烧结。由于料层的自动蓄热作用能使燃烧层的热量提高 40 %左右。另外，由于低碳操作，料层内氧化性气氛较强，料层温度不会过高，可增加低价铁氧化物的氧化反应，又能减少高价铁氧化物的分解热耗，有利于生产低熔点黏结相，促使燃料用量的降低。采用小球球团烧结工艺，烧结机可增产 10%，烧结矿的燃耗降低10kg/t，小球烧结矿的 FeO 含量较传统工艺低 3 个百分点。

5.2.2.2 炼钢污泥在烧结中的应用

目前，钢厂的炼钢工序产生大量的炼钢湿污泥。通过炼钢污泥烧结系统使炼钢污泥无需处理可直接用于烧结生产。炼钢污泥的烧结工艺是经短流程处理后供炼钢作为金属料、冷却剂、造渣剂或作为含铁料供烧结矿生产使用。

(1) 污泥造块工艺。炼钢污泥经自然堆放、水分渗透挥发后，掺入含铁料、生石灰、膨润土或焦粉等搅拌混合，再由专用设备挤压成椭圆块体，经竖炉焙烧后供转炉作为造渣剂、冷却剂使用。

(2) 生石灰消化工艺。炼钢污泥与生石灰按一定比例配料混合，完全消化后形成松散、无粉尘的粉状物料，或与钢渣、高炉灰等物料进一步混合后形成松散料，进入烧结配料工序，参与烧结矿生产。

(3) 泥浆管道输送工艺。炼钢污泥加水稀释成浓度为15%～20%的泥浆，经加压泵加压后，通过管道输送到烧结原料混合机，以泥浆水代替工业水加入烧结料参与烧结矿生产。

5.2.2.3 低温烧结新工艺

低温烧结是目前世界上一项先进的烧结工艺新技术，它不仅能生产具有较高机械强度和良好冶金性能的优质烧结矿，而且还能降低工序能耗。所谓低温烧结法，就是以较低的烧结温度（低于1300℃），使烧结混合料中部分矿粉发生反应，产生一种强度较高、还原性好的较理想矿物——针状铁酸钙（CF），并以此去黏结、包裹那些未起反应的残余矿石（或叫未熔矿石），使其生成一种交织多相结构的钙铝硅铁固溶体（SFCA）的烧结方法。

在较低温度和较高氧化氛围的条件下，CaO 和 Al_2O_3 在熔体中有某种程度的熔解，与 Fe_2O_3 发生反应生成一种强度较高，还原性较好的理想矿物——针状铁酸钙（SFCA），同时用它去黏结、包裹那些未起反应的矿石。因而能够充分利用铁酸钙系列的黏结相，减少硅酸盐黏结相，保证了烧结矿具有良好的强度和还原性。在低温烧结矿中，铁酸盐矿物含量明显增多，大多以细针状 CF 和 Fe_3O_4 互熔，有部分 Fe_3O_4 仍呈片状存在，中间几乎没有液相。原矿中呈脉状的褐铁矿在与 CaO 接触处形成 CF-Fe_3O_4 互熔结构，中间为硅酸盐，周围有较多的 Fe_3O_4 晶体，有部分

Fe_3O_4被纤维状 CF 所包围。另外，低温高氧化烧结，抑制了 FeO 生成。使烧结矿 FeO 含量较低，软化和熔化温度升高，软熔性得到改善，烧结矿的高温还原性也得到改善，烧结燃耗也得到降低。高炉使用这种烧结矿，不但能降低焦比，而且也可以提高生铁产量。不同烧结方法烧结矿中的矿物组成如表 5-7 所示。

表 5-7 不同烧结方法烧结矿中的矿物组成 %

烧结方法	R	Fe_2O_3	Fe_3O_4	CF	CF-Fe_3O_4	玻璃质	C_2S	CMS①
熔融烧结	2.0	2.0	50.2	9.3	12.0	15.8	6.2	5.3
低温烧结	2.0	10.0	48.9	7.4	15.2	10.1	3.1	3.5

① CMS 为 CaO-MgO-SiO_2 的缩写。

低温烧结在工艺上的特殊要求包括：

（1）烧结混合料要充分混匀，以促进烧结的均匀性；

（2）造球效果要好，使混合料具有良好的透气性；

（3）要有理想的加热曲线，点火温度控制在 1050±50℃，料层温度不超过 1250℃，并要保证混合料在 1100℃以上的温度下有 3min 以上的反应时间。

在保证烧结矿强度的前提下，烧结矿 FeO 含量每降低 1%，可节省燃耗 1.4 kg/t，高炉可降低焦比 1%。国外一些企业烧结矿中的 FeO 已降到 6%以下。国内济钢、柳钢、天津铁厂等单位已成功地应用了低温烧结技术，烧结矿 FeO 由原来的 10%以上降为 8%左右，节能降耗效果显著。

5.2.2.4 EOS（Emission Optimized Sintering）工艺

德国的蒂森、日本新日铁及荷兰的霍戈文等烧结厂都有使用 EOS 工艺降低烧结过程 NO_x和 SO_2排放的报道。EOS 烧结工艺和传统烧结工艺的比较见图 5-10。EOS 系统利用部分废气循环，可减少烟囱排出的粉尘、SO_2和 NO_x，同时降低工序能耗，并可不同程度地改善烧结矿质量、产量。

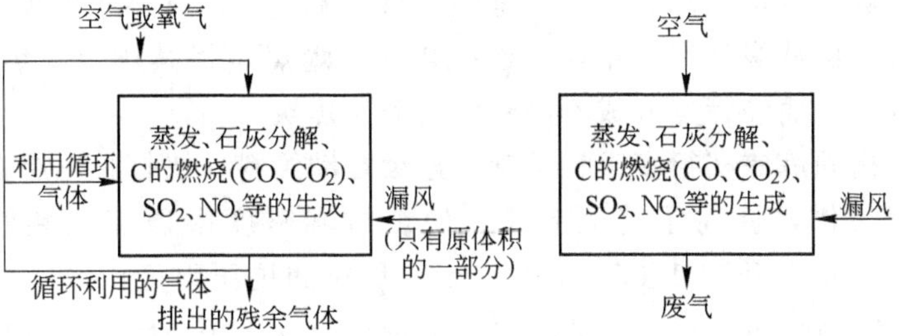

图 5-10 EOS 流程和传统烧结流程的对比

5.2.3 炼焦工序生产新技术

焦炭是炼铁工序的主要原材料之一。我国焦炭的年产量为1.1～1.3亿t，居世界第一，占世界总产量的1/3强，其中有40%～50%是由土法炼焦炉生产。传统的炼焦工艺生产的焦炭具有抗碎强度（M_{40}）、耐磨强度（M_{10}）、焦炭含灰分指标差距大及焦炭高温强度差等缺点。

由于现代化炼铁高炉在迅速向大型化发展，大高炉内落差大、料柱高，使焦炭所受到的撞击、挤压、摩擦等机械破碎作用远比在中小高炉中大。同时，近来高炉喷煤技术发展迅猛，使得炼铁焦比大幅度下降，即由较少的焦炭承受原来较多焦炭所承受的机械力负荷。因此，炼铁生产对焦炭强度的要求越来越高。焦炭必须具备更高的强度才能满足高炉炼铁需要，保证生产顺利高效。否则会产生一系列不利影响，直接制约高炉生产操作，造成巨大损失和浪费。

为保证和提高焦炭质量并扩展炼焦煤源，目前国内外采用并发展了几种炼焦新工艺。

5.2.3.1 捣固炼焦技术

捣固炼焦工艺是采用高挥发弱黏结性或中等黏结性煤作为炼焦的主要配煤组分。将煤粉碎至一定粒度后，在炼焦炉外采用捣固设备，将炼焦配合煤按炭化室的大小，捣打成略小于炭化室的煤饼，将配合好的精煤由专门机械模具捣制成密实的煤饼后从炭化室侧面（机侧）装入炭化室内进行高温干馏，成熟的焦炭由捣固推焦机从炭化室内推出，经拦焦车、熄焦车将其送至熄焦塔，由胶带运输经筛焦分成不同粒级的商品焦炭。

捣固炼焦实行多锤、重锤、连续自动给料、快打、薄层自动捣固操作，提高了捣固效率，使煤饼堆密度由顶部散装时的0.75t/m^3上升到 1.05～1.1 t/m^3，煤饼的抗压强度由 6～10N/cm^3提高到 16～18N/cm^3，抗剪强度由 0.45～0.9N/cm^3提高到1.7～2.1N/cm^3。同时，在捣固炉顶采用消烟车与地面除尘站相结合的消烟系统，解决了装煤时的冒烟问题。表 5-8 列出了4.3m 焦炉的主要参数及工艺指标。

表 5-8　4.3m 焦炉主要参数及工艺指标

主 要 参 数	工艺指标
公称规模/万 t · a^{-1}	100（冶金焦）
炭化室孔数/孔	2×72
炭化室尺寸（长×宽×高）/mm×mm×mm	14080×500×4300
煤饼尺寸（长×宽×高）/mm×mm×mm	13250×450×4100
煤饼堆密度/t · m^{-3}	～1.1
每炭化室一次装煤量/t	24.26
成焦比/%	78
每炭化室一次出焦量/t	18.9
周转时间/h	22.5
紧张操作系数	1.07
炭化室中心距/mm	1200
炭化室锥度/mm	10
立火道中心距/mm	480
立火道个数/个	28

此种焦炉与传统的顶装焦炉比较有以下几个特点：

(1) 扩大炼焦用煤煤源。最适宜于以高挥发分弱黏结煤为主的配合煤炼焦，通常情况下，普通工艺炼焦只能配入气煤 35%左右，而捣固炼焦工艺在保证焦炭强度的前提下，可配入气煤 55%左右，甚至高达 70%。此外，捣固炼焦工艺煤料的黏结性可选范围宽，无论是采用低黏结性煤料，还是采用高黏结性煤料，经过合理的配煤，都可以生产出高质量的焦炭；

(2) 通过捣固煤料，增加煤料的堆密度，减少煤粒间的空隙，从而减少结焦过程中为填充空隙所需的胶质体液相产物的数量，从而提高装炉煤堆密度，提高焦炭强度，焦炭产量也有所增加；

(3) 投资费用低。据德国萨尔公司年产 250 万 t 规模焦炉的对照统计分析，捣固炉与顶装焦炉投资比为：本体 67∶82，机械 24∶18，炉体加机械 91∶100。常规焦炉往往需要配用价格较高的优质强黏结煤以保证焦炭的质量，而捣固法炼焦配煤选择比较灵活，煤源广，可以用价廉的弱黏结性煤，使生产成本降低；

(4) 炭化室锥度缩小到 20mm，有利于炉体砌筑和加热调节。

由于捣固炼焦工艺的诸多优点，因此得到许多国家的认可，目前已经在德国、波兰、法国、捷克、罗马尼亚等国大量采用捣固炼焦技术。

我国可以在气煤资源丰富的地区新建焦炉时或在焦炉改造大修时改建捣固焦炉；对一些中小型焦炉因其炭化室较短、低、窄，锥度小（一般在 20mm），可考虑为其进行配套改造，增加捣固装煤机及捣固炉煤仓，改建为捣固炉；与精煤预热技术及配合煤中加黏结剂工艺相结合，综合发挥各自优点克服不足，生产优质焦炭。山西省临汾市焦化厂于 2002 年 8 月投产的焦炉，炭化室高 4.3m，宽 500mm，2×50 孔，采用了 21 锤薄层连续给料固定捣固焦炉。继后，全国投产或设计、在建的 4.3m 捣固焦炉达到 3500 多孔，约 2300 万 t/a 的能力。

5.2.3.2 煤调湿技术（CMC）

装炉煤水分控制工艺简称煤调湿，是将炼焦煤料在装炉前除掉一部分水分，保持装炉煤水分稳定的一项技术。与煤干燥的区别是煤干燥没有严格的水分控制措施，干燥后水分随来煤水分的变化而改变。

煤料取自胶带运输机，犁式卸料器从胶带运输机上截取煤料后经溜槽送入密封式刮板输送机，再通过溜槽进入干燥机内，在干燥机内完成热交换过程后由排料箱排入密封式排料刮板输送机，经溜槽送入皮带机，再经过两条皮带机转载，返回输送系统。

干燥煤所用的热介质由热风炉提供。由鼓风机送入的空气和煤气管输送来的煤气经燃烧器混合后进行燃烧，产生热烟气到节能转筒干燥机内加热湿煤饼并蒸发水分，废气经排料箱、风管进入并列设置的一次旋风除尘器进行煤粉回收，初步净化后的气体由引风机通过风管送至湿式除尘器进一步净化，最后洁净的废气由排风烟囱排入大气，工艺流程见图 5-11。由一级旋风除尘器收集下来的细煤粉经螺旋输送机和星型排料器送到出料刮板输送机掺入干煤产品中，回到原输送系统。二级湿式除尘器所排黑水回到选煤厂集中处理。煤调湿系统采用智能控制及监测，生产适应能力强，产品完全能够达到用户的要求。

煤调湿技术可以降低入炉煤水分，降低炼焦耗热量，增加入

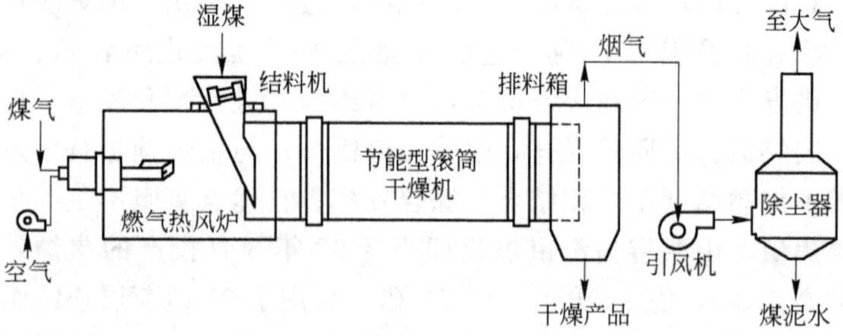

图 5-11 工艺系统原理图

炉煤堆密度，提高焦炭质量。煤调湿技术是通过直接或间接加热来降低并稳定控制入炉煤的水分，与煤干燥的区别在于不追求最大限度地去除入炉煤的水分，而只把水分稳定在相对低的水平，既可达到增加效益的目的，又不因水分过低而引起焦炉和回收系统操作的困难，可增大入炉煤密度、增产焦炭及化工产品、减少焦炉加热用煤气量、提高焦炭质量和稳定焦炉操作。

5.2.3.3 铸造型焦新工艺

工业型焦是以粉煤为原料，经配煤（或单种煤）加工压制成型，再经炭化工艺而形成的型焦和型焦煤制品。炭化温度在600℃左右出来的产品为型焦煤（半焦型煤），炭化温度在1000℃以上出来的产品为型焦。型焦产品用途广泛，可替代焦炭应用于高炉炼铁、炼钢，型焦煤可作为化肥厂理想的造气原料。

型焦原料可以是单种煤，也可以是配合料（包括配合煤）。成型炼焦工艺对煤种煤质的要求不高，只要含S、含P、含灰量达到指标，其结焦性可以通过成型过程来实现，扩大了炼焦煤种的选择。因此，型焦技术是合理利用非炼焦粉煤资源，扩大炼焦煤资源，降低焦炭投资和成本，减少炼焦污染的有效途径。

在国内外型焦生产技术中，主要有热压法和冷压法两种成型工艺。

A 热压法成型工艺

对于采用热压法成型技术的煤料，在成型前进行预热处理，即低温炭化处理，使煤料在软化温度范围内成型，一般煤料预处理温度在400～500℃之间。

如果只有一种组分，即100％的煤在软化状态下被加热成型时，这种热成型就叫无黏结剂热成型法，但单组分的煤热压成型很难控制。

如果原煤为双组分，那么主原料煤必须有黏结性，首先被低温炭化，在它的软化状态下，必须能使次要成分的煤均匀掺和到热的煤中，在热压成型中起到黏结剂的作用。

热压成型后，型煤经炭化、热焖处理后变成为型焦产品。

B 冷压法成型工艺

冷压法成型工艺不需要对原料煤进行预热处理。冷压成型有不加黏结剂和加黏结剂的两种类型。

不加黏结剂的冷压法成型工艺的典型例子是褐煤冷压成型工艺。当以褐煤为原料煤时，利用褐煤质软、可塑性大的特点，采用外力挤压便制得高强度的型煤，这种型煤经焦化处理便能制成褐煤型焦，德国建有大型工业规模的褐煤型焦生产厂。

当以贫煤、无烟煤等可塑性很差的煤为主要原料时，可配入或不配入少量的黏结性煤，加入或不加入黏结剂制成型煤，然后经高温焦化制成型焦产品。采用冷压成型工艺可以使用更多的不黏结煤，而且加工过程相对比较简单。

5.2.4 高炉炼铁工序生产新技术

炼铁工序是钢铁生产的主要工序，也是钢铁联合企业的耗能和用水大户，其工序能耗约占总能耗的41%，用水量占总用量的20%左右。

5.2.4.1 高炉喷煤新工艺

我国有几十年高炉喷煤的实践经验，通过对多种喷煤工艺流程长期运行效果的比较，基本明确了高炉喷煤的发展方向，即高风温、低富氧、大喷煤量。要求在风温超过1200℃、富氧2%～5%的条件下，实现煤比和焦比都达到250 kg(煤)/t(铁)。

A 高炉富氧喷煤技术

高炉大量喷煤，如果没有富氧，煤粉会燃烧不完全。风口前燃烧温度会下降，喷煤量也将会受到限制，如果结合富氧鼓风，可以弥补大量喷煤带来的问题。同时，高炉富氧喷煤后，在节焦的同时又可以大幅度提高产量。富氧与喷煤相结合，二者相辅相成，根据对几个厂的论证，在这些厂进行富氧大喷煤，在增加产量、节约焦炭、节省投资、降低成本等方面均有明显效果，大大提高了钢铁联合企业竞争力。

鞍钢在2号高炉（900m^3的有效容积）长时间保持了较高的

喷煤量，平均喷煤量达 161kg/t（铁），入炉焦比 407kg/t，煤焦置换比 0.88，校正综合焦比比基准期降低了 20kg/t（铁）。试验期富氧率 24.71%，每 1%富氧可提高喷煤量 23kg/t（铁），平均每 1%富氧增产 2.27%。鞍钢应用了一系列新技术，如串罐单管路连续喷吹、新型无级可调给煤及控制技术、锥体流化技术、硬连接连续计量技术、高精度锥型分配器和喷吹烟煤防火防爆安全技术等，使得喷煤系统喷吹能力大，控制灵活准确和分配均匀，保证了大喷煤量的实现。另外，在高炉冶炼技术上也采取了一些措施，如缩小风口面积，采用分装的装料制度，改善了软融带和中心透气性，保证了高炉稳定顺行。

表 5-9 鞍钢 2 号高炉富氧大喷煤试验主要指标

阶段	试验天数	利用系数/$t\cdot m^{-3}\cdot d^{-1}$	入炉焦比/$kg\cdot t^{-1}$	喷煤比/$kg\cdot t^{-1}$	鼓风含氧/%	1%O_2增煤比/$kg\cdot t^{-1}$	风温/℃	煤气含CO_2/%	置换比	生铁含[Si]/%	生铁含[S]/%
4	8	2.223	439	165	27.0	15.33	1077	17.5	0.727	0.541	0.026
5	6	2.375	429	154	27.5	12.46	1085	17.9	0.844	0.547	0.02
6	5	2.340	439.5	170.02	28.5	12.78	1090	17.8	0.639	0.532	0.025

包钢 1 号高炉（1513m^3的有效容积）进行富氧大喷煤工业试验。试验分三个阶段进行，探索了不同喷煤富氧量条件下高炉冶炼规律。其中第三阶段指标较好，在包钢冶炼含氟特殊矿的条件下，高炉喷煤量突破了 150kg/t，利用系数创含氟特殊矿冶炼最高记录，突破 1.7，主要指标见表 5-10。

表 5-10 包钢 1 号高炉富氧喷煤主要技术指标

利用系数/$t\cdot m^{-3}\cdot d^{-1}$	入炉焦比/$kg\cdot t^{-1}$	喷煤比/$kg\cdot t^{-1}$	富氧率/%	炉顶压力/MPa	风温/℃	煤气含CO_2/%	休风率/%	生铁含[Si]/%
1.744	437.7	159.8	4.08	0.128	1106	14.93	0.84	0.508

包钢 1 号高炉试验把中心加焦和喷煤结合起来，解决了包钢高炉冶炼难于强化和难于提高喷煤量的问题。高炉富氧喷煤后，

也采用缩小风口面积、减少风量的措施，采用单支管计量和可调式混合器等改进的喷煤技术，大量使用了氧煤枪，最多时同时使用了14支氧煤枪，改善煤粉燃烧条件，煤焦转换比能保持在0.78～0.85的水平。

B 直接喷煤短流程

直接喷煤系统（见图5-12）要求把制粉设备与喷吹设备建造在同一构筑物内，并且附近一般要设有比较大的储煤场或干煤棚。直接喷煤系统可以向一座大型高炉（如容积大于4000m^3的宝钢1号、2号和3号高炉）喷煤，也可以向邻近的几座高炉同时喷煤，喷吹输送距离可以达到300～600m。首钢2000年投产的直接喷煤系统可以向2号（1800m^3）和3号（2536m^3）高炉喷煤，喷吹输送距离分别为350m和550m。

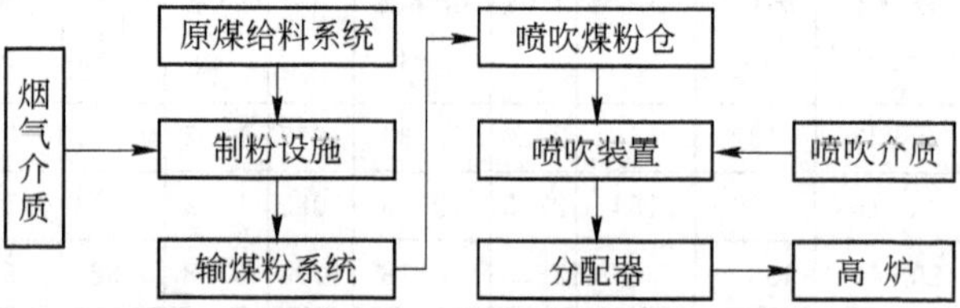

图5-12 高炉直接喷吹煤粉工艺流程

与间接喷煤流程相比，直接喷煤流程节省了一套收粉装置和仓式泵输粉装置，因此显著降低了喷煤系统的工程投资并减少了系统运行成本。近年来，我国2000m^3以上级大高炉新建的喷煤系统几乎全部采用了直接喷煤流程。

采用一次布袋收粉器和总管加分配器的喷吹方式也是喷煤短流程的重要内容。

C 精料

煤比提高后，焦炭大量被煤粉取代，矿焦比发生了变化，这就需要提高矿石的入炉品位和减少入炉粉末，合理搭配炉料结构。根据国内先进企业的经验值，一般要求把渣比降低到310kg/t以下。

D 高风温

高风温是强化高炉冶炼，降低焦比的现实有效的措施。在目前高炉内实际直接还原度大于理论上最适宜的直接还原度的情况下，供应热量所带的碳素量大于供应还原剂所需的碳素量，因此，凡是能减少热量消耗或增加热量来源的一切措施，都能促使焦比的降低。

风温是活跃炉缸最经济的重要热源，占高炉热量总收入的1/3左右。高风温是实现大喷煤、提高煤焦置换比的前提，高风温可以补偿风口前煤粉分解吸收的热量，促使煤粉充分燃烧。高炉鼓入的热风带有很高的物理热，鼓入炉内后，热量全被利用，代替了一部分由焦炭产生的热量，因此能降低焦比。提高风温，增加炉缸热量收入，有利于加大燃料喷吹量和提高其喷吹效果。这样更能有效地降低焦比。不同风温水平，提高风温的效果是不同的。风温愈低，提高风温时，降低焦比的效果愈加显著。反之，降低焦比的效果也递减。

E 富氧鼓风

富氧鼓风特别是和喷吹燃料结合起来，已成为高炉强化很有效的措施。富氧鼓风是把制取的工业氧气逼入冷风管内，然后和冷风一起进入热风炉，最后经过热风管到风口吹入高炉。

富氧能够提高鼓风含氧浓度，加速煤粉燃烧，提高燃烧率。富氧鼓风时，由于鼓风中含氧量增加含氮量减少，也就相当于增加了入炉的风量，因此提高了冶炼强度。在喷吹时，富氧鼓风能克服煤气体积增大对顺行的不利影响，缓和了大喷吹量加重负荷后，透气性恶化与加风强化的矛盾从而有利于顺行。

富氧鼓风能提高炉缸温度，补偿因提高煤比后理论燃烧温度的降低，增加还原气体CO、H_2的浓度，促进间接还原的发展，降低炉顶煤气温度，减少炉顶带走热量，充分地利用了煤气的化学能，降低了焦比。

5.2.4.2 COREX炼铁工艺

COREX炼铁工艺是世界上唯一已实现工业生产采用熔融还

原法的无焦炼铁工艺。它采用块矿或球团矿和非炼焦煤，而不需用炼焦设备或焦炭。COREX 技术的研究始于 20 世纪 70 年代末，到目前为止，先后已有 5 套 COREX 设备投入运转。

随着 COREX 法技术的进步，COREX 装置也在不断发展，根据下游生产需要的不同，目前已有三种规格的 COREX 设备：

(1) COREX C1000 型　该型年产铁水能力为 30～40 万 t，适用于生产优质钢的短流程电炉钢厂；

(2) COREX C2000 型　生产铁水能力为 60～100 万 t/a；

(3) COREX C3000 型　年生产铁水能力可达到 150 万 t，是新建联合钢厂、替代旧有高炉以及扩大现有长流程钢铁厂生产能力的理想选择。

COREX 工艺的核心设备是由熔融气化炉和还原竖炉两个反应器组成的，类似将高炉拦腰截断分成上下两部分，上部进行直接还原，下部进行熔融还原，并通过加煤来提供热量和还原气体。COREX 生产工艺流程如图 5-13 所示。

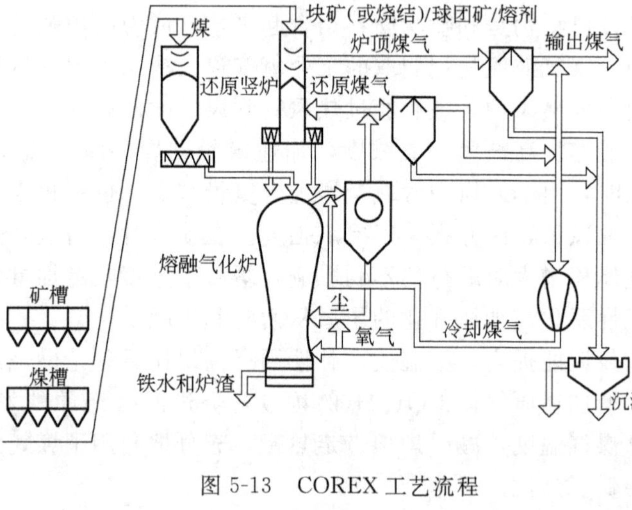

图 5-13　COREX 工艺流程

块矿、烧结矿、球团矿和煤经闭锁式料斗入加压煤仓，再经可调速螺旋加料器进入熔融气化炉，在气化炉顶部与温度约为

1100℃的还原气接触，干燥并去除挥发成分，迅速反应，煤转化成焦，焦再与从气化炉风口吹入的氧气反应气化，气体流速能保证在气化炉形成稳定的流化床。氧气在风口前沿转化为 CO_2，CO_2与焦炭反应生成 CO。流化床上部气化段的温度条件能产生高质的还原气，其中 CO 和氮的含量达 95%，CO_2含量 2%及少量甲烷和氮气。还原气体离开气化炉，用冷风机使气体冷却到 850℃，再经热旋风分离器经除尘后送往位于气化炉上的还原竖炉。在此，大约 93%的铁矿石被逆向流动的还原气体还原成直接还原铁（DRI），见图 5-14。螺旋卸料器将 DRI 从还原竖炉传送到熔融气化炉中进一步加热熔化。在此，除了进行炉渣反应外，还进行最终还原和熔化，在熔融气化炉底部形成铁水及炉渣熔池，铁水温度达 1450℃，设备作业压力为 0.5MPa，然后，像在普通高炉上的操作一样，进行出铁和出渣。在热旋风分离器中分离出的矿尘仍送回气化炉。

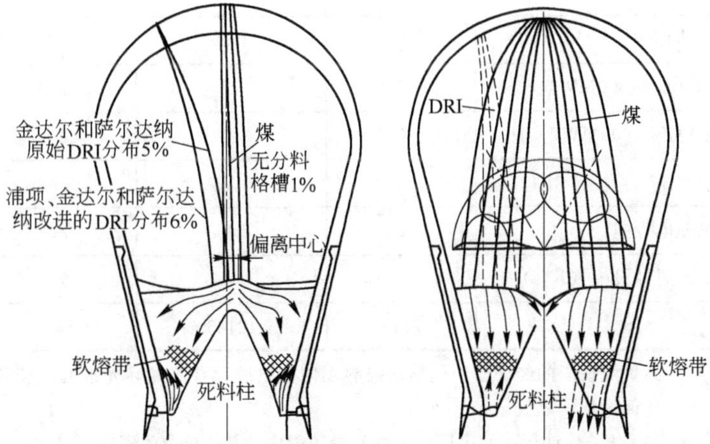

图 5-14 熔化气化炉内原始炉料分布和原料分布的控制目标

经实践证实，该方法具有以下优点。

（1）可用普煤代替焦炭。

（2）用料范围广，可使用块矿、球团矿和烧结矿。与高炉工艺相比，COREX 工艺可以使用较高比例的非炼焦煤，焦炭用量少（120～170 kg/t），质量要求也相对较低，并可使用 15 %左右的粉矿。

（3）投资省，根据韩国、印度、南非 4 座 COREX C 2000 型装置以及南非 1 座 COREX C 1000 型装置 10 年的生产经验，COREX 装置的投资可以减少大约 25%～30%，与高炉炼铁的设备费用比较如表 5-11 所示。

表 5-11 COREX 与高炉炼铁的设备费用比较

设 备	高炉/$\times 10^6$ 元	COREX/$\times 10^6$ 元	差额/$\times 10^6$ 元
原料场（1 套）	1714	1714	0
烧结（1 套）	630	0	630
烧结环保设施（1 套）	548	0	548
焦化（1 套）	890	0	890
高炉（1 座）	1799	0	1799
COREX C-3000（3 座）	0	4290	4290
TGBL（1500MW）	746	0	746
发电厂（600MW）	0	3500	3500
氧气站	362	1925	1563
供配电设施	324	596	272
铁水脱硅设施（1 套）	0	118	118
合 计	7013	12143	5130

注：1. 高炉炼铁厂的经费已经包括加强料场防尘措施、参照国际先进的脱硫脱硝环保设备、氧气站；
2. COREX 炼铁厂、发电厂、氧气站参照国内外其他单位的资料；
3. COREX 设备费中包含了土壤、安装、水处理、区域变电等附属设施。

（4）生产成本低，设备操作及维修人员仅为焦炉-高炉人员的 1/3，单位容积产量比高炉提高 50%，总成本比焦炉-高炉法低 30%，伊斯科尔用 COREX 法生产生铁成本约 110 美元/t。高炉与 COREX 操作成本的比较如图 5-15 所示。

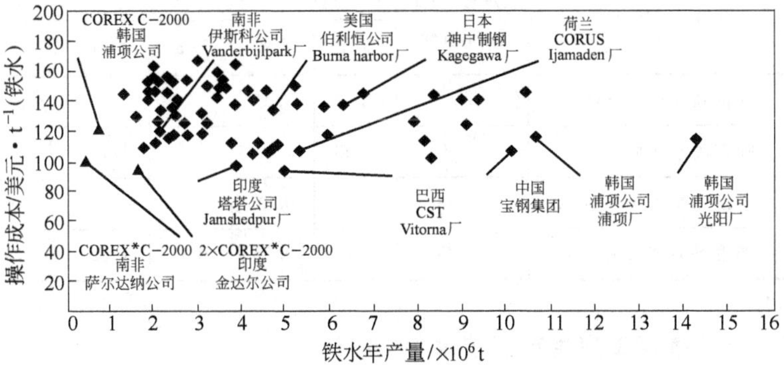

图 5-15 高炉与 COREX 操作成本的比较

(5) 产生大量可供发电用的燃气，煤气发生量 1550～1650m^3/t（标态），煤气发热值为 7950kJ/m^3（标态）。这种煤气纯净、热值高，可以用来生产直接还原铁（DRI），生产 DRI 的尾气又可以用于发电或给钢厂的加热炉或其他设备进行加热，实现煤气的多级利用。COREX 煤气与高炉煤气的比较如表 5-12 所示。

表 5-12 COREX 煤气与高炉煤气的比较

煤气成分	CO	H_2	CO_2	N_2	CH_4	热值/kJ·Nm^{-3}
高炉煤气	21～25	3～4	19～24	50～56		3050～3470
COREX	43～45	12～22	30～32	2～5	1～2	7950

(6) 生铁质量优良，含 C：3%～4%；Si：0.2%～0.3%；P：0.03%～0.09%；S：0.02%～0.04%；N：0.002%～0.003%。

(7) 环保效果好。根据有关资料，除新水用量等少数设计指标偏保守外，COREX 的其余各项设计指标大都处于国内最先进水平和世界先进水平。COREX 与世界先进钢铁联合企业的比较如表 5-13 所示。

表 5-13 COREX 与世界先进钢铁联合企业的比较

指标名称	COREX 工程设计指标	世界先进钢铁联合企业（2000～2003 年）				
		浦项	光阳	JFE	中钢	Saldenha
吨钢新水用量/m^3	5.3	3.52	3.43		5.70	2.54
吨钢废水排放量/m^3	0.94	1.53	1.05		1.70	0
吨钢烟粉尘排放量/kg	0.363	0.43	0.30		0.89	0.36
吨钢 SO_2 排放量/ kg	0.375	0.45	0.26	0.37	1.06	0.38

5.2.5 炼钢工序生产新技术

5.2.5.1 转炉炼钢新技术

A 铁水预处理

铁水预处理是指将铁水兑入转炉之前进行的各种提纯处理，可分为普通铁水预处理和特殊铁水预处理。普通铁水预处理包括：铁水脱硫、脱硅、脱磷的三脱预处理。铁水“三脱”后，转炉渣量大幅度降低（15～25kg/t），实现少渣冶炼；可降低成本、节能、提高钢质量和洁净度；脱碳速度加快，终点容易控制，氧效率提高，生产率提高；锰的回收率提高，可进行锰矿熔融还原，降低成本；转炉煤气成分稳定，煤气回收控制更加容易，以利实现转炉负能炼钢、节能、降低成本；有利于扩大品种，高碳、高锰钢系列。

a 铁水脱硫工艺

铁水脱硫法是指在铁水罐、铁水包、混铁车中进行脱硫。工业中常用的脱硫剂有：CaO 系，CaO＋CaC_2 系，CaO、CaC_2＋Mg 系，Mg 系。脱硫方法有投掷法（将脱硫剂投入铁水中）、喷吹法（将脱硫剂喷入铁水中）、搅拌法（KR 法，通过中空机械搅拌器向铁水内加入脱硫剂，搅拌脱硫）等。

投入法有较好的脱硫效果，但脱硫效果不稳定，产生烟气污染环境，它不需要特殊设备，操作简单。

采用搅拌器的机械搅拌脱硫法，采用 Y 形空心搅拌器的 DO 法，它包括采用倒 T 形搅拌器的 RS 法和十字形的叶轮搅拌器的 KR 法。KR 搅拌法，由于搅拌能力强和脱硫前后充分扒除渣子，所以具有脱硫利用率高，脱硫效率高的优点，可将铁水硫脱至<0.002%（质量分数）。缺点是设备比较复杂，铁水温度损失较大。

喷吹法用喷枪以气体为载体将脱硫粉剂喷吹到铁水深部，以搅动铁水与脱硫剂充分混合来达到充分脱硫。混铁车喷吹法分为斜插喷吹和顶喷的 TDS 脱硫法。铁水罐顶喷脱硫法，目前被广泛采用。由于铁水罐在喷吹时，铁水搅拌流动比混铁车均匀得多，死区大大降低，以及铁水罐易于扒除高炉酸性渣，因此脱硫剂利用率高，脱硫速度快和效果好，不足的是铁水热损失较大。

总之，喷吹脱硫法具有脱硫反应速度快，效率高，操作灵活方便，处理铁水量大，设备简单投资少等优点。因而，它已成为铁水脱硫的主要方法。脱硫剂消耗与脱硫率的比较如图 5-16 所示，铁水温度对脱硫效率的影响如图 5-17 所示。

铁水脱硫法的成本低、效率高，在高炉、炉外精炼炉和转炉

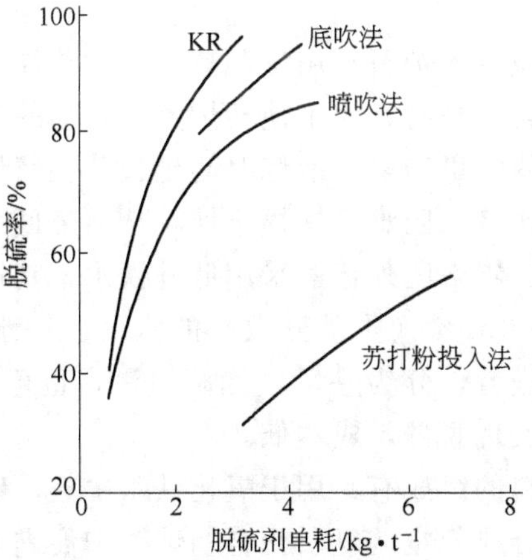

图 5-16 各种方法的脱硫率比较

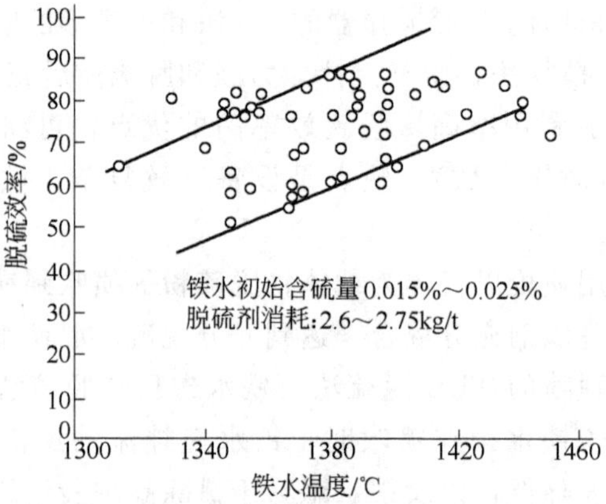

图 5-17 铁水温度对脱硫效率的影响

内每脱除 1kg 硫的成本分别是铁水脱硫法的 2.6 倍、6.1 倍、16.9 倍。

b 铁水脱硅工艺

铁水预脱磷要求脱磷反应区的氧位高，当加入氧化剂提高氧位时，硅首先就与氧作用而降低铁水中氧位。为此，脱磷前就要先脱硅。

脱硅易于减少转炉石灰用量和渣量，改善操作和提高炼钢经济指标。铁水含硅高时，为了使转炉渣有较高的碱度，势必增加石灰消耗量，使渣量增多，冶炼时间延长，耗氧量增加，喷溅加剧，同时给操作带来困难，铁损增加，从而降低炼钢生产率和增加炼钢成本。近年来国外普遍采用低硅铁水，其铁水含硅量一般控制在 0.2%～0.4%（质量分数）的水平。铁水脱硅可在高炉的铁水沟连续进行，分为一段法和两段法，也可在铁水罐脱硅，可在低碱度下实现脱硅，成本低。

脱硅剂材料的组成有：用于氧化铁水中硅、磷的氧化剂，用于与氧化物结合成稳定的复杂化合物熔剂和促进上述反应过程的活化剂等 3 部分。

铁水预脱硅方法按处理地点分为高炉铁水沟脱硅法和混铁车或铁水罐脱硅法。高炉铁水沟脱硅法的脱硅效果一般为70%左右。其优点是脱硅不占用生产流程时间，处理能力大，温度下降较少，渣铁分离较方便。其缺点是脱硅剂利用率低，工作条件较差。混铁车或铁水罐喷粉脱硅法的脱硅率可达80 %以上，其优点是，脱硅剂利用率高，处理能力大，工作条件较好，其缺点是处理需要占用一定时间和铁水温降较大。

c 铁水脱磷工艺技术

铁水预处理脱磷反应温度低（1300～1350℃），热力学条件好，易于脱磷。铁水中C、Si含量高，提高了铁水磷的活度，利于脱磷。

在氧化条件下，脱磷反应是阳极反应（$[P]\rightarrow P^{5+}+5e$），脱硫反应是阴极反应（$[S]+2e\rightarrow S^{2-}$），所以铁水间可同时脱磷脱硫。

铁水预脱磷常用的方法有：混铁车或铁水罐喷粉脱磷。其优点为价格便宜、原料来源广而易得，对环境污染较少等。然而由于脱磷过程温降大，因此常用氧枪吹氧代替部分固体氧化剂，可使热量得到很大程度的补偿，而且也提高脱磷效果。铁水脱磷可在四种容器中进行，混铁车同时脱硫脱磷，铁水罐同时脱硫脱磷，铁水包同时脱硫脱磷，转炉铁水脱磷。

B 顶底复合吹炼

顶底复合吹炼法始于20世纪70年代，可分为3类：顶吹氧、底吹惰性气体法；顶底复合吹氧法；顶底吹氧、喷加燃料法。

a 顶吹氧气、底吹惰性气体法

该技术为加强搅拌型复吹方法，代表技术有LBE、LD-KG、LD-OBT和NK-CBLD-AB等，由于该技术供气元件容易维护、寿命长、操作工艺比较简单及适应钢种范围广，因此在全世界被广泛采用。我国现有的复吹转炉绝大多数采用该技术。

b 顶底复合吹氧法

该技术属于强化冶炼型的复吹方法。代表技术有 BSC-BAP、LD-OB、LD-HC、STB、STB-P 和 K-BOP 等。日本与欧洲较多采用。

c 顶底吹氧、喷加燃料法

该技术指顶吹氧气、底吹或侧吹氧气，同时底喷或加入燃料，属于增加废钢型的复吹方法。代表技术有 OBM－S、KMS 和 KS 等。其中 KS 法采用 100％底吹氧，同时底喷煤粉，实现 100％废钢氧气炼钢。该技术主要应用于欧洲。

顶底复合转炉是靠顶部喷枪高速喷出的氧气流股穿透渣层，将熔池金属液击碎成许多细小的金属液滴，氧的传递在金属-渣-气混合的泡沫渣中进行。由于从转炉底部吹入部分气体，增加了熔池的搅拌能，从而有利于熔池内钢液成分和温度的均匀性；使吹炼平稳，钢中残留氧有所下降；渣中 FeO 降低，喷溅物减少，终点可控性好。顶底复合吹炼转炉由于吹炼终点钢液残留氧及渣中 FeO 有所降低，见图 5-18（a），在终点钢水碳含量相同的情况下，顶底复合吹炼转炉终点钢水中残余锰含量高于顶吹转炉，见图 5-18（b）。

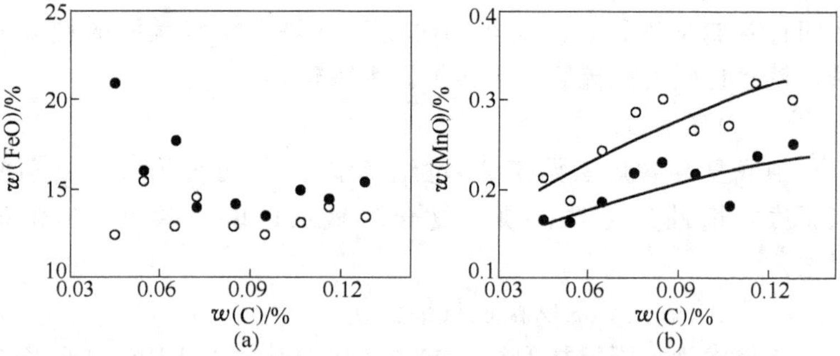

图 5-18 冶炼终渣中 FeO 含量（a）和钢水中残余锰含量（b）与钢水中碳含量之间的关系

钢水中的 Mn 与炉渣中的 FeO 发生如下反应：

$$[Mn]+(FeO)=(MnO)+[Fe]$$

从上式可知，当炉渣中的 FeO 含量较高时，将加剧钢水中锰的氧化损失。由于顶底复合吹炼的冶金反应更加接近平衡状态，所以复合吹炼转炉炉渣中的 FeO 含量较低，因而锰的氧化损失也将低于顶吹转炉。

顶底复合吹炼采用普通吹炼与无渣吹炼在相同吹炼终点碳的条件下钢液中氢含量有所降低。与顶吹转炉相比脱碳氧效率有所提高。顶底复吹转炉由于从转炉底部向熔池吹入气体，使熔池产生强烈搅拌，使钢液中［C］、［O］反应在接近平衡状态下进行，因而能取得良好的冶金效果。

复吹转炉的吹炼特点可用复吹特征参数（Index of Selective Carbon Oxidation，*ISCO*）表示：

$$ISCO=\left\{\frac{2Q_{O_2}}{(2Q_{O_2}+Q_{Ar})d}\right\}\left\{\frac{Q_{O_2}}{W/\tau}\right\}$$

ISCO 值越小，说明底吹搅拌气量越大，溶池混匀时间 τ 越短。其冶金表现为：随 *ISCO* 值减小，溶池 C-O 反应更趋于平衡，适宜冶炼超低碳钢；终渣氧化铁含量降低，残锰提高；但化渣不好，给脱磷造成一定困难。不同复吹工艺特征参数及冶炼效果见表 5-14。

表 5-14 不同复吹工艺 *ISCO* 参数与冶金效果比较

工艺名称	LD	LD-KG	K-BOP	Q-BOP
底吹气体	无	CO、Ar、N_2	O_2-C_3H_8	O_2-C_3H_8
供气强度/$m^3 \cdot t^{-1} \cdot min^{-1}$	0	0.005～0.2	1.0～1.5	3.5～4.0
ISCO	225	130	64	58
终渣 $w_T(Fe)$/%·[C]=0.07%时	20	18	13	10

顶底复合吹炼法的工艺特点：

（1）脱碳速度快、氧效率高，可实现炉内二次燃烧，热效率高；

（2）碳氧反应更趋平衡：当吹炼终点［C］＝0.004%时，无复吹的终点［O］约为 900×10^{-6}，而进行复吹的炉次［O］

为 550×10^{-6} 左右，说明钢渣的氧化性大为降低，吹炼终点残锰明显提高，金收得率明显提高；

(3) 吹炼后期强化熔池搅拌，使钢渣反应接近平衡，利于脱磷脱硫反应的进行；

(4) 保持顶吹转炉成渣速度快和底吹转炉吹炼平稳的双重优点；

(5) 冶炼低碳钢($w(C)=0.001\%\sim0.002\%$)时，避免了钢渣过氧化。

对于 80t 以上的大中型转炉，采用复吹工艺可以获得明显的冶金效果：渣中铁总含量 w_T (Fe) 降低 2.5%～5.0%；石灰消耗减少 3～10kg/t；金属收得率提高 0.5%～1.5%；氧气消耗减少 4～6m^3/t；残锰含量提高 0.02%～0.06%。

复吹转炉的经济效益，因冶炼的品种、转炉大小和各钢厂具体情况不同而有差异。一般来说，在欧洲约为 1～1.8 欧元/t；在美国约为 0.25～1.5 美元/t；在中国为 6～15 元/t。

C 转炉吹炼全自动控制

转炉吹炼过程控制是实现转炉正常冶炼的关键技术。

转炉吹炼的技术特点：脱碳速度快，准确控制吹炼终点比较困难；热效率高，升温速度快；容易发生炉渣或金属喷溅；吹炼后期脱碳速度减慢，金属-炉渣之间远离平衡，容易造成钢渣过氧化。

针对上述冶金特点，对转炉自动化控制的具体要求是：能实现远程预报，根据目标钢种要求和铁水条件，确定基本命中终点的吹炼工艺方案；能精确命中吹炼终点，通常采用动态校正方法，修正计算误差，保证终点控制精度和命中率；具备容错性，可消除各种系统误差、随机误差和检测误差；响应迅速，系统安全可靠。

转炉自动控制的发展经历了 3 个阶段：静态控制、动态控制和全自动吹炼控制。表 5-15 给出了 3 种转炉自动控制技术性能和方法比较。

表 5-15　3 种转炉自动控制技术性能和方法比较

控制方式	检测内容	控制目标	控制精度	命中率/%
静态控制	铁水温度、成分和重量、各种辅助原料成分和重量、氧气流量和枪位	根据终点［C］、T要求确定吹炼方案、供氧时间和原、辅料加入量	（［C］±0.03）% （T±15）℃	≤50
动态控制	静态检测内容全部保留，并增加副枪测温、定碳、取钢水样	静态模型预报副枪检测点，根据［C］、T检测值修正计算结果，预报达到终点的供氧量和冷却剂加入量	（［C］±0.02）% （T±12）℃	80～90
全自动吹炼控制	动态检测内容全部保留，并增加： （1）炉渣状况检测； （2）炉气分析设备； （3）Mn 光谱强度连续检测	在线计算机闭环控制： （1）顶吹供氧工艺； （2）底吹搅拌工艺； （3）造渣工艺； （4）终点预报T、［C］、［S］、［P］全程预报碳含量和温度	（［C］±0.015）% （T±10）℃ 对吹炼的控制精度超过 5 年以上的熟练操作工人	≥90

静态控制属于吹炼前远程预报技术，不能消除吹炼过程中由于“喷溅”、“返干”等干扰因素造成的误差，也很难适应铁水、原材料质量的波动，终点控制精度和命中率不高。采用动态控制，利用炉内反馈信息校正吹炼误差，显著提高了终点控制精度。

动态控制通常采用两种方法：

（1）副枪动态控制技术　在吹炼接近终点时（供氧量 85%左右），插入副枪测定熔池［C］和温度，校正静态模型的计算误差并计算达到终点所需的供氧量和冷却剂加入量；

（2）炉气分析动态控制技术　通过连续检测炉口逸出的炉气成分，计算熔池瞬时脱碳速度和硅、锰、磷的氧化速度，进行动态连续校正，提高控制精度和命中率。

采用动态控制技术基本解决了转炉终点控制问题，但也存在以下缺点：

(1) 不能对吹炼造渣过程进行有效监测和控制，不能降低转炉喷溅率；

(2) 不能对终点［S］、［P］进行准确控制，由于［S］、［P］成分不合格，造成“后吹”；

(3) 不能实现计算机对整个吹炼过程进行闭环在线控制。

全自动转炉吹炼技术，弥补了动态控制的上述缺点。在静态、动态控制基础上，通过对炉渣的在线检测，控制喷溅，并全面预报终点 C、S、P、T 实现闭环控制。全自动吹炼控制技术，通常包括以下控制模型：

(1) 静态模型——确定吹炼方案，保证基本命中终点；

(2) 吹炼控制模型——利用炉气成分信息，校正吹炼误差，全程预报金属熔池成分（C、Si、Mn、P、S）和炉渣成分变化；

(3) 造渣控制模型——利用炉渣检测信息，动态调整顶枪枪位和造渣工艺，避免吹炼过程喷溅和返干；

(4) 终点控制模型——通过终点副枪校正或炉气分析校正，精确控制终点，保证命中率；

(5) 采用人工智能技术，提高模型的自学习和自适应能力。

转炉采用全自动吹炼控制技术后，获得良好的冶金效果：

(1) 提高了终点控制精度：对低碳钢（［C］＜0.06％），控制精度为±0.015％；对中碳钢（［C］＝0.06％～0.20％），控制精度为±0.02％；高碳钢（［C］＞0.20％），控制精度为±0.05％；温度±10℃，命中率≥95％；

(2) 实现了对终点 S、P、Mn 的准确预报，精度为：S±0.0009％；P±0.0014％；Mn±0.09％；

(3) 对中、高碳钢冶炼，后吹率从 60％下降到 32％；喷溅率从 29％下降到 5.4％；终点拉碳至出钢时间从 8.5min 缩短到 2.5min；铁收得率提高 0.49％，石灰消耗减少 3 kg/t，炉龄提高 30％。

5.2.5.2 电炉炼钢新技术

A 炉底出钢

现在较为普遍且成熟的出钢方式是偏心炉底出钢技术。偏心炉底出钢电弧炉是炉底出钢，但出钢口不在炉底中心而偏在炉后，无出钢槽，熔池后部有出钢箱，突出呈鼻状；内砌耐材形成一个小熔池，出钢口设在出钢箱的底部，垂直向下，适当靠近炉子外缘，以利于对出钢口的维护。它可以把全部炉渣及少量钢水留在炉内。做到无渣出钢，提高了精炼效果。同时在冶炼工艺方面可以获得以下几个方面的效果：

（1）减少出钢过程温降，偏心底出钢时，钢注垂直流下，较为集中呈柱状，流程缩短，出钢速度快，使得出钢过程钢液温降减少；

（2）提高钢包寿命，采用偏心底出钢，钢包底部加入合金料或新的渣料，可以防止钢液对包底的冲刷。同时，垂直密实的钢流，不会冲刷包壁及钢包周围结瘤，这样可以提高钢包寿命20%～40%；

（3）提高生产率，偏心底出钢时由于炉子倾角小，钢水不会浸没水冷炉壁，因此可使水冷炉壁面积加大，从而提高炉衬寿命，大面积采用水冷炉壁，允许电弧炉采用最大功率供电，每炉钢熔化时间可缩短 3～5min 左右，与此同时，冶炼电耗也可得到降低。

B 炉底气体搅拌

传统电弧炉内的废钢熔化期，熔池内的自然对流是很弱的。熔池内的温度差为 21～50℃/m。由于熔池内部及钢渣之间的搅拌作用差，致使传热、传质速率低，从而带来熔化速度和氧化速度慢，钢液成分和温度不均匀，脱 S、脱 P 速度低，工人劳动强度大，能耗高，冶炼时间长等不利因素。随着转炉复吹、钢包底吹 Ar 等技术在冶金上的应用，20 世纪 80 年代中期世界各国纷纷开发和推广电弧炉底吹炼钢新技术。

目前大多数电弧炉搅拌都采用气体（主要是 Ar 或 N_2，少数也用天然气和CO_2）作为搅拌介质，气体从埋于炉底的接触式或非接触式多孔塞进入电弧炉内。少数情况下，也采用风口型式。在有出钢槽出钢的交流电弧炉内，多孔塞布置在电极圆对应的电极圆周上，并与电极孔错开布置。偏心底出钢的电弧炉，因在出钢口区域存在熔池搅拌的死区，除按传统电弧炉内的方法布置外，还在电极圆圆心到出钢口的直线上，约在其中心处设置一多孔塞。在一定的熔池深度下，熔池的搅拌能与底吹的气量成正比。通过调节底吹气体流量可以很好地控制熔池搅拌强度。同时，电弧炉底吹气体后可大大改善炉内的搅拌状况。

电弧炉底吹搅拌技术的优越性主要有：可改善冶金反应速度，缩小冶金过程能量和浓度梯度，基本消除外供能量造成炉内热点和未熔废钢和铁合金引起的冷点。氧浓度下降及夹杂物上浮可促使钢中氧化物夹杂减少，脱氧剂烧损下降，金属收得率提高。钢水与渣不断有效搅拌有利于更早地形成均匀的高碱度渣，提高脱硫、脱磷能力。缩短了冶炼时间，降低了电耗和电极消耗。

C 泡沫渣埋弧冶炼

在电弧炉内，若碳氧反应速率达到一定程度，亦即CO气泡的生成速率较高时，而炉渣的黏度、表面张力又适合CO气泡在渣层内滞留。这样，大量气泡存在于渣层内，使得炉渣表观体积迅速扩大，形成一层厚厚的泡沫渣，将电极端部及电极下面的电弧包裹起来，通过被泡沫渣覆盖的电弧加热钢水，钢水再熔化废钢，并可显著地加速钢水精炼。其冶金效果主要表现在以下几个方面。

（1）节能。采用埋弧加热，泡沫渣能有效地屏蔽和吸收电弧辐射能并传给熔池，提高了传热效率，钢液升温速度加快，从而降低冶炼电耗，缩短冶炼时间；另外，厚的泡沫渣层有利于电极采用高压长弧操作，功率因数可提高到0.8～0.86，最大限度地发挥变压器能力。莱钢50t UHP电弧炉泡沫渣应用后，氧化期钢液升温速度提高1.6℃/min，电耗降低了20kW·h/t，冶炼时间缩短了 8min。

(2) 提高金属收得率，降低耐材、电极的消耗。泡沫渣可使部分处于高温的电极埋于渣中，减少了电极的直接氧化，同时屏蔽了电弧对电弧炉炉壁与炉盖的辐射，降低了炉壁与炉盖的工作温度，提高这两部分耐材的寿命，降低耐材消耗。在喷粉造泡沫渣时，碳还原渣中氧化铁，减少铁损，提高金属收得率。

(3) 脱 S、脱 P、去气效果好。泡沫渣具有较高的反应能力，有利于炉内的物理、化学反应进行，特别有利于脱 S、脱 P。泡沫渣操作要求更大的脱碳量和脱碳速度，因而有较好的去气效果，尤其是可以降低钢中的氮含量。因为泡沫渣埋弧使电弧区分压显著降低，钢水吸氮量大大降低。

(4) 降低电弧噪声。由于泡沫渣对电弧的包裹，也最大限度地屏蔽了电弧噪声，大大改善了车间工人的工作环境与周围居民的生活环境。

D 二次燃烧技术

普通电弧炉炉气中 CO 数量为 15%～20%，其中 60%～80%未经炉内燃烧而直接进入除尘系统。而电弧炉内氧枪吹氧和造泡沫渣却产生了大量的 CO。CO 与 O_2 生成 CO_2 所放出的热量远大于 C 与 O_2 生成 CO 所放出的热量，为了更大限度地利用潜在的能源，发挥炉内氧的优势，使大多数 CO 能在电弧炉内进一步燃烧，利用吹入渣层上方的氧气以燃烧炉膛内的 CO；也可吹入渣内以燃烧尚未进入炉膛而存在于渣中的 CO，这就是二次燃烧技术。二次燃烧提供了一个稳定、价廉的能量来源；同时有利于减少有害气体的排放量，提高传热效率，缩短冶炼时间。使用结果表明：吹 $1m^3$ 二次燃烧氧相当于节电 3.84kW · h。但如果工艺操作不当也会产生许多副作用。

E 热装铁水

热装铁水是电弧炉内用高炉铁水代替部分废钢的熔炼工艺。高炉铁水的兑入带来了大量的物理热（每吨铁水的物理热相当于 115kW · h 的电能），同时可实现高配碳、强供氧等强化冶炼技术，减少了加热时间。我国电弧炉铁水兑入量一般在30%左右，随着兑入铁水比例的增加，冶炼电耗和冶炼周期大大降低，成本也随之大幅度下降。当兑入铁水比例达50%时，吨钢电耗下降至180kW·h。我国沙钢90t超高功率竖式电弧炉热装铁水30%，产量增加25%～30%，电耗降低100kW·h/t，冶炼时间缩短了近20min。废钢预热效果明显，残余元素也得到降低。

5.2.5.3 连铸技术

钢的生产过程主要有冶炼（包括精炼）和浇铸两大环节。浇铸是炼钢和轧钢的中间工序，从转炉、电炉、平炉、精炼得到了合格钢水之后，还必须将钢水铸造成适合轧制、锻压等加工需要的钢锭或钢坯。

A 浇铸工艺

(1) 钢锭模浇铸工艺——模铸 将合格钢水装入钢水包，浇铸到钢锭模内，使钢水凝固成钢锭的全过程称为模铸。模铸钢锭尚需送至初轧工序，初脱锭、加热、开坯后，主轧制成材。

(2) 连续铸钢工艺——连铸 将合格钢水连续不断地浇铸到一个或一组实行强制水冷的，并带有“活底”的结晶器内，钢水沿结晶器周边逐渐凝成钢壳，待钢水凝固到一定坯壳厚度，结晶器液面上升至一定高度后，钢水便与“活底”黏结在一起，由拉矫机咬住与“活底”相连的装置，把铸坯拉出。这种使高温钢水直接浇铸成钢坯的新工艺叫连续铸钢。

B 连铸与传统的“模铸-开坯”工艺的比较

(1) 简化生产钢坯的工艺流程 连铸可直接从钢水浇铸成钢坯，省去了脱锭、整模、均热、开坯等一系列中间工序的设备，使钢坯的生产流程大为缩短和简化，由此可节省大量资金。据统计，设备投资和操作费用均可节省40%，占地面积减少5%，设备费用减少70%，耐火材料消耗降低15%，成本下降10%～20%。

(2) 降低能量消耗 由于连铸省掉了均热炉内再加热工序，可使能量消耗减少50%～70%。据日本各厂统计，生产1t连铸坯比原来模铸-开坯方式节能 0.42～1.26GJ，我国某钢厂省去初轧开坯工序，吨坯节能 1.3GJ；太钢二钢连铸吨坯能耗比初轧开坯吨能耗降低 1.38GJ。

(3) 提高金属收得率和成材率　由于连铸从根本上消除了模铸的中铸管和汤道的残钢损失，因而使钢水收得率提高；又因连铸钢坯减少了初轧开坯时金属损耗和不需要每根钢锭切去 5%～7%的坯头，因而成材率可提高 10%～15%。

(4) 提高钢坯质量　连铸的最大特点就是边浇注，边凝固，通过调节冷却条件，实现合理的冷却，使铸坯结晶过程稳定。内部组织致密，化学成分偏析及内部、底部缺陷都减少了。目前各产钢大国均多采用该技术见表 5-16。

表 5-16　世界主要产钢国连铸比

国家	日本	中国	中国台湾	韩国	德国	意大利	英国	法国	世界平均
连铸比/%	96.6	60.7	100	98.7	96	96.5	90	94.9	79.8

5.2.6 轧钢工序生产新技术

5.2.6.1 连铸与轧钢的衔接方式

钢材生产中连铸与轧钢两个工序的衔接模式一般有以下 5 种类型。

(1) 连铸坯冷装炉加热轧制工艺（CC-CCR），高温铸坯温度降至常温，加热到轧制温度后进行轧制。该工艺为常规长流程加热轧制工艺。

(2) 连铸坯热装或热送装炉轧制工艺（CC-HCR），高温连铸坯温度有所降低，加热到轧制温度后进行轧制。该工艺有高温热装轧制工艺（CC-γHCR）和低温热装轧制工艺（CC-αHCR）两种类型。

(3) 连铸坯直接轧制工艺（CC-HDR），高温连铸坯不需进入加热炉加热，只略经补偿加热即可直接进行粗轧机轧制。

(4) 薄板坯连铸连轧工艺，高温薄板连铸坯直接进行精轧机轧制，ISP、CSP、PTSR 等薄板坯连铸连轧工艺即属这种类型。

（5）带钢连续铸轧工艺，由钢水直接铸轧出成品卷材，使其断面一次达到产品所要求的尺寸，是当今世界最先进，流程最短的轧制工艺。目前法国、韩国、德国、日本已投入大量人力和财力开展此项研究工作，并铸轧出厚度为 0.1～5.0mm，宽度为 200～600mm 的带钢热轧卷。

5.2.6.2 连铸坯热装轧制和直接轧制工艺特点

（1）利用连铸坯冶金热能，节约能源消耗，其节约能量与热装或补偿加热入炉温度有关。例如，铸坯在 500℃热装时，可节能 0.25×10^6 kJ/t；800℃热装时，可节能 0.514×10^6 kJ/t。即入炉温度愈高，节能愈多。而直接轧制节能效果更为显著，据日本的经验，约可比常规冷装炉加热轧制工艺节能 80％～85％。

（2）提高成材率，节约金属消耗。由于加热时间缩短，使铸坯烧损减少，高温热装和直接轧制，可使成材率提高 0.5％～1.5％。

（3）大大缩短生产周期。从投料炼钢到轧出成品仅需要几个小时，直接轧制时，从钢水浇注到轧出成品只需要十几分钟，从而增加生产调度及资金周转的灵活性。

（4）提高产品质量。由于加热时间短，氧化铁皮少，直接轧制工艺生产的钢材表面质量要比常规工艺生产的产品好得多，产品厚度精度也得到提高。连铸连轧工艺有利于微合金化技术及控轧控冷技术作用的发挥，使钢材组织性能有更大的提高。

5.3 钢铁工业节能减废新技术

5.3.1 我国钢铁工业能耗

5.3.1.1 钢铁工业能源消耗与能源结构

从 1980 年以来，钢铁工业能源消耗一直占全国总能耗的 10％左右。能源消耗结构中，煤炭占主导地位，电力其次，其他能源占有份额很少。如 2002 年的钢铁能源消耗中，煤炭占 72.19％，电力占 23.52％，其他总和不到 5％。并且大型联合企业煤炭消耗量往往超出该比例，如宝钢、鞍钢、武钢、首钢的煤炭消耗量均远大于平均消耗量，尤其是宝钢2003年煤炭消耗量占99.72%。国内外大型钢铁企业工序能耗指标比较如表5-17所示。

表 5-17 国内外大型钢铁企业工序能耗指标比较

指标名称	单　位	宝　钢	台湾中钢	浦项钢铁	
				浦项厂	光阳厂
吨钢综合能耗	t(标煤)	0.675	0.767	0.759	0.725
吨钢耗电	kW·h	627.70	434.70	598.10	610.70
吨钢耗水	t	4.08	5.49	3.97	3.64
炼焦工序能耗	kg(标煤)/t	132.68	120.83	128.81	146.72
烧结工序能耗	kg(标煤)/t	60.38	63.47	59.75	63.45
高炉工序能耗	kg(标煤)/t	395.47	443.11	488.16	431.17
炼钢工序能耗	kg(标煤)/t	6.81	5.29	20.85	7.55
电炉工序能耗	kg(标煤)/t	186.96			
TRT 回收	kW·h/t	36.21	33.20	22.10	35.83
干熄焦蒸汽回收	kg/t	572.33		227.65	105.52
烧结蒸汽回收	kg/t	74.88	86.05	19.31	31.05
转炉蒸汽回收	kg/t	48.8			77.23
转炉煤气回收	m^3/t	101.93	87.45	91.83	104.49
高炉煤气放散率	%	0.62	0.21	0.78	2.54
氧气放散率	%	4.90	4.96	1.23	2.06

注：资料来源：上海科学技术情报研究所。

5.3.1.2 能源消耗存在的主要差距

能源使用效率比较，按1995年价格计算，2000年GDP单耗世界平均为每百万美元264t标准油，其中美国每百万美元GDP能源消耗为255t标准油；能源经济效率最高的国家依次为日本、德国，其每百万美元GDP能耗分别为92.3、146t标准油，我国香港地区为 93.6t 标准油。同期我国每百万美元 GDP 能耗为 892t 标准油，这一能耗水平为世界平均水平的 3.38 倍（单位面积的污水负荷量是世界平均数的 16 倍）、韩国的 2.84 倍、日本的 9.66 倍。

能耗及工序指标归结为铁工序和转炉工序差距为：国外先进国家的高炉焦比已达到 300kg/t 以下，燃料比小于 500kg/t。我国重点钢铁企业的入炉焦比为 426kg/t，其他企业为 488kg/t，燃料比在 560kg/t 左右。高炉工艺的能耗（标煤）比世界先进水平高 50～100kg/t。我国宝钢、武钢等企业已实现转炉工序负能炼钢，宝钢已实现炼钢厂负能炼钢，而我国转炉工序能耗（标煤）平均水平仍为 23.56kg/t（日本君津钢厂转炉工序能耗为－6.27kg/t）。

比较国内大中型企业的综合能耗，在能耗大于 100 万 t 标煤的 45 家企业中，综合能耗大于宝钢的有 39 家大型企业。这 39 家的综合能耗在逐年下降的同时，2003 年其平均水平（标煤）和宝钢仍存在 0.148t/t 的差距；全国 73 家大中型企业的吨钢综合能耗，介于宝钢与 39 家大型企业之间，原因是其中有部分电炉钢生产；全国没有统计的中、小企业的综合能耗指标将大于 39 家的指标，说明节能潜力存在很大空间。

5.3.1.3 转炉负能炼钢

工序能耗是一个综合指标，不仅反映厂工艺装备水平和技术水平的高低，也体现了生产管理水平和生产成本的高低。在现代炼钢技术中，把转炉冶炼中产生的炉气净化处理后回收利用，回收的能量（煤气和蒸汽）大于消耗的能量（水、电、氧等），使转炉工序能耗成为负值，即为负能炼钢。转炉负能炼钢意味着转炉炼钢工序消耗的总能量小于回收的总能量，即转炉炼钢工序能耗小于零。因此国际上先进钢厂都把实现转炉负能作为炼钢的重要指标。

转炉负能炼钢是在转炉煤气（LDG）回收水平不断提高的基础上，通过降低各种消耗能源介质的方法，使回收能量大于其消耗能量而得以实现的。转炉工序能源消耗部分由氧气、电、蒸汽、焦炉煤气、氮气、氩气、水及焦炭组成，回收部分由 LDG 和 OG 蒸汽构成。降低能耗的措施包括提高转炉余热蒸汽和 LDG 的回收、降低炼钢工序能源消耗等。

A 提高转炉煤气回收的水平

过程控制采取由 PLC 控制的炉口微差压技术和转炉闭罩吹炼相配合，使用液压装置驱动二文喉口，在吹炼过程中，二文喉口开启根据炉口微差压值自动进行调节，煤气始终以 100m/s 高速通过喉口，既保证了除尘效率又使烟罩口压力波动范围窄、煤气回收量趋于稳定。

改进导压管和均压环管的机械结构和管道结构，减少因积水而影响 LDG 的回收；改进供氧制度和造渣制度，减少炉口积渣，提高 LDG 分品质和数量；优化 LDG 系统运行，采用合理的柜位控制方式，以减少因柜位高而影响 LDG 的回收。

B 提高转炉余热蒸汽的回收水平

氧气转炉煤气温度一般在 1400～1600℃。在吹炼过程中产生的转炉煤气不能排放到大气中。转炉煤气需要被冷却净化后收集在煤气柜中储存。即炼钢过程中产生的 1600℃左右的烟气，经炉口进入固定式烟罩，烟气中约 20％的一氧化碳与进入烟罩内空气中的氧气二次氧化，燃烧后放出大量的热，在转炉炉口部分燃烧，造成烟气温度在 2000℃左右，故应加强对这部分余热的回收。

转炉煤气的物理热可以通过余热锅炉来回收，所产生的蒸汽基本上能够满足炼钢工序能源消耗，实现负能炼钢，蒸汽可以用于炉外精炼工序中真空精炼。由于转炉生产呈周期性，因此排出的烟气余热也是间断的、周期性的，使转炉余热锅炉只能间断地产生蒸汽。为使间断供气变为连续的、稳定的气源，以利于用户使用和转炉冶金工厂锅炉的负荷稳定，可以在供气系统中设置蒸汽蓄热器，这样一般可提高锅炉热效率 3％～5％。

C 降低炼钢工序能源消耗

（1）降低铁钢比。每降低0.1%铁钢比，可降低吨钢能耗70～85kg标准煤。

（2）提高转炉作业率，可降低工序能耗3kg标准煤。

（3）提高连铸比，和模铸相比，连铸可降低能耗50%～80%，提高成材率7%～18%，折合标准煤63～162kg/t。

（4）提高连铸坯热送比，可降低吨钢能耗1.9～2.1kg标准煤。

我国目前已有宝钢、武钢、本钢、马钢、莱钢等实现了负能炼钢。宝钢转炉工序能耗已达到吨钢－6.49kg标准煤。但大多数钢铁企业炼钢仍然消耗能量。据统计，全国74家大中型钢铁企业2003年转炉能耗指标为吨钢23.6kJ，产钢能力2.0亿t，如果一半企业应用转炉负能技术，按达到吨钢0kJ计算，将每年节省236万t标煤。

5.3.2 钢铁工业节能减废新技术

5.3.2.1 烧结余热回收

烧结工艺的吨能耗在20kg标煤以上，一般为钢铁企业总能耗的10%～20%。烧结过程有两部分的余热可回收利用。其一为烧结机后部几个风箱内的烟气余热，其温度达300～350℃，并含有较多的氧气；其二为冷却烧结工序的余热。由于冷烧结矿有利于强化高炉冶炼，降低焦比，提高生铁质量，延长高炉炉顶寿命，并可以实现胶带运输，因此一般大中型厂矿都有烧结矿冷却工序。根据热平衡计算，从烧结机废气带走的余热约占烧结总热耗的30%。

日本钢管公司在其扇岛厂和福山厂装备了一座热回收系统，这是世界上第一套利用废气生产蒸汽发电的系统。日本住友金属工业公司和歌山制铁所采用直线型冷却机，二通路式显热回收装置。德国蒂森钢铁公司施韦尔根厂利用冷却机废气余热预热烧结点火助燃空气。

国内许多烧结厂将部分烧结废气供给到烧结点火器和保温炉

作为助燃空气，或用于预热混合料。宝钢采用与日本合作设计的形式，设置了冷却机废气及主排气余热回收两套装置产生蒸汽，主体设备从日本引进，于 1991 年投产。该装置设备总重量约 1700t，装机容量约 5100kW，代表了 20 世纪 80 年代的水平，是我国第一座大型现代化的烧结余热回收装置。

烧结机余热产汽节能装置由热管蒸汽发生器和蒸汽过热器两部分组成。利用余热所产蒸汽可作为生活用气，也可用于烧结矿拌料，提高烧结矿产量。它的主要特点是利用气化相变传热，传热效率高，性能可靠，投资回收期短。

热管蒸汽发生器由若干根特殊的热管元件组合而成。热管的受热段置于热流体风道内，热风横掠热管受热段，热管元件的放热段插在水-汽系统内。由于热管的存在使得该水-汽系统的受热及循环完全和热源分离而独立存在于热流体的风道之外，水-汽系统不受热流体的直接冲刷。重力热管工作原理如图 5-19 所示。

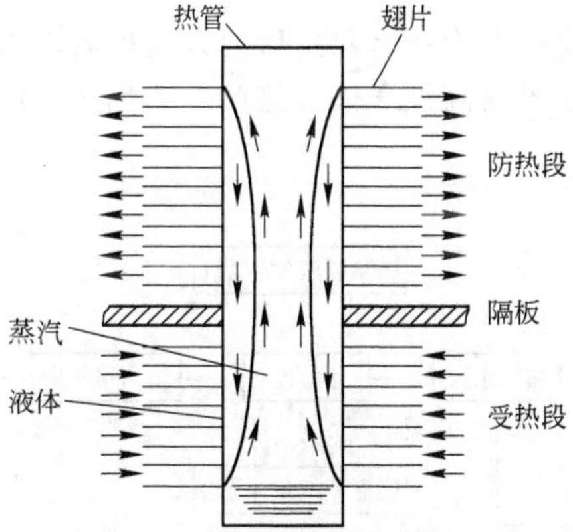

图 5-19 重力热管工作原理图

热流体的热量由热管传给水套内的饱和水（饱和水由下降管输入），并使其汽化，所产蒸汽（汽-水混合物）经上升管达到汽包，经集中分离以后再经蒸汽主控阀输出。汽包内的水一般由工段的 100～104℃ 除氧水直接供给。这样由于热管不断将热量输入水套，通过外部汽-水管道的上升与下降完成基本的汽-水循环，达到将热空气降温，并转化为蒸汽的目的。热管蒸汽发生器工艺参数见表 5-18。

表 5-18　热管蒸汽发生器工艺参数

参数名称	蒸汽发生器 1	蒸汽发生器 2
废气流量/$Nm^3 \cdot h^{-1}$	70844	70844
废气进口温度/℃	350	300
废气出口温度/℃	243	222
供水温度/℃	25～30	25～30
蒸汽温度/℃	164	164
蒸汽流量/$t \cdot h^{-1}$	3.882	2.777
蒸汽压力/MPa	0.7（绝）	0.7（绝）

烧结机生产时，热烧结矿从烧结机尾部落下经过破碎，再通过振动筛分经溜槽到达环冷机上，环冷机上布置有数台冷却风罩，风罩内通过风机使烧结矿冷却，冷却烧结矿产生的高温气体通过热管蒸汽发生器冷却、除尘后向大气排放。同时热管蒸汽发生器及蒸汽过热器被高温气体加热产生蒸汽。余热产汽系统流程见图 5-20。

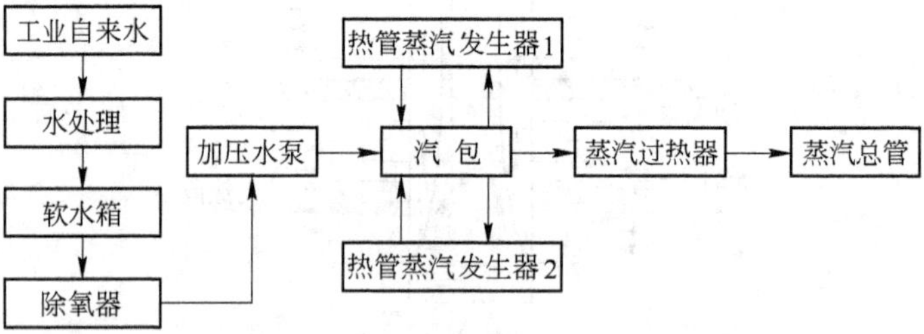

图 5-20　余热产汽系统流程图

5.3.2.2　干熄焦技术（Coke Dry Quenching，CDQ）

干法熄焦简称“干熄焦”是相对于用水熄灭炽热焦炭的湿熄焦而言的，其基本原理是将焦炉烧制的 950～1050℃红焦炭装入干熄炉内，吹入冷的惰性气体与红焦炭进行换热来熄灭焦炭。被加热的惰性气体经过除尘后进入蒸汽锅炉将能量回收利用或供热或发电。

干熄焦工艺流程包括 4 个部分，即焦炭流程、惰性气体流程、锅炉汽水流程、除尘流程。

从炭化室推出的约 1000℃ 的红焦经拦焦机导焦栅落入运载车上的焦罐内，运载车由电机车牵引至干熄焦装置提升机井架底部，由提升机将焦罐提升至井架顶部，再移到干熄炉顶，通过炉顶装入装置将焦炭装入干熄炉内。在干熄炉中焦炭自上而下与惰性气体直接进行热交换，冷却至 250℃ 以下。冷却后的焦炭经排焦装置卸至胶带输送机上，再经炉前焦库送筛焦系统。冷惰性气体由循环风机通过干熄焦底的供气装置鼓入干熄炉内，自下而上与红焦进行热交换，排出干熄炉的热惰性气体温度约为 900℃ 左右。热惰性气体夹带大量的焦粉经一次除尘器沉降，气体含尘量降到 $6g/m^3$ 以下进入干熄焦锅炉换热。当冷惰性气体由锅炉出来，温度降至 200℃ 以下时，经二次除尘器使含尘量降到小于 $1g/m^3$ 后，由循环风机加压，再经给水预热冷却，最后送入干熄炉循环使用，其工艺流程如图 5-21 所示。

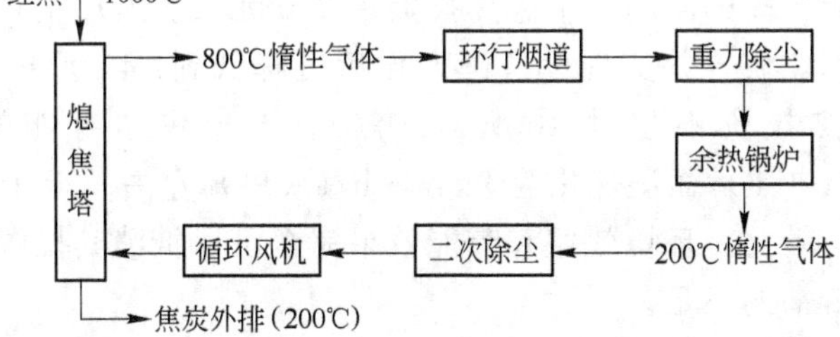

图 5-21 干熄焦工艺流程示意图

干熄焦工艺有如下特点。

（1）回收红焦显热 出炉红焦的显热约占焦炉能耗的 35%～40%，这部分能量相当于炼焦煤能量的 5%。采用干熄焦可回收约

80%的红焦显热，平均每熄 1t 焦炭可回收 3.9MPa，450℃蒸汽 0.45t，甚至更高些。干熄焦节能占焦炉总节能量的 50%以上。

（2）减少环境污染 炼焦车间采用湿法熄焦，每熄 1t 红焦就要将 0.5t 含有大量酚、氰化物、硫化物及粉尘的蒸汽抛向天空，严重地污染了大气及周围的环境，这部分污染占炼焦污染的 1/3。

干熄焦产生蒸汽可用于发电，因此避免了生产等量蒸汽的锅炉对大气的污染（5～6t 蒸汽需要 1t 动力煤），尤其减少了 SO_2、CO_2 向大气的排放。对规模为 100 万 t/a 的焦化厂而言，采用干熄焦，每年可减少 8～10 万 t 动力煤燃烧对大气的污染。

（3）改善焦炭质量 干熄焦与湿熄焦相比，焦炭 M_{40} 提高 3～8 个百分点，M_{10} 改善 0.3～0.8 个百分点，这对降低炼铁成本，提高生铁产量极为有利，尤其对采用喷煤粉技术的大型高炉效果更加明显。大型高炉采用干熄焦的焦炭可使焦比下降 2%，高炉生产能力提高 1%。

在保持原焦炭质量不变的条件下，采用干熄焦可以降低强黏结性的焦、肥煤配入量 10～20 个百分点，有利于保护资源，降低炼焦成本。

（4）投资和能耗较高 干熄焦与湿熄焦相比，确实存在着投资高，能耗高的问题。干熄焦投资在 200 元/t（焦）左右（合理配置干熄焦装置并实现设备国产化后可降低到 140 元/t（焦）），而湿熄焦投资不超过 10 元/t（焦）。干熄焦本身能耗为 22 kW · h/t（焦），而湿熄焦为 2kW · h/t（焦）左右。但干熄焦带来的经济效益、环境效益和节能效果完全可以抵消其投资高和本身能耗带来的不足。

干熄焦装置的主要设备包括：电机车、焦罐及其运载车、提升机、装入装置、排焦装置、干熄炉、循环风机、干熄焦锅炉、一次除尘器、二次除尘器、汽轮发电机等。

德国蒂森 · 克虏伯公司在莱茵河史威尔根港新建了一座现代化焦化厂，于 2003 年投产，技术指标见表 5-19。两套干熄焦装置由蒂森·克虏伯·因考克公司设计，每套处理红焦能力为170 t/h。采用了目前世界上先进的生产过程控制模型和自动化操作，排放气体污染指标达到 NO_x 质量浓度＜500mg/m^3，气体含尘量＜20 mg/m^3。该焦炉最佳化控制模型结构框图见图 5-22。

表 5-19 史威尔根焦化厂部分技术指标

项　目	指　标	项　目	指　标
炭化室高度/m	8.4	每孔装煤量/t	78.6
炭化室长度/m	20.8	冶金焦产量/t·a^{-1}	250×10^4
炭化室宽度/m	0.6	结焦时间/h	25
炭化室有效容积/m^3	93.0	煤气产量/m^3·h^{-1}	15×10^4
煤料堆密度/kg·m^{-3}	845.0	净煤气中 H_2S 含量/g·m^{-3}	0.5

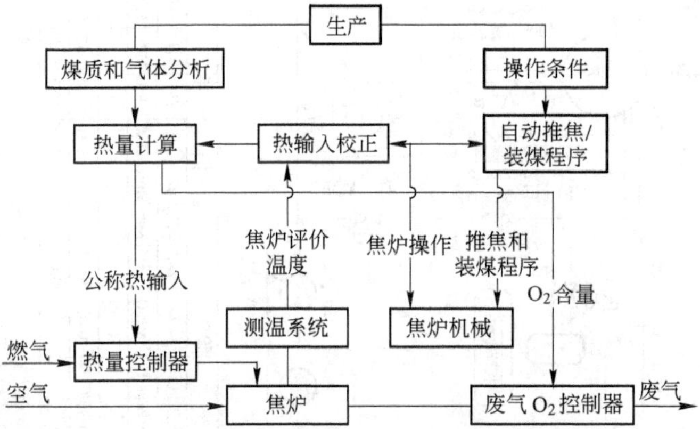

图 5-22 焦炉最佳化控制模型结构框图

干熄焦锅炉的作用是冷却循环气体、产生蒸汽。武钢 140t 干熄焦锅炉是国内引进的首台干熄焦锅炉技术。循环烟气量最大值为 19.9×10^{4}m^3/h，正常值为 18.7×10^{4}m^3/h，最低值约 12.7×10^{4}m^3/h。烟气温度为 900～1050℃。粉尘黏结为松散粒度，弱黏结性。锅炉给水及蒸发系统各部压力降见图 5-23。

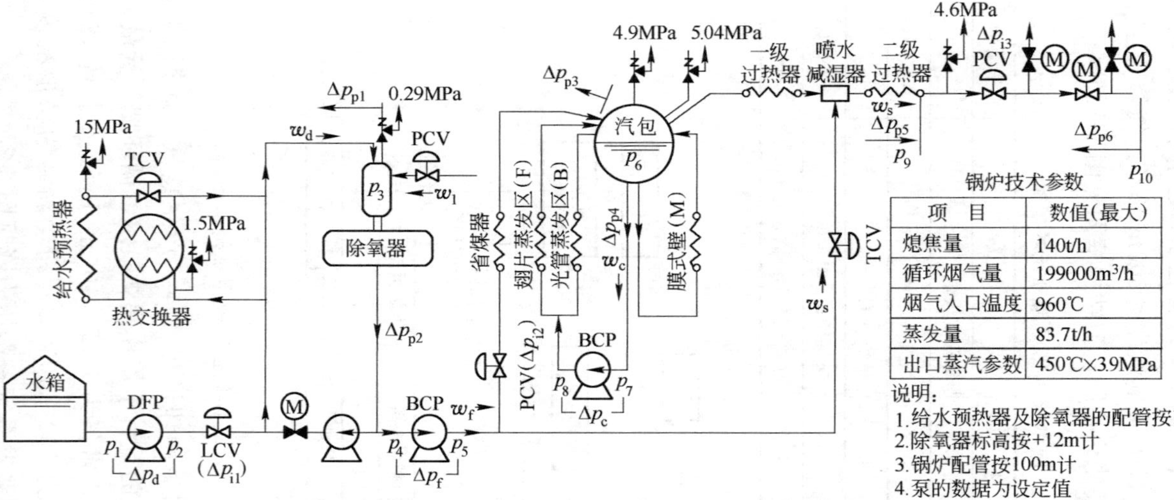

锅炉技术参数

项　目	数值(最大)
熄焦量	140t/h
循环烟气量	199000m³/h
烟气入口温度	960℃
蒸发量	83.7t/h
出口蒸汽参数	450℃×3.9MPa

说明：
1. 给水预热器及除氧器的配管按150m计
2. 除氧器标高按+12m计
3. 锅炉配管按100m计
4. 泵的数据为设定值

系统名称	除氧器给水系统						除氧器	锅炉本体给水系统							汽包	锅炉本体强制循环系统					蒸汽系统					
符号	w_d	p_3	Δp_d	p_2	Δp_{i1}	Δp_{p1}	p_3	w_f	Δp_{p2}	p_4	Δp_f	p_5	Δp_{i2}	Δp_{p3}	p_6	w_c	p_7	Δp_c	p_8	Δp_{p4}	w_s	Δp_{p5}	p_9	Δp_{i3}	Δp_{p6}	p_{10}
项目　　单位	t/h	MPaG	MPaG	MPaG	MPa	MPa	MPaG	t/h	MPa	MPaG	MPaG	MPaG	MPa	MPaG	MPaG	t/h	MPaG	MPa	MPaG	MPa	t/h	MPa	MPaG	MPa	MPa	MPaG
最高使用压力				1.50			0.29								4.90								4.90			
压力/流量	79.4	0	1.20	1.20	0.37	0.78	0.02	85.4	−0.07	0.09	5.10	5.20	0.42	0.40	4.38	420.0	4.00	0.25	4.85	0.25	83.7	0.29	4.09	0.10	0.09	3.90
设备规格	94.0	0	1.20	1.20	最大时0.2			94.0		0.09	5.15	5.20	最大时0.3			420.0		0.25			83.7			最大时0.1		

各符号说明：w—各部分流量　　p_i—各部分压力　　Δp_{i1}—各部分压力　　Δp_{p1}—各配管压降
d—除氧器给水系统　　f—锅炉本体给水系统　　c—锅炉本体给水系统　　a—蒸汽系统

图 5-23　干熄焦锅炉给水及蒸发系统各部压力降汇总

5.3.2.3 炼焦工序的节能技术

炼焦生产是钢铁联合企业的重点工序，是钢铁工业的主要废水、废气污染源之一。下面介绍几个钢铁企业的以节能为重点，同时可提高焦炭质量、提高生产效率的焦化清洁生产技术。钢铁企业炼焦工序的节能方案见表5-20。

表5-20 炼焦工艺的节能方案

分类	节能技术	技术概况	效果
提高热效率	焦炉燃烧管理控制自动化	由计算机根据煤炭特性、操作信息实现燃烧管理自动化	节约燃料
	程序加热法	根据干馏情况控制投入的燃料气体量	节约燃料
	调整煤炭温度	煤炭水分调整到6%左右，装入焦炉	提高生产率提高质量
	防止边火道升温		节约燃料
	加强炉体绝热	对散热大的边火道增加供应燃料、空气炉体各部位使用相应的绝热耐火材料	节约燃料
废热回收	干熄焦（CDQ）	用惰性气体冷却红焦，由锅炉回收热量	回收蒸汽或电，提高质量
	焦炉煤气（COG）显热回收	在上升管用高温有机媒体等回收COG显热，焦油处理等是有待今后解决的课题	回收蒸汽或用作调温的热源
	燃烧废气显热回收	使用高温有机媒体等回收热量	回收热量
节电	控制风扇转速	采用VVVF、液力联轴节等	节电

炼焦工序的节能大致上分为：降低干馏热量、提高焦炉热效率的措施，回收干馏时产生各种废热的措施及辅助设备的节电措施。

提高热效率的措施，是根据装入的煤炭特性及干馏情况的信息，采取恒定控制干馏时间的燃烧管理自动控制与程序加热法。此外，在减少装入煤炭水分、降低干馏热量的同时，也采取提高生产率及改进焦炭强度的煤炭调湿法。

余热回收方面是采用干熄焦法（CDQ），把干馏后拥有最大潜热量的焦炭显热回收，以蒸汽或电力形式加以利用。其他的废热有焦炉煤气（COG）及焦炉燃烧废气的显热。

此外，辅助设备的节能措施是节约除尘风机等的用电。此外还可以调整装煤温度、焦炉燃烧管理自动化控制、干熄焦技术、降低炉体散热技术、提高焦油化工副产物的回收率及利用率等措施实现焦化工序清洁生产。

5.3.2.4 高炉炉顶煤气余压发电技术（Top Gas Pressure Recovery Turbine，TRT）

高炉炉顶煤气余压回收透平发电装置是目前国际上公认的有价值的二次能源回收装置。它是利用高炉炉顶煤气中的压力能及热能经膨胀透平机-发电机组发电，可以回收高炉鼓风机所需能量的30%左右，这种发电方式既不消耗任何燃料，也不产生环境污染，发电成本又低，是高炉冶炼工序的重大节能技术，经济效益十分显著。一座2000m^3高炉如果稳定运行，其TRT系统的运行效率可以达到85%，全年发电量可达0.5亿kW·h，相当于节约原煤3万t。此项技术在国外已很普及，我国也在逐步推广。

据统计，国内1000m^3以上的高压高炉50余座。1000m^3左右的高炉炉顶压力一般在0.15 MPa左右，煤气流量达26～30万Nm^3/h左右，是在保证高炉正常运行，稳定炉顶压力的前提下，充分利用高炉炉顶煤气的压力能和热能，通过透平两级动、静叶片不断膨胀做功，带动透平转动，使压力能和热能转换成机械能，再通过透平转子联轴器驱动发电机发电的能量回收装置将其转化为电能。TRT装置回收了过去在高炉减压阀组上通过强制节流和形成噪音而白白浪费掉的能量，同时又不影响高炉正常生产和煤气使用。

高炉煤气压差发电装置根据系统的特点可分为湿式TRT和干式TRT。

A 湿式TRT

湿式 TRT 是指在原有煤气湿式除尘器系统的基础上，配以相应的 TRT 机组。湿式煤气清洗流程为：荒煤气经炉顶后在重力除尘器除去大颗粒粉尘后，再经洗涤塔文氏管除尘器清洗，然后由减压阀组降压，经灰泥捕集器、插板阀、送入净煤气管网。净化后高炉煤气的含尘量在标准状态下小于 10mg/m^3，温度为 50～60℃。经过膨胀做功，煤气温度降到 25～30℃，压力减少到 15～20kPa。湿式 TRT 的工艺流程如图 5-24 所示。

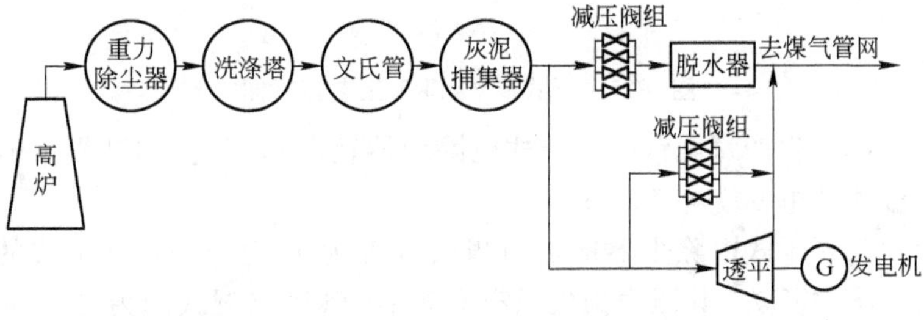

图 5-24 湿式 TRT 工艺流程图

B 干式 TRT

干式 TRT 系统由干式除尘器和煤气膨胀透平等设备组成。干式除尘器可以布袋除尘器（BDC）或电除尘器（EP）。采用 BDC 时必须控制高炉荒煤气的温度（温度超标时，向气流内喷入适量的水降温）；EP 对温度变化非常敏感，温度变化对除尘效率影响很大，因此在 EP 前必须设置蓄热式温度缓冲器。干式高炉 TRT 工艺流程如图 5-25 所示。

干式除尘后的煤气温度高，与湿式系统相比可提高效率 30%～50%。另外采用湿式 TRT 时，高温高压的荒煤气具有很大的能量，却全部浪费在清洗塔和减压阀组中，减压阀组所发出的噪音、煤气清洗产生的废水也造成了环境污染。

与湿式 TRT 相比，应用干式 TRT 的优点在于：

(1) 干式除尘器不用水洗涤和冷却，生产每吨铁节约水约 9t，其中节约新水 2t；

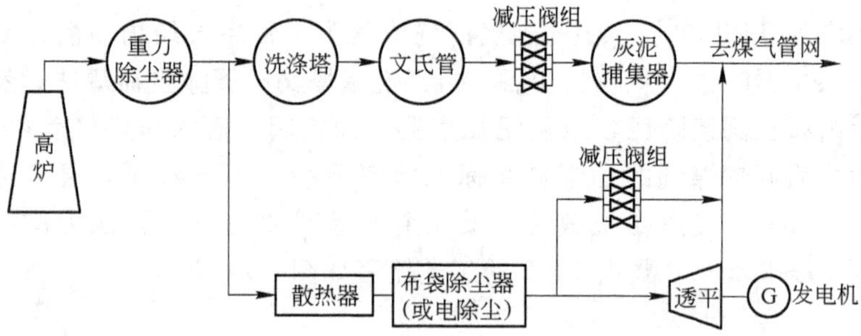

图 5-25 干式高炉 TRT 工艺流程图

(2) 生产每吨铁时，干式电除尘器耗电 0.25～0.45kW·h，较湿式节电 60%～70%；

(3) 干式电除尘器的出口煤气温度为 150～250℃（湿式的为 40～50℃），其压力损失只有 0.3～0.6kPa（湿式的为 20～30 kPa）。因此，干式 TRT 系统比湿式 TRT 系统的发电效率高 30%～50%；

(4) 干式 TRT 系统排出的煤气温度高，所含热量多、水分低、煤气的理论燃烧温度高，用于烧热风炉，高炉热风温度可提高 40～90℃，相应的降低炼铁焦比 8～16kg/t。

5.3.2.5 热风炉余热利用

提高热风温度是降低高炉焦比的有效措施，利用高炉热风炉燃烧烟气余热（250～350℃），将进入高炉热风炉燃烧的煤气和空气进行预热，是提高热风炉拱顶温度和使用风温的有效手段。

A 双预热热管换热器

双预热工艺是指利用放散的高炉煤气，建一座燃烧高炉煤气的燃烧炉，以燃烧产生的热量同时预热燃烧热风炉用的高炉煤气和助燃空气，从而提高高炉风温的工艺过程。

双预热热管换热器热风炉余热利用工艺流程为：利用热风炉排出的高温烟气，使烟气换热管内介质吸收热量汽化，蒸汽汇集后经蒸汽导管输送到空气、煤气换热器管束内。蒸汽冷凝放出的汽化潜热使管束外的空气和煤气得到加热，冷凝后的介质，通过回流管导回烟气热器管束继续蒸发。如此不断循环，达到煤气和空气双预热的目的。

双预热器的主要技术参数见表5-21。

表5-21 双预热器主要技术参数

烟气换热器	入口温度250℃	出口温度135℃
空气预热器	入口温度16℃	出口温度134℃
煤气预热器	入口温度50℃	出口温度133℃

双预热器投入运行前后情况比较见表5-22

表5-22 双预热器投入运行前后情况比较

状况	平均风温 /℃	吨铁煤消耗 /GJ·t^{-1}	单炉煤气消耗 /万 $m^3 \cdot h^{-1}$	拱顶温度 /℃
运行前	1081.6	2.192	7.2	1210
运行后	1124	2.090	5.6	1288

由上表可知，双预热器投入运行后，平均风温提高42.4℃，吨铁煤气消耗减少0.102GJ，单炉煤气消耗减少1.6万m^3/h，拱顶温度提高78℃。

B 热媒式换热器

热媒式换热器是国内外近年来开发的热风炉烟气余热回收装置，其特点是可分离布置，各设翅片管换热器，靠热媒体强制循环进行热交换，可同时预热空气和煤气，由于其布置灵活，采用这种换热器可以不改变原来的管道布置。

热媒式换热器的介质是水或油，热媒的选择是该装置正常使用的关键，选择的条件是：热媒的热性能和化学性质稳定；使用时变质的程度小，如果发生变质，也能容易再生；没有腐蚀性，毒性低，使用方便；低温启动时，流动性好。热媒可为水或油，因水的价格便宜，取用方便，且无害无毒不可燃，是从常温到150℃范围内最优良的热媒体。但若到250℃以上时，饱和蒸汽压力达 4.15MPa，要求设备有很高的耐压性，设备费用增加。如选用 Therm-S800 热媒油，它的沸点是 340℃，凝固点在 −30℃以下，它的蒸汽压力在 350℃时只有 0.115MPa。

热媒式烟气余热回收装置有如下优点：

(1) 预热助燃空气和煤气的热交换器可分开设置，设置灵活；

(2) 热媒不外泄，可以安全地预热，多回收热量，也可以控制热量；

(3) 热媒换热器的换热效率高，体积小。

在已投产的热风炉组上增设这种烟气余热回收装置比较方便。其缺点是要注意密封件的质量，防止热媒的泄漏。为了安全，热媒贮存罐必须与热风炉保持一定的距离。

5.3.2.6 高炉煤气的利用

高炉煤气是高炉生产中焦炭经气化后转变而得。每炼一吨生铁产生热值 3300～4100kJ/m^3 高炉煤气 1300～1600m^3。高炉煤气中可燃成分少，其中一氧化碳约占 30%，还有少量碳氢化合物，其余均为不可燃成分，其中氮约占 55%，故发热值很低。这种低热值高炉煤气高炉自身热风炉用掉 40%～50%，其余大部分如不加以利用，放散到大气中将会造成环境的污染和能源的浪费。

A 全烧高炉煤气锅炉技术

炼铁高炉所产生的高炉煤气，是一种低热值的有毒气体，通常条件下，除高炉热风炉自身使用外，还有大量富余。

全烧高炉煤气锅炉技术是利用炼铁高炉产生的低热值(3500～3800kJ/Nm^3) 高炉煤气，通过分体式高炉煤气热管换热器加热到 180℃以上，进入缩腰形炉膛的双旋流燃烧器进行燃烧产生压力为 9.8MPa，温度 540℃蒸汽发电供热。电和蒸汽反过来又被冶炼过程利用，这是一个循环往复的生产过程。

全烧高炉煤气锅炉常用的稳定燃烧技术有以下两种。

(1) 采用炉膛束腰技术。炉膛由束腰分隔成燃烧室和上炉膛两部分，炉膛的底部为带一定角度且封闭的平炉底，在燃烧室的水冷壁上喷涂耐火材料形成未燃带，尾部烟道布置有高沸腾度省煤器、高炉煤气预热器的烟气侧换热器。该锅炉的炉膛通过束腰分为两段形成了气体的二次混合，燃烧室独特的结构保证了高炉煤气的稳定燃烧和完全燃烧，燃烧器采用高炉煤气和助燃风强旋流混合，可在较低负荷下稳定运行。

（2）采用炉膛稳燃柱技术。高炉煤气的特点是发热量低，理论燃烧温度低，一旦具备了着火和燃烧条件，它燃烧相当迅速，火焰很短，所以全烧高炉煤气锅炉炉膛体积可设计得较小。为使高炉煤气在炉膛内能够稳定燃烧，在炉膛中央砌筑一座高铝耐火材料构成类似烟囱形状的稳燃柱，燃烧器布置为四角切圆燃烧，在燃烧器的出口设置圆筒形稳燃器适应并完善了燃烧。稳燃器被烧红（1200℃左右）后又产生大量辐射热改变了高炉煤气无光火焰几乎没有辐射热的换热状态。另外，由于稳燃器存在烟火流通截面积较小从而又加速了燃烧后的烟火流速，进而强化炉膛的对流换热成分。全烧高炉煤气锅炉可以在低负荷40%时长期稳定燃烧不灭火，不但能长期实现满负荷发电而且还可以在超额定出力20%的情况下保持一定时间的运行，锅炉效率已达89%以上水平。

B 低热值煤气燃气轮机技术（CCPP）

低热值煤气燃气轮机技术（CCPP）一般由高炉煤气供给系统、燃气轮机系统、余热锅炉系统、蒸汽轮机系统和发电机组系统组成。CCPP技术核心是燃气轮机，燃气轮机一般是透平空压机、燃烧器与燃气透平机组合的总称。

其工艺流程是将经除尘加压的高炉煤气与空气压缩到1.5～2.2MPa，在压力燃烧室内燃烧，所产生的高温高压烟气直接在燃气透平（GT）内膨胀做功并带动空气压缩机（AC）与发动机（GE）完成燃机的单循环发电。燃气透平排出烟气温度一般可在500℃以上，余热利用可提高系统效率，再用余热锅炉（HRSG）生产中压蒸汽，产生的蒸汽进入蒸汽轮机做功，带动发电机组发电，组成煤气-蒸汽联合循环发电系统。蒸汽轮机发电是燃机发电的补充，并完成联合循环。CCPP 的锅炉和汽机都可以外供蒸汽，联合循环可以灵活组成热电联产的工厂。在 CCPP 系统中还有一个煤气压缩机（GC）单元，特别在低热值煤气发电中，煤气压缩机比较大。

CCPP 排烟中的 CO_2 排放比常规火力电厂减少 45%～50%，没有 SO_2、飞灰及灰渣排放，NO_x 排放很低，目前已达到小于 25mg/kg，今后有望达到 5～9mg/kg。CCPP 真正的效益在于回收了大量浪费的能源，替代了一定量的燃煤，常规的锅炉蒸汽发电仅为 23%左右，相同的煤气量，CCPP 要比常规的锅炉蒸汽发电多出 70%～90%的电。

5.3.2.7 炼铁废水零排放技术

高炉、热风炉的冷却，高炉煤气的洗涤、鼓风机及其附属设备的冷却，铸铁机及其产品的冷却，炉渣的粒化处理和水力输送都是用水的主要设施。此外，还有一些用量较小或间断用水的地方，如上料系统的润湿、除尘、冲洗、煤气水封等。水在使用过程中的作用可大致分为：设备间接冷却用水、设备及产品的直接冷却用水、生产工艺过程用水及其他杂用水。以上各种用途使用过的水，都称作炼铁废水。

A 设备间接冷却废水

高炉炉体、风口、热风炉的热风阀以及其他不与产品或物料直接接触的冷却水都属于间接冷却废水。因为这种废水不与产品或物料接触，使用后只是水温升高，如果直接排放至水体，一方面浪费了宝贵的水资源，同时也可能造成一定范围的热污染。所以到目前为止，这种间接冷却水一般多设计成循环供水系统，在系统中设置冷却设施，使废水降温后循环使用。不过水在循环过程中还要解决水质稳定问题。

B 设备和产品的直接冷却废水

设备的直接冷却主要指高炉炉缸喷水冷却、高炉在生产后期的炉皮喷水冷却以及铸铁的喷水冷却；产品的直接冷却主要指铸铁块的喷水冷却。其特点是水与设备或产品直接接触，不但水温升高，而且水质被污染。由于设备或产品的直接冷却对水质要求不高，对水温控制不十分严格，一般经沉淀、冷却后即可循环使用。这一类系统的供水原则应该是尽量循环使用，只补充循环过程中损失水量，其排污量尽可能控制在最小限度。

C 生产工艺过程废水

a 高炉煤气洗涤水

高炉炼铁使用大量的焦炭和铁矿石（一般为烧结矿），每炼1t铁大约需要400～600kg焦炭，每消耗1t焦炭可生产3500～4000Nm^{3}的高炉煤气。煤气中含有大量可燃成分，也夹杂大量灰尘，而且温度也较高，通常为150～400℃。一般处理方法是将炉顶荒煤气管道引入重力除尘器（干式），除去大颗粒的灰尘，然后用管道引入煤气洗涤系统，如：两级文丘里洗涤器进行清洗冷却，清洗冷却后的水就是高炉煤气洗涤水。这种废水温度达60℃以上，悬浮物600～3000mg/L，水中还含有酚、氰等有毒有害物质，这种水不允许直接排放。因此必须进行处理，一般可采用石灰碳化法和石灰药剂法治理高炉煤气洗涤水，可以做到洗涤水的循环使用。

b 炉渣粒化用水

高炉炼铁生产中产生大量的炉渣，处理方法通常是利用水将炽热的炉渣急冷水淬，粒化成水渣，以便作为水泥的原料加以利用。

冲制水渣要使用大量的水，一般出1t渣需要7～10t水进行粒化，粒化后的渣水混合物经过脱水后，即得到成品水渣和冲渣废水，冲渣废水可以循环使用。

生铁冶炼是钢铁生产的主要工艺过程之一，其生产用水量和外排废水量，在钢铁企业中占有很大比重。据统计，我国钢铁企业中炼铁生产用水约占钢铁企业用水总量的22.5%。因此，采用上述节水和治理措施后可以减少炼铁厂用水量，提高炼铁厂废水的重复利用率，做到少排或不排废水，对于节约水资源、保护环境具有重大意义。

5.3.2.8 转炉煤气净化回收

氧气转炉吹炼时产生大量含有CO和氧化铁粉尘的高温烟气，氧气顶吹转炉的煤气成分一般为：CO为45%～65%，H_2<2%，CO_2为15%～25%，O_2为0.4%～0.8%，N_2为24%～38%。

转炉煤气是一种优质气体燃料（有害成分含量少）。其中CO浓度一般在60%以上，最高（吹氧中期）可达90%以上。当烟气含CO高于30%时，即可用作燃料或化工原料（合成氨、合成甲醇等）。回收转炉煤气热值可达6273～7527kJ/m^3，通常每吨转炉钢可回收煤气量60～80m^3，如宝钢平均吨钢煤气回收量已达100m^3以上。

转炉烟气净化及热能回收方法按转炉烟气进入净化系统时是否燃烧，热能回收方法有燃烧法和未燃烧法两大类。

（1）燃烧法 利用设在炉口的水冷烟罩将转炉烟气抽出的同时，引进大量过剩空气，使炉气中可燃成分完全燃烧，利用设置的废热锅炉回收其热能。回收余热后废气经两级文丘里管洗涤后排放，洗涤后含尘污水，经污水、污泥处理系统复用或达标排放。最初该法在欧洲、美国使用较多，我国早期的转炉系统也采用这种方法处理转炉炉气。

（2）未燃法 即利用转炉炉口活动烟罩实现转炉烟道的封闭，并利用炉口的微差压装置，尽可能减少空气的吸入量，抑制煤气燃烧，以气体燃料的形式回收利用转炉煤气。回收系统主要由汽化冷却活动烟罩、汽化冷却烟道、煤气除尘器、风机等设备组成。

当前世界上有代表性的未燃法转炉烟气净化及煤气回收方法有法国的I-C法（敞缝烟罩）、德国的KRUPP法（双烟罩）和日本的OG法（单烟罩）以及德国LT（干式电除尘）法等。

A OG法

OG装置主要由烟气冷却系统、烟气净化系统以及其他附属设备组成。

烟气冷却系统包括活动裙罩、固定烟罩和汽化冷却烟道，其中活动裙罩和固定烟罩采用密闭热水循环冷却，烟道采用强制汽化冷却，并对冷却高温烟气所产生的蒸汽加以回收利用。

活动裙罩通过液压装置进行升降，在回收期，为充分限制炉气在炉口燃烧，进行闭罩操作。在吹氧初期和吹氧末期的数分钟内，因炉气发生量少，并且 CO 含量较低，可操作活动裙罩，使炉气在炉口与一定比例的空气混合燃烧。闭罩操作高温烟气通过汽化冷却烟道，温度由 1450℃降到 1000℃以下，然后进入烟气净化系统。

烟气净化系统包括两级文氏管洗涤器和附属的 90°弯管脱水器及挡水板、水雾分离器等设备。第一级文氏管采用手动可调喉口形式，烟气由 1000℃降至饱和温度 75℃，并进行粗除尘。第二级文氏管采用 R-D 形式，由炉口微差压装置自动调节第二级文氏管喉口开度，以适应烟气量变化，控制烟气高速通过喉口，进行精除尘。第二级文氏管后的烟气温度继续下降，一般在 67℃左右。烟气经文氏管降温净化后，通过 90°弯管脱水器、挡水板及水雾分离器进行脱水。净化后的烟气通过文氏管型流量计由引风机排出。

排出的烟气（煤气）根据时间顺序控制装置，由气动三通切换阀进行自动切换，分别进行回收（煤气经水封逆止阀和 V 形水封阀送入煤气柜贮存）或放散（烟气通过高 80m 放散塔点火后放散）。

B LT 法

LT 法是德国鲁奇公司自 20 世纪 60 年代开始研究开发，到第一套工业设备开始投入运行，经历了十余年的时间，1980 年鲁奇（Lurgi）在蒂森（Thgssen）公司 400t 转炉上采用 LT 法投入生产，取得成功。自此 LT 法正式确立（即取用了 Lurgi 的字头 L 与 Thgssen 的字头 T 合并成 LT）。

LT 系统设备主要包括：废气冷却器、干式电除尘器、ID 风机、切换站和煤气冷却器。

回收转炉煤气可以从以下 4 个方面获得节能效果：

(1) 转炉煤气是一种优质的气体燃料，具有很高的回收利用价值，若吨钢回收煤气达到 $80m^3/t$，则能够降低吨钢能耗近 23kg 标煤；

(2) 出炉的炉气温度高，回收其显热能产生约 80kg/t 的蒸汽，折合标煤 6.5kg/t；

(3) 回收炉尘（以氧化铁为主）20～30kg/t，可作为球团矿原料使用；

(4) 由于用未燃法处理的炉气量较燃烧法的小，所以炉气净化除尘的水、电消耗较少。

5.3.2.9 轧钢废液的处理与利用

轧钢酸洗车间在酸洗钢材过程中，酸洗液的浓度逐渐下降，以致不能再用而需要排出废酸更换新酸，这种不能继续使用的酸液叫做酸洗废液。用硫酸酸洗产生的硫酸废液，含有游离硫酸和硫酸亚铁；用盐酸酸洗产生含盐酸的氯化亚铁废液；在酸洗不锈钢时，用硝酸-氢氟酸混合酸液，废液除含游离酸外，还含有铁、镍、钴、铬等金属盐类。所有的废酸液均含有有用物质，应予以回收利用。

A 硫酸酸洗废液的回收

用硫酸酸洗钢材的废液，一般含有硫酸 5%～13%，含硫酸亚铁 17%～23%。这种酸洗废液回收方法较多，下面介绍比较常用的方法。

(1) 真空浓缩冷冻结晶法（减压蒸发冷冻结晶法） 由于硫酸亚铁在硫酸溶液中的溶解度随硫酸浓度的升高而下降，因此要使过饱和的硫酸亚铁结晶析出，就需要提高硫酸的浓度。

本法就是在真空状态下通过加热和蒸发除去废酸中的部分水分，来提高硫酸和硫酸亚铁的浓度，然后再经冷冻降温到 0～10℃，使硫酸亚铁结晶，再经固液分离，便得到再生酸和 $FeSO_4 \cdot 7H_2O$ 副产品。前者可返回酸洗工艺使用，后者可外售作为净水混凝剂和化工原料。真空浓缩冷冻结晶工艺流程见图 5-26。

(2) 加酸冷冻结晶法（无蒸发冷冻结晶法） 加酸冷冻结晶

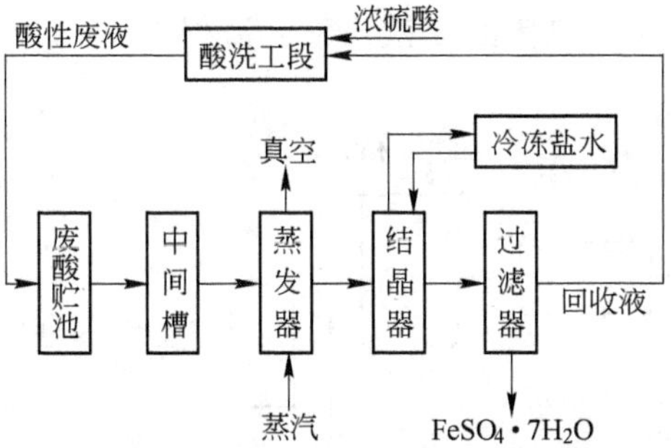

图 5-26 真空浓缩冷冻结晶法回收硫酸流程

法与真空浓缩冷冻结晶法基本相同，唯一区别是后者通过真空蒸发来提高废酸浓度，而前者则采用加浓硫酸来提高酸浓度。工艺流程见图 5-27。

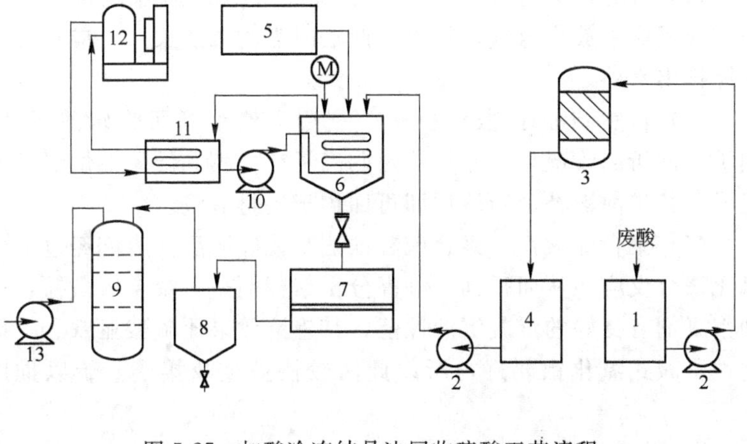

图 5-27 加酸冷冻结晶法回收硫酸工艺流程

1—废酸槽；2—酸泵；3—过滤罐；4—过滤酸槽；5—浓硫酸槽；6—结晶器；7—抽滤槽；8—回收酸槽；9—缓冲罐；10—盐水泵；11—盐水箱；12—冷冻机；13—真空泵

此法比真空浓缩冷冻结晶法工艺简单，投资较少，不需要加热。

(3) 加铁屑生产硫酸亚铁法 将铁屑加入废酸中，铁屑与其中的游离酸反应生成硫酸亚铁，工艺流程见图 5-28。

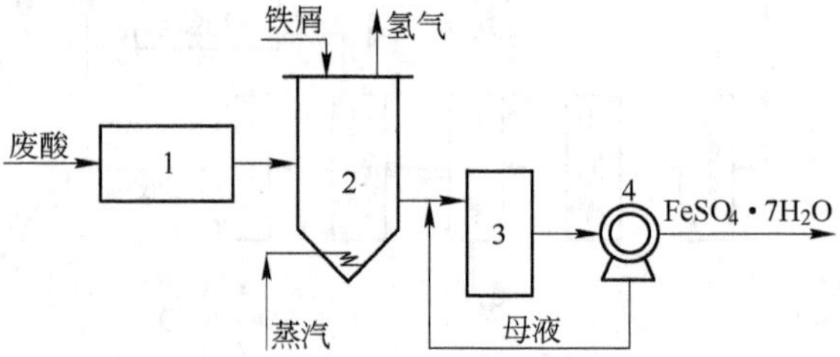

图 5-28 铁屑生产硫酸亚铁法流程

1—贮酸池；2—反应浓缩池；3—结晶器；4—离心分离机

本法工艺流程简单，投资较少，废酸量较少的场合使用较多。缺点是工作环境较差，最后残液仍含有酸性（pH＝1.5～2.0），并含有一定量的 $FeSO_4$，仍需中和处理后才能排放。此外，因反应中放出氢气，故采用此法时需注意防火，并应将反应气体排出室外。

(4) 自然结晶-扩散渗析法 利用自然结晶回收硫酸亚铁，用扩散渗析回收硫酸。渗析器由阴离子交换膜和硬聚乙烯隔板所组成，其扩散液补加新酸后即可回用于钢材酸洗。

(5) 聚合硫酸铁 聚合硫酸铁法是使硫酸酸洗废液经过催化氧化聚合反应，从而得到一种高分子絮凝剂——聚合硫酸铁，这种絮凝剂有良好的混凝沉淀性能，其澄清效果比硫酸亚铁、三氯化铁、碱式氯化铝要好，所以此法较快被企业接受，予以推广应用。

B 盐酸酸洗废液的回收

盐酸酸洗钢材所产生的废液，一般含游离盐酸 30～40g/L，氯化亚铁 100～140g/L，可用下述方法处理利用。

(1) 喷雾燃烧法 它是将盐酸通过喷雾燃烧变成气态，使氯化亚铁分解成为 HCl 和 Fe_2O_3。

(2) 真空蒸发法 真空蒸发法是利用真空蒸发装置，在低温下使游离盐酸变为气相，而后采用冷凝回收得到酸，氯化亚铁则结晶析出，其工艺流程见图 5-29。

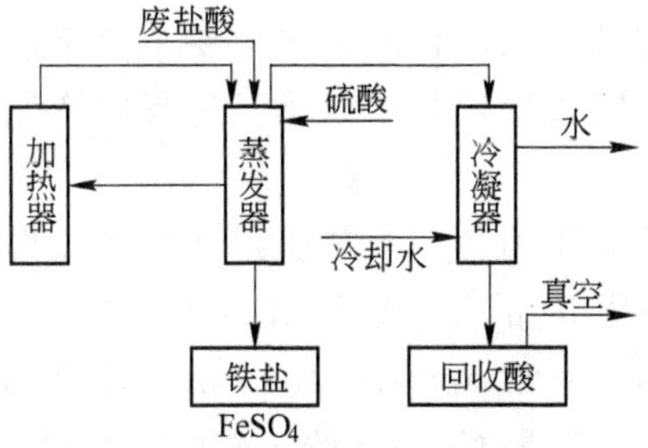

图 5-29 真空蒸发法回收盐酸工艺流程

在蒸发器中加入硫酸与 $FeCl_2$ 起置换反应，取得更好的回收效果。

C 硝酸-氢氟酸的回收

酸洗不锈钢材是用硝酸-氢氟酸的混合酸，采用减压蒸发法回收这种混酸液。

减压蒸发法回收硝酸-氢氟酸的工作原理是利用硫酸的沸点远大于硝酸和氢氟酸的特点，向废酸中投加硫酸并在负压条件下加热蒸发，则硫酸与废酸中的金属盐类发生复分解反应，使其中的金属盐转化为硫酸盐；H^+ 与 F^- 和 NO_3^- 结合生成 HNO_3 和 HF，它们同废酸中的游离酸均变成气相，经冷凝即得到再生的混合酸。

5.4 钢铁工业污染物控制技术

5.4.1 钢铁工业废水控制技术

5.4.1.1 焦化废水的治理

A 炼焦废水的来源及特点

焦化厂备煤、炼焦、回收、焦油、精制等各主要工序均有废水排出，其中主要的有除尘废水、熄焦废水和含酚废水。含尘废水和湿法熄焦工艺时产生的熄焦废水中含有大量悬浮颗粒和其他有害物质，经沉淀处理后可以循环利用。

含酚废水是焦化生产过程中排放出的含酚、氰、油、氨氮等有毒、有害物质的废水。含酚废水主要来自炼焦和煤气净化过程及化工产品的精制过程，其中以蒸氨过程中产生的剩余氨水为主要来源。

含酚废水的水质因各厂工艺流程和生产操作方式差异很大而不同。一般焦化厂的蒸氨废水水质如下：CODcr 3000～3800mg/L、酚 600～900mg/L、氰 10mg/L、油 50～70mg/L、氨氮300mg/L左右。如果 CODcr 按 3500mg/L 计，氨氮按 280mg/L 计，则每吨焦炭最少可产生 0.65kg CODcr 和 0.05kg 氨氮，全国机焦产量为 7000 万 t，则每年可产生 45500t CODcr 和 3500t 氨氮，如果污水不处理，将对环境造成很大的污染。

B 含酚废水的处理技术

我国的焦化厂目前大多采用两级处理流程，即对含酚浓度较高的废水，先回收酚，然后再处理废水。回收废水中酚的方法很多，有吸附脱酚、溶剂萃取、脱酚等等。

a 吸附脱酚

吸附脱酚是一种液-固吸附与解吸相结合的脱酚方法，是将废水与吸附剂接触，使发生吸附作用达到脱酚的目的。吸附饱和的吸附与碱液或有机溶剂作用达到解吸的目的。常见的吸附剂有活性炭、磺化煤、大孔树脂等，该法吸附效率高，能同时去除废水中的 BOD、COD，吸附剂还可重复使用。随着廉价、高效、来源广阔的吸附剂的开发，吸附脱酚法发展很快，是一种很有前途的脱酚方法。

b 萃取脱酚

萃取脱酚法是一种液-液接触萃取、分离与反萃再生相结合的一种处理方法。萃取法在酚的回收利用上使用广泛，对于含酚较高的焦化厂废水等使用萃取剂（如苯、重苯、轻油、重油、N-503、醋酸乙酯、异丙醚、苯乙酮等）有较高的去除效率

(95%)，而且运行稳定、易于操作、便于加工，运行费用也较低，因而在我国得到了推广。

但一般萃取剂只能使废水中含酚量接近排放标准，甚至只适用一部分含酚废水，也有些含酚废水无法采用该法而无法全面达标，因此在使用萃取法处理工业含酚废水时，经常结合其他方法进行再处理。

c 电化学法

该法是在电场作用下，废水中的酚类等有机物经过氧化还原、中和、絮凝、气浮等几种化学反应和物理变化的综合作用，达到净化废水目的的一种处理方法。该法具有净化效率高、占地面积小、设备容易控制、产生污泥少、不易造成二次污染、不受外部气温影响等优点，在国内外得到广泛的应用。工业化电解法处理有机废水的技术还不是很成熟，电化学家正在通过改变电极材料、电极的选择性、催化剂、反应器及研究电化学工业原理等方面进一步降低能耗，提高废水净化率。目前已经应用的电化学法有电凝聚电气浮法、电氧化法、内电解法、三维电极电化学法。

d 含酚废水的生化处理

对低浓度含酚废水或经回收酚后的高浓度含酚废水，还须进行二级处理，有的甚至还要进行三级处理。二级处理的目的，是去除残余酚和氰、油类、悬浮物等，方法有生化处理和物理化学处理等。生化处理则主要有活性污泥、生物滤池，生物转盘以及氧化塘等，二级处理在我国得到了普遍的推广。

该法是利用微生物的新陈代谢，使废水中的酚类物质降解并转化为无害的物质。生化法有应用范围广、处理成本低、处理能力大等优点；缺点是占地面积大，净化效果受废水成分、pH 值、盐度、温度及浓度等因素影响很大，尤其国内大都采用的活性污泥生化法，微生物菌体易流失，产生大量的污泥易造成二次污染。

5.4.1.2 炼铁废水的处理与利用

A 废水的来源

炼铁过程中高炉和热风炉的冷却、高炉煤气的洗涤、炉渣水淬和水力输送是主要的用水装置，此外还有一些用水量较小或间断用水的地方。炼铁废水分为净循环水及浊循环水两大系统。净循环水即冷却废水在使用过程中未受到其他污染，但因水温升高、蒸发浓缩，含盐量增加。为防止水质恶化，需定期加入缓蚀剂及防垢剂，并排放一定比例的排污水。此废水排入浊循环系统作为补充水。浊循环水系统的污水来自炉缸洒水、煤气洗涤水、冲渣水和铸铁机用水。

炼铁厂生产工艺过程中产生量较大的废水主要是高炉煤气洗涤水和冲渣废水。

B 废水的水量和水质

炼铁厂的所有给水，除极少量损失外，均转为废水，所以用水量基本上与废水量相当。高炉煤气洗涤水是炼铁厂的主要废水，其特点是悬浮物含量高，含有酚、氰等有害物质，危害大，所以它是炼铁厂具有代表性的废水。

C 高炉煤气洗涤水的处理

高炉煤气洗涤水处理工艺主要包括沉淀（或混凝沉淀）、水质稳定、降温（有炉顶发电设施的可不降温）、污泥处理 4 部分。沉淀去除悬浮物采用辐射式沉淀池为多，效果较好。国内采用的工艺流程有：石灰软化-碳化法工艺，投加药剂法工艺，酸化法工艺，石灰软化-药剂法工艺。

高炉煤气洗涤水循环使用。经净化后的洗涤水，先送入第二文氏洗涤器（二文）中洗涤经第一文氏洗涤器（一文）洗涤过的煤气，因而“二文”排水相对来说污染较轻，不经处理即可直接送入“一文”洗涤煤气。“一文”排水含悬浮物量约为 2500mg/L，先投入高分子助凝剂，再投加 NaOH（或石灰），控制 pH 值在 7.8～8.0 范围内，使水中溶解的锌及碳酸盐转化为不溶于水的氢氧化物，在助凝剂的作用下，与悬浮物等一起在沉淀池中沉淀。通常采用的是辐射式沉淀池，单位面积负荷率为0.863$m^3/h \cdot m^3$。沉淀池有效水深可采用 4m。沉淀池设有集泥耙，将污泥刮至中央区，由排泥泵排出。污泥经脱水后，含水率为 20%～30%，可用作烧结原料。但当污泥含锌量大于1%时，需经脱锌处理后方可回用，以免因烧结矿含锌量高而造成高炉结瘤。

D 高炉冲渣废水处理

高炉渣水淬方式分为渣池水淬和炉前水淬两种，高炉冲渣废水一般指炉前水淬所产生的废水。因为循环水质要求低，所以经渣水分离后即可循环，温度高一些不影响冲渣，因而，在冲渣水系统中，可以设计成只有补充水、而无排污的循环系统。

渣水分离的方法有以下几种。

(1) 渣滤法　将渣水混合物引进一组滤池内，由渣本身作滤料，使渣和水通过滤池将渣截流在池内，并使水得到过滤。过滤后的水悬浮物含量很少，且在渣滤过程中，可以降低水的暂时硬度，滤料也不必反冲洗，循环使用比较好实现。但滤池占地面积大，一般都要几个滤池轮换作业，并难以自动控制，因此渣滤法只适用于小高炉的渣水分离。

(2) 槽式脱水法（RASA 拉萨法）　将冲渣水用泵打入一个槽内，槽底、槽壁均用不锈钢丝网拦挡，犹如滤池，但脱水面积远远大于滤池，故占地面积较少。脱水后的水渣由槽下部的阀门控制排出，装车外运；脱水槽出水夹带浮渣，一并进入沉淀池，沉淀下的渣再返回脱水槽，溢流水经冷却循环使用。

(3) 转鼓脱水法（INBA 印巴法）　将冲渣水引至一个转动着的圆筒形设备内，通过均匀的分配，使渣水混合物进入转鼓，由于转鼓的外筒是由不锈钢丝编织的网格结构，进入转鼓内的渣和水很快得到分离。水通过渣和网，从转鼓的下部流出；渣则随转鼓一道做圆周运动。当渣被带到圆周的上部时，依靠自重落至转鼓中心的输出皮带机上，将渣运出，实现水与渣的分离。由于所有的渣均在转鼓内被分离，没有浮渣产生，不必再设沉淀设施，极大地提高了效率，这是先进的渣水分离设备。

5.4.1.3 炼钢废水的处理与利用

A 转炉除尘废水治理

转炉烟气除尘废水来源于对转炉烟气的直接喷射除尘。一般采用两级文丘里洗涤器进行除尘和降温。使用过后，通过脱水器排出，即为转炉除尘废水。一般采用二级文氏管除尘系统，废水循环使用，经沉淀处理后的废水送入二级文氏管除尘，“二文”排水直接送入一级文氏管使用。“一文”排水送沉淀池净化。“一文”排水量 1.98m^3/t 钢，悬浮物含量 5000～15000mg/L。

a 悬浮物的去除

纯氧顶吹转炉除尘废水中的悬浮物杂质均为无机化合物，采用自然沉淀的物理方法，虽能使出水悬浮物含量达到 150～200mg/L 的水平，但循环利用效果不佳，必须采用强化沉淀的措施。一般在辐射式沉淀池或立式沉淀池前加混凝药剂，或先通过磁凝聚器经磁化后进入沉淀池。最理想的方法应使除尘废水进入水力旋流器，利用重力分离的原理，将颗粒大于 60μm 的悬浮颗粒去掉，以减轻沉淀池的负荷。废水中投加 1mg/L 的聚丙烯酰胺，即可使出水悬浮物含量达到 100mg/L 以下，效果非常显著，可以保证正常的循环利用。由于转炉除尘废水中悬浮物的主要成分是铁皮，采用磁凝聚器处理含铁磁质微粒十分有效，氧化铁微粒在流经磁场时产生磁感应，离开时具有剩磁，微粒在沉淀池中互相碰撞吸引凝成较大的絮体从而加速沉淀，并能改善污泥的脱水性能。

b 水质稳定问题

由于炼钢过程中必须投加石灰，在吹氧时部分石灰粉尘还未与钢液接触就被吹出炉外，随烟气一道进入除尘系统，因此，除尘废水中 Ca^{2+} 含量相当多，它与溶入水中的 CO_2 反应，致使除尘废水的暂时硬度较高，水质失去稳定。采用在沉淀池投入分散剂（或称水质稳定剂）的方法，在螯合、分散的作用下，能较成功地防垢、除垢。投加碳酸钠（Na_2CO_3）也是一种可行的水质稳定方法。Na_2CO_3 和石灰[$Ca(OH)_2$]反应，形成 $CaCO_3$ 沉淀：

$$CaO + H_2O \rightarrow Ca(OH)_2$$

$$Na_2CO_3 + Ca(OH)_2 \rightarrow CaCO_3 \downarrow + 2NaOH$$

而生成的 NaOH 与水中 CO_2 作用又生成 Na_2CO_3，从而在循环反应的过程中，使 Na_2CO_3 得到再生，在运行中由于排污和渗漏所致，仅补充一些量的 Na_2CO_3 保持平衡。该法在国内一些厂的应用中有很好效果。

利用高炉煤气洗涤水与转炉除尘废水混合处理，也是保持水质稳定的一种有效方法。由于高炉煤气洗涤水含有大量的 HCO_3^-，而转炉除尘废水含有较多的 OH^-，使两者结合，发生如下反应：

$$Ca(OH)_2 + Ca(HCO_3)_2 \rightarrow 2CaCO_3 \downarrow + 2H_2O$$

生成的碳酸钙正好在沉淀池中除去，这是以废治废、综合利用的典型实例。在运转过程中如果 OH^- 与 HCO_3^- 量不平衡，适当在沉淀池里加些阻垢剂作保证。

总之，水质稳定的方法是根据生产工艺和水质条件，因地制宜地处理，选取最有效、最经济的方法。

c 污泥的脱水与回收

转炉除尘废水，经混凝沉淀后可实现循环使用，但沉积在池底的污泥必须予以恰当处理，否则循环仍是空话。转炉除尘废水污泥含铁达 70%，有很高的利用价值。处理此种污泥与处理高炉煤气洗涤水的瓦斯泥一样，国内一般采用真空过滤脱水的方法，脱水性能比较差，脱水后的泥饼很难被直接利用，制成球团可直接用于炼钢。

转炉除尘废水处理工艺流程如图 5-30 所示。

B 连铸机废水处理

随着钢铁生产的发展，连铸技术已被越来越多的钢铁企业采用，我国的连铸比大幅度上升。连铸工艺省去了模铸和初轧开坯的工序，钢水直接流入连铸机的结晶器，使液态金属急剧冷却，从结晶器尾部拉出的钢坯进入二次冷却区，二次冷却区由辊道和喷水冷却设备构成。在连铸过程中，供水起着重要作用，为了提高钢坯的质量，对连铸机用水水质的要求越来越高，水的冷却效果好坏直接影响到钢坯的质量和结晶器的使用寿命。由于连铸工艺的实施，简化了加工钢材的过程，不但大量节省基建投资和运

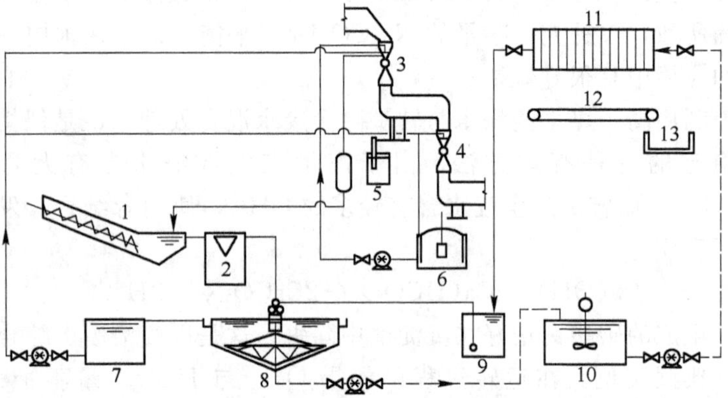

图 5-30　转炉烟气除尘废水处理流程

1—粗颗粒分离槽及分离机；2—分配槽；3—一级文氏管；4—二级文氏管；5—一级文氏管排水水封槽及排水斗；6—二级文氏管排水水封槽；7—澄清水池；8—沉淀池；9—滤液槽；10—污泥槽；11—压力式过滤脱水机；12—皮带运输机；13—料斗

行费用，而且减少能耗，提高成材率。

连铸生产中废水处理主要形成以下 3 组循环系统。

（1）设备间接冷却水（软化水系统）　此类冷却循环水系统是密闭循环，主要指结晶器和其他设备的间接冷却水。由于水质要求高，一般用软化水，必须处理好水质稳定问题。采用脱硬后的软水，伴随着低硬水腐蚀速度加快，防蚀为主要矛盾。采用投药方法控制水质稳定应考虑定量强制性排污，以防止盐类物质的富集。由于各部位对水压和流速的不同要求，应注意分别情况供水。软化水系统示意图见图 5-31。

（2）设备和产品的直接冷却水　主要是指二次冷却区产生的废水，大量的喷嘴向拉辊牵引的钢坯喷水，进一步使钢坯冷却固化，此水受热污染并带有氧化铁皮和油脂。二次冷却区的吨钢耗水量一般为 0.5～0.8m^3。含氧化铁皮、油和其他杂质，以及水温较高，这是二次冷却水的特点。处理方法一般采用固-液分离

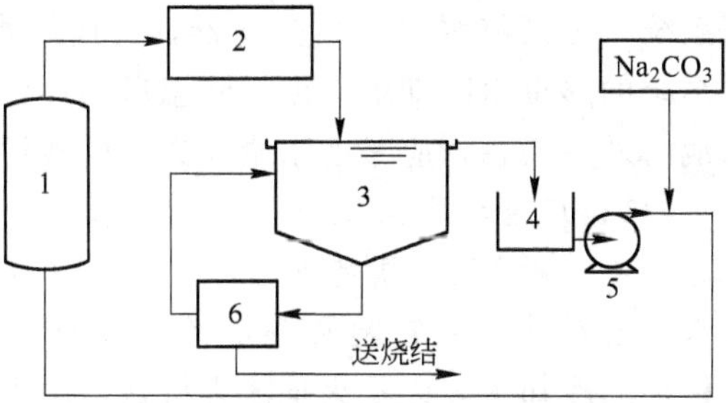

图 5-31 磁凝聚沉淀-水稳药剂工艺流程

1—洗涤器；2—磁凝聚器；3—沉淀池；

4—集水槽；5—循环泵；6—过滤机

(沉淀)、液-液分离（除油）、过滤、冷却、水质稳定措施，以达到循环利用。图 5-32 表示了连铸二次冷却水的常规流程。废水经一次铁皮坑，将大颗粒（50μm 以上）的氧化铁皮清除掉，用泵将水送入沉淀池，在此进一步除去水中微细颗粒的氧化铁皮，

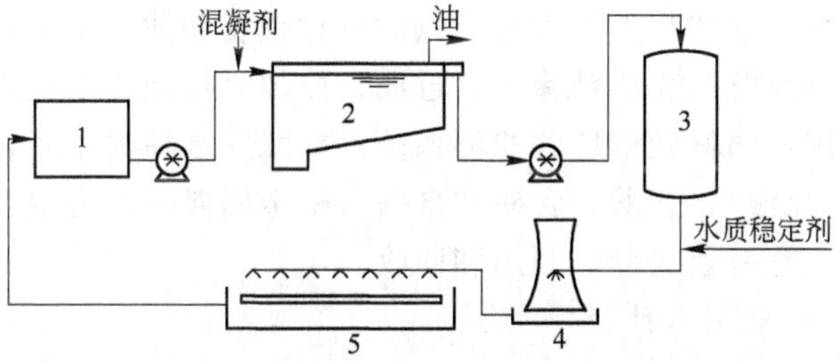

图 5-32 连铸直接冷却废水处理流程

1—铁皮坑；2—沉淀除油池；3—过滤器；4—冷却器；5—喷淋

另一方面利用除油器将油除去。为了保证沉淀池出水悬浮物含量低一些，以保证冷却喷嘴不致阻塞，所以一般投药采取混凝沉淀的方式（试验表明，用石灰、25mg/L 的活化氧化钙和 1mg/L 的聚丙烯酰胺进行混凝处理，可使净化效率提高 10%～20%，同时也减轻快滤池负荷）。

(3) 净循环水系统　此系统是用于冷却软水的，水源一般来自工业给水系统，由泵将水送入热交换器，交换软水中的热量，而净循环水系统的热量由冷却塔降温，降温后循环使用。由于冷却塔和储水池与外界接触，应考虑水量损失和风沙污染。

5.4.1.4　轧钢厂废水处理

A　热轧废水的来源及水质特点

热轧废水来自对轧机、轧辊及辊道的冷却及冲洗水，冲铁皮、方坯及板坯的冷却水，以及火焰清理机除尘用水。废水量大小取决于轧机及产品的规格。对一般大型钢厂来说，热轧循环废水量为 $36m^3/t$ 钢锭。其中用于轧机、轧辊、辊道等的直接冷却循环废水量为 $3.84m^3/t$ 钢锭，用于板坯及方坯的直接冷却循环废水量为 $26.4m^3/t$ 钢锭，用于冲铁皮的循环废水量为 $3.01m^3/t$ 钢锭，用于火焰清理机、高压冲洗溶渣的循环废水量为 $2.61m^3/t$ 钢锭，用于火焰清理机除尘器循环废水量为 $0.188m^3/t$ 钢锭。废水中含氧化铁皮 1000～5000mg/L，油类 50～500mg/L。

热轧废水的特点是含有大量的氧化铁皮和油，温度较高，且水量大。经沉淀、机械除油、过滤、冷却等物理方法处理后，可循环利用，通称轧钢厂的浊环系统。冷轧废水种类繁多，以含油（包括乳化液）、含酸、含碱和含铬（重金属离子）为主，要分流处理并注意有效成分的利用和回收。

B　热轧废水的处理

热轧厂的给排水包括净环水和浊环水两个系统。净环水主要用于空气冷却器、油冷却器的间接冷却。含氧化铁皮和油的浊循环水是主体废水，热轧厂废水的处理，就是指这部分废水。主要技术问题是：固液分离、油水分离和沉渣的处理。

(1) 热轧废水的处理工艺　热轧浊循环水常用的净化构筑物，按治理深度的不同有不同的组合，但总的都要保证循环使用条件。常用流程如图 5-33 所示。沉淀-过滤-冷却工艺流程为了提高循环水质，热轧废水经沉淀处理后，往往再用单层和双层滤料

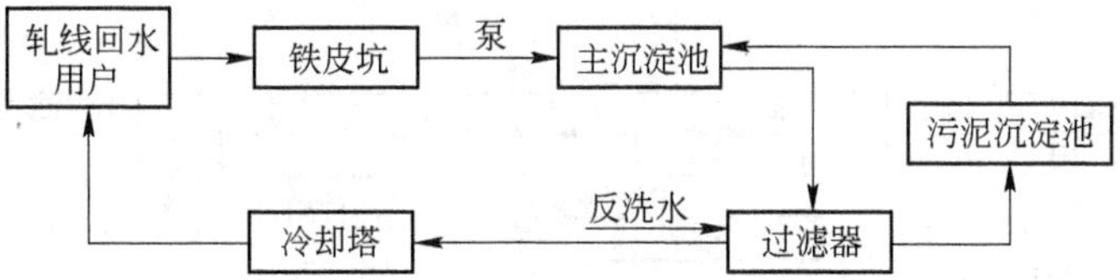

图 5-33　热轧废水处理工艺流程

的压力过滤器进行最终净化。

（2）沉泥处理　沉淀于铁皮坑和一次旋流沉淀池的氧化铁皮颗粒较大，一般用抓斗取出后，通过自然脱水就可利用。从二次沉淀池和过滤器分离的细颗粒氧化铁皮，采取絮凝浓缩后，经真空滤机脱水、滤饼脱油后回用。

（3）含油废水废渣处理　含油废水用管道或槽车排入含油废水调节槽，静止分离出油和污泥。浮油排入浮油槽，待废油再生利用。去除浮油和污泥的含油废水经混凝沉淀和加压浮上，水得到净化，重复利用或外排。上浮的油渣排入浮渣槽，脱水后成含油泥饼。流程如图 5-34 所示。

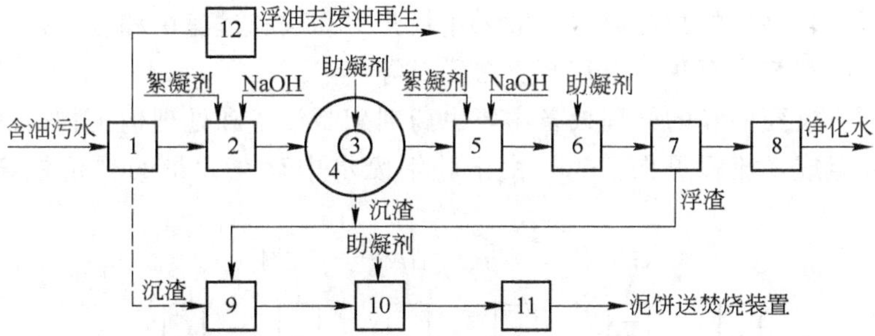

图 5-34　含油废水废渣处理工艺流程

1—调节槽；2—一次反应槽；3—一次凝聚槽；4—沉淀池；5—二次反应槽；6—二次凝聚槽；7—气浮池；8—净化水池；9—泥渣贮槽；10—泥渣混凝槽；11—离心脱水机；12—浮油贮槽

废油再生方法为加热分离法，其工艺流程见图 5-35。

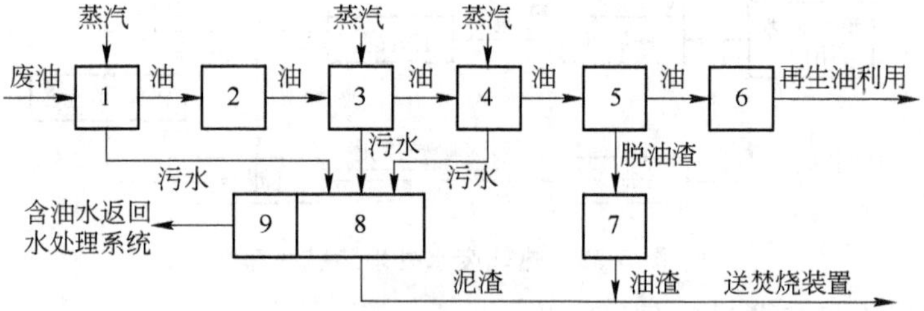

图 5-35　废油再生工艺流程

1—废油接受槽；2—调节槽；3—一次加热槽；4—二次加热槽；5—压滤机；6—分离油槽；7—脱油渣接受槽；8—泥渣接受槽；9—分离水槽

轧钢厂的含油泥饼经焚烧处理，灰渣冷却后送烧结厂或原料场回收利用。

C　冷轧废水处理

冷轧钢材必须清除原料的表面氧化铁皮，采用酸洗清除氧化铁皮，随之产生废酸液和酸洗漂洗水。还有一种废水就是冷却轧辊的含乳化液废水。除此以外，轧镀锌带钢产生含铬废水。

a　中和处理

轧钢厂的酸性废水一般采用投药中和法和过滤中和法，常用的中和剂为石灰、石灰石、白云石等。

投药中和的处理设备主要由药剂配制设备和处理构筑物两部分组成，流程见图 5-36。由于轧钢废水中存在大量的二价铁离

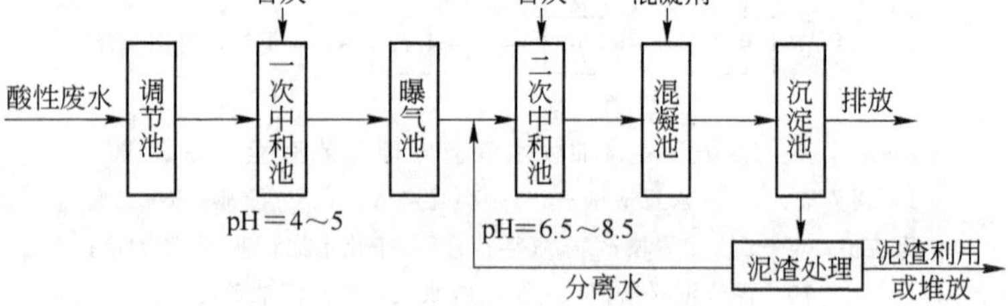

图 5-36　二次中和流程图

子，中和产生的 $Fe(OH)_2$ 溶解度较高，沉淀不彻底，采用曝气方式使二价铁变成三价铁沉淀，出水效果好，而且沉泥也较易脱水，过滤中和就是使酸性废水通过碱性固体滤料层进行中和。滤料层一般采用石灰石和白云石。过滤中和只适用于水量较小的轧钢厂。

b 乳化液废水处理

轧钢含油及乳化液废水中，有少量的浮油、浮渣和油泥。利用贮油槽除调节水量、保持废水成分均匀、减少处理构筑物的容量外，还有利于以上成分的静置分离。所以槽内应有刮油及刮泥设施，同时还设加热设备。

乳化液的处理方法有化学法、物理法、加热法和机械法，以化学法和膜分离法常见。化学法治理时，一般对废水加热，用破乳剂破乳后，使油、水分离。化学破乳关键在于选好破乳剂。冷轧乳化液废水的膜分离处理主要有超滤和反渗透两种，超滤法的运行费用较低，正在推广使用。

5.4.2 钢铁工业固体废物资源化综合利用

钢铁工业固体废物主要有尾矿、高炉渣、钢渣，这些固体废物以铁、硅、铝、钙、镁的氧化物为主，含量在 80% 以上。经过多年的科学实验和大量的实践证明，钢铁工业固体废物可实现减量化、资源化和高价值综合利用。目前，钢铁渣主要利用途径在建筑材料上，特别是水泥行业，钢铁渣粉需求量前景非常广泛。

5.4.2.1 高炉渣

A 高炉渣的组成和特性

高炉渣是高炉冶炼过程中，由矿石中的脉石、燃料中的灰分和熔剂（一般是石灰石）中的非挥发组分形成的固体废弃物。按冶炼生铁种类的不同，可分为铸造生铁渣、炼钢生铁渣、特种生铁渣和炼合金钢生铁渣 4 种。

高炉渣的主要化学成分是 CaO、SiO_2，Al_2O_3 和 MgO，其

总量一般占90%以上；次要成分是少量的MnO、TiO_2、S、Na_2O和K_2O。高炉渣经过缓慢冷却后可生成钙黄长石（$2CaO \cdot SiO_2 \cdot Al_2O_3$）、硅酸二钙（$2CaOSiO_2$）、镁方柱石（$2CaO \cdot MgO \cdot 2SiO_2$）、钙镁橄榄石（$CaO \cdot MgO \cdot SiO_2$）等的固熔体和玻璃体的矿物。

表5-23 我国矿渣化学成分

矿渣种类	化学成分/%								
	CaO	SiO_2	Al_2O_3	MgO	MnO	FeO	S	TiO_2	V_2O_5
普通矿渣	31～50	31～44	6～18	1～16	0.05～2.6	0.2～1.5	0.2～2		
锰铁矿渣	28～47	22～35	7～22	1～9	3～24	0.2～1.7	0.17～2		
钒钛矿渣	20～31	19～32	13～17	7～9	0.3～1.2	0.2～1.9	0.2～0.9	6～31	0.06～1

高炉渣的产生数量与矿石品位有关。目前我国冶炼1t生铁约排出高炉渣0.6～0.8t。日、美等国约0.27～0.3t。我国目前一年大约排2100万t高炉渣，美、日各排2700万t。最初各国的高炉渣都是花费巨额资金设置堆渣场。随着科学技术的发展，目前已有多种加工处理方法，将高炉渣加工成可资利用的材料。

B 高炉渣的处理工艺

我国通常是把高炉渣加工成水淬渣、矿渣碎石、膨胀矿渣和膨胀矿渣珠等形式加以利用。

a 水淬工艺

水淬工艺是我国高炉渣在利用之前加工处理的主要方法。目前我国有90%的高炉渣采用水淬工艺处理成粒状水渣，主要用于水泥等建材行业。

水淬工艺主要采用的方法是池式水淬法和炉前水淬法。

池式水淬法是利用渣罐将接取的熔融渣送至水淬池进行急剧冷却的方法。这种方法要有渣罐、渣车和铁路运输线等设施，投资多，而且熔渣遇水急冷时，随同蒸气产生大量硫化氢和渣棉散入环境，污染大气。

炉前水淬法是在炉台前设置4%坡度的冲渣沟，以10倍的水在炉渣出炉后进行冲淬，然后积入沉渣池。这种工艺简单，节省设备，我国目前钢铁企业都采用此法，其缺点是在高炉前产生大量蒸气污染环境，冲渣沟占地面积较大，冲渣水未实行闭路循环，造成水耗和电耗高。

近年来，日本与英国研究采用了脱水塔水淬法。此法是在炉前设置冲渣罐，用砂泵将渣水混合物打入脱水塔，脱水后的水渣立即装车外运，脱出的水可回收再用。这种方法的优点是占地面积小，水渣含水率低，但是砂泵易磨损。西德等国采用底滤池（OCP）法，将渣冲入底部带有筛孔的沉渣池，立即脱水。这种方法较脱水塔构造稍简单，但池底需经常反冲维护，投入的建筑材料多。

b 矿渣碎石工艺

矿渣碎石是高炉熔渣在指定的渣坑或渣场自然冷却或淋水冷却形成较为致密的矿渣后，再经过挖掘、破碎、磁选和筛分所得到的一种碎石材料。此法工艺简单，生产方便。可以采用炉前热泼，节省了抛渣费用。也可把炉渣装渣罐运到渣场热泼。

c 膨胀矿渣和膨胀矿渣珠生产工艺

膨胀矿渣是适量冷却水急冷高炉熔渣而形成的一种多孔轻质矿渣。

膨胀渣珠的形成过程是热熔矿渣进入流槽后经喷水急冷，又经高速旋转的滚筒击碎、抛甩继续冷却，在这一过程中熔渣进行膨胀，并冷却成珠。

高炉熔融渣制成膨胀矿渣的方法，有坑式法、池式法、流槽法、堑坑法、滚筒法、翻转盘法和离心机法等多种生产方法。近年来又发展了一种利用滚筒生产膨珠的新方法。生产过程是利用直径为1m，长3m左右的叶片滚筒，将熔融的矿渣打散抛向空中，在适量水和渣本身的气体和表面张力作用下，凝固成内含微孔、表面光滑、大小不等的膨珠。自然形成级配的膨珠是良好的轻混凝土骨料，也可代替水渣作水泥混合材料。该种方法较生产热泼矿渣周转快，也无需进行破碎，工艺简单；较生产水渣节省水、投资省、排出的硫化氢和废水极少、对环境影响小等优点较多。膨珠还是空心砌块的优质原材料，也是良好的筑路材料。

C　高炉渣的综合利用

炼铁过程产生的高炉渣，目前在多数企业得到了综合利用，利用途径主要有以下几个方面。

水淬渣。熔渣水淬急冷后磨细，与水作用可生成水硬性胶凝材料，故可用以制成硅酸盐水泥。掺入15%水淬渣时，可生产500号以上的硅酸盐水泥；掺入30%～50%水淬渣时，可生产400～500号矿渣硅酸盐水泥。目前也有的企业将高炉水渣与生石灰混合制取矿渣砖用做建筑材料，其中生石灰约占10%～15%。

做矿渣混凝土粗骨料。炉渣离开高炉后，在空气中自然冷却可形成坚硬的石质材料，经破碎作为粗骨料配制混凝土，具有保温隔热、耐热、抗渗性能，故被广泛用于建筑、防水工程。此外，经破碎的冷凝高炉渣还可代替石块用做铁路道碴。

热泼制取矿渣碎石。将熔融高炉渣泼成5～10cm厚的渣层，喷以适量的水，凝固后经破碎和筛分成为碎石，可做混凝土骨料及道路材料。目前，我国已将其用到公路、工业及民用建筑工程之中。

生产膨胀矿渣和膨珠。熔渣与少量水作用可形成块状或粒状膨胀矿渣或膨胀矿渣珠，可用做建筑材料，膨珠也是空心砌块的优质原材料。

生产矿渣棉。矿渣棉是酸性高炉渣用喷吹法制成的一种白色丝状矿物纤维材料，可用做保温、隔热及吸音材料。

浇铸法制取铸石制品。适当控制熔渣冷却速度，可浇铸铸石制品。铸石强度高，耐磨性好，在一些场合可代替石材及钢材。

生产高炉矿渣微晶玻璃。将矿渣与硅石、微晶促进剂一起熔化成液体制成矿渣微晶粒玻璃用吹、压等玻璃成型方法成型可制成矿渣微晶粒玻璃，这种玻璃具有抗腐蚀、耐热、耐磨、绝缘性能好等一系列优点，可用于工业部门。

用高炉渣生产硅肥。日本、韩国、东南亚等国家把水渣磨细（0.147～0.175mm），利用高炉渣中含有的 SiO_2 和 CaO 并添入适量的硅元素活化剂搅拌混合成硅肥，在农业上的推广应用进行了富有成效的研究开发。

日本钢管公司将细粒化高炉渣覆盖在海边海床上以隔绝海边富集的胶质泥沙。由于高炉渣含有硅酸盐，可促进海水中硅藻的繁殖，防止赤潮发生。这项应用技术为大量消化高炉渣开辟了一条新途径。

5.4.2.2 钢渣

A 钢渣的组成和特性

钢渣是炼钢过程中的副产物。钢渣按冶炼方法可以分为平炉钢渣（初期渣、出钢渣，精炼渣，浇钢余渣）、转炉钢渣和电炉钢渣（氧化渣、还原渣）。

钢渣的主要化学成分有 CaO、SiO_2、Al_2O_3、FeO、Fe_2O_3、MgO、MnO、P_5O_2，有的还含有 V_2O_5、TiO_2 等。钢渣的主要矿物组成为：硅酸三钙、硅酸二钙、钙镁橄榄石、钙镁蔷薇辉石、铁铝酸钙、铁酸钙、RO（FeO、MgO、MnO 形成的固熔体）以及游离石灰等。

表 5-24 各种钢渣的化学组成 %

渣 别	CaO	FeO	Fe_2O_3	SiO_2	Al_2O_3	MnO	MgO	P_2O_5	S
转炉渣	44～55	10±	10	20	5	<5	<10	1	2
平炉前期渣	20～30	20	20	20	5	<5	<10	1	2
平炉精炼渣	35～40	15	15	20	5	<5	<10	1	2
平炉后期渣	40～45	10	10	20	5	<5	<10	1	2
电炉氧化渣	30～40	20	20	20	5	<5	5	1	2
电炉还原渣	55～65	<10	<10	20	5	<5	5	1	2

钢冶炼过程中，每生产一吨钢，要排出0.15～0.25t钢渣，钢渣的产生量约为钢量的20%左右。我国目前每年排钢渣约900万t，美国1700万t以上，全世界约1～1.5亿t。

钢渣的构成中转炉渣所占比例较大，占87.5%，电炉渣仅占12.5%。转炉钢渣的预处理主要有水淬法、热闷法、热泼法及自然风化法等，经以上方法预处理后，再经过磁选回收废钢后，可用作生产建材制品、钢铁冶炼的熔剂或原料等，广泛地应用在各相关领域。

B 炼钢渣的处理工艺

由于炼钢设备、工艺布置、造渣方式、钢渣物化性能的多样性及其多种利用途径，决定了钢渣处理工艺上的多样化。

a 热泼碎石工艺

热泼碎石是将熔融钢渣用渣罐送到泼渣场，按每层厚度为大约30cm的厚度倾倒。为了不让渣结成大块，当倒完一层钢渣后，喷以适量水，待其冷凝后再倒第二层。为了控制钢渣的强度和结晶情况，每层泼倒的时间间隔约7h。这样，下面的冷渣受到热渣的影响，急冷急热，体积发生不均匀变化而破裂，一般碎成15cm粒径的碎块，易于进一步破碎加工。另外，底层冷渣受上层热渣影响，发生“退火”作用，性质变脆，所以易于破碎加工。之后，经过破碎、筛分、磁选等工序，选出废钢后，不同成分和规格的钢渣，可供各种用途利用。

b 转炉钢渣盘式水淬法

转炉钢渣由于碱度低、黏度大和夹钢多等原因，在水淬过程中，如果渣与水的比例不当，有可能发生爆炸，威胁生产安全。所以，一般处理高炉、电炉渣的水淬方法，往往不能适应转炉渣。

转炉钢渣可采用盘式水淬法（又称浅盘水淬法）。其工艺过程是：先用渣罐接取熔融钢渣运到距转炉约200m的水淬间，水淬间配置有水淬盘；用吊车将渣倒在水淬盘上，使渣层厚度保持在100mm左右；随即在渣层上淋水，使钢渣凝固并碎裂；待其颜色由红变为灰黑（温度约为500℃）时，再用吊车倾翻渣盘，将渣倒在运渣车上，同时淋水使渣继续冷却；待渣温降到200℃后，运到车间外的水池继续泡渣，使渣碎化。每炉钢渣的处理周期为40min左右。处理后渣的大部分为30mm以下的碎块和碎粒，有利于废钢的回收及利用。此法具有设备简单，周转快，操作环境好，节省劳动力等优点。

c 转炉钢渣滚筒水淬法

此法是在水池边安装直径为1～1.5m，转速为200～300r/min的滚筒。将熔渣以每分钟1～2t的流量倒至滚筒上。在滚筒的离心力和喷淋水的双重作用下，熔融渣被分散、冷却成细小颗粒，落入水池。渣粒度在5mm以下，易回收废钢和加以利用。这种方法适用于处理流动性较好的大型转炉的钢渣。

C 炼钢渣的综合利用

由于钢渣成分复杂，且各种成分含量的变化幅度较大，过去钢渣的利用率一直不高。目前，我国钢渣利用率约80%。美国的利用率最高，20世纪70年代达到了排用平衡。法国、德国、英国、日本等国的钢渣已做到了大部分利用。

(1) 钢渣矿渣水泥。主要原料是钢渣、高炉水渣、石膏和水泥熟料。目前生产的矿渣水泥有两种。一种是用石膏作激发剂，其配比为钢渣40%～50%，高炉水渣40%～50%，石膏8%～12%，生产标号达300～400号的水泥。另一种以熟料和石膏作复合激发剂，其配比为钢渣35%～40%，高炉水渣35%～45%，石膏3%～5%，水泥熟料10%～15%，生产水泥标号可达400号以上。

(2) 白钢渣水泥。以电炉还原渣为主要原料，掺入适量经700～800℃煅烧的石膏，经混合磨细制成的一种新型胶凝材料。

(3) 氧化渣由于其稳定性较转炉钢渣好，现已应用在路基材料中或返回烧结利用。

(4) 碱性炼铁炉（如托马斯炉）的钢渣经水淬后渣中钢形成小粒，可经磁选回收。选余渣再制磷肥和水泥（其成本仅为普通水泥一半)。钢渣磷肥含磷及多种微量元素，适用于酸性土壤，能改良土壤，又可作饮料添加剂，其有效五氧化二磷为 14%～18%。

(5) 钢渣返回烧结矿或直接回高炉代石灰石作助溶剂。

5.4.2.3 其他固体废物的综合利用途径

A 粉煤灰渣

粉煤灰的利用途径较多，目前主要用于制砖等建材方面，也可从中提取玻璃微珠和回收精选炭等。冶金企业粉煤灰的利用率在 100%以上的企业约占 66.7%，其利用量约占冶金企业粉煤灰利用量的 40%。目前燃煤锅炉多采用湿法排灰，而且许多企业对粉煤灰的处理设施不完善，加大了粉煤灰的处理和利用的难度。为减少锅炉排烟对大气环境的影响，做到烟尘达标排放，现有一些湿法除尘的自备电厂将改用干法电除尘，这将有利于粉煤灰的综合利用，从而可提高其利用率。

B 含铁尘泥

烧结尘泥：烧结尘泥的回收率为 98.58%，利用率为 99.97%，烧结尘泥的产生量在各类含铁尘泥中是最高的，占含铁尘泥总量的 30.4%，可直接返回用于烧结矿的生产之中。

高炉瓦斯灰：高炉瓦斯灰的回收率为 98.22%，利用率为 99.88%，高炉瓦斯灰和高炉出铁场的除尘灰可配入烧结配料中加以利用。

高炉瓦斯泥：高炉瓦斯泥的回收率为 97.88%，利用率为 94.65%，瓦斯泥脱水后可用于烧结作配料，也可考虑做烧结砖或免烧砖的原料使用；或在粉煤灰、钢渣砖中掺入一部分加以利用。提高高炉瓦斯泥利用率的关键是做好脱水处理以便于利用。

转炉尘泥：转炉尘泥的回收率为 98.44%，利用率为 98.93%。转炉除尘污泥铁含量高，是较好的烧结原料，亦可经压球后用作转炉炼钢造渣剂。有烧结的企业可考虑采用管道输送浓缩泥浆的方法，使转炉尘泥作为添加剂喷入烧结一次混合机中加以利用。对有条件的企业还可参照宝钢 LT 法转炉粉尘热压块技术，将 LT 法干式烟气净化系统收集下来的金属含量较高的自燃粉尘，采用氮气保护下间接加热后压制成块，可直接作为矿石重新入转炉冶炼，使转炉尘进行内部循环。

电炉尘：电炉尘的回收率为 86.88%，利用率为 88.96%，电炉尘可采用造小球后用于烧结的方法加以利用。

轧钢氧化铁皮：轧钢氧化铁皮的回收率为 99.91%，利用率为 100%。轧钢氧化铁皮可用于烧结；也可将其烘干后代替矿石作为转炉化渣剂加以利用，可节约矿石，并回收了金属。近年来随着粉末冶金工业的不断发展，已将氧化铁皮还原成铁粉，直接用于生产金属材料和制品。

5.5 钢铁工业清洁生产工程实例

宝钢是我国于 1998 年组建的特大型钢铁联合企业，技术装备属于 20 世纪 80～90 年代世界先进水平，目前的年产钢能力 2000 万 t 左右。宝钢的总体设计就是以清洁生产为指导思想的，体现在所制订的各项设计原则之中，并落实到一系列生产单元的具体设施上，有效地降低吨钢综合能耗、水耗和万元产值能耗，大大减少了吨钢废弃物的发生量和排放量。

5.5.1 主要技术措施

A 选用清洁的原料

烧结采用高铁低硫配矿，硫含量<0.0811%，SO_2 排放量同比减少 50%以上。自备电厂采用低硫煤，硫含量控制从设计的 1%降到了目前的 0.5%以下，并混烧高炉煤气，吨钢 SO_2 排放量逐年减少。

B 采用低废无废技术

主要有焦炉采用干熄焦工艺彻底消除了湿法熄焦产生的有害气体。烧结采取铺底料技术使烟尘产生量减少 40%；全厂粉料采用真空吸引压送罐车输送，避免了二次扬尘。3 期炼钢转炉煤气采用 IT 干法除尘；炼钢采用全连铸工艺。水处理系统按单元分流处理、串接使用、一水多用等，不仅减少了污染物的排放量，而且为治理创造了条件。

C　二次能源全部回收利用

全烧低热值高炉煤气发电机组于1997年底建成后，全厂副产煤气得到全部回收利用；干熄焦CDQ余热发电；TRT高炉煤气余压发电；热风炉余热回收；改进操作工艺使热轧热装热送率达到67%以上。使吨钢能耗比原设计值下降了0.25t/t，从而使全厂烟气发生量减少了150亿m^3/a，SO_2排放量减少了3.4万t/a，NO_x排放量减少了1.9万t/a，烟尘排放量减少了23万t/a。

5.5.2　典型的清洁生产技术

A　集尘收尘设施

宝钢在有粉尘产生的地方均设有吸尘点，为了清除无组织散放，设置了数十条集尘系统，装备各类大小除尘器200多台。主要有袋式除尘器、静电除尘器以及文丘里和其他型式。以原料场为例，宝钢生产所用原燃料的输送主要依靠皮带机，皮带总长度超过60km、全部装置设密闭罩，并设洒水装置，在工艺许可的含水条件下操作。所有的物料转运点均设有吸尘口，众多的吸尘口通向各个收尘系统。收尘系统采用高效袋式除尘器，捕集的矿料和燃料粉尘分别送烧结或焦化配料用。由于采取了严密的集尘收尘措施，真正损失的物料只有少量落料和扬尘颗粒。

B　水处理

宝钢总用水在60万t/d以上。生产用水分为4类：工业水、过滤水、软水、纯水。用水原则为分类供水、局部循环、清浊分流、串接使用。全厂各种循环系统约60个，采用先进的水质稳定技术和计算机控制最佳排污量。

污水处理以分散为主，实行车间排放口控制，只有某些同类废水如含油废水采取集中处理，经处理后，回收再生油后的处理水则送往原料场用于洒水抑尘，串接用水即高质水循环系统排污水送往次质水循环系统用作补充水。以炼铁为例，高炉炉体冷却净环系统→高炉煤气洗涤浊环系统→冲渣水循环系统。正是由于采用这一系列的清洁工艺，保证宝钢历年吨钢耗水量和水重复利用率均优于设计指标（9.9t/t；95%）。

C 泥渣处理

宝钢的工业废弃泥渣量约650万t/a，其中高炉渣占半，其余为转炉和电炉渣、粉煤灰、瓦斯泥和OG泥以及氧化铁皮等。

高炉渣经水淬直接用于建材；钢渣采用ISC法处理，粒铁回收，渣用作工程材料，三期用热泼法综合利用。粉煤灰广泛用于回填，已十分成功。OG泥和氧化铁皮分别送往烧结和转炉回用。LT法转炉粉尘经热压成型送回转炉。

D 干熄焦（CDQ）

焦化生产采用干法熄焦工艺，每套装置处理能力75 t/h。以N_2为工作介质将红热的焦炭冷却，并回收热能，产生蒸汽发电。整个操作在密闭条件下进行，这一工艺比湿法熄焦优越得多，不但不污染环境，而且焦炭质量高。

E 焦炉煤气净化处理

焦炉煤气需要进行一系列净化处理，其中脱硫脱氰是重要的一环，为了除去有毒有害物并加以回收利用，宝钢一、二、三期分别采用T-H法，索尔菲班法和PRC法，制取硫铵、液氨和硫酸。T-H法脱硫效率99%，脱氰效率达到90%，全部过程密闭循环，无污染。

F 高炉炉顶均压放散煤气回收

这是三期发展的项目。一、二期高炉煤气只有部分回收，大部分经旋风除尘和消音器而放散，浪费能源，又污染环境。三期采用的办法是将煤气经除尘器和降压塔送往煤气回收系统然后供自备电厂锅炉掺烧和燃气轮机使用。这一设施回收了90%以上的高炉煤气，大大有利于环境整治。

G 转炉煤气干法净化

一、二期的300t转炉均采用二级文氏管湿式洗涤工艺处理转炉煤气，水处理装置庞大，系统易堵塞，泥渣难以处理。二期采用干式静电过滤工艺，即LT法，相对于湿法，显著特点是无水作业，能耗节省60%，煤气质量高（含尘10～20mg/m^3），干灰热压成型直接返回转炉利用，然而这一工艺要求设计采用特殊构造的电滤器，安全技术要求较高。

H 冷轧废酸水再生处理

冷轧酸洗机组排出大量废酸水，其中含氯化铁盐和游离盐酸，宝钢采用鲁特纳装置，将废酸水雾化焙烧，回收盐酸和氧化铁粉（铁红），回收率在99%以上。浓度18%的再生盐酸返回酸洗系统使用，铁红用作颜料工业的原料，或用作电子工业的铁磁性材料，全过程密闭循环操作，无污染，焙烧温度是控制关键。

工艺装备由下浓缩器、焙烧反应炉、吸收塔、氧化铁粉捕集、贮运包装系统和排气系统组成。

I 自备电厂燃气-蒸汽联合循环

高炉煤气是宝钢自产煤气之一，其热值低，锅炉掺烧有限。自备电厂采用以高炉煤气为主燃料的燃气轮机（14万kW），实现了煤气不放散，不仅回收了巨额能源，使电厂原有的电除尘器充分发挥效用，而且电厂的环境状况进一步清净。

5.5.3 绿色宝钢的建设

宝钢注重环境保护，推行清洁生产，着力打造绿色宝钢。宝钢股份公司是中国冶金系统第一家通过ISO 14001环境认证的企业，厂区绿化率达42.71%，厂区空气质量达到国家风景区标准，是中国第一个国家级工业旅游景区。

A 营造绿色生态环境

宝钢厂区的绿化建设与主体工程同时规划，同时实施，同时建成。主要按生产区域划分，栽种不同植物，利用物质的相生相克原理，吸收有害气体，阻滞粉尘、噪声等。如在冶炼区、化工区、石灰区种植抗逆型植物群落；在轧钢区种植生产型（各种果园）、保健型（松柏、兰竹、草药园等）植物群落；主干道、办公区种植观赏型植物群落；还有人文型的纪念园林等发挥出调节生态平衡、保护职工身心健康、改善环境质量、美化净化厂区环境的重要作用。目前全公司绿地面积 933 万 m^2，厂区绿化率达 42%。共有植物（不包括园艺种）560 多个品种，其中包括世界濒危植物 5 种、珍稀树 1 种，共有 63 种鸟类、8 种动物回归到厂区绿地，构成一个良性生态环境。

B 按照 ISO 14001 标准实施环境管理

宝钢非常注重环境管理，多年来形成不少独特而严格的管理方法。1996 年 9 月 ISO 14000 国际标准才正式颁布，宝钢立即组织全公司按 ISO 14001 国际标准建立了宝钢环境管理体系，并将宝钢已有的、且行之有效的环保管理办法融入其中，1998 年初在国内冶金行业率先取得了 ISO 14001 认证。3 年来体系不断完善和深入运行，通过了 3 次监审，获得英国皇家 UKAS 的 ISO 14001证书。随着生产规模的扩大，环境管理体系从 1、2 期工程范围扩展到 3 期工程，即全公司 18.9km^2 范围内全部按国际标准进行环境管理。目前又通过了 ISO 14001 换证审核。环境管理体系的建立将工业污染防治工作从单一的污染治理扩展到了资源、能源的节约及次生资源的综合利用等清洁生产的各个方面；从末端排污控制扩展到从原料进厂到成品外运各环节活动的全过程的污染控制；从被动的少数人的环境管理转变为全员的责任、共同的行动；建立了一套系统化、程序化、可操作的文件体系，保证了环保法律、法规的遵守执行，形成了自我加压、自我完善、不断提高的 PDCA 良性循环的组织保证机制，从而使持续改进得到保证和强化。

体系运行几年来，在深化运行方面不断推出新举措，通过按生产工序实行环保责任区制，把每个环境因素的控制责任落实到人；通过对环保设备的 A、B、C、D 分类管理使环保设备的完好率和处理效率得到明显提升；通过 1 年两次的体系内审和推行体系内各单位的自查自审有效地促进了体系中各项工作的正确实施，使环境绩效大大提高。

6 绿色的有色冶金工业

现代工业一般把金属分为黑色金属和有色金属两大类，除铁、铬、锰归类于黑色金属外，其余所有金属均归类为有色金属，国际又统称为非铁金属。已探明的有色金属有64种，铜、铝、铅、锌、镍、锡、锑、汞、镁、钛是最常用的10种有色金属，其中铅、锌、铜、铝4种常用金属的产量占全国有色金属产量的90%以上。

6.1 炼铅工业的清洁生产工艺

6.1.1 炼铅工艺概述

据报道，我国铅资源的总储量为3496万t，其中工业储量为2410万t，远景储量为1086万t。我国铅资源的储量居世界第四位。2002年产电铅132.5万t（包括再生铅回收），其中矿产铅122.8万t（包括进口含铅物料），国产铅精矿含铅64.1万t，再生铅9.7万t。

表6-1　我国铅产量　　万t

名　称	1995	1996	1997	1998	1999	2000	2001	2002
铅金属	60.79	70.62	70.75	75.69	91.64	108.98	119.54	132.50
铅精矿	51.98	64.31	71.19	58.05	54.89	65.95	67.58	64.10
再生矿	17.5	14.3	12.3	9.2	9.7	10.2	9.7	9.7

6.1.1.1　铅精矿中的杂质

铅矿石可分为硫化矿和氧化矿两大类。硫化铅矿在自然界中分布最广，属原生矿物。其主要组成为方铅矿（PbS_2），主要伴生矿物为内锌矿（ZnS_2），故常称为铅锌矿，此外还常伴生有辉银矿（Ag_2S）、黄铁矿（FeS_2）、黄铜矿（$CuFeS_2$）、硫砷铁矿

($CuAsS_2$)、辉铋矿(BiS_2)和其他硫化矿物，铅矿和铅锌矿的脉石大都为石英、方解石、重晶石。铅矿或铅锌矿除含有 Cu、Zn、As、Mg、Al、Cd、Sb、Bi 和金银等外，有些还含有少量 Th、Ti、Te、Ge 等稀有金属。

铜在铅精矿中呈含铜硫化物存在。在烧结焙烧温度下，反应为氧化铜，熔炼时还原为金属铜进入粗铅，如粗铅含铜高(>2%)时，则需造冰铜，对铜进行回收，否则，熔炼时，铅、渣分离困难，且易堵塞虹吸道，造成处理困难。铅产品中含铜量较高时易使铅变硬，故要求铅精矿中含铜量<3%，混合精矿含铜<1%。

锌在铅精矿中以硫化锌状态存在，焙烧时变成 ZnO。ZnO 大部分进入炉渣，增加炉渣黏度，缩小铅液与炉渣比重差，而使二者分离困难，影响铅的回收率。部分 ZnO 可能凝结在炉壁上形成炉结，使操作困难。原料中含锌高时，会造成高铁炉渣，增加铅在渣中的损失。锌易使铅金属变硬不能压成薄片，并促使硫酸对铅的腐蚀性。一般要求铅精矿含锌不大于 10%。

砷在精矿中以毒砂(FeAsS)及雄黄(As_2S_3)的状态存在，熔炼时，部分还原成 As_2O_3 而挥发进入烟气，部分 As 进入粗铅和炉渣。粗铅中含 As 高时，需采用碱性精炼法除 As，产出的浮渣中所含的 Na_3AsO_4 极易溶于水而污染水源，致使人畜中毒。砷易与铅形成合金，使铅硬化，故要求铅精矿中含砷不大于 0.6%。

氧化镁的熔点为 2800℃，增加炉渣熔点，且易使铁的氧化物在渣中溶解度降低，炉渣变黏，一般含 MgO 达 3.5%，则故障频繁，因此铅精矿含 MgO 应不大于 2%。

氧化铝(Al_2O_3)的熔点为 2050℃，使炉渣熔点增高，黏度增大，特别是与 ZnO 结合成锌尖晶石($ZnO \cdot Al_2O_3$)，在鼓风炉中系不熔物质，使炉渣熔点与黏度显著升高，故要求精矿中 Al_2O_3 不大于 4%。

6.1.1.2 传统的炼铅工艺

传统的炼铅工业采用烧结脱硫-鼓风炉还原工艺。该工艺首先是将硫化铅精矿（或块矿）中的硫化铅及其他硫化物氧化成氧化物，然后再使氧化物还原得金属铅。

虽然该工艺存在能耗高、对环境污染严重、流程长、设备复杂以及锌的回收困难、硫利用率低等缺点，但在经济上所表现出来的竞争优势，使得其成为矿产粗铅的主要生产工艺。据统计，全世界约85%以上的矿产粗铅是采用烧结焙烧-鼓风炉还原熔炼工艺生产而得。

图6-1是铅烧结焙烧-鼓风炉还原熔炼生产工艺流程图。

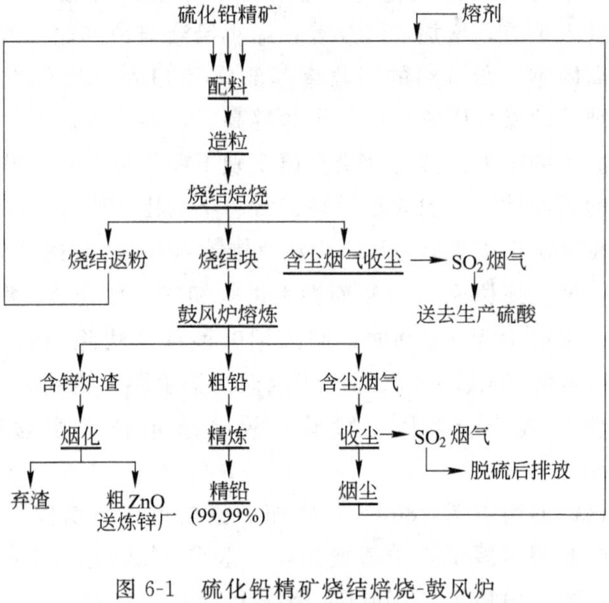

图6-1 硫化铅精矿烧结焙烧-鼓风炉熔炼生产过程

我国铅冶炼工艺，除西北铅锌冶炼厂引进了德国鲁奇公司QLS炼铅技术外，其余全部是烧结、鼓风炉熔炼和电解精炼。其中韶关冶炼厂、株洲冶炼厂、沈阳冶炼厂、河南豫光金铅集团及安阳豫北金属冶炼厂等采用烧结机烧结，其余均采用烧结锅或烧结盘进行烧结。

烧结锅产出的 SO_2 烟气无法回收利用而全部排空，每吨铅约产出 0.6～0.7t SO_2。仅 2002 年就有 50～60 万 t SO_2 排入大气，严重污染环境。采用非稳态单转单吸制酸，硫的转化率低，尾气排放达不到环保要求；采用索普（TOPSOE）制酸工艺，费用昂贵，经济上不合理。另外，烧结过程大量返料循环破碎作业带来的铅尘低空弥散污染难以根治，烧结化学反应热亦无法回收利用。

由硫化铅精矿提取金属铅最主要的冶金反应过程一是氧化脱硫，二是铅氧化物的还原。脱硫要彻底并集中，利于硫的回收和最大限度地减少污染；还原要充分，尽可能降低渣含铅提高金属回收率。同时，工艺流程及设备应简短、高效且节能，宜于锌、铜、金、银等伴生有价元素的综合利用。

6.1.2 直接炼铅新工艺

直接炼铅新工艺在冶炼过程中取消了烧结作业，采用纯氧或富氧空气直接熔炼硫化铅精矿产出粗铅。近 20 余年来，已投入工业规模生产或较完善地完成了工业试验的直接炼铅方法主要有氧气底吹炼铅法（QSL，德国）、基夫赛特炼铅法（KIVCET，前苏联）、奥斯麦特顶吹熔池熔炼法（Ausmelt，澳大利亚）、氧气顶吹转炉炼铅法（TBRC，瑞典波斯登公司）、水口山炼铅法（SKS，中国湖南）以及瓦纽可夫熔炼炉直接炼铅法等。

6.1.2.1 氧气底吹炼铅法（QSL 法）

氧气底吹炼铅法是在 P. E. Queneau 和 R. Schuhman JR 已发明的连续炼铜 QS 法基础上，又与德国 Lurgi 公司进一步开发出的一种炼铅新工艺。氧气底吹炼铅法的工艺流程见图 6-2。

QSL 法的核心设备是氧气底吹熔炼炉，熔炼炉炉型结构为可回转的卧式圆筒形，内衬铬镁砖，在炉顶部设有 2～3 个加料口，底侧部设有 3～6 个氧气喷入口，炉子两端分别设一个虹吸

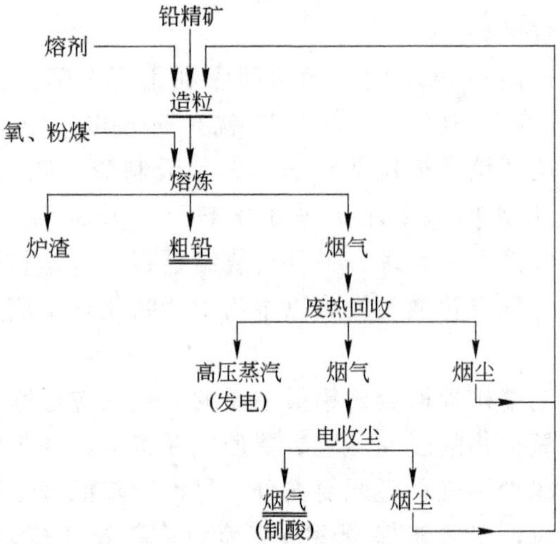

图 6-2 氧气底吹炼铅法流程图

放铅口和铅氧化渣放出口。炉端上方设有烟气出口。熔池分作氧化段及还原段，两段之间设有隔墙。隔墙有两种，一种隔墙上部有烟气流通孔，使还原段烟气进入氧化段，从氧化段端部出烟孔排出，烟气 SO_2 浓度稍低，但仍可满足制酸要求；另一种隔墙是完全隔死，使两段烟气分别从反应器两端的出烟孔排出，以利于控制两个区段的氧势，隔墙下部均有熔体通道，使炉渣和粗铅通过。我国西北铅锌冶炼厂使用隔墙为前一种，反应器仅有一个排烟孔，因而烟气废热回收净化设施只有一套节约建设资金。

A 氧气底吹炼铅原理

熔炼过程中，将硫化铅精矿与熔剂、烟尘、粉煤等按一定比例，加入反应器，在炉温 1223～1323K 和鼓入氧气作用下产生反应，主要发生的化学反应有：熔池底部铅液和喷入氧气之间的氧化反应；炉料中 PbS 和熔渣中 PbO 之间的反应熔炼；炉料中熔剂和熔渣中 PbO 之间的造渣反应。反应式如下：

$$2PbS+3O_2=2PbO+2SO_2$$

$$PbS+3/2O_2=PbO+SO_2$$

$$PbS+PbO_2=2Pb+SO_2$$
$$2Pb+O_2=2PbO$$

在反应器中发生的氧化和造渣反应是在气-固-液三相间完成的，然后完成脱硫及还原过程，熔炼连续进行，依靠反应器底部的喷枪（氧枪及还原枪）供给氧化剂与还原剂，以维持氧化和还原反应的进行。使用的气体有氧气、氮气、压缩空气等数种。

（1）氧气　在氧化段进行氧化熔炼时使用氧气，用氧枪供给。当还原段用还原喷枪加热熔池时也用氧气。

（2）氮气　用作氧化段氧枪和还原段还原喷枪的保护气体；也用作粉煤系统诸设备的防爆充填气体。

（3）压缩空气　用作粉煤输送的载体。

一般炼铅炉料不能进行自热熔炼，须补充燃料，主要在还原段补充。所用燃料，除补充热量外，兼作还原剂。在有天然气的地区，可以使用天然气，但天然气的还原能力不及煤，故最好用煤作燃料。炉料准备时，炉料内配有一定量的煤（或焦粉），除了抑制生成 Fe_3O_4 外，其燃烧热为氧化段所需的补充热量，煤（或焦粉）粒度小于 1.0mm，含水小于 1%。

B　氧气底吹炼铅产物

氧气底吹炼铅法是在强氧势条件下进行氧化熔炼的，渣中残硫可降至 0.5%以下，明显低于传统熔铅法。在此条件下，炉料中易于氧化的杂质在碱氧化的同时也充分氧化而进入炉渣或烟尘，因此，其他熔炼产物成分也与传统流程产物不尽相同。产物主要包括：粗铅，炉渣和含 SO_2 浓度较高的烟气和烟尘。

a　粗铅

氧气底吹炼铅法所产粗铅成分实例列于表 6-2。

表 6-2　氧气底吹炼铅法所产粗铅成分　%

Pb	Cu	As	Sb	Bi	S	Ag	Ti
95.0	2.1	0.6	1.2	0.1	0.5	0.3	0.01

b　炉渣

氧化段熔炼生成的初渣含铅30%～40%，还原段熔炼产出的终渣含铅约2.5%。当炉料含Zn高时终渣含Zn可达10%～15%，可用烟化挥发法回收其中的锌和铅。终渣典型成分见表6-3。

表6-3 QSL炼铅法炉渣典型成分 %

Zn	FeO	CaO	SiO_2
15	20	20～25	35～40

c 烟气

由于熔炼采用氧气做氧化剂，故烟气中SO_2浓度要高于传统炼铅法，其成分实例见表6-4。

表6-4 烟气成分实例 %

SO_2	H_2O	N_2	O_2	CO_2
10	33	24	5	20

离开废热锅炉的烟气温度为350～400℃，离开电收尘器的烟气温度为320～340℃。

d 烟尘

QSL炼铅法的烟尘率为炉料量的10%～15%，进入废热锅炉的烟气含尘量约为280g/m^3，进入电收尘器的含尘量约为200g/m^3。由于硫化铅在高温下蒸气压大，故烟尘中的铅主要以PbS形态存在，烟尘成分实例为：Pb 60%，S 9%，Zn 5%，Cd 5%，C 0.5%（其中Cd为富集后含量）。

在生产过程中，高铅渣通过隔墙流向还原段，在此被喷入粉煤还原，还原产出的铅逆流过隔墙汇聚于氧化段，经放铅口放出。还原后的低铅渣经端墙渣口连续排出。冶炼烟气经过余热锅炉回收余热，除尘器除尘净化后送去制硫酸。

C 氧气底吹炼铅工艺的优点

（1）氧气底吹熔炼工艺Pb作为O_2的载体，在铅液层中可除去一次铅中的杂质，有利于提高一次粗铅的品位；在熔渣中可加速 PbS 的氧化反应，有利于降低熔炼烟尘率。

（2）自动化水平高，氧气底吹熔炼过程采用 DCS 控制系统，实现了配料、制粒、供氧、熔炼、余热锅炉、锅炉循环水、电收尘、高温风机等全流程、全部设备的集中控制。

（3）氧气底吹炼铅法能充分利用原料中的反应热，实现了自热熔炼。处理高品位硫化铅精矿，可以得到较好的经济效果，也可处理品位较低的精矿及其他含铅物料。对精矿含水无特殊要求，但由于制粒水分一般为 8%，因此精矿与熔剂、烟尘等混合后的水分以不超过 7.5%为宜。

（4）由于熔炼过程在密闭的熔炼炉中进行，避免了烟气外逸，SO_2 烟气经二转二吸制酸后，尾气排放达到了环保要求。铅精矿或其他铅原料配合制粒后直接入炉，没有烧结返粉作业，生产过程中产出的铅烟尘均密封输送并返回配料，防止了铅烟尘的弥散；同时在虹吸放铅口设通风装置，防止铅蒸气的扩散。彻底解决了铅冶炼烟气、烟尘污染问题。

6.1.2.2 基夫赛特炼铅法（KIVCET 法）

基夫赛特炼铅法是将硫化铅精矿工业氧闪速熔炼和熔融炉渣电热还原相结合直接产出粗铅的铅熔炼方法，是一种以闪速熔炼为主的直接炼铅法。该法由前苏联“全苏有色金属科学研究院”开发，20 世纪 80 年代建设工业生产工厂，经多年生产运行，已成为工艺先进、技术成熟的现代直接炼铅法。已在俄罗斯、哈萨克斯坦、玻利维亚和意大利获得工业应用。

基夫赛特炼铅法工艺流程图见图 6-3。

基夫赛特炼铅法的核心设备为基夫赛特炉。该炉由 4 部分组成：带氧焰喷嘴的反应塔、具有焦炭过滤层的熔池、冷却烟气的竖烟道即立式废热锅炉及铅锌氧化物还原挥发的电热区。在意大利波托维斯姆（Portovesme）港冶金公司克斯（KSS）铅厂使用的工业基夫赛特铅锌炉如图 6-4 所示。

A 基夫赛特炼铅原理

经过干燥的硫化铅精矿和适量的溶剂，用工业氧通过喷嘴喷

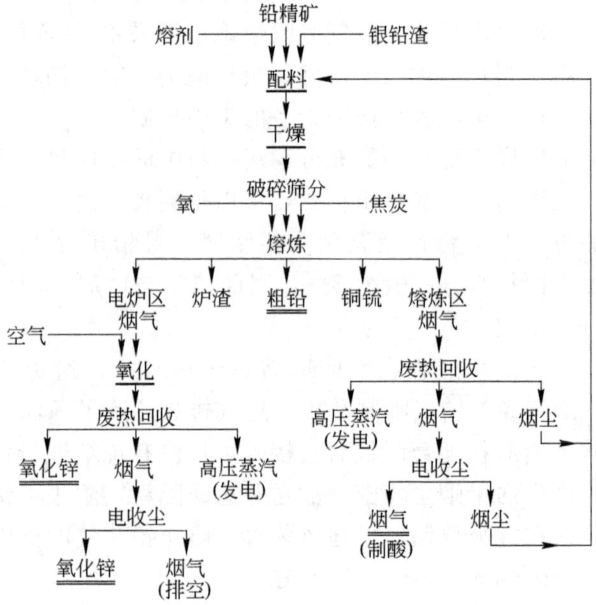

图 6-3　基夫赛特炼铅法流程图

入闪速熔炼反应塔内，炉料在塔内完成硫化物的氧化反应并使炉料颗粒熔化，生成金属氧化物、金属铅滴和其他成分所组成的熔体。熔体在通过浮在熔池表面的焦炭过滤层时，其中大部分氧化铅被还原成金属铅而沉降到熔池底部。炉渣进入电热区，渣中 ZnO 被还原挥发，同时渣、铅进一步沉降分离，然后分别放出。在闪速熔炼反应塔内发生的重要反应有：

$$PbS+\frac{3}{2}O_2=PbO+SO_2$$

$$PbS+O_2=Pb+SO_2$$

$$PbS+2PbO=3Pb+SO_2$$

$$Pb+\frac{1}{2}O_2=PbO$$

$$FeS+\frac{3}{2}O_2=FeO+SO_2$$

$$ZnS+\frac{3}{2}O_2=ZnO+SO_2$$

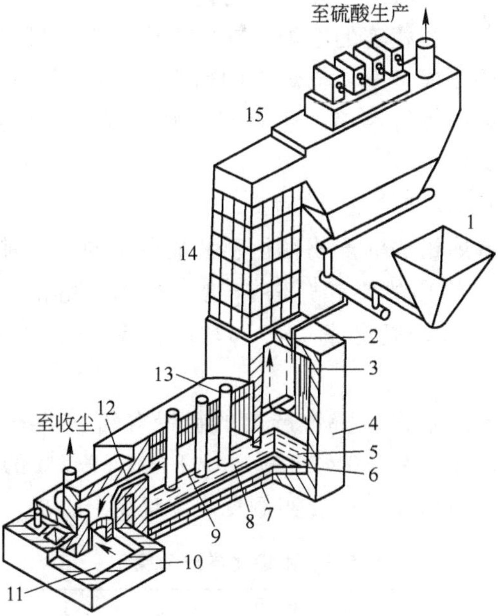

图 6-4 KSS 铅厂的基夫赛特炼铅设备图

1—料仓；2—喷枪；3—燃烧焰；4—闪速熔炼室；5—炉箅；6—锍；7—粗铅；8—虹吸道；9—电炉；10—冷凝器；11—粗锌；12—烟道；13—电极；14—冷却上升烟道；15—电收尘

基夫赛特炉采用氧气自然熔炼，一般不需要燃料。上述反应除反应 $PbS+2PbO=3Pb+SO_2$ 为吸热反应外，其余均为放热反应。反应放出的热可使闪速熔炼反应塔内的温度达到 1573～1673℃，完全不需要外加热量。冶炼过程中加入焦炭主要作还原剂，其中约 10％的焦炭在炉内燃烧起到补充热量的作用。在乌斯季-卡缅诺哥尔斯克铅厂采用威尔兹窑产出的含碳窑渣作还原剂，取得了良好效果，渣含铅降低到 0.5％～0.6％。

在闪速熔炼反应塔内生成的高温富 SO_2 烟气，经过余热锅炉回收余热，经竖烟道和废热锅炉后送入高温电收尘器除去烟尘后送去制硫酸。炉渣通过浸没在熔体中的水冷隔墙下的熔池进入与闪速熔炼反应塔相连的电炉，在电炉内加入焦炭将其中的氧化铅和氧化锌还原成金属。电炉中的粗铅直接排入炉外的脱铜装置进行脱铜，炉渣进行水淬。还原产出的锌蒸气经电炉烟道排出，收尘后得到锌烟尘。

B 基夫赛特炼铅法的产物

基夫赛特炼铅法的产物视炉料的成分不同，各种产物的产率会有所波动，维斯姆港铅厂各产物的产率：粗铅 40%～45%；炉渣 27%～29%；氧化锌 4%～6%；熔炼烟尘 5%；含 SO_2 烟气 $500m^3/t$。

(1) 粗铅 基夫赛特炉产出的粗铅含铅 95%～98%，在不产铜锍的情况下，约 80%的铜、98.5%～99.5%的银、92%的锑进入粗铅。粗铅化学成分实例见表 6-5。

表 6-5 粗铅化学成分实例 %

Pb	Cu	S	Ag
97.5	0.48	0.02	1370g/t

(2) 铜锍 当炉料中含铜大于 1.5%，为了避免铅虹吸口操作生产困难而采用产出铜锍操作法，炉料中约 80%～85%的铜进入铜锍，铜锍成分实例见表 6-6。

表 6-6 铜锍成分实例 %

Pb	Zn	Cu	Fe	S
12	4	25.7	30	21

(3) 电炉烟尘（氧化锌）电炉烟气收集下来的烟尘主要是锌、铅的氧化物，由于对锌电解影响较大的杂质氟、氯等已进入熔炼区烟气中。所以从电炉烟气中收下来的氧化锌，含氟，氧极

少，有利于电锌厂的生产。

(4) 熔炼烟尘 熔炼烟尘系熔炼区烟气经废热锅炉和电收尘器捕集下来的烟尘，这部分烟尘返回熔炼；烟尘量占炉料的5%～7%，其主要成分为：Pb 55%，Zn 5%，S 10%。

(5) 熔炼区烟气 熔炼区产出 SO_2 烟气经高温电收尘后送往酸厂净化制酸，烟气中 SO_2 浓度波动范围为20%～50%，电收尘出口含尘约200mg/m^3，炉料的氟、氯大部分进入该烟气中，炉料中的As约3%进入烟气。烟气成分为 SO_2 25%，CO_2 30%，O_2 5%和少量 N_2。

(6) 炉渣 经电热区，渣中的锌还原挥发进入电炉烟气中，渣铅进一步澄清分离，炉渣成分实例见表6-7。

表 6-7 炉渣成分实例 %

Pb	Zn	Cu	FeO	SiO_2	CaO	S	Ag
2	7	0.1	27	27.4	18.1	1.48	2～5g/t

C 基夫赛特炼铅法的优点

与传统的鼓风炉炼铅相比，基夫赛特法具有下述优点：炉料不需要烧结，生产在一台设备内进行，炉龄长（约3年左右），生产环节少；焦炭消耗量少，精矿热能利用率高，能耗低，资源综合利用水平高；烟尘率低（约5%），产出的二氧化硫烟气浓度高（20%～50%SO_2）、体积少，有利于烟气净化和制酸；系统排放的有害物质含量低于环境保护允许标准；生产成本低；原料适应性强，铅直收率可达97%～98.8%，银入粗铅率99.5%。

该工艺可处理各种不同品位的铅精矿、铅银精矿、铅锌精矿和鼓风炉难以处理的硫酸盐残渣，湿法炼锌厂产出的铅银渣、废铅蓄电池糊、各类含铅烟尘等都可以作为原料入炉冶炼。包括含 Pb 20%～70%，S 13.5%～28%，Ag 100～8000g/t的原料，适应于我国低铅高银精矿。由于基夫赛特炼铅法对原料有广泛的适应性，能以较低的费用回收原料中的有价金属，该工艺符合我国综合利用资源，节约能源和有色金属清洁生产的目标，并可以满足日益严格的环境保护要求，该法有着良好的发展前景。

6.1.2.3 奥斯麦特法（Ausmelt 法）

奥斯麦特法是澳大利亚芒特-艾萨矿业有限公司和联邦科学与工程研究组织共同开发的一项冶金新技术，奥斯麦特法即顶吹浸没熔炼属于熔池熔炼范畴。1978 年在悉尼建成了第一座工业化锡冶炼厂，处理反射炉产出的高锡炉渣回收锡。1983 年建成铅精矿处理能力为 5～10t/h 的铅冶炼厂。目前，该法已广泛应用于铜、锡、铅、钢铁等领域。

奥斯麦特顶吹浸没熔炼技术，由顶吹浸没喷枪及圆柱形固定式炉体组成。通过可升降的顶吹浸没式喷枪熔炼，以粉煤为喷枪燃料。喷枪是该法的核心技术，它是喷送燃料和空气或富氧空气的装置，生产时浸没在熔体中，喷枪火焰和熔池气氛（氧化或还原）可调。喷枪内径 ϕ100～150mm，所用材料为 40 号软钢，枪口为不锈钢，枪外冷凝一层炉渣以防腐蚀。喷枪内部装有螺旋片，将混有燃料和空气或富氧空气浸没喷射进熔池，使熔体涡动。空气或富氧空气进入熔体后，形成大量分散气泡，同时由于熔体的涡动，加速了传热传质过程的进行。

熔炼炉和吹炼炉是炉底为平板钢壳结构，内衬铬镁砖的竖直圆柱形固定式炉体，内径 2.7m，高 4.5m。炉体耐火材料寿命，操作熟练后可达两年左右。采用方形混凝土基础上垫两层型钢支撑炉体，结构简单，制造及筑炉方便。

奥斯麦特法的优点有以下几点。

(1) 奥斯麦特法的喷枪引入了二次燃烧机制。二次燃烧机制及套筒喷枪专利为奥斯麦特公司独家拥有，其优点是熔炼产出的单体硫及燃烧不完全的物质如 CO 及有机物等，由套筒风进行二次燃烧，套筒风送入点接近熔体，二次燃烧产生的热量容易被喷溅飞扬起来的熔体吸收，提高热效率。同时二次风量可按炉况准确调控，自控水平高、操作管理较易、处理能力调节幅度很大。

（2）熔炼可以采用空气或富氧，炉体上部不设二次风口，烟气不会外泄产生低空污染，炉内热场分布较均匀，熔炼强度高，炉体密封性好，车间环保条件好，结构简单。

（3）炉顶加料并在炉顶辅助燃烧喷嘴供烤炉和暂停熔炼时补热维持炉温用。正常作业情况下辅助燃烧喷嘴，提至炉外，喷嘴孔用盖板盖严。

（4）熔炼炉采用虹吸口连续排放熔体，熔池液面高度恒定，波动小。喷枪插入深度不用经常调整，熔炼作业较稳定，操作易于控制。连续排液不需定期打开和堵塞放液口，操作简单，排液量恒定，便于管理。

（5）烟气由炉顶扩大炉体一侧排出，采用传统的烟气处理系统如余热锅炉和电收尘器回收余热，净化烟气。

（6）奥斯麦特法通过 DCS 系统准确控制渣含铅 40%左右，维持低温熔炼的同时，通过交互反应将多余的铅沉淀下来，在生产高铅渣时附带产出部分粗铅，不仅可以减少氧化熔炼的鼓风量，同时可降低还原熔炼炉的处理量和还原剂用量，可相应降低还原熔炼的投资和生产成本。

6.1.3 炼铅废渣回收处理技术

由于粗铅精炼要除去的杂质很多，所以工序多，中间产物也多。精炼过程中约有 10%的铅及绝大多数的金、银、铜和铋等有价金属进入中间产物，需要进一步处理中间产物以回收其中的铅以及其他有价金属。除铅、锌以粗铅、粗锌形态返回精炼外，其他有价金属在处理过程中被进一步富集在副产品中，副产品再送往回收这些金属的部门。

下面顺序叙述铜浮渣、氧化渣和稀碱渣的处理。

6.1.3.1 铜浮渣

铜浮渣是粗铅初步火法精炼除铜过程的产物，其主要成分是铅和铜。因捞渣方式或捞渣设备不同，浮渣形态和成分有较大差异。气力抽渣所得到的铜浮渣含铜高，且呈疏松细颗粒状，宜用湿法冶金处理；用其他方法捞取的浮渣大部分呈块状。铜浮渣火法处理的目的是使铜富集于铜锍并产出粗铅，采用的设备有电炉、鼓风炉、反射炉、回转短窑等。湿法冶金处理流程可用酸浸法，有的试用氨浸法，效果甚佳。

表 6-8 浮渣处理方法实例

名称	浮渣成分/%	浮渣处理方法及设备	产出铜锍成分/%
株冶	Cu:10～20;Pb:60～70	9.5m^2 反射炉，纯碱-铁屑法	Cu 26～45,Pb 3～7
	Cu:15～25;Pb:45～60	10m^2 反射炉，纯碱-铁屑法	Cu 37～45,Pb 6～8
水口山三冶	Cu:20～30,Pb:50～70	鼓风炉,纯碱-铁屑法	Cu 35～40,Pb 5～6
韶冶	Cu:10～15;Pb:60	反射炉,纯碱-铁屑法	Cu>40,Pb<7
皮里港	Cu:30～50;Pb:35～50	ϕ3m 短窑加铁屑、石英石	Cu 70～75
特累尔	Cu:15～20;Pb:40	2.1m×3.96m 反射炉，不加熔剂	铜锍及砷铜锍混合物 Cu 55,Pb 19
斯托尔贝克	Cu:16～18	回转炉	Cu 35,Pb 45
圣加维诺	Cu:25;Pb:60	短窑加硫	铜锍及砷锍混合物 Cu 60,Pb 15
列宁诺戈尔斯克	Cu:20～30;Pb:50～70	1300kV·A 电炉，加 Na_2S	Cu41.5,Pb 6.2 砷锍 Cu63.5,Pb 10
杜依斯堡	Cu:30～45;Pb:40～60	硫酸浸出湿冶工艺	产 1 号电铜
科克尔-克里克	Cu:15～20;Pb:60～70	氨浸法	1 号电铜或硫酸铜

A 回转短窑处理

铜浮渣回转短窑窑体左端装燃烧喷嘴和排烟道，采用迷宫式密封；窑体右端设加料装置，加料口处设置带保温的门。加料时窑内保持微负压，确保窑内的烟尘不外溢而影响工作环境。熔化

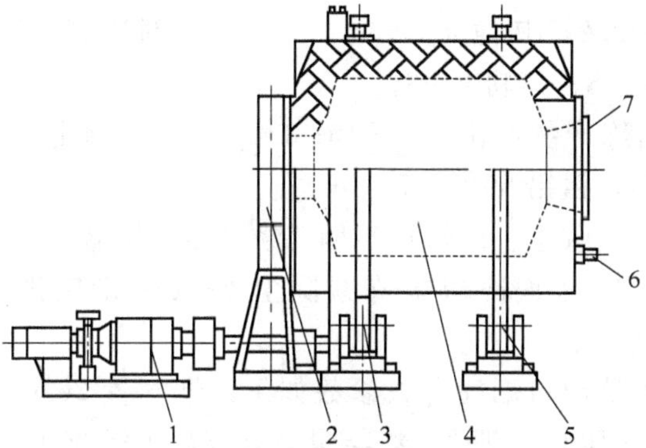

图 6-5 铜浮渣回转短窑结构示意图

1—传动装置；2—窑头装置（安装燃烧喷嘴与排烟道）；
3—支撑装置；4—筒体装置；5—支撑装置；
6—排料装置；7—炉门装置（加料装置）

物料时，加料设施拖出窑体，将门关上。

回转短窑排渣口设于窑体中部，熔炼时（窑体转动）排渣口盖板不仅要能够耐 1200℃ 高温，还要能经受渣的腐蚀，而且不溶于高温锡液中。所以设计上采用窑体摆动的方法予以解决。即熔炼时窑体作 220°的摆动，使排渣口的盖板只受高温作用但不与熔渣、锡液接触，从而避免了炉渣、锡液对盖板的腐蚀。但是存在炉内炉气温度不均匀，耐火砖受热不均匀，排渣口所在位置的上部始终暴露在高温烟气中等问题。为此，在铜浮渣回转短窑设计时取消了窑体中部的排渣口，将排渣口、排冰铜口、排铅液口均设置在加料端，3 个排料口在同一圆周上等分布置。正常工作时窑体连续慢速 360°旋转，根据加料、熔化、造渣、沉淀、放渣、放冰铜及放铅等工艺过程要求。利用行程开关系统控制停车位置，并根据排料的性质，选择不同的排料口。

实际应用工艺参数指标如下：

（1）处理物料　熔铅锅产铜浮渣与电铅锅产氧化渣及熔剂，入炉物料粒度小于 100mm，分 3 次加入，铜浮渣与氧化渣成分/%：Pb 77.5～82.3；Cu 5.5～5.9；Sb 1.6～1.8；As 4.7～5.0；S 3～3.2；其他 4.6～4.9，配入熔剂比例/%：纯碱 7～10；铁屑 6～8；焦粉 2～3；

(2) 冶炼产物产出率　炉渣 3%～10%；冰铜（含砷冰铜）15%～20%；粗铅 50%～70%；

(3) 烟气收尘　回转短窑烟气经过热交换器（预热回转短窑的助燃空气）-表面冷却器-布袋除尘器-风机-烟囱排放，总收尘效率达到 99.7%。

热交换器出口烟气有关参数如下：烟气量 2620m^3（标况）；烟气温度 610℃；烟气含尘量 19g/m^3（标况）；烟气压力 −100～50Pa。热交换器出口烟气组成体积分数/%：SO_2 0.01；CO_2 11.17；N_2 75.78；O_2 4.96；H_2O 8.08。

排放烟气主要参数如下：烟气量（标况、湿基）3268m^3/h；温度 80℃；烟气含尘（标况、干基）0.056g/m^3。烟气成分：SO_2 0.008%（747mg/m^3）；CO_2 8.985%；N_2 76.124%；O_2 8.063%；H_2O 6.851%。

排放烟气含尘 0.056 g/m^3；含 SO_2 747mg/m^3；低于《工业炉窑大气污染排放标准（GB 9078—1996)》中含尘 100mg/m^3；含 SO_2 850mg/m^3 的标准限值，并符合《大气污染物综合排放标准（GB 16297—1996)》。

B　反射炉熔炼

纯碱-铁屑法处理铜浮渣，利用纯碱使砷、锑生成钠盐进入炉渣，并造钠铜锍，加入铁屑降低铜锍和渣中含铅，提高铜锍的铜铅比（Cu/Pb）。过程中加入部分氧化铅（通常是含铅烟尘或阴极铅熔化时产出的氧化浮渣），促使浮渣中的 As、Sb 氧化挥发。当铜浮渣中的硫量不能满足形成铜锍的需要时，须加入少量硫化铅精矿。

铜浮渣反射炉处理流程见图 6-6。

反射炉纯碱-铁用法处理铜浮渣具有下列优点：铅回收率高，可达 97%；铜锍中含铅较低，铜铅比（Cu/Pb）可达 5～9；流

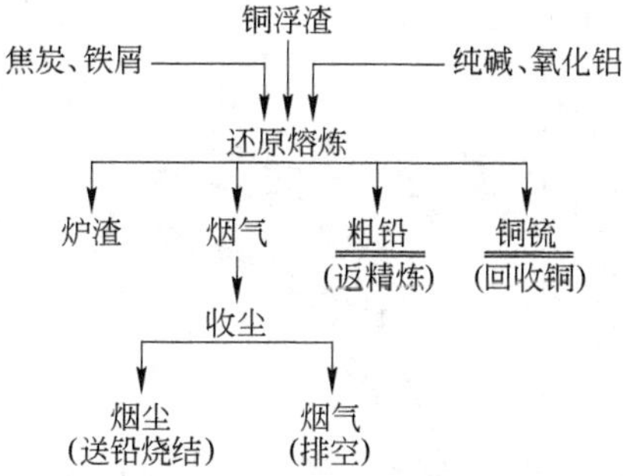

图 6-6 铜浮渣反射炉处理流程图

程适应性强，处理不同成分的铜浮渣都能获得较好的效果；投资省。其缺点为劳动条件差、热效率低和炉衬腐蚀快。

C 氨浸法

澳大利亚 CRA 集团首先采用氨浸法来处理炼锌鼓风炉粗铅精炼时产出的铜浮渣，此后日本八户冶炼厂也用此法处理所产的铜浮渣，也取得了较好的效果。

氨浸法处理铜浮渣包括浸出、萃取、反萃和制取阴极铜或硫酸钢结晶。

氨浸的主要反应发生在铜与加入的氢氧化铵和返回的氨基铜离子之间，用碳酸根离子浓度控制浸出液的 pH 值。

a 浸出

浸出是在钢浸出槽中进行的。浮渣中的铜与反萃液中的铜氨络离子及加入的氢氧化铵反应如下：

$$Cu+Cu(NH_3)_4^{2+}+4NH_4OH=2Cu(NH_3)_4^{+}+4H_2O$$

$$2Cu(NH_3)_4^{+}+1/2O_2+H_2O=2Cu(NH_3)_4^{2+}+2OH^-$$

实践证明，浸出中通入空气或氧气对浸出效果的影响不大，只是氧气的利用率高于空气，利用率分别为 90%与 70%。

为减少氨的蒸发，改善作业环境，浸出作业宜在较低的温度和较低的溶液浓度的条件下进行。图 6-7 为浸出条件与浸出率的

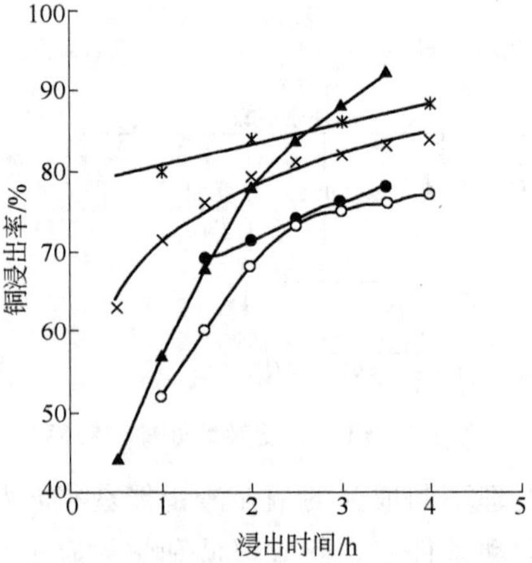

图 6-7 铜浸出率与浸出条件关系图

典型关系图。

b 萃取

萃取剂 Lix64 是由 10％的 Lix 63 与 Lix 65 混合而成。钢在萃取剂中最大的负载为每 1.0％的浓度为 0.3g/L，即对 40％的有机相来说，含铜最多可达 12g/L。

萃取后的有机相用煤油稀释降低其黏度，用硫酸进行反萃，硫酸浓度 150～170g/L，反萃液含铜达到 30～40g/L，送电积产出阴极铜。若生产硫酸铜结晶，可将反萃液进行浓缩至饱和含量，再冷却结晶，析出硫酸铜结晶。

氨浸法的优点在于：可以得到两种产品——纯铜或硫酸钢结晶；生产过程在接近室温条件下进行，过程稳定而且效率较高；各种溶液可以返回，机械损失小。铜浮渣氨浸处理生产流程如图 6-8 所示。

6.1.3.2 氧化渣处理

氧化渣一般先用熔析法分成粗铅和富锑渣，这一过程又称为富集熔炼，得到的富锑渣经还原熔炼得到铅锑合金。氧化渣处理流程如图 6-9 所示。

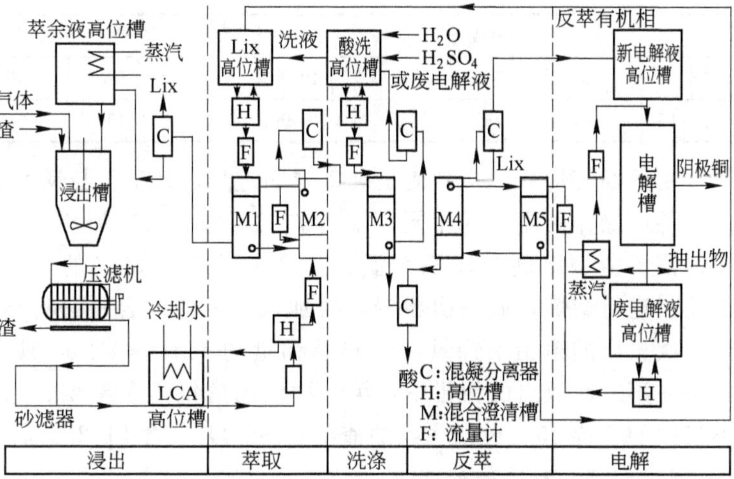

图 6-8 铜浮渣氨浸处理生产流程

熔析一般都用反射炉，还原熔炼则可采用反射炉、鼓风炉、回转炉或电炉等。一般在氧化渣积累到一定数量后，利用厂内已有设施处理，不设专用设备。

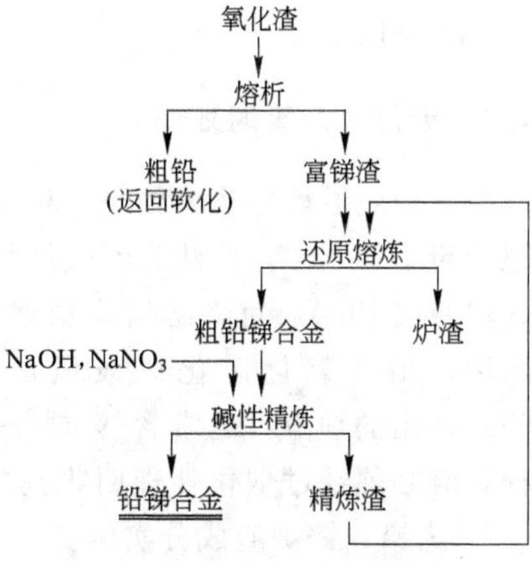

图 6-9 氧化渣处理流程图

反射炉还原熔炼所用的还原剂过去用木炭，用量为富锑渣量的 7%～10%；熔炼时添加的熔剂为纯碱，也可用铅精炼软化时产出的干碱渣，用量为富锑渣的 3%～5%；炉温为 900℃。含锑铅中锑的回收率约为 95%，其余的锑进入炉渣和烟尘。含锑铅的成分和炉渣成分如表 6-9。

表 6-9 含锑铅的成分和炉渣成分 %

含锑铅成分					炉渣成分		
Sb	As	Cu	Ag	Pb	Sb	As	Pb
13～15	0.5～0.8	0.05	4g/t	85～86	6	15	5.0

用短回转炉处理富锑渣是装备上的进步，其工艺与反射炉相似，各厂操作制度不尽相同。如有的工厂采用二次加料操作法，先将富锑渣、熔剂及还原剂混合，第一批加入35%的混合料，加完料进行熔炼，放一次粗铅，再加入剩下的混合料进行熔炼。第一次放出的粗铅中锑量占炉料总锑量的15%～20%，其余锑集中在第二次放出的粗铅中，第一次放出的粗铅含锑2%～3%，第二次的含锑25%～30%，炉渣中含Sb 3%，含Pb 2.6%。

6.1.3.3 稀碱渣处理

稀碱渣的处理方法随着碱渣成分和回收金属种类的不同而异，可分为：从碱渣中回收锡，从碱渣中回收砷，从锑碱渣中回收锑，从碱渣回收碱，从碱渣中回收砷、锑、锡。处理流程见图6-10～图6-14。

6.1.4 铅鼓风炉渣的处理

鼓风炉还原熔炼法炼铅是一种用焦炭作还原剂把铅的氧化物还原为粗铅的方法，此法先经烧结焙烧把硫化铅精矿中的大部分PbS转变成PbO，使烧结焙烧料烧结成块。生产过程中，炼铅鼓风炉、铅锌氧化矿化矿鼓风炉、直接熔炼和炼锌鼓风炉（ISF）产出的炉渣，通常含锌6%～25%，含铅1.5%～3.0%，这种炉渣必须经过烟化处理回收其中的锌、铅和其他有价金属。表6-10为铅、锌炉渣成分实例。

处理铅锌炉渣的方法目前在工业上实际采用的主要有烟化炉烟化法、回转窑挥发法和电热熔炼法。还有其他方法如漩涡熔炼、电炉熔炼、氧化挥发和悉罗熔炼等，虽在不同试验规模上获得成功，但均未付诸工业生产。

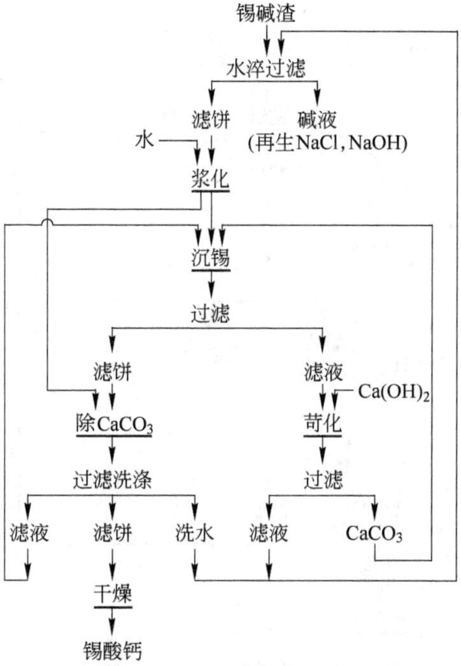

图 6-10 从碱渣中回收锡流程图

表 6-10 铅锌炉渣成分实例

项 目		沈 冶	株 冶	韶 冶	会泽铅锌矿	温 山	乌-卡
熔炼炉型		铅鼓风炉	铅鼓风炉	炼锌鼓风炉	化矿鼓风炉	QSL	Kivecet
成分/%	Pb	1.47	2.02	0.7～1.20	2.85	2～5	1.5
	Zn	7.43	11.70	6.5～7.5	9.89	10～14	13～14
	Fe	27.54	25.09	29～31	21.49	22.93	24
	SiO_2	26.54	23.46	21～23	30.96	36.4	26
	CaO	14.40	16.61	17～18	8.31	11.0	17
	Cu	0.25	0.24	0.15	0.01	0.1	0.5
	S	1.89	0.85	1.7～2.6	0.9～1.5	0.4	1.4
	Al_2O_3	6.95	6.30	4.5～6.5	7.71	5.0	4～6
	Ge		0.0016	0.003	0.0046		

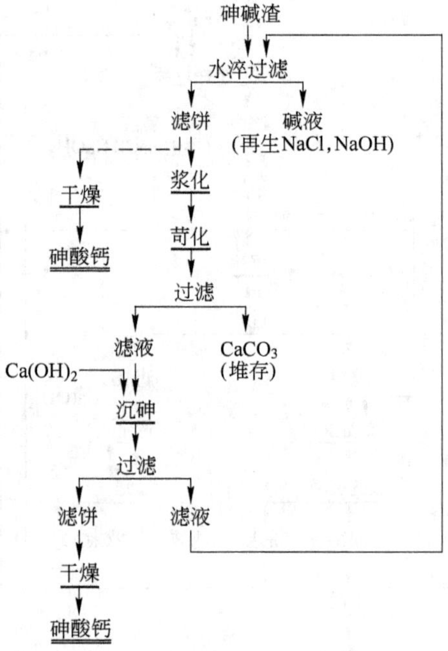

图 6-11 从碱渣中回收砷流程图

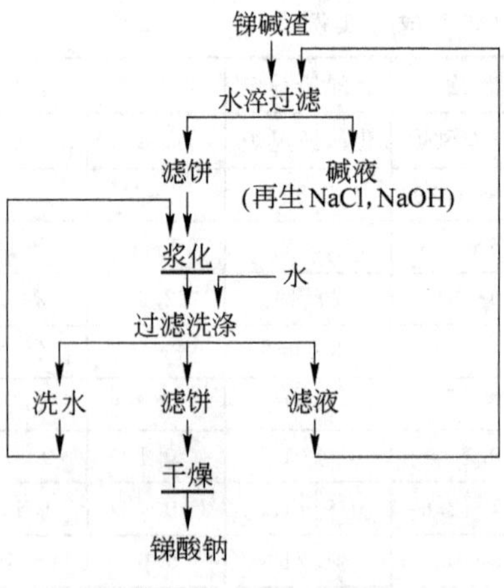

图 6-12 从碱渣中回收锑流程图

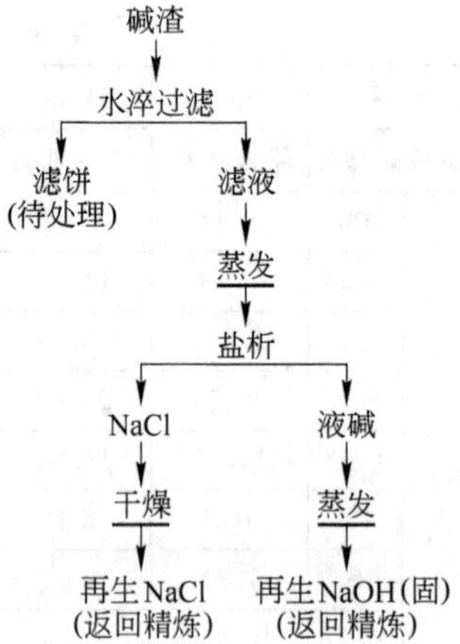

图 6-13 从碱渣中回收碱流程图

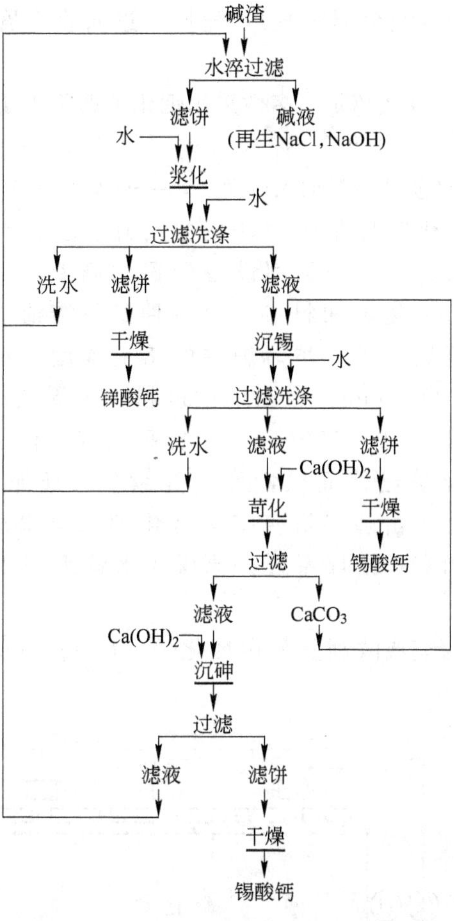

图 6-14 从碱渣中回收砷锑锡流程图

6.1.4.1 烟化挥发法

处理铅锌渣的常用方法是烟化挥发法，烟化挥发法主要用于处理液态炉渣。液态熔炼炉渣周期地加入烟化炉，再向熔融的铅熔炼炉渣中鼓入空气和加入碳质还原剂进行吹炼，使锌、铅等有价金属氧化物还原成金属。在烟化处理的温度下，熔渣中的铅、锌、锗等金属被还原挥发，逸出熔渣表面。金属蒸气在炉子上部空间和前部废热利用装置里，被二次风口吸入的空气重新氧化生成金属氧化物（或金属蒸气），随炉气进入收尘器（或冷凝器）而被收集。

世界各国的铅熔炼炉渣多数采用烟化炉烟化法处理，金属挥发率一般为：铅 95%～98%、锌 80%～90%、锗 85%～90%。烟化炉床能力视炉渣性质和冷料加入量而定，一般为20～40t/m^2。

加料和烟化吹炼是烟化法的主要作业。加料时，熔渣有两种加入方式：一种是利用设备配置的高差，使保温炉中的熔渣直接流入烟化炉加料口；另一种是将熔渣放入包中用桥式起重机吊至烟化炉入炉。炉中的熔渣深度一般至风口中心线以上 700～1200mm，为周期性进料，每周期间隔视吹炼时间而定，一般为 90～150min。为提高效率，保加利亚普罗夫迪夫厂的烟化炉已使间歇性作业连续化，还原剂改用重油；瑞典波利登公司由磨煤机直接向烟化炉风口供送粉煤，不采用中间贮仓和室式给煤系统，原煤含水量小于 10%，便不必预先干燥。

图 6-15 为瑞典波利登公司烟化炉（$F=20\text{m}^2$）粉煤直供系统的分配方式。

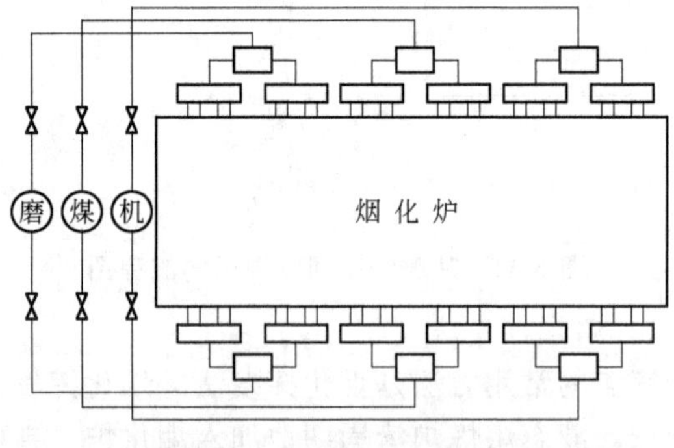

图 6-15　烟化炉粉煤直供系统的分配方式

经烟化炉吹炼后，熔渣中的铅、锌和锗分别降至 0.1%～0.2%、1%～2%和 0.0007%～0.001%，可作建材原料或弃去。

我国一些有色金属冶炼厂用此法处理铅鼓风炉渣取得了较好的效果，如株洲冶炼厂的烟化挥发法的挥发率分别为 Pb 75%～80%，Zn 80%～85%；云南会泽铅锌矿的烟化挥发率分别为 Pb 90%～96%，Zn 88%～92%；云南鸡街冶炼厂的烟化挥发率分别为 Pb 94%～95%，Zn 88%，Sn 92%。湖南水口山矿务局和辽宁葫芦岛锌厂，用旋涡炉处理铅锌渣，已在工业中回收铅和锌。

近年来，我国烟化炉废热利用有所进展，一种利用废热的方法是采用废热锅炉产出蒸汽，其压力可达 4.3MPa，可用来发电，也可用于湿法冶金；另一种方法是采用汽化冷却器，产出 0.4MPa 的蒸汽，可用于湿法冶金。由于烟化炉为间断作业，因此产出的蒸汽量波动很大，目前多用于湿法冶金。

烟化炉吹炼法具有金属挥发率高、处理量大、机械化程度高和能耗较低等优点。回转窑挥发则具有设备简单、动力消耗小和基建投资低等优点，适合中小型厂采用。沈阳冶炼厂的锌窑渣，采用鼓风炉还原熔炼，使金、银富集于粗铅中。柳州锌品厂的锌渣，用电弧炉熔炼，锌回收率为 90%。西北矿业研究所对白银有色金属公司第三冶炼厂的高铅铜浮渣进行还原熔炼研究，从中获得了含 Pb 96%的粗铅，含 Cu 30%的冰铜，金属回收率分别为 Pb 99%、Cu 96%，贵金属 Au 和 Ag 亦获得回收。

6.1.4.2 回转窑挥发

在回转窑内处理铅熔炼炉渣、低品位铅锌氧化矿、含锌高的钢铁厂烟尘和湿法炼锌的中性浸出渣均可用焦炭作还原剂，将其中的铅、锌、铟、锗等有价金属予以还原挥发进入烟气，然后再被氧化成氧化物，并与烟气一同进入收尘系统被捕集下来，获得的产品为品位较高的氧化锌，作为提取锌等有价金属的原料。这种富集方法又称威尔兹法。

尽管回转窑法存在生产能力小、还原剂消耗量大、窑衬寿命不长等缺点，但由于设备简单、建设费用低和动力消耗少等优点，此方法仍可用于中小型厂。图 6-16 为回转窑挥发铅水淬渣工艺流程图。

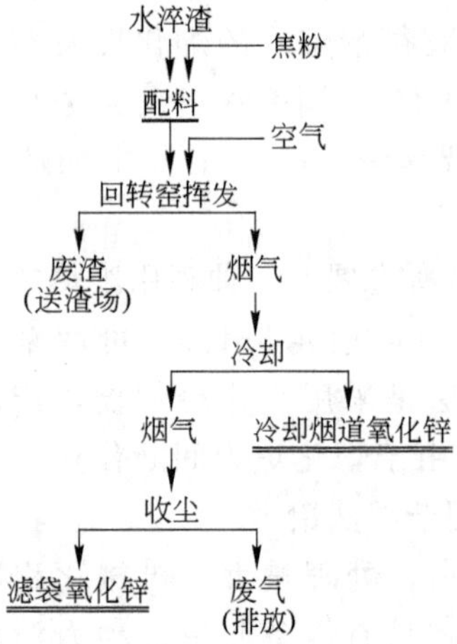

图 6-16 铅水淬渣回转窑挥发流程图

回转窑处理铅水淬渣，窑内为氧化性气氛，通常控制烟气中含 CO_2 15%～20%，O_2 大于 5%，此时窑内反应情况较好。渣含锌以大于 8%为宜，低于 8%时则锌的回收率小于 80%，产出的氧化锌质量差。如果渣含锌低于 6%，则在经济上不合理。粒度小于 3mm 的铅水淬渣，通常在 65%～81%之间。铅水淬渣配入一定数量的焦粉，作为燃料兼还原剂，并对炉料起松散作用，以防止炉料过早熔融粘结成团，影响锌、铅挥发。一般情况下，水淬渣与焦粉比例为 100∶(35～45)。焦粉质量差时应取上限。焦粉的质量，除对化学成分有要求外，还要求有适宜的粒度。粒度太细，大部分在窑尾燃烧完，造成窑头粘料，渣含锌高。一般要求粒度为：9～15mm 者小于 10%，3～9mm 者大于 50%，3mm 以下者小于 40%。

窑内焦粉燃烧所需的空气，通常靠排风机造成的炉内负压吸入来供给。常在窑头导入压缩空气和高压风，喷吹炉料强化反应，以延长反应带，使锌铅充分挥发。生产中高压风的风压为 14.7MPa 以上，压缩空气的压力为 0.18～0.25MPa。混合料消耗鼓风量约 $450m^3/t$，其中压缩空气量约占 1/3 以上。

回转窑产出的窑渣呈半熔融状，温度可达 900～1000℃，窑渣采用水淬或先经冷却筒后排入渣池中，经捞渣装置装入渣仓运出。

6.1.5 湿法炼铅新技术

随着人们对资源综合利用意识的提高以及环境保护法规的健全，以及我国矿物资源具有贫矿多而富矿少、复杂矿多而单一矿少的特点，伴生在铅精矿中的有价元素需用低温的湿法冶金方法回收。加之，湿法炼铅与传统的火法炼铅相比较有明显的优点，不但在炼铅过程中不会产生二氧化硫气体、铅烟尘和含铅挥发物等污染物，而且较适合于处理低品位的复杂矿。因而使湿法炼铅成为评述铅冶金发展趋势时必然会提出的一种方法。

湿法炼铅即铅精矿经浸出和熔盐电解产出金属铅的过程。包括铅精矿用盐类或碱溶液的浸出和熔盐电解两个主要过程。

6.1.5.1 氯化铁食盐水浸出法

氯化铁作氧化浸出剂，NaCl 饱和溶液作增溶络合剂，方铅矿 PbS 与 $FeCl_3$ 发生如下反应：

$$PbS+2FeCl_3 \rightarrow 2FeCl_2+PbCl_2+S^0$$

从热力学上看，$PbCl_2$ 在氯化盐体系中的溶解度较小，但是由于 $PbCl_2$ 能与 Cl^- 络合生成 $PbCl_4^{2-}$，从而大大提高 $PbCl_2$ 在溶液中的浸出率。因此，通过加入氯化钠饱和溶液增加 Cl^- 的总溶度，有助于 $FeCl_3$ 溶液浸出铅。得到的固体 $PbCl_2$ 经过熔盐电解可得到金属铅，此工艺通过控制 $FeCl_3$ 与 NaCl 的溶液浓度、温度以及方铅矿颗粒的大小来控制该反应的速度，同时必须考虑 Fe^{3+} 的循环利用。众所周知，Fe^{3+} 的溶度越高，用量越大，反应的平衡时间就越短，但是过高的 Fe^{3+} 溶度会因溶度黏度太大，过滤难于进行。文献表明，Fe^{3+} 150g/L、NaCl 200g/L 的酸性饱和食盐水，在 60min 内可获得较高的浸出指标。其次酸度是高铁饱和食盐水浸出过程中不可忽视的指标，必须维持不致使 Fe^{3+} 水解沉淀的 pH，一般来说，pH<0.5 有较好的浸出效果，由于此反应会生成氯化铅膜及硫膜，温度过低时硫会黏附在硫化矿表面，形成牢固的阻挡层使反应速度明显降低，实验表明温度一般为 90℃较好。

此工艺的优点有高铁饱和食盐水做浸出剂，不仅价廉易购，而且利用电解废气（氯气）将其再生并反复循环使用，大大降低了材料的成本；工艺流程简单，浸出反应速度快，金属的浸出率较高；此工艺适合范围较广，可用于处理低品位复杂难选的铜、铅、银、锌等混合硫化矿。

此工艺的不足是要通过电解 $PbCl_2$ 溶液的方法来得到纯度较高的金属铅，在技术上还存在一定的难度；$FeCl_3$ 再生所用氯气和氯化物水溶液都具有较高的腐蚀性，对设备具有较高的要求。

6.1.5.2 氯气选择性浸出法

该湿法炼铅新工艺与三氯化铁浸出所不同的是氧化浸出剂的选择不同，此法选用氯气作为氧化浸出剂，用氯气通入到加水的硫化铅精矿，其反应如下：

$$PbS+Cl_2 \rightarrow PbCl_2+S$$

由于此反应属于气液相反应，要加快浸出速度。从动力学的角度看，必须消除它的内扩散和外扩散的干扰，如加强搅拌，减少矿石粒径，从而增加 Cl_2 与矿的接触；提高气流速度，以加快反应速度和扩散速度，从而提高转化率。此法可以选择性地浸出硫化铅，同时控制了杂质的浸出，消除大量铁离子在流程中的循环和三价铁离子的再生问题，但氯气污染以及腐蚀性问题比较严重，密闭以及设备的防腐性要求更高，与三氯化铁浸出法相比较在经济上没有明显的优越性。

但采用 MnO_2 与 HCl 间接产生氯气法以及氯酸钾氧化法可以减少直接用氯气作氧化浸出剂的腐蚀性，其他的工艺与氯气法相同，此法的明显优越在于矿物中大多数有 MnO_2 矿从而可以减少生产成本，而且流程短又简单，有利于小型工厂提铅的生产。

6.1.5.3 三氯化铁浸出——隔膜电解法

该法与 $FeCl_3$-NaCl 溶液浸出法不同，它利用 $FeCl_3$-NaCl 溶液进行固相转化，在较低的温度和较小的液固比进行方铅矿的固相转化，而后利用浮选的方法分离杂质达到提高氯化铅的目的，

而不是将 $PbCl_2$ 溶入溶液，然后冷却结晶，提纯氯化铅，此工艺的电极反应如下：

阴极反应：　　$Pb^{2+}+2e \rightarrow Pb$

阳极反应：　　$Fe^{2+}-e \rightarrow Fe^{3+}$

其技术关键是电极电位的控制以及离子膜电阻的控制。在阴极区，溶液中主要的阳离子是 Pb^{2+}、Fe^{2+} 和 H^+；在阳极区，溶液中主要的阳离子是 Pb^{2+}，Fe^{3+}，H^+，为使阳极区的三价铁不致在阴极放电而降低电流效率，采用适当的隔膜材料把阴极和阳极分开，离子膜电阻过高，会出现槽电压高和局部离子膜烧焦的现象，使实验无法进行，可以通过改变离子膜预处理的方法，使膜电阻显著降低，控制适当的电流密度，在阴离子膜使用一段时间后，进行定期处理，控制槽电压在经济值内。

与三氯化铁食盐水浸出法相比较，可直接从矿石生产高质量金属铅而无需对溶液进行净化，但由于溶液中铁离子溶度高，电解过程中，三价铁不可避免地透过隔膜在阴极还原，因而电流效率较低，本工艺适合于处理以铅为主的含硅低的多金属硫化物硫金矿。

6.1.5.4　碳酸化转化法

方铅矿在碳酸铵溶液中，常压且 50～60℃通入空气就能转化成碳酸铅和元素硫，其反应如下：

$$PbS+(NH_4)_2CO_3+1/2O_2+H_2O \rightarrow PbCO_3+S+2NH_4OH$$

生成的 $PbCO_3$ 在硅氟酸溶液中溶解，用铅粉置换净化溶液，最后用不溶阳极电解，在阴极沉积出致密光滑的金属铅，而且在一定的条件下可以使硫全部进入溶液中。

该工艺实现了 $PbCO_3$ 与 S 的有效分离，不存在在 $FeCl_3$ 浸出法中形成硫膜而阻碍反应进行的现象，易实现 $(NH_4)_2CO_3$ 的循环利用。在碱性介质中进行反应，对设备的要求较低，而且铅在硅氟酸溶液中的溶解度比较大，可以满足电解沉积的要求。

6.1.5.5　硅氟酸介质中的氧化浸出

硅氟酸介质中的氧化浸出的工艺原理：PbS 与氧化剂在硅氟

酸介质中转化成 $PbSiF_6$，净化后电解沉积得到金属铅，根据所用的氧化剂的不同可以分为氧浸出和 $Fe_2(SiFe_6)_3$ 浸出。氧浸出的化学反应如下：

$$2PbS + O_2 + 2H_2SiF_6 \rightarrow 2PbSiF_6 + 2S^0 + 2H_2O$$

此反应常为氧的扩散控制，增加氧气的溶度及气流速度，有利于提高反应速度，所以一般采用加压氧浸出法。

硫化铅的 $Fe_2(SiFe_6)_3$ 浸出，其反应如下：

$$PbS + Fe_2(SiFe_6)_3 \rightarrow PbSiF_6 + S^0 + 2FeSiF_6$$

$PbSiF_6$ 在水中的溶解度比 $PbCl_2$ 要大得多，完全能满足电解沉积的要求，所以 $Fe_2(SiFe_6)_3$ 对方铅矿的酸性氧化浸出速度较快且反应温度较低，能够有效地实现铅的选择性浸出。

在沉积过程中，铅离子在阴极还原成铅，$FeSiF_6$ 在阳极上被氧化成 $Fe_2(SiFe_6)_3$，实现氧化剂的再生，其技术的关键是离子膜的选择和电解电位以及电流密度的控制，选择合适的隔膜材料，保证较高的阴极电流效率。该工艺比三氯化铁浸出更简单，更经济，而且适应范围较广，不仅适用于一般的硫化铅精矿，而且也适合处理含锌较高的复杂铅精矿。

6.2 炼锌工业的清洁生产工艺

6.2.1 炼锌工艺概述

锌在国民经济中占有重要地位，在有色金属产量中它仅次于铝和铜，近年来我国锌冶炼产量迅速增长，1990 年锌产量为 55.18 万 t，1995 年为 107.67 万 t，2002 年达到 215.5 万 t，产量居世界第一位。1995～2002 年我国锌产量年均增长率达 10.42%。

炼锌工艺分火法和湿法两大类。火法炼锌的历史悠久，工艺成熟，但能耗较高，而且需要价格较贵的冶金焦；而湿法炼锌能耗相对较低，生产易于机械化和自动化。目前世界主要炼锌方法是湿法，我国锌冶炼工艺也以湿法冶炼为主。据统计，2002 年我国锌产量中，湿法炼锌占70%，火法炼锌占30%。火法中竖罐法占18%，密闭鼓风炉法（ISP）约占9.5%，其余（包括电热法、平罐、马槽炉、马鞍炉和四方炉）约占2.5%。

6.2.1.1 火法炼锌

火法炼锌的方法有横罐、竖罐、电炉法和鼓风炉法等。

横罐炼锌已被淘汰；竖罐炼锌是由平罐法发展起来的，由于能耗高和环境污染等问题，在国外仅存的三家竖罐炼锌厂已被迫转产、停产或减产。

电热炼锌是利用电能直接在电炉内加热炉料，经还原熔炼连续蒸发出锌蒸气，然后冷凝得粗锌，再精炼得精制锌，或将锌蒸气骤冷得超细锌粉。该法适于处理焙砂、氧化矿、煅烧后的菱锌矿，也可在炉料中配以适当的锌浮渣，其最大优点是工序简单、投资省、建设周期短、热利用率高，但电能消耗大，每生产1t锌约耗电4500kW·h，只适合在电源丰富的地方采用。鼓风炉炼锌法在炼锌工业中还有一定的发展，具有处理铅锌混合精矿直接生产铅锌的特点。

鼓风炉炼锌（Imperial Smelting Process，ISP）主要由烧结焙烧或热压团、密闭鼓风炉还原挥发熔炼、铅雨飞溅冷凝器冷凝三部分组成。铬锌精矿、复杂锌铅精矿、氯化铅锌矿、再生锌原料和熔剂配料后在鼓风烧结机上烧结焙烧，进行脱硫和造块，不需要脱硫的原料则可用热压团法造块。热烧结块和经过预热的焦炭一道加入密闭鼓风炉，烧结块中的锌、铅等金属氧化物在炉内高温下被还原。还原所得的锌成蒸气状态与焦炭燃烧产生的CO_2和CO气体一道从炉顶排出进入铅雨飞溅冷凝器，锌蒸气被铅雨吸收后，流出冷凝器进一步冷却析出液体锌。还原得到的粗铅、炉渣、铜锍从炉缸放入电热前床进行分离。

鼓风炉法适合处理铅锌混合精矿、各种含铅锌的二次物料，对于难处理的铅锌矿，具有较高的总回收率。此法缺点是返粉制备复杂（返粉率高达80%），鼓风炉操作严格，冷凝器要定期清理，作业环境差，烧结过程的SO_2和粉尘使低空造成污染，不利于环境保护，只在发展中国家有一定的竞争力。

6.2.1.2 湿法炼锌

湿法炼锌由焙烧、浸出、净液和电积 4 个工序组成。火法炼锌所得粗锌需采用蒸馏法精炼后应用；而湿法炼锌所得电解锌，质量较高，无需精炼，生产环境卫生、劳动条件好，能够综合回收有价金属，金属回收率高，易于实现大规模、连续化、自动化生产。湿法炼锌在近 20 年以来得到迅速发展，现时锌总产量的 70％～80％为湿法所生产。

A 常规浸出工艺流程

常规浸出法的整个浸出过程分为中性浸出、酸性浸出和 ZnO 粉浸出 3 个阶段。中性浸出只能将焙砂中的 ZnO 部分溶解。为了使铁和砷、锑等杂质进入浸出渣，浸出终点 pH 值控制在 5.0～5.2 左右。此时浸出渣中有大量的锌焙砂存在，故中性浸出的浓缩底流还必须进行酸性浸出。经中性浸出和酸性浸出后，得到的固体浸出渣中 Zn 含量约为 20％。大部分以 $ZnO \cdot Fe_2O_3$ 形式存在。这种渣一般采用火法处理，使锌还原挥发，并经收尘以 ZnO 的形态回收。其常规流程如图 6-17 所示。

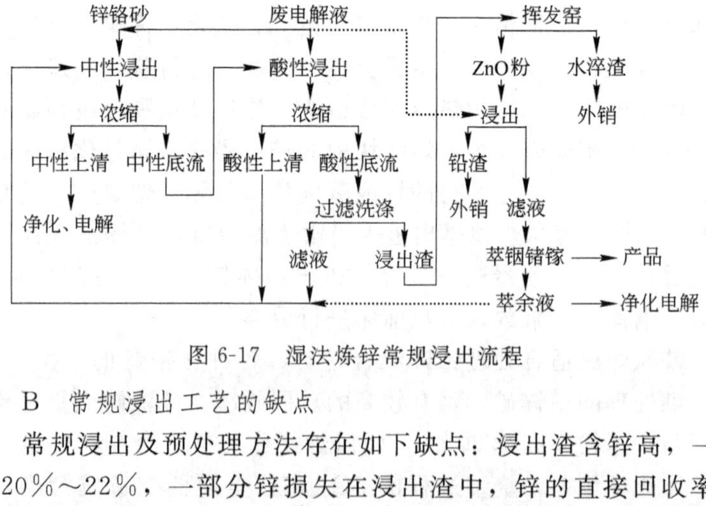

图 6-17 湿法炼锌常规浸出流程

B 常规浸出工艺的缺点

常规浸出及预处理方法存在如下缺点：浸出渣含锌高，一般达 20％～22％，一部分锌损失在浸出渣中，锌的直接回收率只有80%左右，需要进一步用回转窑挥发焙烧，回收残余的铅、锌等有价金属。另外，挥发窑维修工作量大，耐火材料消耗高，作业环境差，贵金属难回收。

湿法炼锌能综合回收十多种有价元素，但弃渣的处置仍是个未解决的课题。我国株洲冶炼厂（简称株冶）和沈阳冶炼厂（简称沈冶）都采用回转窑法处理浸出渣，窑渣无毒，易于弃置，但此法窑寿命低，残留在窑渣中的贵金属等需另寻方法才能回收。另外，为避免硫酸市场对锌生产的制约，取消焙烧工序的锌精矿直接氧压浸出工艺已实现工业生产。

6.2.2 焙烧矿的湿法冶炼新工艺

20世纪80年代以来，针对常规浸出工艺的弊端，提出了高温高酸浸出法，即将浸出过程的第二段改为热酸浸出。热酸浸出的温度为：85～95℃，终酸为40～60g/L，热酸浸出终酸为120～125g/L。由于精矿中含有FeS或ZnS，铁酸锌的生成是不可避免的。焙烧产物中$ZnO \cdot Fe_2O_3$的存在对湿法炼锌的影响较大。而浸出渣采用热酸浸出，可使$ZnO \cdot Fe_2O_3$浸出率达90%以上，但溶液中Fe的质量浓度也高达30g/L左右。热酸浸出可明显提高锌、铅等有价金属浸出率，产出的锌渣只有焙烧矿的8%～12%，富积了铅及贵金属，有利于贵金属的回收。

高温高酸浸出法以及各种沉铁方法（黄钾铁矾法和针铁矿法等）陆续研制成功并投入工业生产，解决了湿法炼锌长期以来的关键问题，既强化了浸出过程，又简化了渣处理过程，使锌的回收率大幅度提高，整个流程锌的回收率最高可达98%，促进了湿法炼锌的高速发展。

6.2.2.1 热酸浸出黄钾铁矾法

热酸浸出黄钾铁矾法是用热浓硫酸浸出渣中的难溶锌，然后再以黄钾铁矾的形式从溶液中除去有害的铁，得到富含锌的浸出液。该法1968年开始应用于工业生产，目前国外已有20多家锌厂采用热酸浸出-黄铁矾法，我国于1985年首先在柳州市有色冶炼总厂应用于生产，20 世纪 90 年代初建成投产的西北冶炼厂采用热酸浸出黄钾铁矾法浸出流程，是我国目前最大、最新采用热酸浸出-黄钾铁矾法的冶炼厂，其设计规模为年产电锌 10 万 t。

热酸浸出黄钾铁矾法的浸出流程包括 5 个过程，即中性浸出、热酸浸出、预中和、沉矾和铁矾渣的酸洗。比常规浸出法增加了热酸浸出、沉矾和铁矾渣酸洗等过程，可使锌的浸出率提高到 97%以上，不需再建浸出渣处理设施。

该法既能利用高温高酸浸出溶解中性浸出渣中的铁酸锌，又能使溶出的铁从溶液中沉淀分离出来。生产黄钾铁矾的反应为：

$$3Fe_2(SO_4)_3+2(A)OH+10H_2O$$

$$=2(A)Fe_3(SO_4)_2(OH)_6+5H_2SO_4$$

式中，A 表示 K^+，Na^+，$NH_4{}^+$，Ag^+，Rb^+，H_3O^+ 和 $Pb^{2+}/2$。生成黄钾铁矾 $AFe_3(SO_4)_2(OH)_6$ 或 $A_2Fe_6(SO_4)_4(OH)_{12}$ 的机理可写成：

$$3Fe_2(SO_4)_3+6H_2O=6Fe(OH)SO_4+3H_2SO_4$$

$$4Fe(OH)SO_4+4H_2O=2Fe_2(OH)_4SO_4+2H_2SO_4$$

$$2Fe(OH)SO_4+2Fe_2(OH)_4SO_4+2NH_4OH$$

$$=(NH_4)Fe_6(SO_4)_4(OH)_{12}$$

$$2Fe(OH)SO_4+2Fe_2(OH)_4SO_4+Na_2SO_4+2H_2O$$

$$=Na_2Fe_6(SO_4)_4(OH)_{12}+H_2SO_4$$

$$2Fe(OH)SO_4+2Fe_2(OH)_4SO_4+4H_2O$$

$$=(H_3O)_2Fe_6(SO_4)_4(OH)_{12}$$

在控制溶液 pH 值为 1.1～1.5，温度为 363～368K，有 A 存在的条件下，能迅速生成黄钾铁矾沉淀，残留在溶液中的铁质量浓度为 1～3g/L。

黄钾铁矾沉淀为晶体，容易浓缩、澄清过滤分离，锌随渣损失少；除铁率可达 90%～95%，与生成 $Fe(OH)_3$ 或 Fe_2O_3 沉淀相比，生成的 H_2SO_4 少，消耗中和剂少；碱试剂耗量少，为铁量的 5%～8%；沉铁是在 pH=1.5 的条件下进行，所需中和剂

ZnO 少；铁矾带走一定量的硫酸根，有利于工厂的酸平衡；流程简单、投资省、见效快，锌浸出率较常规法有明显提高，可达到 95%～97%。但是 Pb、Ag 及稀散金属进入矾渣中，不利于综合回收；渣量大，渣含铁仅 30%左右，难以利用；矾渣中含有少量 Cd、As、Cu 等，堆存时其中可溶重金属会污染环境。

图 6-18 为热酸浸出黄钾铁矾法沉铁的浸出工艺流程图。

国内近年来建设的工厂，为了减少预中和时的焙砂用量，将中性浸出底流先用低酸浸出，再用低酸浸出上清液沉铁。图 6-19 为国内近年来采用的热酸浸出黄钾铁矾法工艺流程图。

实践表明，在沉铁后，增加铁矾渣的酸洗工序，可减少铁矾渣中的锌含量，但仍不能解决矾渣中的 Pb、Ag 损失。基于上述原因，澳大利亚电锌公司研究成功了降低铁矾渣中有价金属含量的低污染黄钾铁矾法。该方法的核心是沉铁时不需向焙砂中放中和剂，就能达到除铁的目的，沉淀出“纯”铁矾渣，以减少铁矾渣带走的不溶锌和其他有价金属。从而提高了锌、铅、银等有价金属的回收率，同时减少了对环境的污染，具有良好的经济效益和社会效益。我国长

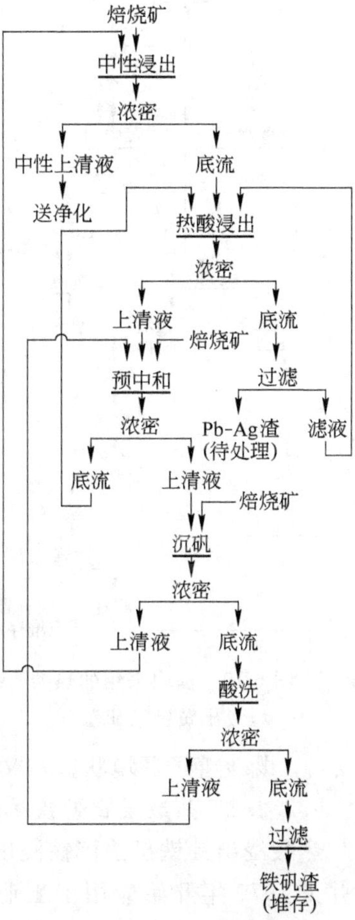

图 6-18 热酸浸出黄钾铁矾法

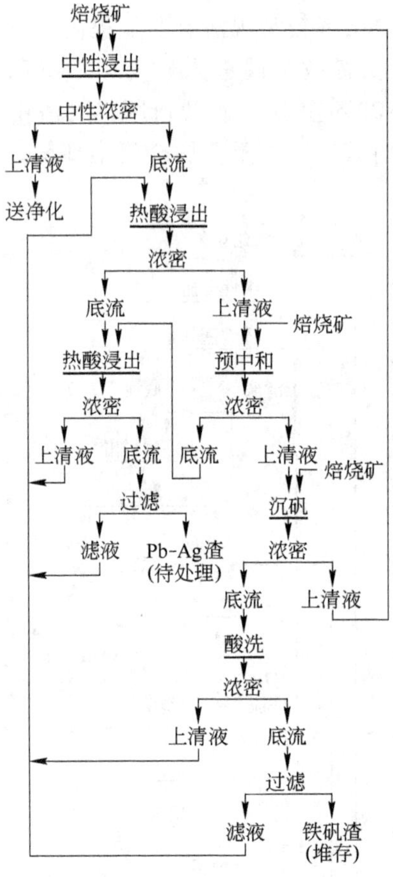

图 6-19 国内采用的热酸浸出黄钾铁矾法

沙矿冶研究院 20 世纪 80 年代即开展了此项研究，并已在赤峰冶炼厂成功地用于工业生产。

我国西北铅锌冶炼厂 1996～1998 年通过技术改造和生产实践，基本上形成了一套适合本系统操作的防低污染或半低污染的铁矾工艺。其过程是：中性浸出渣先进行一段热酸浸，液固分离所得渣再进行二段高温高酸浸出。浸出起始酸浓度 200g/L，温度大于 95℃，产出含锌 1.7%、Ag213g/t、铅 7.5%的浸渣送铅系统回收银和铅；上清液含铁 19.7 g/L、Zn103 g/L，再用黄铁矾沉淀除铁，锌浸出回收率 96.7%。主要是减少沉矾焙砂的加入量，并用碱式硫酸锌、尾矿氧化锌替代部分焙砂，降低了矾渣中不溶锌的含量，并使渣率下降约 2%，既改善了环境状况，又增加了经济效益。

6.2.2.2 热酸浸出针铁矿法

热酸浸出针铁矿法沉铁浸出新工艺是比利时老山公司研究成功并于 1970 年开始应用于工业生产的。目前有比利时巴伦厂、奥文佩尔特厂和维威埃厂采用此生产方法。我国水口山四厂也按此法改建，并已建成试产。

Fe^{3+} 生产沉淀物的形态受温度影响。在低温时，控制一定 pH 值可生成 $Fe(OH)_3$ 沉淀。当稳定在 363K 以上时，控制一定 pH 值可生成 FeOOH 晶体（针铁矿）。而当温度在 423K 时，生成 Fe_2O_3（赤铁矿）。

针铁矿法沉铁反应为：

$$Fe_2(SO_4)_3 + ZnS + 1/2O_2 + 3H_2O$$
$$= ZnSO_4 + 2FeOOH \downarrow + 2H_2SO_4 + S^0$$

针铁矿沉铁生成 2－FeOOH 的条件为：溶液中 $\rho(Fe^{3+}) <$ 2g/L；溶液 pH＝3～4；溶液温度高于 363K。实际上，热酸浸出时溶液中 $\rho(Fe^{3+}) >$ 20g/L，有的可达 30～40 g/L，显然不能生产 FeOOH 沉淀。生产上采用 ZnS 还原 Fe^{3+} 和在热酸浸出时向溶液中通入 SO_2 还原 Fe^{3+}，使 Fe^{3+} 质量低于 2g/L。

图 6-20 为热酸浸出针铁矿法生产流程图。

从图 6-20 中可以看出，热酸浸出针铁矿法沉铁的浸出流程包括中性浸出、热酸浸出、超热酸浸出、还原、预中和、沉铁等 6 个过程，可使锌的浸出率提高到 97％以上。

针铁矿法的沉铁过程采用空气或氧气作氧化剂，将二价铁离子逐步氧化为三价，然后以 FeOOH 形态沉淀下来。溶液中的砷、锑、氟可大量随铁渣沉淀而开路，因而中浸上清液的质量稳定良好。

该法优点为铁沉淀较完全，沉铁后溶液中 $\rho(Fe^{3+}) >$ 1g/L；FeOOH 是晶体，过滤性能好；沉铁过程中不需要加入溶剂，渣量较少，约为铁矾渣量的 60％，尤其对回收稀散金属有利，如 In 回收率可达 90％以上，缺点为需增加一道还原工序，工艺流程较复杂，并需用还原剂，蒸气消耗量较黄钾铁矾法高约 40％，因此该法的基建投资和经营费用较黄钾铁矾法要高，阻碍了该法的使用，至今只有 4 家在应用。

6.2.2.3 直接加压浸出工艺

湿法冶炼并没有完全脱离火法，精矿还要焙烧，排出尾气制酸。脱硫过程，除 ISP 法固结烧结外，其余几乎全部为沸腾焙

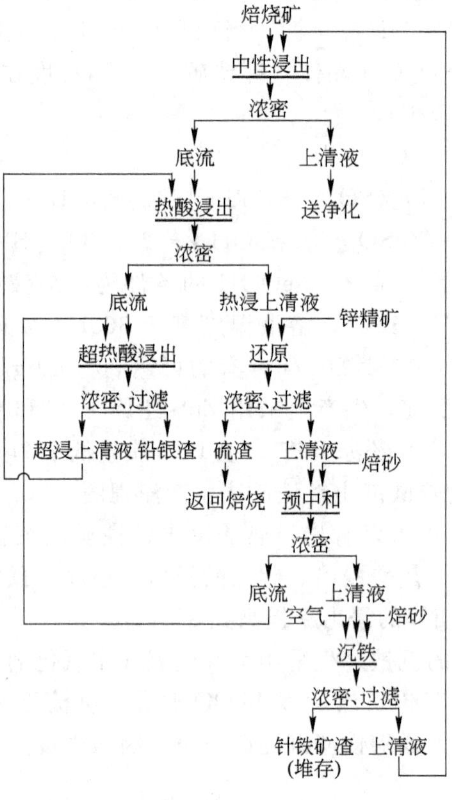

图 6-20 热酸浸出针铁矿法生产流程图

烧，然后制酸，部分排入大气，污染环境，且大量的硫酸不易贮藏。在高压下用流动硫酸介质分解铜锌混合矿的过程可极大地强化反应和传递，在相对较低的温度下获得较高的铜、锌浸出率。

奥托昆普公司湿法炼锌新工艺（锌精矿直接浸出工艺）如图 6-21 所示。1998 年奥托昆普公司所扩建的芬兰科科拉锌厂采用了该公司自行开发的锌精矿直接浸出工艺，此法是利用工厂现有常规湿法工艺生产的副产品——酸性铁矾渣做浸出剂，在常压下直接浸出锌精矿，产出的浸出渣再用硫酸处理，浸出反应在立式反应塔中进行，铁最终形成铁矾沉淀，锌精矿中的硫被氧化成元

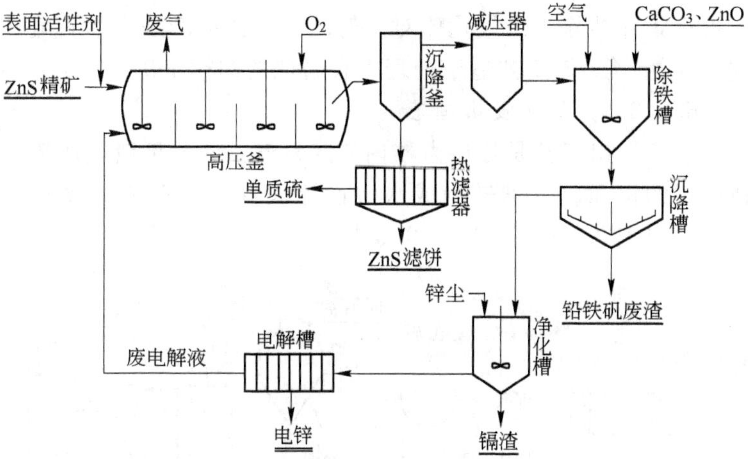

图 6-21 湿法炼锌流程图

素硫，然后从铁矾渣中分离，溶液返回中性浸出工序。

原料中的主要成分为闪锌矿、黄铜矿、黄铁矿、方铅矿等，在加压浸出的过程中各成分发生的化学反应主要如下：

$$ZnS + H_2SO_4 + 1/2O_2 = ZnSO_4 + H_2O + S^0$$

$$CuFeS_2 + H_2SO_4 + 5/2O_2 = CuSO_4 + FeSO_4 + H_2O + S^0$$

由于在酸性介质中 S/S^{2-} (−0.48V) 的标准电位比 Fe^{3+}/Fe^{2+} (+0.771V) 低得多，所以从热力学观点来看，氧对 S^{2-} 的氧化能力要比二价铁的氧化能力强得多。正是这种强大的氧化作用使得溶液中的 S^{2-} 浓度降到很小的数值，即浸出后精矿中的硫以元素硫的形态进入渣相。

黄铁矿中的硫在强氧化条件下被氧化成硫酸：

$$2FeS_2 + 15/2O_2 + H_2O = Fe_2(SO_4)_3 + H_2SO_4$$

在酸性介质中，方铅矿较易浸出，生成硫和铅铁矾：

$$PbS + H_2SO_4 + 1/2O_2 = PbSO_4 + H_2O + S^0$$

$$PbSO_4 + 3Fe_2(SO_4)_3 + 12H_2O = PbFe_6(SO_4)_4(OH)_{12} + 6H_2SO_4$$

硫化锌精矿不再经氧化焙烧而直接进行浸出，可节省 25% 的投资，并消除了二氧化硫对大气的污染。硫产品为单质硫，回收率为 96%。该工艺适于处理不宜焙烧的细粒精矿。

6.2.2.4　氧压浸出工艺

氧压浸出工艺是往压煮器内通入氧气，并用稀硫酸使硫化锌精矿中的锌和硫分别转变成水溶性硫酸锌及元素硫的锌浸出方法。浸出工艺如图 6-22。

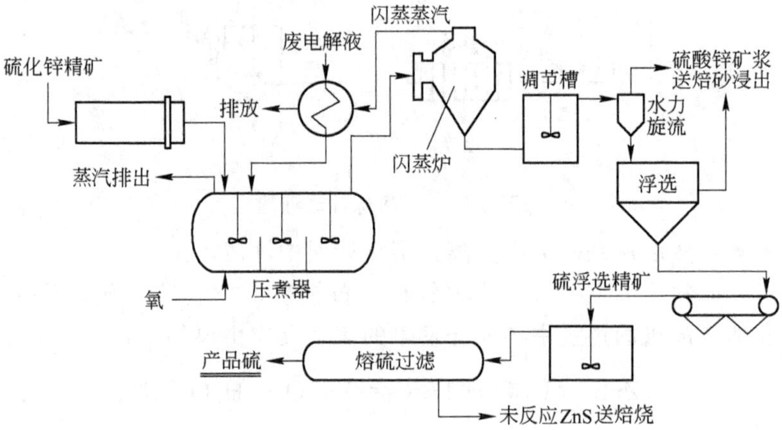

图 6-22　流化锌精矿氧压碱浸设备流程图

锌精矿氧压浸出工艺是靠一个简单的基本反应来完成的。硫化锌精矿与加入的废电解液中的硫酸在一定氧压下反应，以硫化物形式存在的硫被氧化为单质硫，锌转化到溶液中成为可溶性硫酸盐。

$$ZnS + 1/2O_2 + H_2SO_4 = ZnSO_4 + H_2O + S^0$$

在缺乏加速氧传递介质的情况下，反应进行得很慢，这种传递介质为溶解的铁，一般精矿含有大量可溶的铁可满足浸出需要，反应通常是按以下两个反应步骤进行的：

$$ZnS + Fe_2(SO_4)_3 = ZnSO_4 + 2FeSO_4 + S^0$$

$$2FeSO_4 + H_2SO_4 + 1/2O_2 = Fe_2(SO_4)_3 + H_2O$$

当溶液中没有足够的游离酸保持铁的溶解时，在锌浸出过程中将发生水解反应，铁的沉积物在溶液中以水合氧化铁和黄钾铁矾而沉淀。

$$3Fe_2(SO_4)_3+6H_2O=6Fe(OH)SO_4+3H_2SO_4$$

$$4Fe(OH)SO_4+4H_2O=2Fe_2(OH)_4SO_4+2H_2SO_4$$

$$2Fe(OH)SO_4+2Fe_2(OH)_4SO_4+2K_2SO_4+2H_2O$$
$$=K_2Fe_6(SO_4)_4(OH)_{12}\downarrow+H_2SO_4$$

起初由于酸浓度限制铁的溶解度，因此终酸至少要控制在20%以上，才能提高锌浸出率。在焙砂-浸出混合工艺过程中，采用锌焙砂中和氧压浸出液中剩余的酸。

采用氧压浸出新技术，可直接从锌精矿中回收元素硫，便于贮存销售，可彻底解决因硫酸销售问题而影响锌冶炼正常生产的状况，该工艺锌浸出率 97%～99.8%，硫转换为元素硫的转换率与精矿中黄铁矿含量有关。黄铁矿含量低，有利于硫的转换和回收。加拿大特雷尔厂的硫转换率达到 95%。

6.2.2.5 碱浸出工艺

碱浸出包括氢氧化钠和氨-碳铵等体系。主要处理低品位氧化锌矿，氧化锌矿难于浮选富集，氧化锌矿石的选别指标，锌精矿品位为 36%～40%，回收率 60%～70%，最高达 78%；我国氧化锌矿的工艺指标为：锌精矿品位 35%～38%，个别达 40%，回收率平均 68%左右，最高达 78%。我国在氧化锌的其他处理方法上取得了一些成绩。低品位的氧化锌多通过回转窑挥发焙烧，提高其品位。厂坝铅锌矿上部有 5%～20%的氧化锌矿，金属储量达 26 万 t。由于我国氧化锌有相当大的储量，在我国锌资源大量消耗的情况下，利用氧化锌矿生产锌是一条重要的开源节流的方法。

基本原理如下：

（1）氢氧化钠浸出：

$$2NaOH+ZnO=Na_2ZnO_2+H_2O$$

（2）氨-碳铵浸出：

$$ZnO+(NH_4)_2CO_3=Zn(NH_3)_2CO_3+H_2O$$

$$ZnSO_4+(NH_4)_2CO_3+4NH_3=ZnO(NH_4)_2CO_3+H_2SO_4$$

6.2.3 硫酸锌溶液的净化新技术

净液主要采用锌粉置换法，净液的目的主要是除去残留在溶液中比锌有更正标准电极电位的砷、锑、锗等杂质；同时使铜、镉、钴等有价金属得到富集，以便进一步回收。

焙砂经过浸出段后，实际所得浸出液中含锌130～150g/L，其他杂质为/g·L^{-1}：Cu 0.2～0.4，Cd 0.5～0.7，Co 0.01～0.04，Ni 0.002～0.007，As 0.0002～0.0004，Sb 0.0003～0.0004。这些杂质对锌电积十分有害，锌电积前浸出液中的铜、镉、钴、镍等有害杂质必须净化至允许含量之下。

净液有一段、二段、三段和四段之分，视溶液杂质含量而定。作业方式有间断作业和连续作业。连续净液的优点是生产率高，易于实现自动化，但操作控制要求较高。

在选定净液流程时，除主要满足电解工序对新液的要求外，还要考虑杂质在净液渣中的富集率和锌粉用量等因素。由于各厂处理的原料不一、浸出流程不一，净化前液的成分各异，因而在生产实践中根据具体情况可选用各种不同的净液方法和方式。

目前我国株洲冶炼厂采用锌粉、黄药法，为了应付原料的变化，保证电锌质量，正试验反向锑盐法；沈阳冶炼厂采用砷盐净液法；西北冶炼厂采用反向锑盐法。世界各国湿法炼锌厂净液大多采用砷盐法和反向锑盐法，以达到深度净化的目的。表6-11列出国外某些湿法炼锌厂硫酸锌溶液的净化实例。

国内外个别湿法炼锌厂采用了铅锑合金锌粉法。

6.2.3.1 锌粉-黄药法

黄药是一种有机试剂，包括C_2H_5OCSSK、$C_2H_5OCSSNa$、C_4H_9OCSSK和$C_4H_9OCSSNa$等黄酸盐。

浸出液净化过程包括两个工序：先加锌粉置换除铜、镉；再加黄药除钴。前者是利用铜与镉的氧化还原标准电位分别为

表 6-11 国外湿法炼锌厂硫酸锌溶液净化实例

厂别	生产能力 /×10^4 t·a^-1	浸出流程	净化段数及方式	净液技术条件	溶液名称	溶液成分/mg·L^-1							
						Zn	Cu	Cd	Co	Ni	As	Sb	Ge
皮里港锌厂(澳)	4.5	氧化锌烟尘一段酸性浸出，终酸 2g/L，上清液加石灰通空气至 pH=3.5～4.5	两段间断	一段加锌粉、硫酸铜、砒霜除 Ni、Co，85℃，pH=3.5～4.5，2h	净化前液	155g/L	210	6	1500				
				二段加锌粉、硫酸铜除 Cd，75℃，pH=3.5～4.5	净化后液	167g/L	0.18	0.35	0.02			0.064	
蒂明斯厂(加)	12.0	热酸浸出黄钾铁矾法	两段间断	一段加粗锌粉、砒霜除 Cu、Co、Ni，95℃，pH=3.5～4.0，1.5h	净化前液	150g/L	700	700	25				
				二段加锌粉、硫酸铜除 Cd，75℃，pH=4.0，1.5h	净化后液	170g/L	0.1	<0.5	0.2				
弗林·弗朗锌厂(加)	7.35	一段中性，二段酸性连续浸出	两段连续	一段加锌粉、砒霜除 Cu、Cd、As、Sb，85℃，pH=5.2	净化前液	136g/L	468	168	12.7		0.9	0.11	0.06
				二段加锌粉、硫酸铜除残 Cd、Ge，75℃	净化后液	138g/L	1.3	0.5	11.2		0.04	0.02	0.006
萨格特锌厂(美)	8.0	一段连续浸出	三段连续	一段加锌粉、砒霜除 Cu、Co、As、Sb，95℃，4～5h	净化前液	150g/L	300	1000	30				
				二段加锌粉、硫酸铜除 Cd、残 Co，65℃，3～4h 三段加锌粉除残 Cd	净化后液	175g/L	1	1	1		1	1	

续表 6-11

厂别	生产能力 /×10⁴ t·a⁻¹	浸出流程	净化段数及方式	净液技术条件	溶液名称	溶液成分/mg·L⁻¹							
						Zn	Cu	Cd	Co	Ni	As	Sb	Ge
克拉克斯维尔锌厂（比）	8.1	一段中性，二段弱酸连续浸出	两段连续	一段加含 Pb1%的锌粉除 Cu、Cd 二段加锌粉、锑氧除 Ni、Co、Ge，90℃	净化前液	150g/L	0.2	500	0.8	0.5		0.15	0.3
					净化后液	150g/L	0.2	0.2	0.03	0.01		0.01	0.2
奥文佩尔特锌厂（比）		针铁矿法	两段连续	一段加锌粉除 Cu、Cd，50～60℃ 二段加锌粉、锑氧除 Co、Ni、Sb、Ge 等，80～85℃	净化前液	150～160g/L	400～500	400～600	20～30	10～30	0.05～0.1	0.1	0.02～0.05
					净化后液		0.2	1	1	0.05	0.02	0.02	0.02
瓦利菲尔德锌厂（加）	13.05	一段间断浸出，终点 pH=4～4.6	两段间断	一段加锌粉、硫酸铜、锑氧除 Cu、Co、Ni、As、Sb，85～95℃，pH=4.0，2～2.5h 二段加锌粉、硫酸铜除 Cd，<80℃，1～1.5h	净化前液	150g/L	400	300	2.0	<0.5	0.9	0.9	
					净化后液	170g/L					0.2	0.2	
特雷尔锌厂（加）	27.2	两段连续浸出：一段酸性，二段中性；另氧压浸出	两段连续	一段加锌粉除 Co、Cu、Ni、Cd，78℃ 二段加锌粉除残 Cd，78℃	净化前液	143g/L	60	200	1.5	0.5		0.8	0.1
					净化后液	144g/L	0.1	0.3	0.3	<0.1		0.02	0.02

+0.344和-0.40，均较锌-0.762为正的原理，铜容易优先沉淀，置换除镉比除铜难，要求过量多倍的锌粉。为了强化锌粉对镉的置换作用，要求溶液中有一定的铜、镉比，镉会复溶。净液温度越高及净液和过滤时间越长，镉的复溶就越多。锌粉置换除铜、镉过程，只能在机械搅拌槽或流态化槽内进行，不能采用空气搅拌槽，因为空气中的氧使锌粉氧化，增加锌粉消耗，并使已置换的镉复溶。必要时，精心控制技术条件，可分别置换得出铜渣和镉渣，将 Cu^{2+}，Cd^{2+} 还原成 Cu 和 Cd 沉淀除去。后者则是向溶液中加入 $CuSO_4$，使 Co^{2+} 氧化成 Co^{3+}，而后加入磺酸盐($2C_4H_9OCSSK$)使和 Co^{3+} 成钴盐（$(C_4H_9OCSS)_3Co$ 沉淀出去。钴、镍是溶液中最难除去的杂质。置换法要求加入过量的锌粉，保持较高的置换温度；为了降低锌粉消耗，可采用砷盐或锑盐作活化剂，提高净液效果。黄药除钴法是利用黄药与钴杂质离子生成难溶化合物的原理进行。由于黄药能与铜、镉等其他金属生成化合物，故一般在除铜、镉后再加黄药除钴。

此法第一段用锌粉除铜、镉，第二段用黄药除钴。采用此法时，新液中铜、镉浓度能得到有效控制，能分别回收铜、镉、钴有价金属，蒸汽消耗低。但是此法的砷、锑、镍等杂质净化深度较差。图 6-23 为株冶硫酸锌溶液流态化连续净化除铜、镉、黄药间断净化除钴设备连接图（目前压滤机改用管式过滤器)。

锌金属回收率即锌在净化过程中的损失主要是铜镉渣和钴渣带起的锌量，以及机械和其他不能回收损失的锌量。实践证明，铜镉渣产出率为 3.0%～3.5%，其中含锌 35%～45%。在镉回收的浸出过程中，85%的锌进入溶液，此溶液返回锌系统后锌回收约 95%。故此项锌的损失约占原料含锌量的 0.2%～0.3%。

钴渣产出率一般为 0.4%～0.5%，经酸洗后含锌约 50%，在钴回收过程中锌 40%进入溶液，此溶液返回锌系统后锌回收约 95%。此项锌的损失约占原料含锌量的 0.02%。

其他损失包括机械损失和滤布带走损失等，此项损失约占原料含锌量的 0.2%。

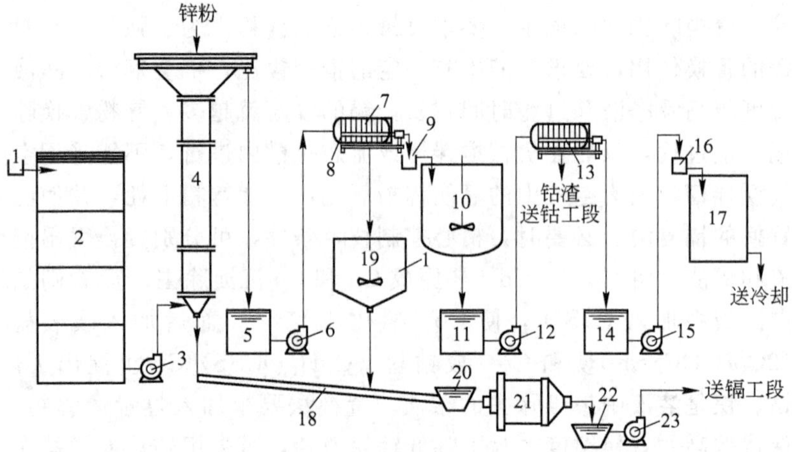

图 6-23 株冶硫酸锌溶液流态化连续净化除铜、镉、黄药间断净化除钴设备连接图

1—上清液溜槽；2—冷却塔；3—上清液输送泵；4—流态化除铜、镉槽；5—中间槽；6—除铜、镉压滤泵；7—除铜、镉压滤机 8、9—溜槽；10—除钴槽；11—中间槽；12—除钴压滤泵；13—除钴压滤机；14—中间槽；15—新液输送泵；16—新液溜槽；17—新液贮槽；18—铜、镍渣溜槽；19—铜、镉渣浆化槽；20、21—中间槽；22—铜、镍渣球磨机；23—铜、镍渣输送泵

以上三项损失占原料含锌量的 0.4%～0.5%，故净化过程中锌的回收率约为 99.5%。

6.2.3.2 砷盐法

砷盐法是用砷盐作锌粉活化剂在 353～368K 下加锌粉、As_2O_3 和 $CuSO_4$ 除铜、钴和镍及部分镉；然后在不加热情况下加锌粉除残镉，即两段净化。当 $CuSO_4$ 与锌粉作用时，首先在锌粉表面沉积铜，形成 Cu-Zn 微电池。Co^{2+} 等杂质金属离子在微电池的铜阴极上析出，形成 Zn-Cu-Co 合金。这种形态的钴仍不稳定，易于复溶。当有 As_2O_3 存在时，As^{3+} 也在阴极上被还原，形成 Zn-Cu-Co-As 合金，使 Co^{2+} 降至电积要求的程度。

砷盐净化可有效地除去溶液中的 Co^{2+} 和 Ni^{2+}。但是操作过

程中会生成 AsH_3 等有毒气体，净化过程产生的 Cu-Co 渣被 As 污染，给回收其中的有价金属带来困难。

沈阳冶炼厂 1969 年开始用砷盐法净化，采用白砷（As_2O_3）代替黄药除 Co，取消了氧化锌浸出上清液除砷锑过程。一次净化时浸出液中加入（As_2O_3）、锌粉、硫酸铜，同时除去 As、Sb、Ni、Cu、Ge；二次净化时浸出液中加入 $KMnO_4$ 除 Fe，加锌粉除残 Cd。经过两次净化，可基本除净有害杂质，电解电流效率可提高到 90%。

图 6-24 为沈冶砷盐法净化硫酸锌溶液设备连接图。

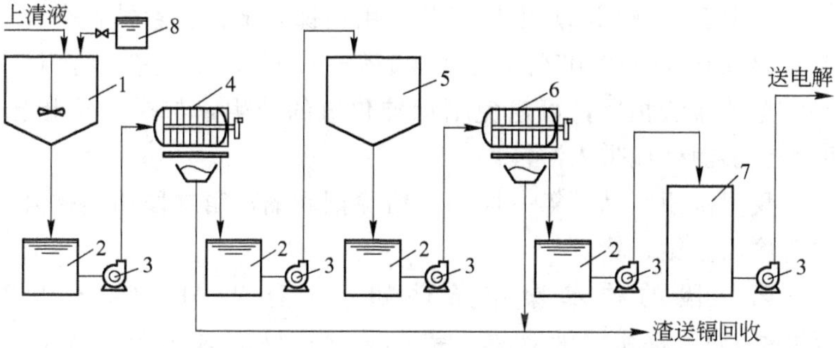

图 6-24 沈冶砷盐法净化硫酸锌溶液设备连接图

1—一次净化槽；2—中间槽；3—泵；4，6—压滤机；
5—二次净化槽；7—新液贮槽；8—砒霜溶解槽

白砷净化溶液的条件与指标：一次净化，温度 60～70℃，白砷、锌粉和硫酸铜的用量分别为 0.15kg/m³、0.5kg/m³ 和 0.2kg/m³，终液含 Co 降到 0.002g/L；二次净化，50～60℃，用空搅拌除铁，净化后溶液含铁<0.01g/L，铜≤0.5g/L，Cd≤0.002g/L。

6.2.3.3 反向锑盐法

反向锑盐法是先在较低温度下除铜、镉（“冷”净化），然后在高温（80～90℃）下加锌粉和锑盐除钴、镍、砷、锑、锗等杂质（“热”净化）。这种先“冷”后“热”的净化方式，可以较好地分别得到铜镉渣和钴渣，有利于伴生有价金属回收，镉的损失较少。采用锑盐法避免了砷盐法生产过程中产生剧毒的砷化氢，处理杂质高的溶液仍可得到满意的净化效果。世界上此法应用最多，我国西北冶炼厂亦采用这一净化法。

西北冶湿法炼锌净液有关数据如表 6-12。

表 6-12 中性上清液成分 g/L

Zn	Cu	Cd	As	Sb	Ni	Co	Fe
1.50	0.147	0.342	0.0003	0.0005	0.007	0.0012	0.02

6.2.3.4 铅锑合金锌粉法

日本会津（Aizu）电锌厂曾采用铅锑合金锌粉除钴，合金锌粉含锑 0.02%～0.05%，铅 0.05%～1.0%。采用合金锌粉净液，与砷盐法相比，可避免剧毒砷化氢的产生，与锑盐法相比，可避免锑额外地带入溶液中。

我国柳州锌品厂第一段用锌粉除铜和镉；第二段用铅锑合金锌粉除镍、钴、锗。

第一段的技术操作条件如下：酸度 pH = 5 ～ 5.2；温度<55℃；锌粉溶液含铜、镉 1.7 倍；反应时间 30～40min；搅拌方式机械搅拌。

第二段的技术操作条件如下：溶液酸度 pH＝5.4；温度 80～85℃；普通锌粉用量为 $1kg/m^3$（溶液）；合金锌粉成分/%：Pb 1.5～2.5，Sb 0.15～0.25；合金锌粉用量为 $1kg/m^3$（溶液）；反应时间 40min。

净化前液含 Cd3mg/L，净化后液含量/$mg \cdot L^{-1}$：Cu 0.1，Cd 1，Ni1，Co 1，Ge 0.04。

一次净化渣成分/%：Zn 30 ～ 40，Cu 4.9，Fe 0.94，As 0.25，Sb 0.01，H_2O 40～50。净化渣率为 $2.85kg/m^3$溶液。

一段净化渣采用低酸、高温处理，即前液酸度控制在 40～45g/L，温度 75～85℃，搅拌时间 4h，终点 pH＝5.0。锌的浸出率平均达到 94.34%，镉的浸出率平均达到 85.59%，后液含钴小于 0.005g/L。

二次净化渣成分/%：Zn 40～50，Cd 1.3～1.5，Cu 1.36，Co 0.014，As 0.02，Sb 0.01，Ge 0.01，H_2O 40～50。净化渣率为 4.2kg/m^3溶液。

吨锌消耗净液材料/kg：锌粉 20～21，高锰酸钾 0.1～0.2，合金锌粉 20～21。

本法第二段净液温度为 80～85℃，消耗蒸汽较多；另外，上清液含钴高时，合金锌粉耗量较大。

二段渣的处理采用中酸常温处理，即前液酸度控制在 55～60g/L，常温下搅拌 4h，终点 pH＝5.0。锌浸出率平均达到 94.99%，镉浸出率平均达到 91.29%，后液含钴小于0.008g/L。

6.2.4 电积提锌新技术

经过净化后的硫酸锌溶液加入添加剂，通过高位槽连续送入电解槽，槽中布以不溶性铅钙合金阳极和铝阴极。在两极上施以直流电压时，电解液中的锌离子便不断在铝阴极上析出。按采用的技术条件不同从硫酸锌溶液中电解沉积锌一般可分为 3 种方法，即：低酸低电流密度法、中酸中电流密度法和高酸高电流密度法。3 种方法比较见表 6-13。

我国湿法炼锌厂采用的电流密度多为 450～520A/m^2，废电解液含硫酸 130～280g/L。电解最后产生的废电解液，部分送去作焙砂浸出剂，部分配成电解液返回。析出的锌铝阴极，每隔一定时间（24～48h）取出，清洗后剥离锌片，然后熔化铸成锌锭，阴极经清洗加工后返回使用。

表 6-13 电解沉积锌方法比较

方　法	电解废液含硫酸 /g·L^{-1}	阴极电流密度 /A·m^{-2}	优 缺 点
低酸低电流密度	100～120	300～400	电积周期长，电耗少，生产能力较小，基建投资大

续表 6-13

方　法	电解废液含硫酸 /$g \cdot L^{-1}$	阴极电流密度 /$A \cdot m^{-2}$	优　缺　点
中酸中电流密度	130～200	400～600	其优缺点均居低酸低电流法与高酸高电流法之中
高酸高电流密度	220～300	600～1000	电解槽生产能力大，投资省，耗电多，要强化电解液的循环

锌电解沉积的基本反应是：

在阴极上：

$$Zn^{2+} + SO_4^{2-} + 2e = Zn + SO_4^{2-}$$

在阳极上：

$$2H^+ + 2OH^- - 2e = \frac{1}{2}O_2 + 2H^+ + H_2O$$

总反应式：

$$ZnSO_4 + H_2O = Zn + H_2SO_4 + \frac{1}{2}O_2$$

锌电积的主要技术经济指标为：电解温度 40℃，同极中心距 60mm，电流密度 450A/m^2，槽电压 3.2～3.4V，电流效率 89%，吨锌直流耗电 3100kW・h，电解回收率 99.3%。

锌电积的主要设备是电解槽，多为钢筋混凝土制成的内衬聚氯乙烯或玻璃钢防腐材料槽。锌电解沉积的原料为经净化除去各种有害杂质的硫酸锌水溶液（新液）。要求溶液清亮，无悬浮物和黄药泡沫。锌电积的槽电压由硫酸锌分解电压、电解液电压降、极板及其接触电压降和阳极泥电压降等组成。硫酸锌分解电压与电解液温度、锌、酸含量有关，一般约为 2.5V。电解液电压降与电流密度、电解液含锌和阴阳极间表面距离成正比，与电解液温度、含酸量成正比，一般约为 0.5V，其他各部分电压降之和约等于 0.3V，一般工厂槽电压为 3.2～3.4V。一般电流效率约 86%～91%。

影响电流效率的因素很多，如电解液中锌、酸和杂质的含量、电解液温度、电流密度、析出周期和添加剂使用情况、极板表面情况、导电状况和漏电等。

表 6-14 为工厂通常采取的电积节能措施，表 6-15 为日本安中锌冶炼厂锌电积节能措施及其效果。

通常锌电积直流电单位消耗为 2950～3200kW · h/t（阴极锌）。阴、阳极的消耗取决于其制造质量、电解液成分和电解操作条件，通常阴极单耗为 0.3～0.35 片/t（阴极锌），阳极单耗为 0.15～0.25 片/t（阳极锌）。

表 6-14 锌电积节能措施

节能措施	作用
提高电解液温度至 40～50℃ 提高废电解液酸度至 160～200 g/L 降低电解液中的 K^+、Na^+、Mg^{2+} 含量	降低电解液电阻
提高新液纯度，如使含钴量降至 0.02mg/L	减少阴极锌的复溶
减少阴极电流密度，如增加极片，提高液面高度	降低槽电压
缩短阴极的清扫周期，如减至 20d	降低阳极和阳极泥电阻
加强电解槽管理，防止短路	避免无用功
缩短电积周期	降低阴极电阻

表 6-15 日本安中锌冶炼厂锌电积节能措施及其效果

节能措施	减少的电耗 /kW · h · t^{-1}（阴极锌）
电解液酸锌含量：Zn55～60g/L，H_2SO_4 170～180g/L	20
电解液中 Na^+、K^+ 降至 3.0～3.5g/L	94
减小电流密度，D_K=400～500A/m^2	60
加强阳极管理	35
防止短路	25
防止黏结	20
合计	254

析出的阴极锌熔化通常采用低频感应电炉或反射炉。由于低频感应电炉具有一系列优点，在国内外工厂广泛采用，反射炉只在一些小厂里使用。表 6-16 为阴极锌熔化低频感应电炉与反射炉的技术经济指标比较。

表 6-16 阴极锌熔化低频感应电炉与反射炉的技术经济指标比较

名 称	低频感应电炉	反 射 炉
1t 锌锭的能耗	电 110～120kW·h	煤气 200～300m^3，或重油 30～50kg，或块煤 5%～9%
1t 锌锭消耗氯化铵/kg	0.85～1.0	1.0～1.5
锌直接回收率/%	97.5～98	95.5～96.5
进入浮渣中的锌/%	2～2.5	3～4
烟气带走锌占原料之比/%	0.2～0.3	0.5

反射炉按使用的燃料种类不同，又分为烧煤气、烧重油和烧煤（优质块煤）反射炉 3 种。在当地煤气、重油供应困难的小锌厂，才使用烧煤反射炉。

阴极锌片在熔锌炉内熔化过程中，有部分锌氧化形成浮渣。为了减少浮渣量和便于浮渣与锌液分离，熔锌时须加入固体氯化铵作澄清剂和覆盖剂。为了回收热浮渣中夹带的锌液，热浮渣常用带有“铁梳子”的捣渣机搅渣，挤搅出的锌液回炉处理，而浮渣则送往下道工序处理。

熔锌炉在操作过程中产生含氧化锌尘的烟气，为了防止粉尘危害，该烟气需要收尘处理才能排放。

为了节省能耗，许多工厂除生产锌锭外，还搞产品延伸，开拓新产品，如锌板、锌饼、锌坯型材；热镀锌合金；铸造锌合金和其他锌基合金等。

6.3 炼铜工业的清洁生产工艺

6.3.1 炼铜工艺概述

中国是铜的重要生产国，2005 年铜产量为 253 万 t，同比增长 23.0%，属第四大生产国。我国铜冶炼厂几乎拥有全球大部分主要炼铜方法。20 世纪 80 年代以前，我国炼铜工艺主要以鼓风炉、反射炉、电炉为主，之后，贵溪冶炼厂首次引进先进的铜闪速熔炼技术。20 世纪 90 年代金隆铜业公司在消化吸收贵冶的基础上，结合当今世界闪速熔炼最新技术，自行开发建造了闪速炉。我国还引进了诺兰达炉和奥斯麦特炉两种炼铜工艺。我国湿法炼铜每年约 2×10^4 t，约占铜产量的 1%～2%。主要是处理一些铜的氧化矿和难以回收的低品位矿石。

硫化矿和氧化矿是炼铜的主要原料。目前工业开采的铜矿石中，w (Cu) =0.4%～0.5%，不适于冶炼厂直接冶炼，通常先采用选矿（浮选）法处理，使铜富集在精矿中，而脉石等以尾矿形式弃去。浮选后得到的精矿中铜的含量一般在 20%～25%，铁和硫的含量均在 25%～30%左右，3 种元素的含量约占 80%，另有铅、锌等伴生金属和二氧化硅、氧化钙等造渣矿物成分以及少量的砷、锑、铋等杂质和金银等贵金属。

6.3.1.1 火法炼铜

火法炼铜是生产铜的主要方法。火法炼铜一般分为 3 个过程：首先将铜精矿熔炼成冰铜，然后将冰铜吹炼成粗铜，最后将粗铜精炼成阳极铜。原料是硫化铜精矿，包括焙烧、熔炼、吹炼、精炼等工序，流程见图 6-25。

火法炼铜的方法有密闭鼓风炉、反射炉和电炉熔炼、熔池熔炼、闪速炉等方法。20 世纪 90 年代前，炼铜技术的进步和发展主要是在第一步，即熔炼过程；吹炼工艺并无实质性进展，基本上一直在采用 PS 转炉吹炼。

转炉吹炼工艺烟气量波动大，不利于制酸和硫的回收，未能充分利用粉状精矿的巨大单位表面积和硫化物的氧化反应热，因

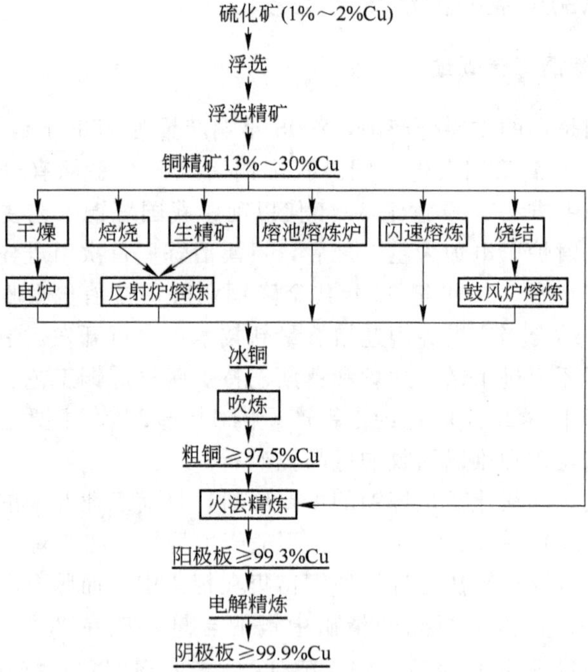

图 6-25 火法炼铜工艺流程

而能耗高，硫回收率低，环境污染严重，建设投资和生产费用大，难以处理低品位氧化矿、复杂难选矿等含铜原料。

20 世纪 90 年代后，由于铜的需求量剧增，能源短缺以及对环境要求日趋严格，加之科学技术的进步，促使炼铜技术向着充分利用铜精矿的方向发展，强氧化熔炼和吹炼工艺实现了质的飞跃。将焙烧、熔炼和部分吹炼合成一个工序的强氧化冶炼，已经取代了传统的反射炉等方法。1995 年闪速吹炼问世并成功应用于美国肯尼柯特冶炼厂，将闪速炼铜整体工艺（闪速熔炼＋闪速吹炼）的回收率由 95％提高到 99.9％以上。

6.3.1.2 湿法炼铜

湿法炼铜是铜（锌）矿物预先通过氧化或硫酸焙烧，转变可溶状态，在常压或高压下，用溶剂浸出矿石或焙烧矿石中的铜，经净液使铜与杂质分离，然后再进行浸出、净化电积、以提取电解铜。主要是处理一些铜的氧化矿和难以回收的低品位矿石。

原则工艺流程见图 6-26。

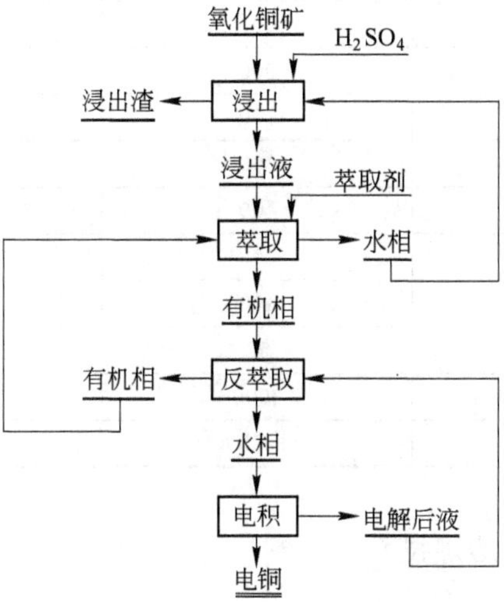

图 6-26 氧化铜矿酸浸流程

湿法炼铜因其生产成本低，环境污染轻，可处理火法不能处理的低品位铜矿或难选矿，近十多年来得到很大发展，采用该工艺生产的原生铜已占世界铜产量的 15%以上。湿法炼铜用溶剂浸出铜矿石或精矿，而后从浸出液中提取铜。主要原料是氧化铜矿，生产过程包括浸出、净化、提取等工序。

湿法炼铜的处理方法通常有 RLE 法、常压氨浸出法（阿比特法）、高压氨浸出法、细菌浸出法等。酸浸应用较广，氨浸限于处理含钙镁较高的结合性氧化矿。处理硫化矿多用硫酸化焙烧-浸出或者直接用氨或氯盐溶液浸出等方法。20 世纪 60 年代以来，为了消除 SO_2 污染，对用湿法冶炼硫化铜矿进行了许多研究，但因经济指标尚不如火法，湿法工艺大多停留在试验和小规模生产阶段。

表 6-17　世界各种炼铜工艺生产能力表

主要铜冶炼工艺	生产能力/$\times 10^3$t	采用此项技术厂家
闪速炉	6100	36
反射炉	2800	27
鼓风炉	600	8
特尼恩特炉	900	7
电　炉	700	5
三菱炉	400	2
艾萨炉	400	3
诺兰达炉	400	3
瓦纽科夫炉	400	2
白银炉	50	1
湿法炼铜	2000	
合　计	14750	94

6.3.2　强氧化熔炼技术

强氧化熔炼的目的是使铜精矿或焙烧矿中的部分铁氧化、脉石、熔剂等造渣除去，产出含铜较高的冰铜（$xCu_2S \cdot yFeS$）。冰铜中铜、铁、硫的总量常占80%～90%，炉料中的贵金属，如Pb、Zn、Ni、Co、As、Bi、Sb等元素的硫化物以及金、银和铂族金属，几乎全部进入冰铜。冰铜含铜量取决于精矿品位和焙烧熔炼过程的脱硫率，世界冰铜品位一般含铜40%～55%，用于生产高品位冰铜，可更多地利用硫化物反应热，还可缩短下一工序的吹炼时间。熔炼过程主要反应为：

$$2CuFeS_2 \rightarrow Cu_2S + 2FeS + S$$

$$Cu_2O + FeS \rightarrow Cu_2S + FeO$$

$$2FeS + 3O_2 + SiO_2 \rightarrow 2FeO \cdot SiO_2 + 2SO_2$$

$$2FeO + SiO_2 \rightarrow 2FeO \cdot SiO_2$$

熔炼炉渣含铜与冰铜品位有关，弃渣含铜一般在0.4%～

0.5%。铜精矿中的脉石成分及部分铁氧化造渣。铜锍不仅对铜有富集作用，同时又是贵金属的良好捕收剂，因此在铜锍中还富含造锍熔炼得出的炉渣是由各种金属和非金属氧化物的硅酸盐组成，主要成分为 SiO_2、FeO 和 CaO，三者总和约占炉渣总量的85%～90%。由于铜锍与炉渣密度不同，熔炼后二者在炉内澄清分离，分别从炉体的不同出口放出。

强氧化熔炼包括熔池熔炼、闪速熔炼两种，强氧化熔炼的发展趋势是高氧浓度、高冰铜品位、高 SO_2浓度，但是由此带来的渣含铜问题就日益突出。

6.3.2.1 熔池熔炼

熔池熔炼是将氧气或富氧空气经设于侧墙、熔池（底）中的风口或顶部的喷枪直接鼓进炉内的锍层或炉渣层的冶炼过程，它的处理方法主要是使炉料直接加到受鼓风强烈搅拌的炉池表面，在熔融体（炉渣与冰铜）和气体包围的涡流中进行熔化，迅速实现气-液-固三相反应。

熔池熔炼具有如下的特点：

（1）精矿和熔剂加入到强烈湍动的熔体熔池内；

（2）炉料的熔化是通过熔体的熔解和浸蚀；

（3）熔体内的硫化物氧化作用是借助于液-气相质量传递；

（4）熔剂的造渣是靠固-液相反应来完成；

（5）精矿不需要特殊的配料和特别的干燥（含水可在6%～8%范围），这一点，也是熔池熔炼的优点之一，免去了如闪速炉那样庞大、严格的干燥工序。

由于熔池熔炼过程的传热与传质效果好，可大大强化冶金过程，达到了提高设备产率和降低冶炼过程能耗的目的，因此20世纪70年代后熔池熔炼得到了迅速发展。世界上从事熔池熔炼研究工作最多和生产应用最早（1973）的国家是加拿大。我国和前苏联差不多是同时（70年代初）开展这一项新技术的研究。1980年我国白银炉（炉床面积为100m^2）开始投入工业生产。目前在工业上已应用的有诺兰达法、白银法、瓦纽科夫法、三菱法、特尼恩特法、艾萨法及氧气顶吹回转转炉法等。

A 诺兰达法

诺兰达法炼铜是侧吹熔池熔炼在工业上的最早应用。该法具有加速气、液、固三相间传质和传热过程的特点，是一种重要的强化、低能耗、少污染的炼铜新方法。

诺兰达炉是水平式圆筒反应器，类似 PS 转炉。炉料通过抛料机从反应区端墙的侧加料口加到炉内湍动的熔池表面，熔融后被底部风口鼓入的富氧空气氧化，熔池温度 1473K。诺兰达熔炼过程可产出 $m(Fe)/m(SiO_2)$ 比值达 1.5～1.9 的炉渣。相当于渣中 SiO_2 质量分数为 22%～25%。虽然渣中含 Fe_3O_4 达 25%～30%，但由于熔体的强烈搅动，操作亦能顺利进行。炉渣含铜一般为 5%～6%，经浮选后得到的尾矿含铜 0.4%，但产出烟气中 SO_2 浓度低，仅为 7%～15%。诺兰达反应炉如图 6-27 所示。

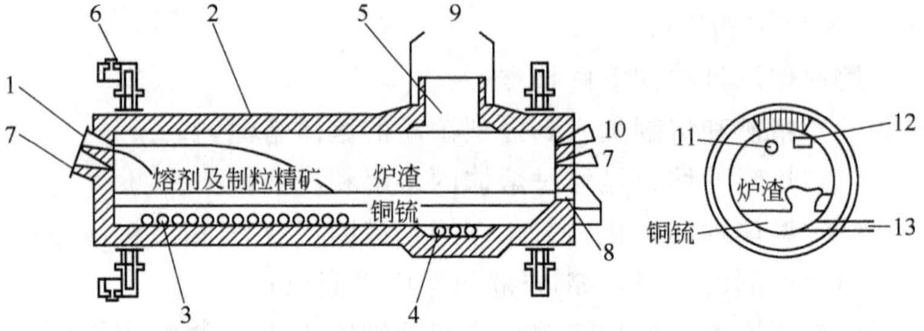

图 6-27 诺兰达反应炉

1—加料口；2—炉壳；3，13—风眼；4—放铜口；5—炉口；6—转动齿轮；7—烧嘴安置口；8—放渣口；9—炉气眼罩；10—炉渣端；11—烧嘴口；12—加料口

B 白银法

白银炼铜法系 1979 年白银有色金属公司铜冶炼厂研究成功的一种向熔池鼓风强化气-液反应的新型炼铜工艺，是我国自主开发的熔炼技术，铜产量占国内铜产量 4%。

白银法的熔炼过程是在一台矩形熔池熔炼炉内进行的，熔池分为熔炼区和沉淀区两大部分。炉料从炉顶加料孔连续加入熔炼区。从浸没在熔炼区熔池深处（熔体面以下450mm）的风口鼓入空气或富氧空气发生气-液氧化反应，熔炼区温度为1423～1473K。

白银炼铜法的突出优点是：炉子结构简单，检修方便；物料制备简单，对炉料适应性强，铜直收率达96.42%；可用碎煤或重油补热；烟尘率不高，仅为3%，含SO_2的烟气适于双转双吸制酸工艺。但白银炼铜法尚需进一步完善，如提高炉子寿命，稳定生产实践，进一步提高硫的利用率等。100m^2双室型白银炉生产流程和炉体结构分别如图6-28和图6-29所示。

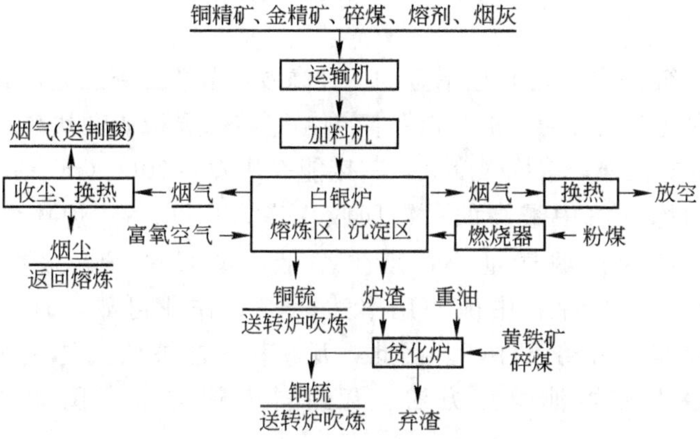

图6-28 100m^2白银炉生产流程

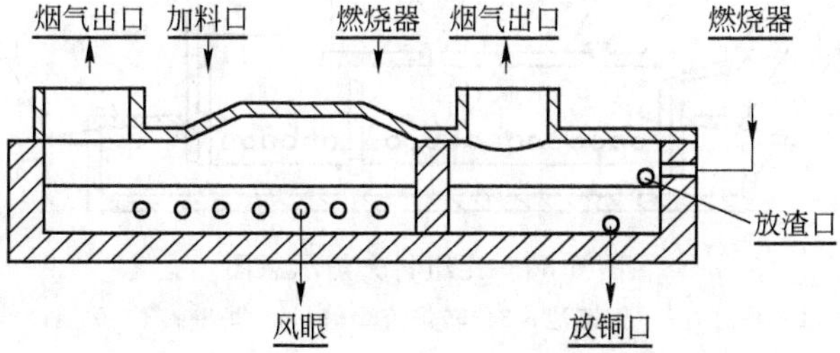

图6-29 100m^2双室型白银炉炉体结构图

C 瓦纽科夫法

瓦纽科夫法是20世纪50年代由俄罗斯莫斯科钢铁与合金研究所A. B. 瓦纽科夫教授发明的一种富氧深熔池自热熔炼过程。1987年在俄罗斯诺里尔斯克铜冶炼厂建成$48m^2$的瓦纽科夫炉，目前世界上有6台瓦纽科夫炉在生产运行。

炉子结构与炉渣烟化炉相似，呈矩形，在两侧水套上设有向熔体吹工业氧气或富氧空气的风口，炉顶加料，高浓度富氧空气使硫化物在渣层内燃烧，熔炼区温度维持在1572K左右，完成熔炼反应。熔体在由上往下垂直运动过程中完成铜锍液滴的聚合、长大，并与炉渣分离，然后从两端虹吸池分别放出铜锍和炉渣。

瓦纽科夫法是有色冶金的一种高效、节能的新工艺，其显著的技术优势表现为：炉料制备简单，能熔炼湿精矿和块矿，对原料的适应性强；熔炼强度大，其床能率达60～70t/（m^2·d），是各种冶炼方法中最高的；铜回收率高，达98%；炉体结构简单，寿命长；烟气量小，烟尘率低，烟气中SO_2浓度可达25%～40%，原料中硫利用率达75%；作业可靠，且采用全负压操作，劳动条件好。因此，瓦纽科夫法被认为是一种极有发展潜力的熔池熔炼方法。瓦纽科夫炉的示意图如图6-30所示。

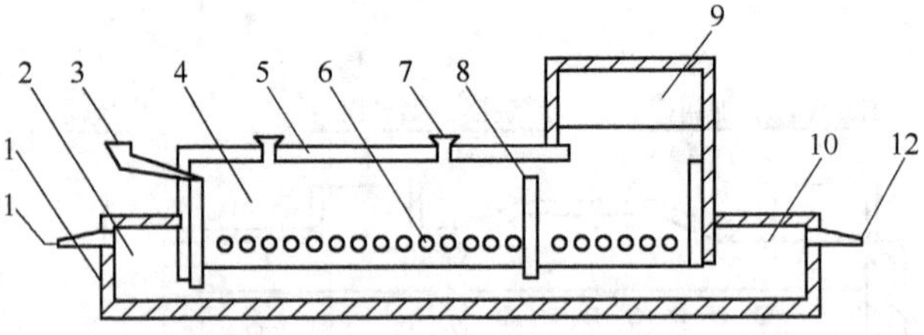

图6-30 瓦纽科夫炉示意图

1—炉缸；2—铜锍池；3—转炉渣溜槽；4—炉壁；5—炉顶；6—风口；7—加料口；8—挡墙；9—烟道；10—渣池；11—铜锍排出口；12—炉渣排出口

D 三菱法

三菱法是日本三菱金属公司发明的多炉连续炼铜法，属于顶吹熔池熔炼方法，它采用的是铁酸钙渣系。1974 年在日本直岛炼铜厂投入工业生产，加拿大的梯明斯冶炼厂也采用此法。

三菱法的冶金过程是利用在功能上连续的三个炉子即熔炼炉、炉渣贫化炉和吹炼炉连续地将铜精矿熔炼成粗铜，三个炉子之间采用溜槽相连接。熔炼炉产物由溢流口经溜槽流入贫化电炉，在贫化电炉内炉渣与锍分离，贫化电炉渣水淬后弃去，锍流入吹炼炉吹炼成粗铜。

三菱法是目前世界上唯一在工业上应用较成熟的连续炼铜方法，与其他熔炼方法相比，三菱法的优势在于：

(1) 基建费用及阳极加工费用均降低约 30%；

(2) 原料中硫回收率高，而回收费用却只需一般炼铜法的 1/5～1/3；

(3) 能耗降低约 20%～40%；

(4) 操作人员可减少 35%～40%。

E 特尼恩特法

特尼恩特法利用富氧空气吹炼反射炉产出酌铜锍，同时自热熔炼铜精矿，产出富铜锍或白铜锍。特尼恩特法是铜精矿在两座反射炉、两台特尼恩特改良转炉（TMC）和 4 台常规卧式转炉组成的系统中炼成粗铜的铜熔炼方法。

各炉的冶炼功能为：在安装有氧气和燃料烧嘴的反射炉内熔炼一部分铜精矿，产出含铜 48%～50%的铜锍和弃渣，铜锍作为下道作业的底料；大致等量的铜锍和铜精矿在富氧鼓风（含氧气 30%～34%）的 TMC 中连续、自热地熔炼和吹炼，产出含铜 75%～78%的高品位铜锍和含铜 4%～6%的炉渣，炉渣返回反射炉中处理；高品位铜锍送入富氧鼓风的卧式转炉内吹炼成粗铜。

其主要特点是：投资少，设备生产率大，能耗及生产成本明显下降，连续产出烟气中 SO_2 浓度可达 7%～9%，有利于制酸；

但是炉体风口砖寿命短，生产中渣含铜高且硫捕集率低。从总体来看，特尼恩特法是传统反射炉炼铜流程现代化改造的有效方案之一。

F　艾萨法

艾萨熔炼法是通过炉顶插入的喷枪将富氧空气和燃料喷入竖式熔池内，浸没喷射产生湍动熔池，使氧化反应或还原反应激烈地进行，进行造锍熔炼的炼铜方法。它最初于 1978 年用于炼铅工艺的研究，直到 1994 年才正式在澳大利亚投入工业生产，用这样两台设计相似而又相连的顶吹炉，完成硫化铅精矿的氧化熔炼和炉渣还原两段吹炼过程，直接产出粗铅。芒特艾萨矿业有限公司铜冶炼厂熔炼系统生产工艺流程见图 6-31。

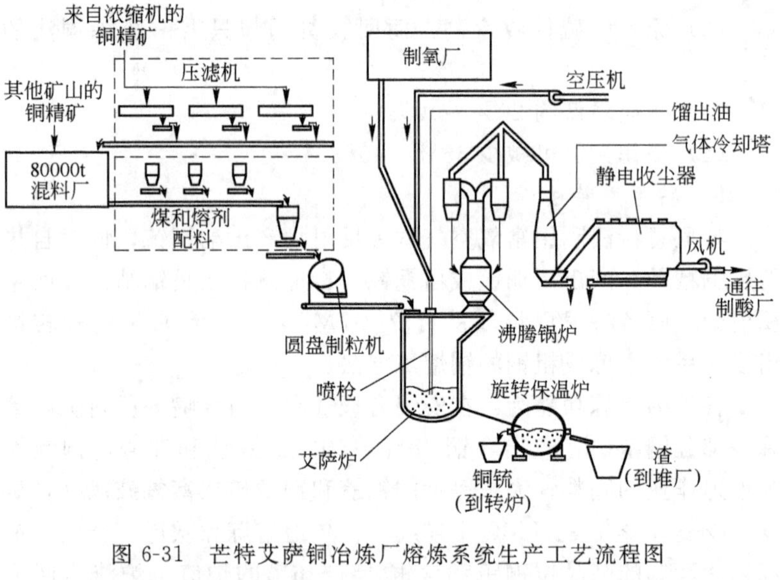

图 6-31　芒特艾萨铜冶炼厂熔炼系统生产工艺流程图

艾萨法熔炼的优点是烟尘率低，生产效率高，操作简单，但喷枪与炉衬腐蚀严重，且渣含铜高，必须进行炉外贫化处理。

G　旋转顶吹法

顶吹旋转转炉又称为卡尔多（Kaldo）炼钢转炉，而顶吹转炉法也称为 TBRC 法，它既可用来熔炼铜精矿或吹炼铜锍，也可用于直接炼铅。该熔炼方法多用于处理二次铜精矿或者杂质高的复杂原料。顶吹转炉法属于间断作业工程，适用于小型生产，其炉温可调范围大，熔体搅拌良好，热效率可达 60%以上，但炉寿命短，渣含铜高。

6.3.2.2 闪速炉熔炼

闪速熔炼自 1949 年应用于工业生产以来，经过半个世纪的不断改进、完善和发展，逐步取代了反射炉和鼓风炉的地位。目前，世界上已有 20 多个国家的冶炼厂采用闪速炉。该法生产的铜量约占世界铜产量的三分之一以上。它已成为当今铜冶金所采用最具有竞争力的熔炼技术，被普遍认为是标准的清洁炼铜工艺。

闪速熔炼的熔炼过程是将经过脱水（含水＜0.3%）的粉状精矿，在喷嘴中与热空气或富氧氧气混合后，以高速度（60～70m/s）从反应塔顶部喷入高温（1450～1550℃）的反应塔内。此时，精矿颗粒为气体包围，处于悬浮状态，在 2～3s 内就完成了炉料的分解、氧化和熔化等熔炼过程。熔融硫化物和氧化物的混合熔体液滴落下到反应塔底部的沉淀池中汇集起来，继续完成铜锍和炉渣的最终形成过程。铜闪速熔炼工艺流程如图 6-32 所示。

闪速熔炼集焙烧、熔炼和部分吹炼过程于一个设备内，适用于硫化物原料的造锍、吹炼、造渣和直接熔炼等过程。与传统炼铜方法相比，闪速炼铜具有 5 方面的优点：

（1）熔炼强度高，设备能力大，床能率为反射炉和电炉的 2～4 倍，由于充分利用和平衡了铜精矿的巨大表面能和所含的硫及铁的反应热，即最大限度地利用了精矿的自身反应热，实现了自燃熔炼，能量消耗不足传统炼铜方法的二分之一；

（2）同时通过采用高投料量、富氧熔炼工艺、高品位铜锍、高热负荷等生产技术，不仅可以大大降低能源消耗和提高生产能力，而且减少了烟气量，这样，可以减少烟气处理设备（废热锅炉、电收尘、制酸等）的投资在降低成本的基础上，其生产率也

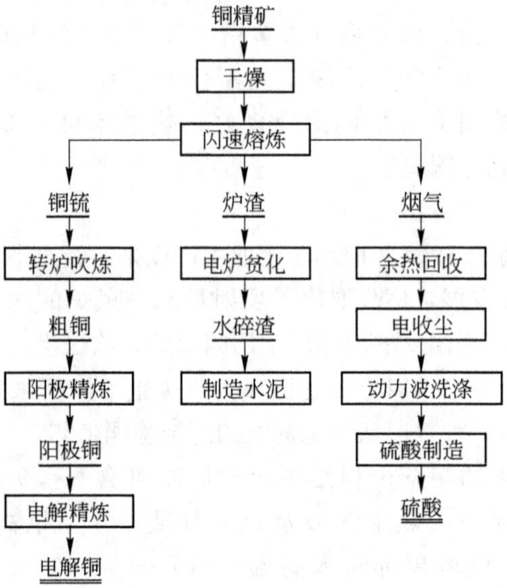

图 6-32　铜闪速熔炼工艺流程

不断得到提高；

(3) 铜锍品位容易控制，通过调节反应塔（奥托昆普闪速炉）供氧总量可在较大范围内控制脱硫率和冰铜品位，冰铜品位一般控制在 50%左右，这样对下一步吹炼有利；

(4) 烟气含 SO_2 量高达 10%～80%，便于综合利用，闪速炉烟气可用双接触法制硫酸或生产元素硫，烟气制酸的硫回收率超过 95%，制酸后烟气中 SO_2 的含量达到排放标准，能满足严格的环保要求；

(5) 自动化程度高，目前世界上所有闪速炉基本都实现了工艺过程计算机在线控制，从而保证了闪速炉生产高质量稳定运行。所以，闪速炉作业率明显高于其他工艺。

此外，闪速炉的炉龄较长，一般立体冷却的闪速炉炉龄至少都在 10 年以上，即闪速炉在此期间内不需进行停炉冷修。同闪速熔炼相比，熔池熔炼（艾萨炉、诺兰达炉、瓦纽科夫炉等）主

要不足之一就是耐火砖损耗严重，炉寿命短，一般每年至少都需停炉大修一次，

闪速炉熔炼虽具有以上优点。但它仍有许多不足之处：

(1) 对精矿干燥要求高（含水小于0.3%）；

(2) 渣含铜高，炉渣需经电炉贫化或浮选处理后才能弃去；

(3) 烟尘率高，一般为8%~13%；

(4) 附属设备较复杂，闪速炉的耐火材料质量要求较高。

对于不同冶炼厂，以上4个缺点有不同程度上的突出。以贵溪冶炼厂为例，渣含铜问题就更突出。贵溪冶炼厂对闪速炉渣的贫化是采用电炉贫化，但是由于锍品位较高、氧势高、炉渣停留时间过短等原因，电炉实际只起了一个简单的沉淀前床的作用而已。贫化电炉渣含铜依然很高，均在1%左右。

闪速熔炼根据不同炉型的工作原理可分为两类：奥托昆普(Outokumpu)型和国际镍公司因科(Inco)型。另外，基夫赛特(Kivcet)法和氧气喷撒熔炼(OSS)法也属于闪速熔炼的范畴。

A 奥托昆普闪速熔炼

奥托昆普法是芬兰奥托昆普公司（Outokumpu）哈贾瓦尔塔（Harjavalta）冶炼厂在1949年首先用来熔炼钢精矿，1959年开始用于熔炼铜精矿，1962年用来从黄铁矿精矿生产元素硫。目前世界上已有几十个工厂采用奥托昆普型闪速炉，中国贵溪冶炼厂也采用此种炉型。

奥托昆普法的熔炼过程采用723～1273K的热风或富氧空气将干燥精矿垂直喷入靠闪速炉一端的反应塔中进行氧化反应，反应放出大量的热量，使反应塔中的温度维持在1673K以上。熔融物料的内部温度和浓度差造成液滴内部的强烈循环，使氧化反应速度加快。最后溶体落入沉淀池中完成最终造渣和造锍反应，澄清分离后分别排放。其工作原理见图6-33。当烟气掠过沉淀池液面时，带走许多微小的液滴，所以闪速熔炼的烟尘率比较大。烟气从闪速炉另一端的上升烟道排出。

奥托昆普法的烟气特点是三高，即温度高（1573K以上）、

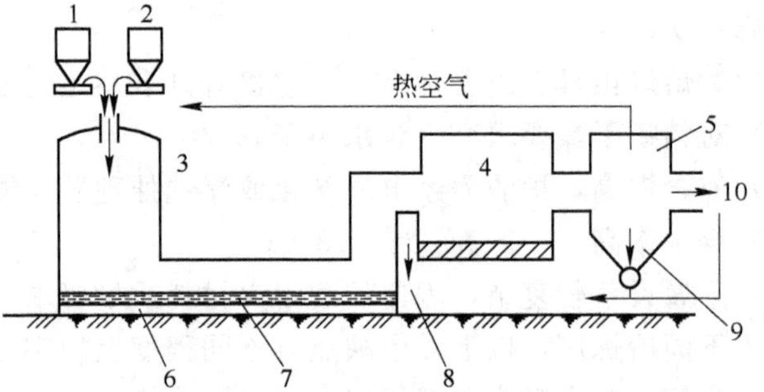

图 6-33　奥托昆普法原理图

1—硫化精矿；2—熔剂；3—精矿喷嘴；4—余热锅炉；5—换热器；6—炉渣；7—铜锍；8—烟尘；9—冷空气；10—静电除尘器和 H_2SO_4 回收

含尘高（含尘浓度为 50 ～ 150g/Nm^3）、SO_2 体积分数高（φ（SO_2）＝8％～15％）。通常此烟气经过余热锅炉、电收尘后送去制酸。

奥托昆普法反应塔中氧位较高，能产出高品位锍，但是炉渣中 Cu 的质量分数也高，一般为 1.0％～1.5％。这样的炉渣必须进一步处理，回收其中的铜。目前贫化炉渣的工业方法有电炉贫化法和选矿法。

B　因科闪速熔炼

继奥托昆普法之后，加拿大钢崖（Copper-Cliff）冶炼厂于 1952 年开始采用国际镍公司的因科法熔炼铜精矿。因科法的特点是将炉料水平喷入炉膛，而采用不预热的工业氧气［φ（O_2）＝95％～97％］来氧化熔炼精矿，其原理如图 6-34。与奥托昆普法相比，床能率更高，可达 10％～12％；烟尘率更低，仅有 2％；能耗更低。

因科法的冶炼过程使工业氧气将干铜精矿、黄铁矿和溶剂从设在炉子两端的精矿喷嘴水平的喷入炉内熔池上方空间，炉料在空间内处于悬浮状态发生氧化反应，放出大量热，使过程自热进行。产出锍、炉渣和 SO_2 体积分数很高［f（SO_2）＝80％］的烟气。

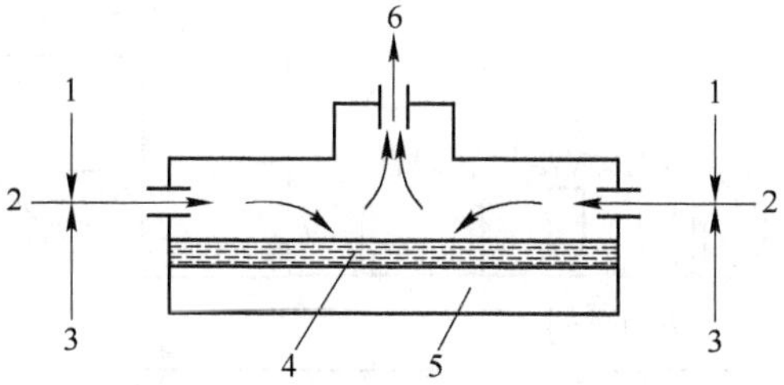

图 6-34 因科法原理图
1—硫化精矿和熔剂；2—空气；3—氯气；
4—铜锍；5—炉渣；6—废气

6.3.2.3 Contop 炼铜新工艺

Contop（ContinuousTop-feed Oxygen Process）即炉料高速连续地熔炼和吹炼。Contop 炼铜法是由德国 KHD Humtbolt Wedag 公司在 20 世纪 80 年代末开始研究开发的炼铜新工艺。第一台漩涡炉安装在智利国家铜公司丘基卡马塔。目前世界上采用 Contop 工艺炼铜的工厂虽为数不多，但该工艺适合反射炉的改造，能充分利用了漩涡熔炼温度高、热强度大、炉料停留时间短和顶吹反应易于控制的特点，必将成为在技术上更具竞争性的炼铜工艺。

A Contop 熔炼结构

Contop 熔炼同闪速熔炼一样，属于悬浮熔炼。由于炉子结构不同，两者有较大差别。Contop 炉主要包括漩涡熔炼室和顶吹反应室两部分，漩涡室有水平式和垂直式两种，从热分配和冶炼过程的控制来看，垂直漩涡室均优于水平式漩涡室，美国和智利都采用这种方式。漩涡室呈圆筒形，一般采用箱式或管式水冷，顶吹反应室与漩涡室底部相连，是一个较大的熔池，顶吹反应室用镁砖砌筑，顶部挂砖。美国的 El Paso 冶炼厂的 Contop 炉结构见图 6-35，它有两座漩涡室。圆柱形漩涡室结构见图 6-36，其侧壁采用不锈钢水冷结构。

顶吹反应室有 2 个水冷出渣口和 4 个铜筑出口，位于炉子的

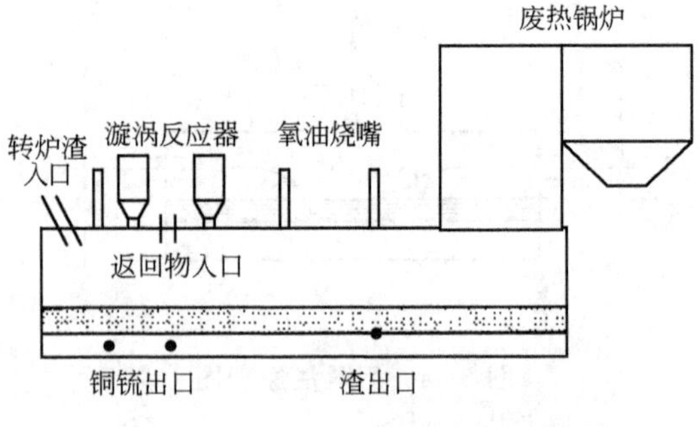

图 6-35　Contop 炉结构示意图

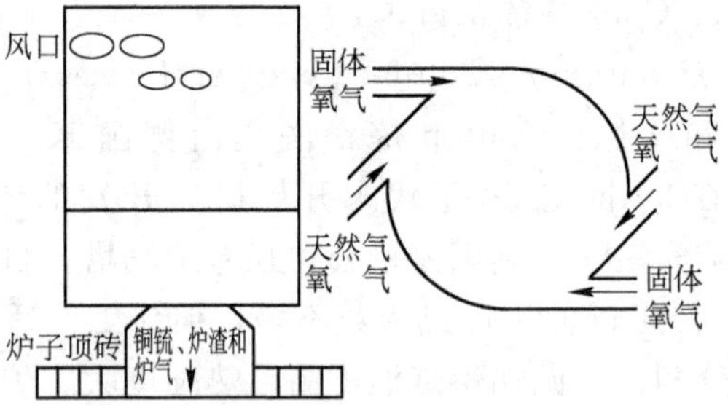

图 6-36　漩涡室结构图

两侧。转炉渣从反应室前部池顶的渣口加入。各种返回物可以通过两漩涡室之间的加料口加入。粉状物料以切线方向通过漩涡室侧壁上部的四个风口喷入炉内，每个风口的对面是一个氧气、天然气烧嘴，4 支顶吹喷枪高速喷入天然气、氧气，使炉渣进一步贫化。反应室的温度主要靠反应器的热量和 8 个安装在顶部的氧油烧嘴来维持。烧嘴区域温度很高，精矿被氧油火焰点燃并迅速熔化成熔融的渣、铜镰。熔融物料在水冷护壳上形成的保护层使之免于腐蚀和磨损。熔体和炉气通过反应器的咽喉口流入顶吹反应室。铜锍通过铜包用吊车运至转炉。SO_2 烟气通过直升烟道进入余热锅炉。

B　Contop 工艺原理

Contop 技术分两个部分：一是漩涡熔炼技术；二是顶吹

技术。

漩涡熔炼是在漩涡室内进行的，高密度粉粒由喷嘴切向喷入漩涡炉内，炉内喷嘴出口处的高密度料流和固体炉料与反应气体间较高的相对速度，是在狭小容积内能够进行高速反应的动力学前提。在漩涡室上部燃烧区内温度高达1800℃左右，所以喷入的炉料立即熔化。强烈的涡流运动使熔体与气体迅速分离，铜镜和炉渣在水冷炉壁上凝聚并下流，进入顶吹反应室。在连续反应过程中，熔体与水冷炉壁之间达成了一种温度平衡，使一部分炉渣凝结在炉壁上，形成保护层。在较高的熔炼温度下，精矿中的杂质氧化物挥发进入气相，因此漩涡炉在处理复杂铜精矿方面有决定性的优势。

在顶吹反应室中，还原气体和工业氧的混合物以超音速的高速度从水冷喷枪中吹在渣熔体上，打破了熔池内熔体表面的平静，使熔渣表面上形成凹坑，气体射流因此改变方向。反射回来的气体沿熔体表面逃散，气体和熔体之间的摩擦力使得熔体发生旋转运动，使反应表面不断地更新，从而导致传热和传质的高速进行。以氧化物形式存在于炉渣中的有价金属成分被还原，同时转化成重金属相。或在适当的蒸汽压条件下挥发，并以有价金属氧化物形式在废气系统中捕集下来。与此同时，炉渣中富集的磁性氧化铁也被还原。因此炉渣贫化速度比电炉贫化要快。

C Contop炉的工艺特点

漩涡室是一种容易操作、具有很大灵活性的熔炼设备。如果需要可以在几秒钟内完成开停动作，加料量可在几秒钟内从设计能力的80%上升到120%，正常生产的百分比为105%。生产的铜锍品位非常稳定。

漩涡炉对原料要求不高，它不需要专门的配料，可以处理多种不同成分的精矿，也可以处理单一、复杂的精矿。改变物料成分和铜锍成分不必停产。但漩涡熔炼要求炉料粒度小于3mm、含水0.5%以下，且具有良好的流动性。

顶吹反应室气分易于控制，便于炉渣贫化。在状态良好的情况下，渣中铜损失约为0.65%以下，但转炉渣返回和提高铜锍品位可使铜损失增加。氧气的使用大大减少了烟气量，有利于实现严格的污染控制和保持良好的工作环境，并使烟气处理设备的规模相应减小，从而大大减少基建费用，无需扩大全部或部分烟气系统即可提高产量。当处理高锌、铸铜精矿时，Contop炉的烟尘率约为4%～5%，其中机械携带的烟尘稍高于1%。

漩涡室温度在1800～1900℃之间，炉料进入漩涡室迅速熔化，形成熔体。因此漩涡熔炼具有熔炼温度高、热强度大、炉料在炉内停留时间短的特点。漩涡室采用水套结构，热损失较多，熔炼和吹炼过程需补充燃料。这是Contop工艺的不足之处。

6.3.3 湿法炼铜新工艺

随着铜矿资源的日渐贫化，湿法炼铜技术越来越受到人们的重视。1994～2004年间，全球湿法铜产量增幅约为220%，同期原生铜总产量增加22%，目前全世界用溶剂萃取-电积铜(SX-EW)流程的铜产量占全球铜产量的20%左右。以智利为最大的湿法炼铜生产国，年产量达111.6万t，其次为美国，产量为53.06万t。

6.3.3.1 浸出

湿法炼铜主要适用于铜的氧化矿，具有较高的回收效果，由于生物技术的引入，目前已逐步向低品位硫化铜矿方面发展。以美国和智利为例，每年以生物氧化技术生产的铜约有100万t。在铜矿床的氧化矿中，常见的氧化铜矿物有孔雀石[$CuCO_3 \cdot Cu(OH)_2$]、硅孔雀石类矿物（$m CuO \cdot n SiO_2 \cdot p H_2O$）、赤铜矿($Cu_2O$)、土状黑铜矿（CuO)、铜的矾类矿物、蓝铜矿[$2CuCO_3 \cdot Cu(OH)_2$]、自然铜等。铜矿床的硫化矿石中，常见的有辉铜矿（Cu_2S)、铜蓝（CuS)、斑铜矿（Cu_5FeS_4)、黄铜矿（$CuFeS_2$)、硫砷铜矿（Cu_5AsS_4）等。在以上的铜矿物中，氧化铜矿是易于用稀硫酸处理的，而占铜储量多数的硫化矿物性质比较稳定，浸出动力速度较慢，通常要借助细菌的作用才能达到满意的浸出效果。

A 槽浸

在浸出槽中以 50～100g/L（H_2SO_4）浸出品位 1%～2%的氧化矿（－1cm 粒度），是早期应用较多的一种方式，目前已很少采用。

B 搅拌浸出

在装有搅拌浸出装置的浸出槽中用 50～100g/L 的硫酸浸出细粒（75μm 左右）氧化矿或硫化矿焙砂。有空气搅拌和机械搅拌两种方式。由于给料粒度小，搅拌充分，搅拌浸出速度快，浸出率高。赞比亚钦戈拉厂用大型巴秋克槽处理尾矿。

C 就地浸出

对破碎深堆的低品位大型铜矿床，以及矿山陷落区矿体，采用将浸出剂注入矿体，溶解矿床中有价金属的浸出办法。美国亚利桑那州费尔杰矿在地下 380m 处进行 2 万 t 级核爆，形成直径 67m，高 150m 的破碎柱，再由钻孔注入浸出液和收集料液，日产铜 25t。赞比亚臣安什铜矿则直接把稀硫酸溶液注入沿矿体 150m 长的 36 个钻孔中，使溶液通过铜的氧化矿带向下渗流，在运输平巷的陷阱内用泵将浸出液回收。

D 堆浸

堆浸用于难选氧化矿、低铜表外矿、废矿石的浸出。浸出场通常选择在不透水的山坡处，清除植被后铺设高密度聚乙烯衬垫，有时还铺设疏液管。将开采的矿石或破碎至一定粒度的矿石堆成堆（通常为 6m），在堆表面喷洒浸出剂，浸出剂渗过矿堆时将铜溶出，流到集液池。浸出一定周期后，再在其上面用新矿筑堆，反复进行堆浸。对于硫化铜矿的浸出，细菌浸出已越来越广泛被采用。通过某些类型的细菌（如氧化亚铁硫杆菌，氧化硫杆菌，细螺旋铁杆菌）的生物化学作用可提高浸出速度和浸出率，矿物通常需先经过几小时的细磨处理。在澳大利亚新南威尔士的 Girilambone 矿细菌浸出已成功应用，NIFTY 矿也计划在旧有堆浸的基础上增加细菌浸出。在常规堆浸的基础上，1975 年美国

H&N（霍姆斯-纳维）公司推出薄层浸出法（TL），1979年智利SMP索达西矿产公司对此进一步做了改进，并于1980年建成LoAguirre矿铜水冶厂。

薄层浸出包括两个步骤：(1) 用浓硫酸熟化细碎的氧化铜矿或含硫化物低的氧化/硫化混合矿；(2) 用稀硫酸溶液进行薄层堆浸。薄层浸出具有酸耗低，浸出周期短，占地面积小的优点。以SMP公司所属的La Cascala厂为例，改为TL法后，酸耗由6.0～7.0kg/kg（Cu）降至4.3kg/kg（Cu），浸出周期由12～14d缩短至7～8d，使工厂年生产能力由1.2万～1.3万t升至2.2万t。此外，薄层浸出法克服了浓酸熟化浸出法中的矿石干法磨细的粉尘问题和搅拌酸操作可能的有害气体逸出的问题，在环境方面也很具吸引力。

E 加压浸出

这是从含铜的镍、钴硫化矿及镍冰铜中回收有价金属的湿法冶金技术，最早由加拿大不列颠哥伦比亚大学开始研究，其后加舍利特高尔登矿山公司等也开发了此类技术，芬兰的哈贾瓦尔塔精炼厂采用了这种工艺。

F 氯化物浸出

英国帝国化学工业公司与西班牙Technicas Reunidas研究中心及美国Nerco矿物公司联手研究了Cuprex法氯化物浸出-萃取-氯化物溶液电积工艺，其工艺过程为：用$FeCl_3$溶液于95℃下浸出硫化铜精矿，硫以元素硫的形式进入渣中，浸出液冷却后加入氯化钙除去硫酸盐，用溶于煤油的Acorga CLX50两段萃铜，以废阳极液洗涤负载有机相除杂，用水在65℃下反萃铜，在Metclor隔膜电解槽中电积铜粉。

在澳大利亚新南威尔士州的Charwoods以Intec公司为主进行了Intec法的中间工厂规模试验。该法是在强氯化钠溶液中使用氯化铜和卤素化合物的浸出介质，在80～85℃下四阶段逆流浸出，物料中的贵金属将与铜一道溶解。在隔膜电解槽上得到树枝状沉积铜，氯化/溴化复合物在电积槽中得到再生，返回浸出工艺。杂质用石灰沉淀，银用混汞回收，碳吸附回收金。Intec 法的特点是电沉积铜是由一价铜开始，节约能源，同时贵金属得到回收。见诸报道的还有用两段 $FeCl_3$ 浸出的 Canmet 法。

在智利的林赛厂，利用硫酸加海水堆浸氧化铜矿石。平均含铜 1.56%的矿石破碎后，先用较浓的硫酸预处理，然后用硫酸海水溶液作浸出剂进行堆浸，反萃时使用脱盐的海水，以防止氯化物转移至电解液中，年产阴极铜 2 万 t。

G 硫酸铁浸出

Nenatech 硫酸高铁浸出工艺中，硫被转化为硫酸盐，须对产生的酸进行处理。常压条件下，硫酸铁浸出温度 80℃，同时要求现场制氧以保证足够的三价铁量，缩短浸出时间。原料的细磨有助于浸出，采用溶剂萃取-电积工艺回收铜。

$$Cu_2S + 2Fe_2(SO_4)_3 = 2CuSO_4 + 4FeSO_4 + S$$

$$CuS + Fe_2(SO_4)_3 = CuSO_4 + 2FeSO_4 + S$$

H 氨浸

由美国阿纳康达铜公司的 Nathaniel Arbiter 研究成功，工艺过程是在常压中温（65～85℃）下用氨和氧对硫化铜精矿进行碱性浸出，使铜呈 $Cu(NH_3)_4SO_4$ 溶解，再利用萃取、电积回收铜、浸出渣用萃取残液洗涤后，用浮选法回收有价金属。1974 年在蒙塔那州的阿纳康达建成年产 3.6 万 t 阴极铜的 Arbiter 法炼铜厂。美国 BHP 矿业公司研究成功 Escondida 氨浸法，1994 年在智利 Escondida 建成年产 8 万 t 阴极铜的工厂。与 Arbiter 法不同的是 Escondida 氨浸法只有 1/2 的铜浸出，同时硫基本上被浸出，不需大规模的石灰-煮沸工序来再生氨。

6.3.3.2 溶剂萃取

A 萃取剂

商业用铜萃取包括酮肟类和醛肟类两种，第一种酮肟类萃取剂由美国 General Mills 公司开发，几经改进成为 Henkel 公司的 Lix84，这类萃取剂萃取能力较弱，在 pH＞2 条件下萃取，且 Cu/Fe选择性不好。第二类萃取剂最先由英国 ICI 公司研制成功的 Corgal P50 为代表，其后 Henkel 公司也推出 Lix860。这类醛肟类萃取剂萃铜能力很强，Cu/Fe 选择好，能在较高的酸度下萃取铜，但反萃困难，须加改质剂改性。目前常用工业铜萃取剂是基于芳香基乙醛肟，2-羟基-5-壬基苯甲醛肟。

B 稀释剂

性能优良的稀释剂对萃取工艺的顺利进行是非常重要的，不仅起着降低有机相黏度、溶解萃取剂和改质剂、改善有机相的分散和聚结的作用，同时，对萃取剂最大负荷能力、操作容量、动力速度、金属离子的选择性及相分离都有影响。常用的稀释剂包括 Escanicl 100、260、Shell 40、工业煤油及 DSR3 等。

C 萃取设备

萃取工艺的核心设备常用的为混合澄清萃取箱，传统的混合澄清萃取箱为内衬防腐材料的混凝土或不锈钢结构，包括混合室和澄清室两个部分，混合室中水相和有机相充分接触，完成离子的传递，在澄清室中两相分离开来，达到从浸出液中提取有价金属的目的。应用较多的是浅池式混合澄清萃取箱。目前有不少研究着力于强化萃取箱的性能，20 世纪 90 年代法国 Krebs 公司将铀萃取工厂的 Krebs 萃取箱引入铜萃取，这种萃取箱的比流量可达 $9m^3/(m^2 \cdot h)$，已于 1994 年在智利伊万矿应用，并向美国和澳大利亚铜萃取工厂推广。芬兰奥托昆普公司设计的 VSF 垂直平流混合澄清器则具有独特的双螺旋搅拌器，特殊的 DOP 分散溢流泵和栏栅，保证了 VSF 的高效率，目前 VSF 在美国莫伦西矿、澳大利亚奥林匹坝矿使用。鹰桥公司的 Kristiansand 厂则设计了反向液流混合澄清器，也有一定程度的应用。有潜力的其他类型还包括分部环状澄清室（DAVY)、联合混合澄清器(CMS)，C. E. NATCO 溶剂萃取法系统（静电）及 KENICS 混合澄清器。

D 过程控制

萃取过程的相连续的控制对提高电铜质量、降低有机相损耗、减轻对絮凝物的处理工作强度都是非常重要的。在电解液料液杂质含量非常高的时候，如氯含量超过(100～200)×10^{-6}(对于不锈钢阴极来说太高了)，锰含量大于1g/L（造成阳极剥落，电流效率降低，有机相降解），Fe含量大于5g/L，以及钼（影响相分离）含量高的情况下，必须在萃取和反萃之间增加洗涤级，用酸化清水将有机相夹带的水相料液洗涤下来。如新疆喀什昆仑铜业公司铜厂利用地下盐碱水浸出，地下水总氯离子达1650mg/L，故加入洗涤级，保证了电解液纯净。此外，采用负载有机相聚结器也能除去夹带水相。絮凝物的产生在铜溶剂萃取系统的运转过程中是正常现象。絮凝物由有机相、水相和固体组成。固体粒子引入的途径包括：富浸出物中的悬浮物、溶液pH下降产生的沉淀物、环境间的尘埃以及繁殖的细菌。

控制絮凝物的手段包括给澄清室加盖、铲除贮水池周围植物、定期清除絮凝物、机械破乳等方法。在Gibraltar矿，待处理的有机相被喷入絮凝物储罐，升温至43～49℃后，再用离心机分离，发现升温措施大大减少了需处理的絮凝物量，同时絮凝物更易分离。在Chuquicamata矿，将稀释剂（或有机相）装在容器内，在搅拌的情况下加入絮凝物，分相后用黏土处理有机物回收绝大部分有机物，同时采用每天除去产生的絮凝物的方法以避免絮凝物的积累，ICI公司也在试验中规模应用了类似的技术。Cyprus Miami试验将反萃部分积累的絮凝物间歇地泵入萃取段最后一级混合澄清器的混合室中，由于强烈的分散作用，絮凝物中的吸附有机相被释放回有机相中，而固体颗粒随水相流出。应用表面活性剂处理矿料以改变悬浮颗粒表面的物化性能以减少絮凝物产生的技术也在研究中。此外，江西铜业公司科研设计所研究成功了化学试剂回收絮凝物中有机相的方法，萃取剂的回收率达90%以上。

6.3.3.3 电积

电积是从富铜溶液中生产出高质量的阴极铜并将电解后液返回萃取工段作为反萃剂的关键部分，电积技术比前两个阶段更成熟，近年的改进主要是围绕降低有机物夹带、阳极材料的改进和阴极铜的致密度的控制方面以提高阴极铜的质量。在有机物控制方面，双介质过滤器和悬浮塔是非常有效的除有机物设备。此外，有些厂还采用一部分电积槽优先接收富电解液中残留有机物的方法，如 Girilambone 矿。为降低阳极腐蚀带来的铅污染，Pb-Ca-Sn含金阳极使用铜电积，同时电解过程为保证电流不被中断，加入适量的硫酸钴也能降低阳极板腐蚀。为控制阴极铜致密度，主要的改进有控制适当的硫酸铜浓度、保持电解液一定温度、使用不锈钢永久阴极及添加瓜尔胶等。

6.3.3.4 典型湿法炼铜工艺

A 菲尔普斯·道奇公司（PD）浸出技术

PD公司于 2003 年 3 月耗资 4000 万美元建设的高温加压浸出示范厂，在处理原生硫化矿精矿中获得成功。示范厂年处理能力为 57153t，年产铜为 15876t。铜回收率为 98%，硫酸日产量为 157t。

巴格达德加压浸出示范厂由精矿再浆化系统、加压浸出釜、闪蒸减压、气体洗涤、4 段逆流洗涤、固体浸出渣、4 段中和系统以及 1 个含铜溶液贮存池组成。工厂的中心位置配置了 1 台长 16m、直径为 3.5m 的加压釜（PLV），釜的钢制内壁设有一层防化学腐蚀的衬里和 3 层耐酸砖进行保护。PLV 设计的操作压力一般为 3275kPa，温度为 225℃，设有 5 个室，氧气和水分别引入各室进行氧化和矿浆冷却，矿浆在釜内的平均停留时间为 70min。

操作时，选矿厂来的过滤后精矿用轮式装载机装入料仓内，然后输送到机械搅拌再浆化槽，用水混合，调成含固量 65%矿浆，送到间断式机械搅拌输送槽，从那里再送入另一个贮槽内并用水调整至含固量 40%，2 个 Toyo 泵将矿浆从贮槽输入高压釜内。在釜内各室中，蒸汽加热后的矿浆用 lighnin 装置进行搅拌，维持矿浆呈悬浮状态并使氧气分散。从高压釜排出的矿浆进入直径为 4.6m，高为 8.5m 的单级闪蒸槽，在那里将矿浆压力减至 20.68kPa，产生的气体和蒸汽经过二段洗涤后放空，闪蒸槽产生的热矿浆送往第一段逆流洗涤（CCD）浓密机的给料槽，在那里与第二段逆流洗涤浓密机的溢流混合。

B Alliance 铜公司（ALC）细菌浸出工艺

智利国家铜公司与 BHP Billiton 公司（世界最大的单一铜矿埃斯康迪达的经营者）联合成立了 Alliance 铜公司合资企业，在 2002 年 8 月开始建设一座处理铜精矿的细菌浸出示范厂，生产能力为 20000t/a 阴极铜，浸出工艺是基于微生物新陈代谢作用产生的能量使精矿中的铁和硫氧化得以实现的。

细菌浸出示范厂建在智利国家铜公司丘基卡马塔分公司 Manss Mina 矿山附近，工厂耗资 6000 万美元，年处理精矿 77000，年产阴极铜 20000t，应用了智利国家铜公司提供的 SX-EW 工艺的技术诀窍和 BHP Billiton 公司提供的获专利的 BIO-COP 浸出工艺。2002 年 8 月开始建设，18 个月建成。经 ACL 公司开发，这项工艺可应用于处理含大量砷或其他杂质的精矿。

C 薄层浸出 Lo Aguirre 矿

SMP 公司的 Lo Aguirre 矿是第一个采用薄层浸出技术的浸出-萃取-电积厂，年产约 1.7 万 t 阴极铜，矿石为氧化铜和辉铜矿的混合矿，平均品位 1.9%Cu。矿石由前端式装载机和自卸汽车将矿石送至颚式破碎机，由三级破碎至 100%－6mm。

在 f2000×6000mm 衬胶回转圆筒内，碎矿石与 98%浓硫酸及水混合浸润造粒，料酸液固比 0.11，转速 5～6r/min，出矿由桥式启运机送至堆场。24 个 20m×40m 堆场，混凝土底加铺带帆布筋的氯磺酰后聚乙烯合成橡胶板，矿层厚 2.4m，喷淋周期 18d，喷淋速率 $48L/m^2 \cdot h$。薄层浸出池排出的尾渣由传送带运至永久堆场，堆成 6m 厚矿堆，120d 淋浸，喷淋速率 $3L/m^2 \cdot h$，浸出段回收率可达 80%～90%。

采用 Lix864 萃取剂 Escaid 100 为稀释剂，萃取后液流量 $7m^3/min$，二级萃取二级反萃，萃余水相含铜 0.5g/L，硫酸 8g/L，返回浸出。富铜电积液含铜 50g/L，硫酸 130g/L，送电沉积。72 个电解槽，其中 8 个种板槽，64 个生产槽，电流密度 $240A/m^2$，单位沉积铜电耗 2.11～2.16kW · h/kg(Cu)，电解槽由 3 组 2500kW 整流器供电，电流效率 92%。

D 德兴铜矿含铜废石综合处理厂

年产2000t阴极铜，采用细菌堆浸-萃取-电积工艺生产。堆浸厂分为3个堆，主要由其中的1号、2号堆轮流筑堆，喷淋布液浸出。含铜废石由采场用汽车运至堆场，第一层平均堆高30m，以上各层均高10m，用松土犁犁松矿堆表面1.2～1.4m矿层。用旋摇式喷头，喷淋密度为6～8L/m^2·h，由祝家山酸性水库提供浸出剂，流量约7500m^3/d，用泵扬至喷淋高位槽后喷淋。浸出时通过将部分合格的浸出液配入酸性水返回喷淋的手段来维持富铜浸出液含铜浓度。PLS成分为：Cu≥1g/L，Fe=8～12g/L，pH=2～2.1。

合格浸出液用泵送至合格液高位槽后，自流入萃取箱。萃取部分在常温下进行，采用2级萃取1级反萃级配，萃取剂为4%～5%的Lix984，稀释剂为260号煤油，相比O/A=1：1，混合3min，澄清速率3.6m^3/m^2·h。用含铜35g/L，铁5g/L，硫酸175g/L的电积贫液反萃，反萃后液含铜45g/L，经气浮塔和电积液过滤器分离有机相后，送电积车间。萃余液经澄清池回收有机相后，自流至卧式离心机分离。分离出的有机相及水相返回萃取箱，残渣外排。

电积部分有30个电积槽，尺寸3.5m×1.2m×1.4m，每槽32片不锈钢永久阴极，33片Pb-Ca-Sn合金阳极，电流密度185～195A/m^3，电压1.9～2.1V。反萃后液自流至电积供液槽与部分电积贫液混合后，通过板式换热器升温，再扬至高位槽，自流至电积槽。用阴离子交换膜每天处理部分电积贫液回收部分酸。

设计的堆浸浸出率18%，萃取回收率90%，电积回收率99.5%。

6.4 其他有色金属的清洁生产工艺

6.4.1 铝冶金减废新技术

6.4.1.1 从铝土矿中提取氧化铝

铝土矿是含铝矿物和赤铁矿、针铁矿、高岭石、锐铁矿、金红石、钛铁矿等矿物的混合矿，是现代的炼铝原料。我国的铝土矿资源丰富，分布甚广，远景储量约为13亿t，但大多为中、低品位的一水硬铝石型铝土矿，其特点是高铝、高硅和低铁。此种铝土矿中的氧化铝在碱溶液中的溶解度小，需要较高的温度和压力，才能加快其溶解，因此生产氧化铝的能耗和碱耗较高。

我国2002年共生产氧化铝541万t，按1t氧化铝生产需要消耗2.2t铝土矿，2002年国内消耗铝土矿资源约1190万t；按生产1t氧化铝消耗1.2t石灰石进行计算，2002年共消耗石灰石649.2万t；按1t氧化铝生产需要1.2t煤进行计算，年需要煤649.2万t；按每生产1t氧化铝需耗水11t，2002年全国氧化铝生产耗水量为5951万t。总体上，每生产1t氧化铝约需要消耗资源15.6t，即产品与资源之比为1∶15.6，如果仅考虑铝土矿、石灰石、煤等具有不可再生性的一次性资源，那么氧化铝资源利用率为27％。

生产氧化铝的原理是首先把氧化铝从矿石中溶解出来，同杂质分离，然后把溶液中的氧化铝沉淀出来，达到提取的目的。

从矿石提取氧化铝有多种方法，例如拜耳法历来是生产氧化铝的主要方法，它采用三水铝石型铝土矿，用拜耳法生产的氧化铝量占全世界总产量的95％。针对我国一水硬铝石型铝土矿的难点，在氧化铝提取过程中，要设法强化溶出、分解，铝硅分离等关键环节。此外，鉴于优质铝土矿的储量毕竟是有限的，宜采取浮选技术，提高低品位铝矿的质量，以满足拜耳法所需。

A 拜耳-烧结联合法

这是拜耳法和烧结法联合并用的一种氧化铝生产方法。有3种形式，即串联法、并联法和混联法，世界上只有美国、前苏联和中国采用拜耳-烧结联合法。其中，美国采用串联法，前苏联采用并联法和串联法，中国采用混联法。它用于处理氧化铝与氧化硅质量比为5～7的中等品位铝土矿，其特点是用烧结法系统所得的铝酸钠溶液来补充拜耳法系统中的碱损失。

混联法是先用拜耳法处理高品位铝土矿，然后用拜耳法赤泥加低品位铝土矿共同烧结的氧化铝生产方法。20 世纪 60 年代后期，中国在处理低铁铝土矿时，拜耳法赤泥烧结配入的纯碱量不足以补充拜耳法系统的碱损失，于是采用拜耳法赤泥加入低品位铝土矿共同烧结的方法来扩大碱的来源。烧结法系统所产的铝酸钠溶液除补充拜耳法系统的碱耗外，多余的部分通过碳酸化分解产出氢氧化铝。混联法实际上相当于一个串联法厂与一个烧结法厂同时在生产，其工艺流程如图 6-37 所示。

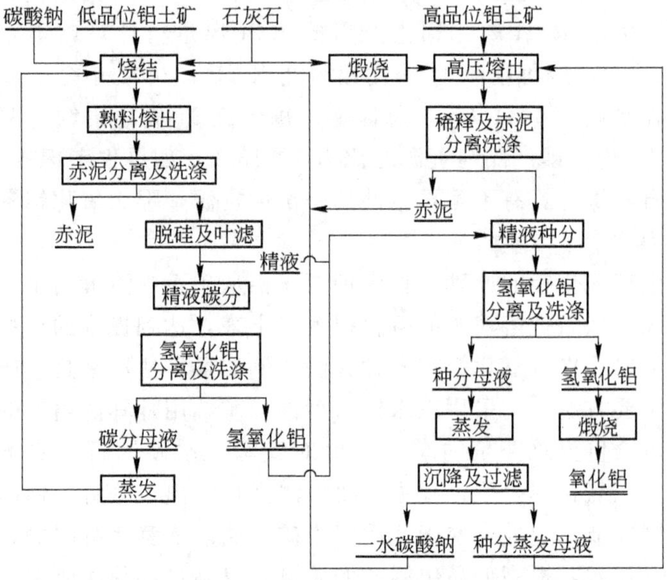

图 6-37 混联法工艺流程图

混联法的工艺特点是：

（1）生产过程中的全部碱损失都用价格较低的碳酸钠补充，不消耗苛性碱；

（2）加种子分解母液蒸发时析出的一水碳酸钠直接送往烧结法系统配料，因而可免除拜耳法的碳酸钠苛化工序以及可免除苛化所得稀碱液的蒸发过程；

（3）一水碳酸钠吸附的有机物在炉料烧结过程中被烧掉，避免或减轻了有机物对拜耳法生产的不良影响；

(4) 烧结法系统苛性比较低的溶液加入拜耳法溶液中，有利于提高铝酸钠的分解速度和制取砂状氧化铝产品。

由于烧结过程要消耗大量的热能，因而拜耳-烧结联合法仍然是一种高能耗的氧化铝生产方法。例如国际上所用的拜耳法，生产1t氧化铝的能耗为9.58GJ，而混联法能耗为38.24GJ，串联法能耗为9GJ。到20世纪80年代后，世界上一些国家都在开发能耗低、生产流程简单的氧化铝生产新方法。这些新方法有拜耳-高压水化学法联合法和拜耳-水热法联合法，它们在未来有可能逐渐取代拜耳-烧结联合法。

B 改进的拜耳法技术

用传统的拜耳法技术处理中低品位矿，由于碱耗过高，氧化铝回收率过低，因而造成成本高、经济上不可行。但改进的拜耳法系统较简单、能耗低、投资省、效率高。平果氧化铝厂纯拜耳法处理高品位一水硬铝石矿的成功经验证明，我国氧化铝工业如采用拜耳法，同样可以达到国际先进水平的能耗和生产成本。

改进的拜耳法技术主要包括选矿拜耳法和石灰拜耳法。

选矿拜耳法采用浮选技术对中低品位铝土矿选矿，所得精矿的A/S大于10，可直接用拜耳法处理。此流程中，中低品位铝土矿并不直接进入氧化铝生产系统。浮选技术可采用正浮选和反浮选。关键技术在于选矿药剂的选择、开发和应用。应最大限度地控制选矿药剂进入拜耳法系统。通过工业实验证明，选精矿在拜耳法系统中的溶出、沉降性能优良。如采用双流法技术，可使选精矿在间接加热过程中的结疤问题得到圆满解决。可以通过选矿工艺的改进以及拜耳法采取适当的技术措施，消除或大大减轻选矿药剂对拜耳法系统的影响。

石灰拜耳法技术可利用原有拜耳法系统，只需将石灰添加量提高到CaO/SiO_2大于2，直接用拜耳法处理中低品位铝土矿。该技术可使赤泥的N/S（钠硅比）小于0.2，从而大大降低碱耗和成本，而不必采用高能耗的烧结法处理拜耳法赤泥。该技术投资小，简单易行，而且可减轻加热面的结疤。石灰拜耳法的关键技术在于应用碱液化灰工艺，以减少反苛化的影响；同时应采用相应新技术解决沉降系统负荷增大的问题。石灰添加量应通过实验研究求得最佳化。

选矿拜耳法和石灰拜耳法都已得到半工业试验和工程化研究的证明，均可经济地处理中低品位一水硬铝石矿。

随着铝土矿 A/S 的升高，石灰拜耳法的优势更趋明显。如 A/S 达到 8～9，石灰用量可以大大减少，石灰拜耳法对赤泥沉降的副作用明显减弱，成本进一步降低。但如矿石 A/S 下降到一定程度，石灰拜耳法中的石灰添加量和沉降负荷将加大、成本升高。而此条件下，选矿拜耳法的优势则更为明显，因为选矿拜耳法的矿石原料仅对选矿效率和回收效率有影响，对拜耳法本身无直接影响。

C 改进的新联合法技术

我国氧化铝厂除平果铝厂以外，都是（或者将是）联合法生产厂家，已经形成的庞大的联合法生产系统（包括烧结法）。联合法中的拜耳法系统可以通过选矿拜耳法和石灰拜耳法，提高溶出效果，降低碱耗，逐渐与烧结系统分离而独立。也就是现有联合法中约占 60%的产能可以直接采用改进的拜耳法（包括间接加热、强化溶出技术）处理。

联合法中的烧结法系统可以通过提高矿石品位 A/S 至 5～6，即采用我国资源量较大的中等品位铝土矿，以达到强化烧成、提高系统循环效率和产出率、降低能耗的目的。因而也形成相对独立的强化烧结法系统。

联合法中两种技术不仅互相独立，还不能使联合法系统达到最优化配置。改进的新联合法，应充分发挥已有的烧结法的某些特殊优势，弥补我国一水硬铝石矿拜耳法生产的某些不足。

主要开发、应用的与此相关的关键技术包括以下几点。

（1）烧结法低分子比粗液与拜耳法溶出矿浆合流脱硅　该技术的主要目的是：利用烧结粗液分子比低（OX 约为 1.2 左右）

的优势，通过合流，有效地降低一水硬铝石矿拜耳法溶出矿浆的OX，大大提高拜耳法种分的产出率和全流程循环效率，同时有利于砂状氧化铝的生产。

(2) 取消或减小烧结法种分，烧结法精液全部深度脱硅进行连续碳分生产砂状氧化铝。该技术的主要目的是：利用烧结法碳分分解率可达90%以上，大大高于烧结法种分分解率，同时易于生产砂状氧化铝的优点（已经攻关成功），提高烧结法的总循环效率。烧结法粗液脱硅所需调整液可以用拜耳法系统相应的洗液或分解母液代替，以达到拜耳、烧结两大体系母液的相互交换，有利于消除有机物对拜耳法的影响。

(3) 烧结法母液加种深度碳分，所得的细氢氧化铝用于拜耳法溶出后增浓技术。此技术的主要目的是：进一步提高烧结法循环效率，同时更好地降低拜耳法精液的OX，使拜耳法种分精液OX达到1.4左右，为实现拜耳法种分完全砂状化打下重要基础。

联合法系统经过以上改进后，将充分发挥联合法的优势，实现高效低耗处理中低品位铝土矿，提高产量，大幅度降低能耗，生产出高质量的砂状氧化铝。

当联合法系统中的拜耳法无法强化时，可考虑改造成串联法处理中低品位铝土矿。在串联法中，烧结法的生产比例可以尽可能缩小，同时上述联合法的某些改进技术同样可用于串联法。

6.4.1.2 铝电解新工艺

铝电解需要原料氧化铝、冰晶石和炭素电极。1t铝约需用2t氧化铝、0.1t冰晶石、0.5t炭素阳极。铝电解用电量甚大。1t铝需要直流电能13000～15000kW·h。电费占铝生产成本的20%～40%。铝工业需要大量而廉价的电能，炼铝用的电能之中，水电约占70%。俄罗斯、加拿大、挪威、巴西和委内瑞拉诸国主要产铝国家，都用水电。一般言之，铝厂应建立在水电供应充沛的地区。

铝电解中目前研究的新工艺有低温铝电解、硼化钛-胶体氧化铝涂层阴极、氮化硅结合的碳化硅耐火材料用作铝电解槽侧壁内衬等。

A 低温铝电解

低温铝电解由于具有提高电流效率、节省电能、延长电解槽寿命、利于使用惰性材料电极和绝缘内衬等优点，成为今后铝电解工业发展的方向。低温铝电解中选用 Al_2O_3 为原料，而不是其他的铝盐，将更具有实际意义，因为 Al_2O_3 价格较低、吸水性较小、便于运输和储存、电解时产生 CO_2（用炭阳极时）和 O_2 气体（用惰性阳极时），符合清洁生产工艺的要求。对以 Al_2O_3 为原料的低温铝电解，按 Al_2O_3 和 Al 在电解质中的不同状态，将所使用的电解质分为 3 类：轻电解质、重电解质和含有悬浮氧化铝的电解质。

(1) 轻电解质 轻电解质中有钠冰晶石体系和钠钾冰晶石混合体系，这些体系的共同之处是组成为 Na_3AlF_6-（K_3AlF_6）-AlF_3-CaF_2-MgF_2-LiF-（KF）-Al_2O_3 混合体系，氧化铝溶解在其中，铝液下沉，阴极在槽底。电解质中 NaF/AlF_3（摩尔比）为 1.0～2.0，电解温度为 800～900℃，电流效率可达到85%～90%。

(2) 重电解质 重电解质有组成为 Na_3AlF_6-AlF_3-BaF_2-CaF_2-Al_2O_3 和 Na_3AlF_6-AlF_3-$BaCl_2$-$CaCl_2$-Al_2O_3 混合体系。氧化铝溶解在电解质中铝液上浮，阴极和阳极垂直平行排放在槽中。电解质 NaF/AlF_3（摩尔比）为 1.0～2.0，电解温度 700～800℃，电流效率可达到 90%。将来宜建造类似于镁电解用的电解槽，能够大幅度地提高生产率。

(3) 含有悬浮氧化铝的电解质 Beck 研究了在 NaF-AlF_3-LiF 体系中的低温悬浮氧化铝电解工艺。卢惠民研究了 NaF-KCl 和 NaF-（KCl+LiCl）体系的物理化学性质，并在该体系中进行了低温悬浮氧化铝电解工艺的研究。在这些低温电解质中，氧化铝仅能少量溶解，大部分悬浮在支持电解液中，能在 700～800℃下电解，不发生阳极效应，电解过程稳定，电流效率较高，但是槽电压较高。

(4) 各类电解质的比较 从现实性来看，轻电解质体系具有现实的应用意义，因为它不需要改变现在通用的工业电解槽的结构，只需要改变电解质的组成以及氧化铝的品种（即采用低温煅烧的氧化铝，以增进其溶解性能）和相应的生产操作技术，便能够实现850～900℃的低温电解。当然这还需要更加严密而精确的氧化铝加料技术。从长远来看，重电解质体系电解质的液相线温度较低，能在700～800℃范围内电解，并且有利于电解槽的结构设计，使之像镁电解槽那样，电解槽成为多室的，生产能力大为提高，该电解质应用前景良好。含有悬浮氧化铝的电解质，尽管能实现700～800℃的低温电解，但存在着如何使氧化铝悬浮起来和微细氧化铝的制备问题。与轻电解质和重电解质相比，该电解质工业化应用的难度要大。

B 硼化钛-胶体氧化铝涂层阴极

硼化钛是一种新的工程陶瓷材料，它的熔点高、导电率高、致密性能好、硬度大，耐熔融铝液和冰晶石熔体的浸蚀，能被铝良好地润湿。研究表明，TiB_2也是唯一在铝中溶解度很小、导电率高，并且能为铝润湿的材料。用硼化钛涂层阴极的电解槽进行生产显示了节能降耗、提高电流效率和延长槽寿命的良好效果。国内外公布的资料表明，有硼化钛涂层阴极的电解槽寿命可达2000d。目前工业上主要应用碳热还原法生产硼化钛。常用的比较成熟的是电弧炉、碳管炉和电感应加热炉，用氢气保护或让系统置于真空条件下。显然，此类生产方法需要专用的高温设备，设备投资大、能耗高、生产效率低、生产成本高，限制了硼化钛的应用。因此，降低硼化钛的生产成本，是其能够在铝电解槽上工业化推广应用的关键。我国有大小石墨化炉几十座，在石墨化炉上副产硼化钛，能够提高硼化钛的生产率，降低生产成本。因此，在石墨化炉上副产硼化钛一直是该学科领域科技人员关注的课题。在不影响石墨化炉工艺操作和生产的情况下，合理地利用石墨化炉空间和余热搭载副产 TiB_2，既省设备投资，又节约能源，生产成本只是原材料费，其售价只有国外同类产品的1/3（国外售价90美元/kg）。

综合新近国内外已报道的硼化钛阴极材料，共有 4 种：TiB_2-碳胶涂层；TiB_2等离子喷涂层；TiB_2电镀层；TiB_2烧结体。前 3 者的基体为石墨或碳。目前看来，造价低廉而又比较简便的为 TiB_2-碳胶涂层材料，现已在工业上应用。然而，由于 TiB_2-碳胶涂层材料内含有 70%的沥青、焦炭和树脂胶，在实际使用中易被钠和铝侵蚀而过早损坏，使得这项很有意义的技术在工业化过程中受到阻碍。近来，美国声称研究出了一种新型的 TiB_2 涂层材料，其中的黏结剂用胶体氧化铝和少量的有机物，工业试验结果证明，这种 1mmTiB_2-氧化铝涂层阴极材料在使用 500 天后仍然有 0.6mm，效果显著。

C 氮化硅结合的碳化硅耐火材料用作铝电解槽侧壁内衬

随着大型预焙槽的广泛采用，侧部炭块破损的问题日益严重，影响正常电解制度，降低了槽寿命。因此，国内外均在研究新型侧壁材料，部分或全部地代替炭素侧壁材料。研究表明，Si_3N_4-SiC 耐火材料具有良好的抗蚀能力和较大的高温电阻率，比炭素材料优越，可以代替炭素侧部炭块，具有推广价值，前景可观。

6.4.1.3 铝生产过程中的污染物控制

铝生产过程中的污染物分 3 类：

(1) 气态物质　如氟化氢（HF）气体、二氧化硫（SO_2）气体、电解质蒸汽、沥青烟气等，是在铝电解过程中和电极生产过程中产生的；

(3) 固体粉尘　这是指铝矿粉碎时产生的粉尘，如氧化铝（Al_2O_3）粉尘、冰晶石和氟化铝粉尘等，它们是在氧化铝生产过程中产生的；

(3) 固态废弃物　这是指氧化铝生产过程中排放的赤泥，铝电解生产过程中排放的废旧炭阴极和炭渣等。

这些污染物对于从事生产的劳动者以及周围环境是十分有害的，造成生产工人患尘肺病和氟骨病，并影响周围农作物生长。国家卫生标准规定，车间粉尘中 SiO_2 质量浓度在 $10mg/m^3$ 以下，

Al_2O_3质量浓度在 6mg/m^3以下，氟的质量浓度应少于 1mg/m^3。实际上往往超过此标准，产生多种危害，因此必须加以治理。固态废弃物、废弃炭阴极和赤泥往往堆置在旷野中，致使土地和河流受到严重污染。对上述气态和固体污染物以及赤泥和废阴极炭块，应该加以净化或者回收处理。

以巴林铝厂为例，巴林铝厂（Aluminium Bahrain）兴建于 1968 年，至 1996 年扩大生产规模到 50 万 t，有 4 个电解槽系列。其第 4 系列采用 30 万 A 大型预焙阳极电解槽。全厂投资 2 亿美元，建造了先进的烟气净化设施。所用的干式净化装置，不仅控制了烟气排放量，而且每年回收价值 500 万美元的氟化物和氧化铝。

巴林铝厂的电解槽烟气总量约为 900 万 m^3/h，采用砂状氧化铝作吸收剂。每座气体净化器内有 2 个吸收装置，即主反应器和袋滤器。烟气从主反应器的底部供入，在那里与载氟的循环氧化铝汇合，大部分的氟化物被吸收掉。从主反应器出来的烟气，通过上方的隔板，分离掉载氟氧化铝，最后进入袋滤器室，在那里又与供入的新鲜氧化铝相遇，进行净化。净化完了的气体从上方排出。当载氟氧化铝达到一定的含氟量时，便从下方排出，进入储槽中供铝电解槽使用。此种净化模式称为两段汇流法，当供入的烟气中 HF 质量浓度为 280mg/Nm^3时，从净化器中排放出的气体氟化物总质量浓度降低到 1.0mg/Nm^3，其中颗粒物质质量浓度降至 1.0mg/Nm^3，其净化效率达到 99%。

铝电解槽接受从净化器中排放的载氟氧化铝时，产品原铝中的杂质硅和铁等的含量稍稍增多，但并不影响品位等级，而其最大的收益是节省氟盐。

6.4.2 镍冶金减废新技术

6.4.2.1 我国镍冶金的发展

我国是世界上的镍主要生产大国之一。目前拥有镍冶金生产能力约 5 万 t/a，实产镍约 4 万 t/a。镍冶金工艺技术的进步也十分突出。设计规模为 1 万 t/a 的金川有色金属公司（下称金川公司）一期工程于 1969 年全部建成投产，标志着我国规模化、大型化镍工业的形成。以闪速熔炼工艺为中心的金川二期工程于 1993 年 5 月 1 日投产，标志着我国火法炼镍技术的巨大进步。高冰镍两段硫酸选择性浸出-黑镍沉钴-电积制取 1 号镍的阜康冶炼厂于 1993 年末建成，则是我国开发的具有国际先进水平的精炼新工艺。此外，近 10 年来我国还先后取得了镍精矿微波-热等离子体熔炼制取高冰镍、高冰镍氯化精炼新工艺、加压氢还原制取超细镍粉、大洋多金属结核回收镍钴等有价金属的湿法冶金工艺流程的试验成果。通过近 30 年的迅速发展，我国镍冶金的工艺技术目前已接近和达到了国际先进水平。

6.4.2.2 高冰镍精炼新工艺

高冰镍生产电镍的工艺有两大类：一类是可溶阳极电解精炼；另一类为选择性浸出-净液-电积湿法精炼工艺，其介质分为硫酸盐和氯化物两种体系。我国 20 世纪 70 年代后改建或新建的厂家基本上都采用湿法精炼工艺生产，70 年代中期以后都采用加压浸出强化生产，这是硫酸盐体系精炼的重大进步。

我国金川公司的铜镍高冰镍精炼生产是以“高锍磨浮-硫化镍阳极电解精炼”传统工艺为主，主要过程有高冰镍磨浮磁选分离铜、镍及贵金属，分获镍精矿、铜精矿和一次合金；镍精矿产出率 62%～64%，含 Ni 63%～64%，直收率 85%～86%，铜精矿产出率 28%～30%，含 Cu 约 69%，直收率 81%～82%，一次合金产出率 8%～10%，含 Ni 68% 及 Cu 17%；中矿返二段球磨再磨，一次合金送二次硫化、磨浮；镍精矿经反射炉熔炼成硫化镍阳极，过程产渣率约 10%，须返回转炉处理；硫化镍电解须经阳极液除铁、脱铜、沉钴净化，并产生相应的渣；尚须设置专门的碳酸镍及酸性造液系统。整个过程不但铜镍及贵金属分离不彻底，且工序繁多、流程冗长、操作复杂，致使返料多、消耗高、金属走向分散流失严重，电解直收率只有 65%～66%。

A 硫酸选择性浸出-黑镍除钴-电积流程

阜康冶炼厂采用的高冰镍两段逆流硫酸选择性浸出-黑镍除钴-不溶阳极电积镍的工艺流程如图 6-38 所示。

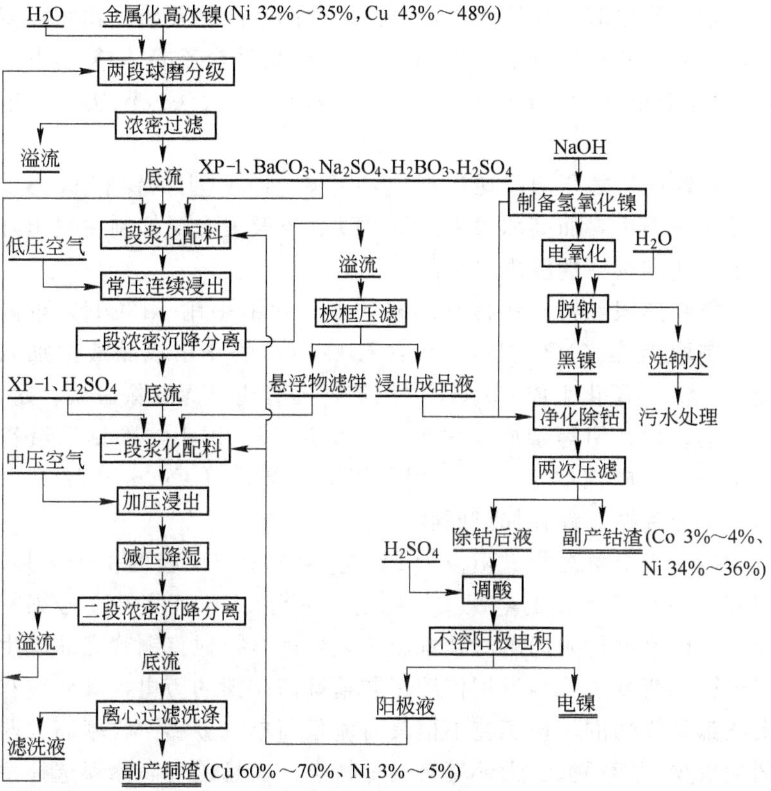

图 6-38 阜康冶炼厂高冰镍精炼工艺流程

(1) 铜镍高冰镍试料。水淬高冰镍经两段球磨螺旋分级、浓密机脱水，滤饼含水 8%～10%，−0.043mm>95%。其主要化学成分为：Ni 32%～35%、Cu 43%～49%、Co 0.2%～0.35%、Fe 0.6%～1.0%、S 16%～18%，并含有贵金属元素。

铜镍高冰镍由铜、镍、钴、铁合金相、硫化相及极少量氧化相组成。

(2) 两段逆流硫酸选择性浸出。通过常压浸出获得含 Ni≥80g/L，Cu、Fe≤0.01g/L 的相当纯净的硫酸镍、硫酸钴浸出液；常压浸出渣经加压浸出，可使镍钴的合金相及硫化物相深度浸出，而原料中的铜、贵金属、铁和硫几乎全部留在含镍小于4%的终渣里（含 Cu56%～70%），该渣利于火法或湿法提取铜及贵金属。

经常压、加压两段逆流浸出，可使 94%以上的镍和 90%以上的钴被浸出，而高冰镍中的铜、铁、硫及贵金属抑制在浸出终渣里，达到选择性浸出之目的。

(3) 黑镍除钴。在特殊结构的电氧化槽中用 $Ni(OH)_2$ 浆液氧化制取黑镍（NiOOH）。在含有 $CoSO_4$ 的浸出成品液中加入黑镍，Co^{2+} 氧化生成 $Co(OH)_3$ 沉淀，同时还可深度除去铁、锰、砷、铜、锌、铅等杂质，黑镍除钴率达 98%以上，除钴后液符合生产 1 号电镍要求。钴渣用阳极液溶解，以 Cyanex272 萃取剂萃取分离钴、镍并加以回收。

(4) 镍电解沉积。阳极为 Pb-Ag 合金板，阴极为镍始极片。1993～1996 年产出的电镍质量稳定，达到 GB 6516—861 号镍标准。阜康冶炼厂采用湿法精炼新工艺处理喀拉通克铜镍高冰镍生产电镍，改变了我国沿用传统工艺精炼高冰镍的历史，其研究和实践都是成功的。该工艺不但具有流程简单、金属回收率高、药剂耗量少、能耗低、无环境污染等特点，而且通过高冰镍选择性浸出，将原料中的铜、铁、硫及贵金属都留在终渣里，省去电积脱铜工序，并采用特殊结构的电氧化槽制取黑镍，使电流效率提高 10%～20%，这表明该工艺研究在国际镍精炼领域又有新进展。

6.4.2.3 高冰镍氯化精炼新工艺

除上述的常压-热压硫酸选择性浸出处理高冰镍的精炼工艺外，氯气浸出高冰镍的氯化精炼工艺也是国际上湿法镍冶金生产的先进工艺之一。

北京矿冶研究总院和清华大学等单位共同开展了高冰镍磨浮-合金全浸-铜镍精矿两段逆流氯气选择性浸出-富镍液净化-电积的氯化精炼新工艺的研究。完成了单体扩大试验及全流程联动试验，其中北京矿冶研究总院开发的高冰镍两段逆流氯气选择性浸出是一种新型的常压浸出工艺，具有流程短、浸出率高、耗能少、产出高镍钴低铜浸出液、能处理各种含镍物料等特点。

高冰镍氯化精炼新工艺半工业试验在我国取得的技术经济指标：浸出率超过97%，浸出液含镍大于200g/L、含铜小于0.1g/L，终渣含镍小于3%、含铜约46%；选用N235-异辛醇-磺化煤油萃取体系，以清华大学核能技术研究院的高效环隙式离心萃取器作萃取设备净化处理浸出液，可同时脱除溶液中的铁、铜、钴等杂质，再经701阴离子交换树脂除铅，即实现了浸出液净化，并同时富集了钴、铁予以回收，净化液完全满足生产1号电镍要求。镍收率大于99%，钴富集到120g/L以上，钴镍比大于5000，钴收率大于97%，铁富集到40～60g/L以上，铁镍比大于1000；环隙式离心萃取器具有效率高、分相好、操作稳定等特点。

金川公司等单位承担的氯盐体系高电流密度不溶阳极电积的半工业试验，研制开发出一套不污染环境、产出的氯气纯度高并可返回浸出作业用的电积和氯气回收装置。电积的主要技术经济指标为：电解液pH＝2.0～3.0，电流密度600A/m^2，极间距（同极）130mm，槽内温度60～65℃，Ni^{2+}浓度90～110g/L，循环速度0.08～0.12L/(A·h)，槽能力75kg/(m^3·d)，电流效率97%以上，氯气纯度约95%，车间空气含氯小于1mg/m^3，电镍符合1号镍的质量标准。经过近十年的联合攻关，我国高冰镍氯化精炼新工艺获得半工业试验成功，可为生产设计提供重要依据。

6.4.2.4 镍工业冶金新工艺

A 大洋多金属结核的湿法提取冶金工艺

海洋面积占地球总面积的71%左右，其中约15%的海底为多金属结核所覆盖。主要分布区域为太平洋，其次为印度洋和大西洋的深海海底。多金属结核富含 Mn、Ni、Cu、Co，储量估计分别达 63 亿 t、2.9 亿 t、2.3 亿 t 和 0.6 亿 t，可谓世界上最大的金属矿床之一。丰度最大的富矿带位于北太平洋中部的北纬 6°～20°、西经 110°～180°之间（简称 C-C 区），多金属结核的平均丰度在 $10kg/m^2$ 以上，镍、铜、钴、锰的平均品位分别为 1.25%、1.03%、0.23%和 25.2%。因此，随着陆地金属矿特别是镍、钴、铜、锰资源的不断贫化、消失和旺盛的市场需求，大洋多金属结核的开发利用将成为 21 世纪的一项新兴产业。

a 大洋多金属结核活化硫酸浸出

在湿法冶金中，常压硫酸浸出很难从结核中提取金属。北京矿冶研究总院利用还原剂将结核中的 Mn^{4+} 还原为 Mn^{2+}，使赋存在锰矿物中的有价金属解离出来，镍、钴、锰的浸出率均达 99%，铜的浸出率达 94%以上。

研究确定 H_2SO_4-H_2SO_3 为最佳的硫酸-活化剂浸出体系。试样的主要化学成分为/%：Mn 23.28、Fe 11.49、Ni 0.77、Cu 0.44、Co 0.30。试验条件为：结核粒度 −0.074mm 占 86.36%，浸出温度 30℃、10min、液固比为 7mL/g、H_2SO_3 用量系数 1.21、酸系数 0.417、搅拌速度 650r/min。有价金属浸出率分别为/%：Ni 99.52、Co 99.59、Cu 95.43、Mn 99.65。吨结核酸耗 0.184t、活化剂消耗 0.363t。

试验采用选择还原活化-氧化连续选择性浸出的流程结构，使大部分铁、铝、硅转变为不溶固体返回渣中。浸出分两个阶段：在自然温度和还原活化条件下快速溶解金属，在较高温度和氧化条件下除铁、铝、硅等杂质，铁由 12.6g/L 降至 1.45g/L，铝由 0.54g/L 降至 0.18g/L，浸出吨结核酸耗由 0.184t 降至 0.137t。

大洋多金属结核活化硫酸浸出可综合提取镍、钴、铜、锰，金属回收率高、工艺简单、能耗低、酸耗低、活化剂组成单纯有利于溶液后处理和浸出渣的综合利用。采用 H_2SO_4-H_2SO_3 活化浸出体系和还原活化-氧化阶段浸出方式进行浸出，可望发展成为大洋多金属结核处理的有效方法之一。

b 亚铜离子氨浸工艺流程

北京矿冶研究总院另一个处理大洋多金属结核的研究工艺为以亚铜离子作催化剂、CO作还原剂、在氨-碳酸铵溶液中常压直接浸出，无须对结核进行还原焙烧预处理。浸出选择性好，镍、钴、铜等有价金属以氨络合离子形态进入溶液，铁、锰、硅等留在浸出渣中。采用硫酸铵浸出渣中锰，浸出液无须净化直接碳化沉锰得纯度较高的碳酸锰，硫酸铵循环使用。蒸氨沉钴显著提高了钴的回收率且氨循环使用。经反萃的铜、镍溶液采用不溶阳极电积分别产出1号铜和1号镍。金属回收率高：Cu 92.09%、Ni 97.29%、Co 91.09%、Mn 92.86%。亚铜离子氨浸法是催化化学还原技术在冶金生产中的具体应用，是一种适合于大洋多金属结核自身特点的冶金工艺。可在常压下直接处理湿矿、能耗低，浸出选择性好、成本低、工艺简单，对环境不构成污染，三废易处理，是目前国际上现有工艺效益最好的方案之一。

c 苯胺还原酸浸法

北京矿冶研究总院还开展了海洋多金属结核酸浸的苯胺还原新方法的研究。苯胺是多金属结核酸浸的高效有机还原剂。常温常压下，添加少量苯胺，仅浸出10～20min，各有价金属即可得到很高的浸出率：锰、钴、镍大于97%，铜达91%以上。该方法浸出工艺条件简单，浸出矿浆易于液固分离，药剂耗量小；苯胺是一种有机化工基本原料，来源广泛。

B 微波-热等离子体冶炼制取高冰镍

由于微波能具有选择性加热、升温迅速、热效率高，并对吸波物质的化学反应有催化作用。近年来，在矿石加工、冶金、环保部门，矿石破碎、磨矿前的预处理、金属氧化物还原、脱除烟气中的SO_2等方面，微波的应用研究发展迅速，取得了许多重要成果。在冶金方面，世界第一座年产5万t生铁的热等离子炼铁厂1982年在瑞典建成投产，其等离子发生器功率为6 MW；随后又在年产6～7万t生铁的Hofors厂取得成功，发生器功率达15MW。1984年9月，年处理能力为7万t氧化锌烟尘的等离子冶金厂在瑞典的Scan烟尘公司建成投产。近年，热等离子体制备高级钛白粉、锑氧粉的方法已实现了工业化生产。

我国有色金属工业领域微波、热等离子体的应用研究始于20世纪80年代中期昆明理工大学冶金系的高温熔体实验室和20世纪90年代初的云南矿冶高科技研究开发中心，他们采用微波脱硫获焙砂和元素硫、等离子体熔炼焙砂制取高冰镍的工艺，对金川有色金属公司镍精矿、云南金平铜镍精矿、富宁镍矿的高品位富矿石开展了规模为每炉5～6kg焙砂的试验以及日处理10t左右的扩大试验。具有代表性的金川镍精矿的试验结果如下：

精矿化学成分/%：Ni 5.62、Cu 2.85、Co 0.15、S 22.90、Fe 32.88、CaO 1.81、MgO 10.04、SiO_2 11.75，余为水分及其他。微波脱硫的技经指标为每处理1t镍精矿可获含硫99.5%以上的元素硫119kg，硫直收率95%～98%，副产氢气1.3kg，电耗581.82kW·h。焙砂热等离子体炼制高冰镍的技经指标为高冰镍含Ni 52.8%～58.25%、Cu 18.20%～23.73%、Co 0.98%～1.20%，渣含Ni 0.05%～0.013%、Cu 0.11%～0.13%、Co 0.0098%～0.011%，按焙砂计的镍直收率达98%～99%、铜84.77%～96.51%、钴大于78%，熔炼1t焙砂的电耗为400kW·h左右。阜康冶炼厂高冰镍精炼工艺流程如图6-38所示。

由于微波-热等离子体冶金具有高效、低耗、节能和低污染的突出优点，一些专家认为该工艺有可能成为革除传统冶金方法的“21世纪新冶金技术”。

6.5 绿色的有色冶金工业生产技术

6.5.1 绿色湿法冶金技术

现代湿法冶金开始于第二次世界大战中期或20世纪50年代初期。在20世纪，世界上全部的氧化铝、氧化铀，大部分锌和部分铜都是用湿法生产的。其主要原因是对环境保护的要求愈加严格；低品位矿石的开发与利用；复杂矿石和二次能源的综合利用；学科间的交叉与相互渗透促使湿法冶金不断发展。随着清洁生产的提出，一些湿法冶金新技术和新工艺发展迅速。

湿法冶金主要包括矿石原料的预处理、矿石浸取、固-液分离、溶液的净化、富集和分离、从溶液中制取出金属或化合物、浸取渣及废液的处置等单元操作过程。

6.5.1.1 加压湿法冶金

加压浸出也称为热压浸出或压煮，对于一些较难浸的矿石，常压浸出往往只能获得很低的金属浸出率。在加压条件下，浸出温度高于常压液体的沸点，这时的浸出动力学条件更有利于金属的浸出，使金属浸出率得到提高。20 世纪 50 年代，加拿大、南非及美国采用减法加压浸出铀矿实现了工业化。此外，加压浸出也用于钨、钼、钒及其他有色金属的提取。20 世纪后半期加压浸出在提取重有色金属方面的进展十分显著。主要用于提取铜、镍、销、锌和贵金属。

加压浸出设备有多种类型，如加压的帕丘卡槽、压力塔、压力球罐、压力锅、竖式压力釜、管式压力釜及卧式压力釜。在重有色金属的加压湿法冶金中用得最普遍的是卧式压力釜。从 20 世纪 50 年代第一个加压湿法冶金工厂投产以来，几乎所有的工业生产厂都采用了卧式压力釜。目前，压力釜在镍、钴、铜（含铂族金属）的硫化矿和镍镉锍、硫化锌精矿和难处理金矿等的湿法冶金中得到了广泛的应用。

加压湿法冶金具有反应速度快、流程短、操作环境好、副产元素硫、能耗低、加工成本低及建设投资小等一系列优点，符合冶金行业可持续发展、走新型工业化道路的要求。近几十年来，加压工艺应用于处理重有色金属硫化矿及难处理金矿等方面在国际上已发展成为相当成熟的技术。但是，该工艺的应用多以提取铜、镍、钴、锌、金等为主要目的。

A 铜、镍、钴硫化物加压浸出及铂族金属回收

a 加压氨浸

加压氨浸从硫化镍精矿中提取镍的工艺比较简单，对环境污染轻，镍、钴、铜回收率分别可达90％～95％、50％～75％、88％～92％，还能回收大部分硫，对处理难选的多金属矿特别有效。但它不适于处理含贵金属高的镍精矿。

浸出过程分为二段，典型的工艺流程如图6-39所示。第一段浸出温度为358K，压力为830kPa。第二段浸出温度为353K，压力为900kPa。从第一段浸出产出的溶液送去蒸氨除铜，除铜溶液进行氧化水解生产硫酸铵肥料，以氢还原方式产出镍粉。浸出过程在加压条件下由于反应温度升高和水溶液中参加反应的气体浓度加大而大大改善了反应的动力学条件。在一定的压力和温度条件下，当有氧存在时，镍精矿中的金属硫化物能与溶解的氧、氨和水反应，使其中的镍、钴、钢等生成可溶性的氨络合物进入溶液。

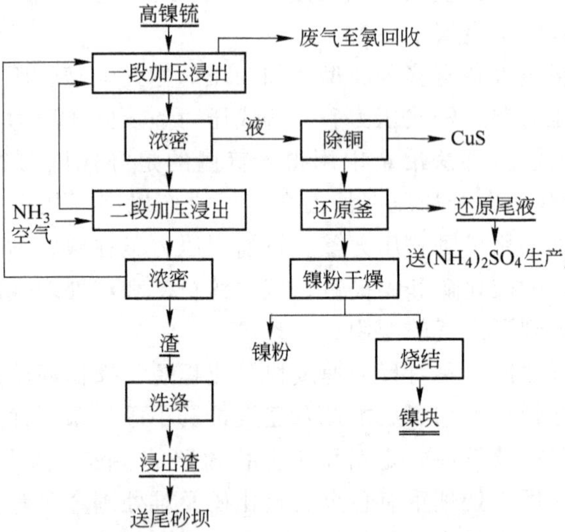

图6-39　克温那厂工艺流程图

加压氨浸处理有色金属硫化矿具有工艺简单，设备防腐容易解决，环境污染轻，并能回收大部分硫的特点，对难选多金属硫化矿特别有效。但该法在处理含铂族铜镍硫化矿或其浮选精矿时，由于贵金属能形成氨络合物而在溶液中分散，造成溶液成分复杂、提取回收流程冗长，因而无法适用于处理含贵金属品位高的物料。另外，工业实施中还需考虑氨的回收，试剂消耗较大，也限制了该工艺的发展。

b 加压酸浸

随着设备材质及制造技术的发展，酸性介质的加压浸出得到了迅速发展。与加压氨浸相比，采用加压酸浸技术更适用于处理含铂族金属的硫化矿及铜镍锍。20 世纪 70 年代以后建立的铂族金属生产厂，大多在火法熔炼后采用酸性加压浸出技术。这主要是因为它可在高效综合回收铜镍钴等有价金属的同时，铂族金属基本无分散损失，能够获得高品位的铂族金属精矿。

铜、镍、钴硫化物加压酸浸在工业上的应用主要分为两大类。一类是常压-加压酸浸，即浸出由一段或几段常压浸出和一段加压浸出组成，如芬兰奥托昆普公司哈贾瓦尔塔(Harjavalta)精炼厂；另一类是两段加压浸出，如南非的莱帕拉铂厂。这两类浸出的实质几乎是相同的。

哈贾瓦尔塔精炼厂处理的物料为粒状高镍锍，工艺流程由 4 部分组成，即磨矿、浸出、净化和电积。常压浸出为三段，浸出温度 90℃。常压浸出后，浸出渣送卧式五隔室高压釜进行加压浸出，加入高压釜的溶液为来自镍电积系统的阳极液。高压釜直径为 2.9m、长 11.5m，分为 5 个隔室，每个隔室有机械搅拌。加压反应的介质为硫酸，压力为 2MPa，操作温度 200℃，铂族金属富集率大于 98%。采用类似流程的还有 20 世纪 60 年代投产的南非 Springs 镍精炼厂、英美 Pindulla 冶炼厂和 20 世纪 70 年代投产的美国 Amax 公司的镍港精炼厂。

由于铜、镍、钴等金属及其硫化物，在不同酸度、温度、氧分压条件下有不同的行为，要兼顾到贱金属的相互分离提取，加压酸浸技术常常用两段或多段选择性浸出。

Impala 铂厂处理高锍的三段加压酸浸工艺流程见图 6-40。

第一段加压浸出（135℃，1MPa）产出含铜低的硫酸镍溶液，第二段（140℃，0.9MPa）将铜镍钴金属及硫化物氧化浸出分离，第三段（140℃，1MPa）分离残余的贱金属。三段加压浸出后可使浸出渣中贵金属品位比原料提高约 300 倍。

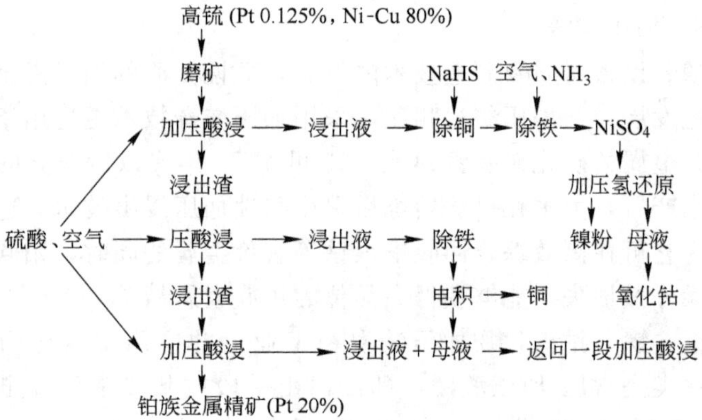

图 6-40 Impala 公司加压酸浸流程图

C 加压碱浸

加压酸浸过程中，当物料中含硫高（>20%）时，通常的氧分压下很难使硫完全氧化转化，它们残留在浸出渣中降低贵金属的富集效果，从而增加了后续分离硫的工序。另外，对于含硫低（<10%），且含有大量耗酸碱性脉石的硫化矿或其浮选精矿，若采用加压酸浸技术，则经济上不合理。

对具有以上特性的含铂族硫化矿物采用加压氧化碱浸工艺是适宜的。在碱性介质中，溶液中的氧浓度相对较高，加速了硫的氧化转化，有利于破坏矿物结构中硫化物对铂族金属的包裹，使铂族金属解离出来。而且，高压釜也可不用价格很贵的钛材，普通耐碱腐蚀的钢材即可满足工艺要求。

美国犹他州巴里克公司 Mercur 矿山曾采用加压氧化碱浸处理铜镍硫化矿，日生产能力达 750t。加压浸出温度为 215℃，压力为 3.4MPa，铂族金属富集比大于 20 倍。由于 NaOH 试剂费用较贵，美国专利提出 Na_2CO_3 可用作碱性剂，而 Ca $(OH)_2$ 仅适用于矿浆浓度在 20%以下的情况。

d 加压氰化

氰化法从 19 世纪末就被用于处理金矿石。估计目前世界上 85%以上的金矿是用该法处理。此方法能广泛应用的重要原因是，在碱性介质中氰化物可高选择性地络合溶解金、银，同时，用活性炭吸附、锌粉置换、阴离子交换树脂吸附等方法能方便有效地从氰化液中回收金。

加压氰化（或称高温氰化）处理含铂族金属物料是最近几年才出现的高新技术。通过提高反应温度来加快浸出速度，可使常温常压下不能氰化的铂钯发生氰化反应。美国国家矿物局已专门报道了用加压氰化回收失效催化剂中铂族金属的技术。

用加压氰化法处理氧化矿的含铂钯高品位金矿，其主要成分为：Au 90.9g/t，Pt 9.2g/t，Pd 2.19g/t，Fe 2.19%，SiO_2 62.7%，S 0.1%，并含有低于 0.02%的 Cu、Zn 或 Pb。所用的流程为：矿石球磨→混汞法提金→尾渣室温或高温氰化→活性炭吸附金铂钯→从载金炭回收金铂钯。最佳条件为空气加压，温度范围 100～125℃，时间 4～6h，pH=9.5～11.5。相应的贵金属浸出率为 Au 95%～97%，Pt 73%～79%，Pd 87%～92%。

B 难处理金矿的加压氧化

难处理金矿是指那些金以次显微形式存在、也可能是包含在黄铁矿或砷黄铁矿晶格中，即使矿石磨得很细也无法使金解离，以致不能用传统的氰化法加以回收的金矿物。在这一类矿物中，最具有代表性的载金矿物是黄铁矿和砷黄铁矿。通常，这类矿物要经过预处理再回收金。经典的工业生产方法是采用氧化焙烧预处理，氧化焙烧产出一种多孔焙砂，再进行氰化浸金。由于各国环保要求日益严格和焙烧本身的缺陷，这种方法已显得有些过时和落后了，近年发展起来的加压预氧化法能有效地从难处理金矿中提取金，这是近年来一批采用加压预氧化的提金厂相继投产的原因，处理工艺如图 6-41 所示。

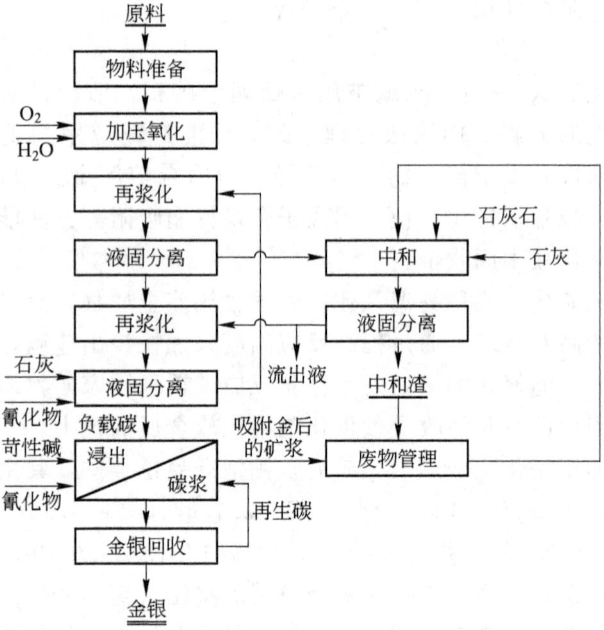

图 6-41 酸性介质加压预氧化难处理金矿流程

许多难处理金矿可能含有一些碳酸盐，因此需要领先用酸处理，最好是用压力釜排出矿浆的洗水来分解碳酸盐。使原料在进入压力釜之前除去由碳酸盐分解所产生的二氧化碳，这有助于提高氧化段氧气的利用。将经酸处理的物料加入压力釜中用氧气氧化。用硫化物氧化时产生的热来维持所需的反应温度，如果需要，也可以通过加入水的办法来控制温度。压力釜排出的矿浆经闪蒸槽冷却，然后经固液分离以除去部分酸。矿浆在氰化之前还要经过洗涤。洗涤可除去加压氧化时溶出的铜、锌等，同时也可除去易水解成泥状物的铝、铁和镁等。由铂、铁和镁等化合物水解生成的这类泥状物会使溶液的黏度增加，而在含金矿浆氰化时，金易被这种泥状物吸附而造成损失；而在用活性炭吸附回收金时，活性炭易被它沾污。因此，矿浆洗涤是难处理金矿酸性加压分解流程中一道十分重要的作业。

黄铁矿和砷黄铁矿的加压氧化既能在碱性介质中也能在酸性介质中进行。要根据物料的性质来选择合适的加压预氧化工艺。对一些可浮性差、含硫量低、含碳酸盐量高的难处理金矿（如美国内华达州许多金矿山的难处理金矿），可考虑选择碱性介质加压预氧而要尽可能避免生成元素硫。碱性介质压力氧化产出的渣其基本组成是 Fe_2O_3，而矿石中硫和砷可成为可溶性的硫酸盐和砷酸盐。酸性介质中的加压氧化发展得更快，因此我们将着重研究酸性加压氧化。

许多硫化矿物，像砷黄铁矿、磁黄铁矿和一些金属硫化物在氧化反应的初期相中期容易生成元素硫。生成的元素硫有可能包裹未氧化的硫化物相金，并易于团聚，使矿浆的氰化效果下降。采用高于硫熔点（391K）的加压氧化温度，如 443～453K 能有效地抑制元素硫的生成。

a　黄铁矿

水溶液中酸性压力氧化黄铁矿的产物主要有：Fe^{2+}，Fe^{3+}、SO_4^{2-}，S^0 等，Fe^{3+} 大都以赤铁矿、硫酸高铁或铁矾的形式沉淀，不同产物的形成取决于不同的氧化条件，如温度，时间，氧分压、酸度、硫酸盐浓度等。现已确定，黄铁矿氧化时有两个竞争反应存在：

$$FeS_2 + \frac{7}{2}O_2 + H_2O = FeSO_4 + H_2SO_4$$

$$FeS_2 + 2O_2 = FeSO_4 + S$$

当温度大大高于硫的熔点时，第一反应占优势。上述两反应产生的 Fe^{2+} 随后氧化成 Fe^{3+}。

$$2FeSO_4 + \frac{1}{2}O_2 + H_2O = Fe_2(SO_4)_3 + H_2O$$

在氧化过程中，一些研究表明 Fe^{3+} 具有加速反应的作用，特别是在高压釜中反应的初期，Fe^{3+} 的作用非常明显。在高于 150℃时，Fe^{3+} 水解的两个主要反应是：

在低酸度下：$Fe_2(SO_4)_3 + 3H_2O \rightarrow Fe_2O_3 + 3H_2SO_4$

在高酸度下：$Fe_2(SO_4)_3 + 2H_2O \rightarrow 2FeOHSO_4 + H_2SO_4$

铁矾类的化合物也能产生，但比 Fe_2O_3 和 $FeOHSO_4$ 要少。

$$3Fe_2(SO_4)_3 + 14H_2O \rightarrow 2H_3OFe_3(SO_4)_2(OH)_6 + 5H_2SO_4$$

从方法的经济性来说，最好形成赤铁矿沉淀，这是由于随后的中和及金回收操作容易。一些研究工作表明，生成 Fe_2O_3 沉淀的条件是，溶液中 H_2SO_4 含量上限是 55g/L（温度为 170℃）和 70g/L（温度为 200℃）。如果溶液中含有惰性盐类，如 $MgSO_4$，则 H_2SO_4，含量的上限可扩展到 100g/L。

b 砷黄铁矿

一些研究表明，砷黄铁矿首先产生 H_3AsO_3 和 Fe^{2+}，随后又氧化成 H_3AsO_4 和 Fe^{3+}。他们在研究中还发现，在较低的温度（100～160℃）和高酸的条件下，有元素硫产生，而砷酸铁则水解成三价铁的化合物。

对于砷黄铁矿在酸性溶液中的压力氧化，一般认为发生如下化学反应：

$$2FeAsS + \frac{13}{2}O_2 + 3H_2O \rightarrow 3H_3AsO_4 + 2FeSO_4$$

$$2FeAsS + \frac{7}{2}O_2 + 2H_2SO_4 + H_2O \rightarrow 2H_3AsO_4 + 2FeSO_4 + 2S^0$$

另有一些研究工作表明，元素硫的产生不是作为一种中间产物。事实上，存在两个相互竞争的化学反应，他们的产物不同，一个是 S^0，另一个是 SO_4^{2-}。加拿大舍利特公司的研究结果表明，高氧化温度可以避免元素硫的生成。

上述方程式中的 H_3AsO_4 是反应开始时的产物，当溶液的矿浆浓度高、反应时间长，高温及低酸度时，X 衍射分析反应生成的沉淀为 $FeAsO \cdot 2H_2O$，因此存在如下反应：

$$Fe_2(SO_4)_3 + 2H_3AsO_4 + 4H_2O \rightarrow 2FeAsO_4 \cdot 2H_2O + 3H_2SO_4$$

6.5.1.2 液膜分离技术

液膜分离技术是从水溶液中分离和富集所需物质的一种技

术，它具有溶剂萃取和膜分离两项技术的一些特点。自 1968 年美籍华人黎念之博士首次提出乳状液膜分离技术以来，各个国家都相继开展了大量研究，其方向涉及到湿法冶金、废水处理、气体分离、有机物分离、生物制品分离、生物医学分离、化学传感器以及离子选择性电极等领域。

液膜分离与具有相同分离作用的传统分离操作（如蒸发、萃取或离子交换等）相比较，膜分离过程可以在常温或低温下进行，特别适用与热敏物质的分离，可以避免组分受热变质或混入杂质。液膜分离的推动力主要是压力差、浓度差、电势差和温度差等，因此分离装置简单，易于操作，容易实现自动化控制和容易维修。与层析和电泳技术相比，膜技术更容易放大，通常还有显著的经济效益。

液膜分离的过程不发生相变化，与有机变化的分离法相比，其优点是能耗低，化学品消耗少，操作简单方便，不产生二次污染。因此，膜分离技术又成为节能的清洁技术。

A 液膜分离技术特点

液膜分离技术的特点是该过程涉及三个液相：料相是第一液相，接受液是第二液相，处于两者之间的液膜是第三液相。液膜必须与料液和接受液互不相溶。液液相之间的传质分离操作类似于萃取与反萃取，溶质从料液进入液膜相当于萃取，溶质再从液膜进入接受液相当于反萃取，液膜可以看成萃取与反萃取的结合。

液膜通常由膜溶剂、表面活性剂、流动载体和膜增强添加剂组成。膜溶剂是液膜的主体，它对液膜体系的性能有一定的影响，一般选用煤油作膜溶剂。选择的依据是液膜的稳定性和对溶质的溶解性。表面活性剂是液膜的主要成分之一，它不仅对液膜的稳定性起决定作用，而且对组分通过液膜的传质速率和破乳、油相回用等都有显著影响。流动载体的作用是它能够快速、高效、选择性地传输指定的物质。膜增强添加剂用于进一步提高膜的稳定性。

不同的分离对象，采用的分离方法是不同的，根据膜材质、膜来源、膜体结构膜断面的物理形态、膜的功能、固体膜的形状、分离用膜的分类如图 6-42 所示。

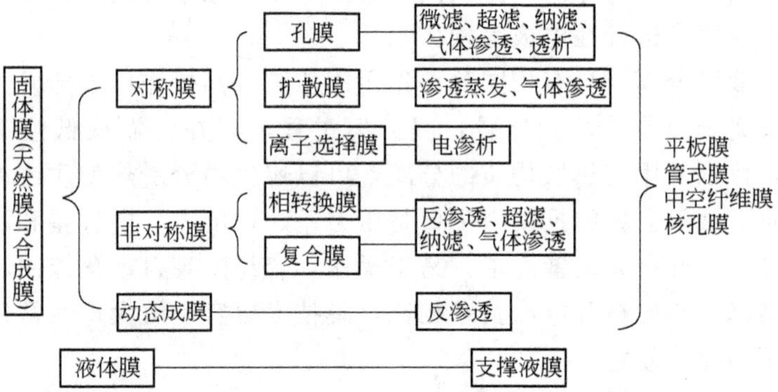

图 6-42 膜结构的分类

液膜分离技术按其操作方式，可分为乳状液型液膜和支撑体型液膜。乳状液型液膜可以看成是一种双重乳状液体系。如将两个互不相溶的液相制成乳状液，然后把乳状液分散到第三相中形成了乳状液型的液膜体系。为了乳状液具有一定的稳定性，通常在膜相中加入表明活性剂，在迁移过程结束后，乳状液采用静电凝聚等方法破乳，膜相可以反复使用，膜内相经进一步处理后，回收所需物质。支撑体型液膜是将液膜相溶液牢固的吸着在多孔的支撑体微孔中，在膜的两侧是与膜相不互溶的水溶液。它的操作方式较乳状液型液膜简单，乳状液型液膜的研究开展较早，但是目前支撑体型液膜的研究正在逐步增加。图 6-43 所示的是 W/O/W型乳化液膜，图 6-44 所示是乳化液膜及透过机理。

B 液膜分离的分离机理

乳状液膜根据膜相中是否含有载体可分为非流动载体液膜和流动载体液膜。其促进传递机理如图 6-45 所示。

a 非流动载体的液膜传质机理

当液膜中不含流动载体时，其分离的选择性主要取决于溶质

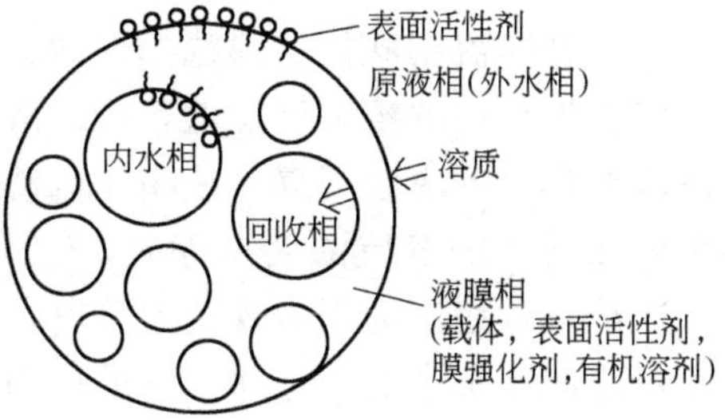

图 6-43 W/O/W 型乳化液膜

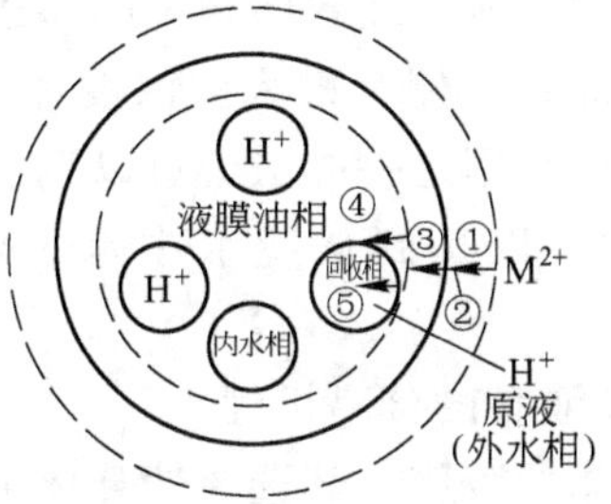

图 6-44 乳化液膜及透过机理

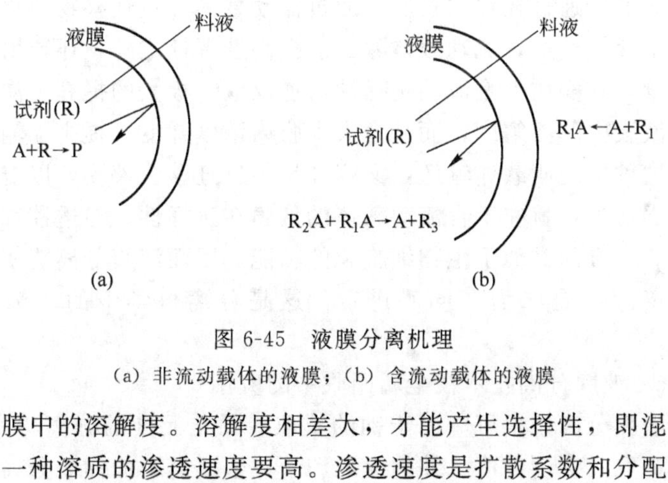

图 6-45 液膜分离机理

(a) 非流动载体的液膜；(b) 含流动载体的液膜

在液膜中的溶解度。溶解度相差大，才能产生选择性，即混合物中的一种溶质的渗透速度要高。渗透速度是扩散系数和分配系数的乘积，由于扩散系数很接近（在一定的膜溶剂中），所以分配系数的差别就成为设计非流动载体液膜选择性的关键。分配系数乃是溶质在膜相和料液相中的溶解度比值，所以溶质在膜中溶解度不同就成了液膜选择性的决定因素。使用非流动载体液膜进行分离时，当膜两侧被迁移的溶质浓度相等时，传质便自行停止。因此，它不能产生浓缩效应。为了实现高效分离，可以采取在接受相内发生化学反应的办法来促进迁移，它的机理是通过在乳状液形成液膜的封闭相中引起一个选择性不可逆反应，使特定的迁移溶质或离子与封闭相中的另一部分相互作用，变成一种不能逆扩散穿过膜的新产物，从而使封闭相中的渗透物的浓度实质上为零，保持渗透物在液膜两侧有最大的浓度梯度，此即促进输送，也叫Ⅰ型促进迁移。利用这一办法，可以把强酸或碱的水溶液封闭在乳状液油膜中，以达到从废水中除去弱酸或弱碱组分的目的。

b 含流动载体液膜的分离机理

使用含流动载体的液膜，其选择性分离主要取决于所添加的流动载体，因此提高液膜的选择性的关键在于找到合适的流动载体。载体可以是萃取剂、络合剂、载体在膜内外两个界面之间来回穿梭地传递被迁移的物质。通过流动载体和被迁移物质之间液体离子交换剂等，流动载体除了能提高选择性之外，还能增大溶质通量，它实质上是流动选择性可逆反应，极大的提高了渗透溶质在液膜中的溶解度，而且增大了膜内浓度梯度，提高了输送效果。这种机理叫载体输送，又叫Ⅱ型促进迁移。液膜所以能够进行化学仿生，就在于含流动载体的液膜在选择性、渗透性和定向性等 3 个方面类似于生物细胞膜的功能。因而液膜分离能使浓缩和分离两步合二为一同时进行，这是分离科学中的一个重要突破。

c 液膜分离技术在金属回收中的应用

液膜分离技术可应用于铀的提取、稀土元素的分离与回收、金的提取、铜的提取、锌的提取和气体金属离子的提取分离。

a 液膜分离技术分离回收稀土

在我国蕴藏着丰富的低品位稀土矿，与其他稀土矿床相比，具有规模大、中重稀土配分高，易采选、提取工艺简单、回收率高等优点，有较高的经济价值。在低品位稀土矿山，目前主要采用电解质溶液浸出处理矿石，最近也有用电解质溶液原地浸出提取稀土元素。无论堆浸还是原地浸出，对浸出液处理都是采用草酸或碳铵沉淀稀土。但是，目前我国在稀土的深加工、新材料的开发和应用等方面，与国外先进国家相比还有一定的差距。为此，为了生产出纯度高、成本低的单一稀土，必须寻求高效低成本的分离技术。

液膜提取稀土离子的特点是流程短、速度快、富集比大、试剂少、成本低，具有广阔的工业应用前景。液膜提取稀土的情况见表 6-18。提取稀土的液膜体系组成为：一般有机溶剂采用煤油或磺化煤油，载体采用 LA、P 204、P 507等，内相采用 HCl、HNO_3等。对稀土浸出母液可根据需要进行分组、提纯、分离等操作。

表 6-18 液膜提取稀土离子

有机相	内水相	外水相	提取效果
5% TBP + 2% LMS-2 +磺化煤油	0.1mol/L $NaHCO_3$	100mg/L NH_4NO_3 Y（Ⅲ）	回收率98%以上
3% Cyanex272 + 3% LMA-1+磺化煤油	2mol/L HCl	1g/L 稀土矿浸矿液	提取率>90%
3%P 204+2%LMA-1 +95%磺化煤油	3mol/L HCl	500mg/L La	回收纯 La84%
3% LMS-2 + 2.5% P502+磺化煤油	1mol/L HCl	稀土溶液	得纯度97.4%铒和99.8%钛
2%span80+12%P502 +86%煤油	6mol/L HCl	0.56g/L 稀土母液	提取率98%左右
0.04mol/L TBP+3% span80+二甲苯	0.15mol/L $Na_2S_2O_3$	0.25mol/L HNO_3，钕（Ⅲ）	回收率94%以上

续表 6-18

有机相	内水相	外水相	提取效果
9%TBP+3%L113B+磺化煤油	4%NH_4NO_3	1g/LRe^{3+}	提取率 99.4%以上
HNMBP + $CHCl_3$ 大块液膜	0.5mol/L HCl	Eu^{3+} CH_3COONa	Eu^{2+} 有显著的富集作用
5% P204 + 5% L113B +90%磺化煤油	HCl	1.45g/L Re^{3+}	回收率 99.9%
N205 + P502 煤油 + 石蜡	8mol/L HCl	2.3g/L Re^{3+}	提取率 94%
12%P502+3%span80 +1% 石蜡 + 84% 磺化煤油	4mol/L HCl	0.287g/L Th^{3+}	提取率 98%
2% LMS-2 + 5% TRPO +93%磺化煤油	15%K_4 [Fe (CN)$_6$]	0.045g/L Ga^{3+}	迁移率 98.5%
1.5% P 204 + 1.0% LMS-2+磺化煤油	3mol/L HCl	稀土溶液	Tb^{3+} 迁移率达 90%

在稀土矿的开发和有关稀土分离过程中，往往会排放出大量的稀土废水，严重地污染水源，危害人民的身体健康。因此，开展应用液膜技术处理稀土废水的研究具有重要的实际意义，一方面能保护环境，另一方面又能回收废水中的稀土离子。

b 液膜分离技术分离回收铜离子

矿山浸出液的富集是铜湿法冶金的一个重要环节，传统的沉淀法、离子交换法以及溶剂萃取法虽然在此担当着重要角色，但并非是最好的工艺选择，因为各类矿山浸出液的溶质浓度往往较低，对于这类稀溶液的提取，沉淀法成本高，选择性差；离子交换法既需要吸附-解析的循环操作，又需要较严格的料液预处理工序；溶剂萃取法虽然选择性高，料液状态适应性强，但是以萃取平衡为特征的传质机理限制了萃取级传质效率的进一步提高，使分离过程所需要的级数较多，试剂的耗量较大。

乳状液膜法以非平衡萃取为传质特征，实现了萃取过程与反萃取过程的合二为一，工艺步骤和有机试剂消耗少，矿渣可以利用，避免了环境污染，是一项既经济高效又环保的富集矿山浸出液的新工艺。表 6-19 列出了一些乳状液膜提取矿山浸出液中铜的研究概况。

表 6-19　液膜法提取矿山浸出液铜离子

有机相	内水相	外水相	提取效果
6% Lix984 + 5% ECA4360J+磺化煤油	3mol/L HCl	pH=3～6 的蓝铜矿浸出液	提取率约 100%
Lix984+L113B+煤油	3mol/L H_2SO_4	0.406g/L 铜矿堆浸溶液	提取率 99.1%
3% DIPSA + 3% 正辛醇 + 3% TIBPS + 3% LMS-2+煤油	1mol/L H_2SO_4	湿法冶锌的硫酸浸出液	提取率 99.9%以上
3% N235 + 3% 蓝 113A+磺化煤油	0.5mol/L H_2SO_4	100mg/L 金矿浸出液除金后液	提取率 99%
6% AcorgaM5640 + 2% (LMS-2 + LMA-1) +磺化煤油	2～3mol/L H_2SO_4	低品位铜矿浸出液	提取率 100%

利用乳化液膜法分离提取铜矿浸出液，根据溶剂萃取化学的研究成果，肟类化合物对 Cu^{2+} 有很好的选择萃取能力。如用 LIX64N 作载体由下列反应可以完成液膜萃取 Cu^{2+} 过程。

即　萃取：　$2HR + Cu^{2+} \rightarrow CuR_2 + 2H^+$

反萃取：　$2H^+ + CuR_2 \rightarrow 2HR + Cu^{2+}$

Cu^{2+} 与载体进行如下反应：

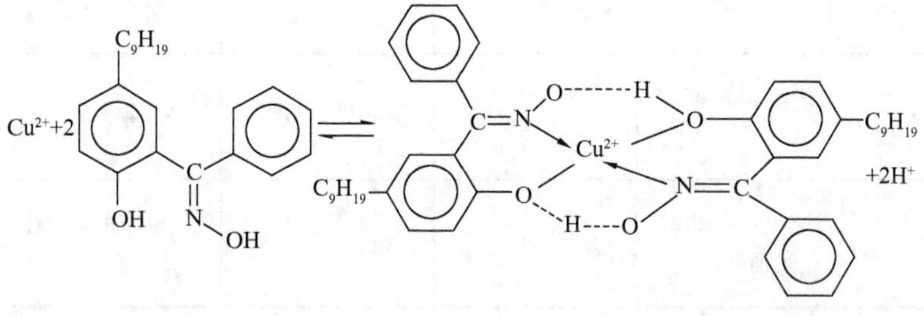

美国矿山局（USBM）在亚利桑那州铜矿山用乳化液膜法，从矿山废水中进行了回收铜的试验。铜的回收率>90%，膜的溶胀率<8%。乳状液在电聚结器中以温和条件破乳后，萃取剂用羟胺盐溶液再生，使活性浓度保持85%后循环使用。

c 液膜分离技术分离回收贵金属离子

贵金属的分离富集方法主要有火试金法、溶剂萃取法、吸附法、离子交换法、离子浮选等。在湿法冶金中，溶剂萃取是最常用的方法，但此法成本较高。液膜法吸收有溶剂萃取的优点，特别适合稀贵金属的分离和富集。表6-20示出了液膜法分离富集贵金属的概况。

表 6-20 液膜法分离富集贵金属

有机相	内水相	外水相	提取效果
2% TOA + 4% OLOA1200 + 72% 煤油 + 液体石蜡	8% 硫脲 + 2%HCl	金矿氰化液 $Au(CN)_2^-$	提取率 99.8%
DOSO + 蓝 113A + 煤油 + 1，2－二氯乙烷	Na_2SO_3 + NaOH	$AuCl_4^-$, HCl，NaCl	提取率>90%
煤油 + 石油醚 + D2EADTPA + TOA	$H_2C_2O_4$	0.025mg/L Au^{3+}	提取率>99%
5% TBP + 92% 磺化煤油	0.4mol/L 硫酸肼	$AuCl_4^-$	一级回收率为 99.9%
PSO + 蓝 113 + 煤油 + 液体石蜡	8% 硫脲 + 1%HCl	$AuCl_4^-$	一次提金>98%
N503 + polyamineE644 + 煤油	Na_2SO_4	$AuCl_4^-$，HCl	提取率 100%
18%N816 + 7%L113B + 67%磺化煤油	3.5%氨水	Ag^+	银回收率>99.2%

续表 6-20

有机相	内水相	外水相	提取效果
3% N503 + 3% 蓝113A+煤油	EDTA	Pd（Ⅱ）	钯提取率>98%
0.1% TNOA + 6% span80 + 煤油 + EDTA二钠盐	0.1mol/LHCl	Pd（Ⅱ）	钯回收率>97%
1% N701 + 4% span80+煤油	EDTA	Pd（Ⅱ）	钯提取率>96%
6% N301 + 4% 蓝113A+煤油	盐酸羟胺	$PtCl_6^{2-}$	铂提取率 100%

6.5.1.3 矿浆电解技术

矿浆电解是冶金电化学领域中的一项新技术，它直接将磨细了的矿石或精矿加入到特征的电解装置中，在阳极区，加入的物料发生阳极溶解、化学氧化或化学溶解，并加入适当的溶剂和试剂，使阳极液得到一定的净化；使用带有隔膜的阴极，离子通过隔膜在阴极电沉积，这一过程是将湿法冶金中浸出、部分净化和电沉积结合在一起，简化了生产流程、试剂消耗减少、降低了能耗，达到清洁生产的目的。

矿浆电解中，硫化物或硫化矿在酸性、碱性和中性液中电化学浸出产物见表 6-21，如何加速硫化矿的浸出效果，需从动力学的角度考虑。硫化矿中含有不同的矿物组成，最常见的是黄铁矿，它们的静电势不同，表 6-22 列出了若干硫化矿在中性和碱性溶液中的静电极电势，将其组成电对，对浸出过程将发生影响。黄铁矿的电化学行为，在硫酸和硫酸盐介质中，黄铁矿的静电势比其他任何金属硫化物都正。氧化过程的总反应分为两个同时进行的反应：

$$FeS_2 - 3e = Fe^{3+} + 2S^0$$

$$FeS_2 + 8H_2O - 15e = Fe^{3+} + 2SO_4^{2-} + 16H^+$$

表 6-21 黄铜矿在酸性、中性、碱性溶液中浸出反应和产物

溶液性质	腐蚀电池中的两极反应		溶液中的反应	浸出产物
	阳极反应	阴极反应		
酸性	$CuFeS_2 \rightarrow Cu^{2+} + Fe^{2+} + 2S + 4e$ $Fe \rightarrow Fe^{2+} + 2e$	$2CuFeS_2 + 6H^+ + 2e \rightarrow CuS + 2Fe^{2+} + 3H_2S$ 可能发生： $2CuFeS_2 + 6H^+ + 2e \rightarrow Cu_2S + 2Fe^{2+} + 3H_2S$ 或 $2CuFeS_2 + 2H_2O + O_2 + 6H^+ + 2e \rightarrow Cu_2S + 2Fe(OH)_2 + 3H_2S$ $2H^+ + 1/2O_2 + 2e \rightarrow H_2O$	$Cu^{2+} + H_2S \rightarrow CuS + 2H^+$ $3Cu^{2+} + 4S + 4H_2O \rightarrow 3CuS + SO_4^{2-} + 8H^+$ $H_2S + 2O_2 \rightarrow SO_4^{2-} + 2H^+$ $H_2S + 1/2O_2 \rightarrow S + H_2O$ $2Fe^{2+} + 5H_2O + 1/2O_2 \rightarrow 2Fe(OH)_3 + 4H^+$ $2Fe(OH)_2 + 1/2O_2 + H_2O \rightarrow 2Fe(OH)_3$	Cu_2S、CuS、SO_4^{2-}、Cu^{2+}、Fe^{2+}、$Fe(OH)_3$、S
中性	$CuFeS_2 \rightarrow Cu^{2+} + Fe^{2+} + 2S + 4e$ $Fe \rightarrow Fe^{2+} + 2e$	$2CuFeS_2 + 2e \rightarrow Cu_2S + 2Fe^{2+} + 3S^{2-}$ $2CuFeS_2 + 6e \rightarrow Cu_2S + 2Fe + 3S^{2-}$	$Cu^{2+} + S^{2-} \rightarrow CuS$ $3Cu^{2+} + 4S + 4H_2O \rightarrow 3CuS + SO_4^{2-} + 8H^+$ $S^{2-} + 2O_2 \rightarrow SO_4^{2-}$ $2Fe^{2+} + 5H_2O + 1/2O_2 \rightarrow 2Fe(OH)_3 + 4H^+$	Cu_2S、CuS SO_4^{2-}、$Cu(OH)_2$、$Fe(OH)_3$
碱性	$CuFeS_2 \rightarrow Cu^{2+} + Fe^{2+} + 2S + 4e$ $Fe \rightarrow Fe^{2+} + 2e$	$2CuFeS_2 + 2e \rightarrow Cu_2S + 2Fe^{2+} + 3S^{2-}$ $2CuFeS_2 + 6e \rightarrow Cu_2S + 2Fe + 3S^{2-}$	$Cu^{2+} + S^{2-} \rightarrow CuS$ $Cu^{2+} + 2OH^- \rightarrow Cu(OH)_2$ $2Fe^{2+} + H_2O + 1/2O_2 + 4OH^- \rightarrow 2Fe(OH)_3$ $3S + 6OH^- \rightarrow SO_3^{2-} + 2S^{2-} + 3H_2O$ $S^{2-} + 2O_2 \rightarrow SO_4^{2-}$ $SO_3^{2-} + 1/2O_2 \rightarrow SO_4^{2-}$	Cu_2S、CuS、 SO_4^{2-}、$Cu(OH)_2$、$Fe(OH)_3$

表 6-22 若干硫化矿在中性和碱性溶液中的稳定电势

矿物名称	中性和碱性溶液中的稳定电势/V	电势与各种因素的关系	
		电势范围/V	气氛和 pH 值范围
黄铁矿 FeS_2	+0.48	0.867～0.05	氮气氛 pH>2
	+0.42	0.45～0.018	空气、常压
铜蓝 CuS	+0.41	0.865～0.0591	中性气氛 pH>6
黄铜矿 $CuFeS_2$	+0.42	0.699～0.032	空气 pH=2～9
	+0.33	0.658～0.025	氮气氛 pH=4～9
毒砂 FeAsS	+0.35	0.540～0.32	空气 pH=2～9
辉铜矿 Cu_2S	+0.33	0.802～0.0591	中性气氛 pH>5
方铅矿 PbS	+0.25～+0.29	0.765～0.0591	中性气氛 pH>6
镍黄铁矿 (FeNi)S	+0.22	—	
砷钴矿 $CoAs_2$	+0.11～+0.121	—	
闪锌矿 ZnS	+0.12	0.552～0.07	中性气氛 pH=4～9
	+0.10	0.520～0.0591	pH>6

其标准速率常数为 10^{-8}m/s；活化能在 100～133kJ/mol 之间，因此，黄铁矿的阳极氧化过程属电化学控制。实验证明溶液中溶解的氧与溶液的 pH 值对黄铁矿的阳极行为无影响，没有发生钝化现象。在酸性介质中，黄铁矿在 0.5V 以前进行的阳极氧化电解，溶液中 Fe^{3+} 的含量很少，因此第一步的反应是：

$$FeS_2-2e=Fe^{2+}+2S^0$$

Fe^{3+} 的产生是 Fe^{2+} 在电极上氧化造成的。由于黄铁矿的反应过程比较复杂，详细机理有待进一步研究。

黄铜矿的阳极氧化电化学行为，在文献中有不少报道，杨显万等以石墨为阳极，测得黄铜矿在 NaCl 水溶液中的阳极极化曲线，实验表明黄铜矿粒阳极氧化受温度影响非常强烈。在 60℃与 80℃表现出不同的动力学特征，试验表明 Cl^- 离子对硫化矿的阳极氧化有显著的活化作用。

矿浆电解中硫化物除了阳极氧化外，化学氧化和化学溶解也是硫化物溶解的主要因素。黄铜矿矿浆电解的浸出过程包含化学和阳极氧化两方面。辉铋矿首先进行酸分解

$$Bi_2S_3 + 6H^+ = 2Bi^{3+} + 3H_2S$$

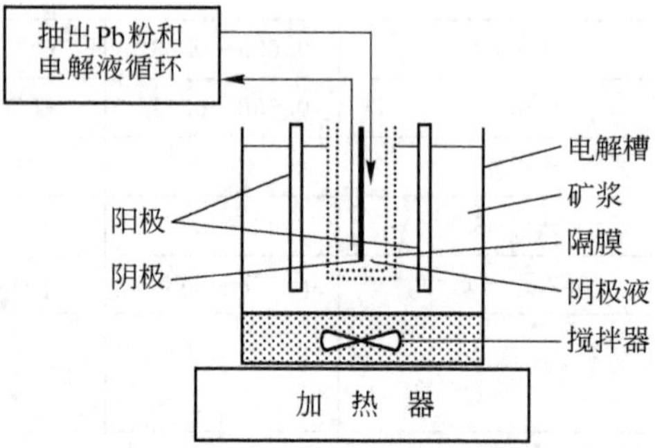

图 6-46　矿浆电解槽示意图

元素硫是由阳极上生成的 Fe^{3+} 与 H_2S 作用的结果，三价铁与辉铋矿直接接触或使其氧化不是主要过程。

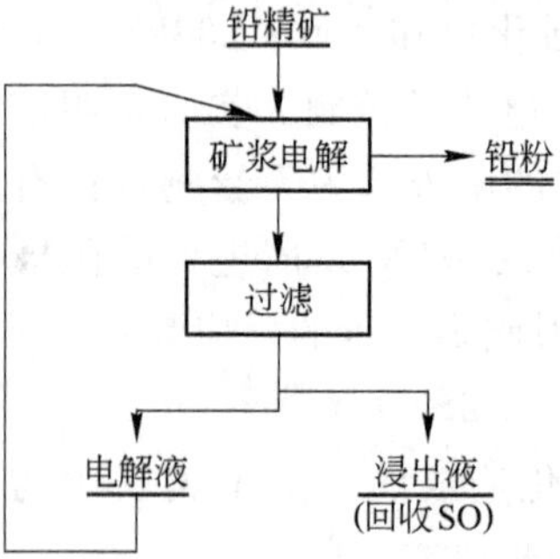

图 6-47　矿浆电解流程图

方铅矿的浸出主要是靠化学溶解，加上矿浆电解中的 Fe^{2+} 离子在阳极上氧化成 Fe^{3+} 离子后，使方铅矿化学溶解产生的 H_2S 快速氧化生成元素硫。由于降低了 H_2S 的浓度，使 PbS 的溶解速度加快。例如，铅的矿浆电解是在一个电解槽中实现方铅矿氧化和金属铅还原两个过程，基本消除了铅的污染，电解槽示意图见图 6-46。电解槽中用隔膜分成阳极室和阴极室，槽中装有搅拌装置和加热装置，阳极材料为石墨，阴极材料为铅始极片，电解液为酸性的氯化钠溶液。图 6-47 为

铅矿浆电解的流程图。

6.5.2 生物冶金技术

生物技术是指生物学及微生物学在各行各业中的应用技术。生物技术在有色冶金行业有着广泛的应用，称为生物有色冶金技术。

生物技术之所以备受重视，主要由以下两方面因素决定的。一方面，随着矿产资源的不断开发利用，贫矿、难选冶矿藏所占比例越来越大，而用常规的选冶方法遇到了一定的困难，同时世界各国的环保要求日益严格，使得一些常规处理方法不符合要求，而迫使人们寻找新的方法和途径；另一方面，尽管生物技术处理时间长，但只要处理适当，就可以从尾矿、贫矿、废渣、废液中回收某些有价金属，或降低某些物质对环境的污染程度，同时其生产成本却低于常规方法，并可减少二次污染甚至没有污染。基于上述这些因素，生物技术在湿法冶金中的应用越来越引起人们的关注，并开始投入更大的精力进行研究与应用。

6.5.2.1 生物浸出技术

生物浸出技术是指利用特定微生物细菌对某些金属硫化物矿物的氧化作用，使金属离子进入液相并实现对金属离子的富集作用。关于生物浸出的作用机理，一般有两种观点，即直接浸出机理和间接浸出机理。直接浸出是指细菌吸附于矿物颗粒表面，利用微生物自身的氧化或还原特性，使物质中有用组分氧化或还原，从而以可溶态或沉淀的形式与原物质分离的过程；间接浸出是指依靠微生物的代谢产物（有机酸、无机酸和 Fe^{3+} 等）与矿物质进行化学反应，而得到有用组分的过程。

细菌浸出技术包括两大方面，一是细菌的采集培养与驯化；二是浸出技术。

A 细菌的培养与驯化

细菌的采集培养与驯化涉及到以下五方面内容：细菌菌株的采集和鉴别、细菌的分离和培养、细菌的驯化、细菌数量的测定、细菌活性的测定。这些内容和微生物学实验研究采用的方法及技术大体一致，在有关微生物学的教科书中均有系统的阐述。

B 浸出方式

细菌浸出过程必须使氧和二氧化碳以最大速度进入浸出液才会使金属提取有最好的结果，围绕着这一目的，研制出若干浸出技术与设备。

a 气升渗滤器

气升渗滤器是在细菌浸出实验中使用最早和最普遍的装置。该装置如图 6-48 所示。

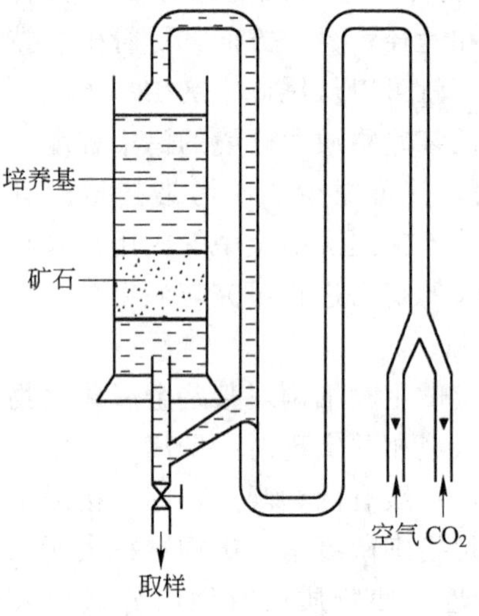

图 6-48 气升渗滤器示意图

b 柱浸

柱浸与渗滤器浸出的唯一区别在大小上。根据柱子大小需要，柱子可由玻璃、塑料或钢制造，有时甚至可用镀膜的排水管。大的柱子有几米高，装的矿石多达 2t。浸出液通过气升循环像渗滤器一样，或泵到柱顶再通过各种喷淋系统喷洒在矿石的表面上。已为堆摊浸出和废石堆浸进行过从实验室到模拟工业生产的柱浸试验。对影响浸出效率的一些可能因素也进行了研究，其中最重要的是有效地供给氧和二氧化碳。据报道，最大浸出柱的矿石处理量为 200t，需要配备耗氧、温度及 pH 值控制装置。

c 静置浸出技术

这种技术是把磨细的矿与接种的营养浸出液一起放进浸出瓶里，并使之浅层沉淀以使液面极大限度地暴露在空气中，如此进行几星期或几个月。由于这种技术氧的质量传递很差，因而细菌活性大大受到限制。

d 使用搅拌的浸出技术

在搅拌的浸出液中，溶液表面不断更新，加速了氧的传递，摇瓶方法和槽浸方法都属于这种类型，摇瓶浸出法能很快地提供影响细菌活性的各种参数。浸出槽有带机械搅拌的或带空气搅拌的（帕丘卡槽）。槽浸试验可以安装测试仪表，控制全部重要参数。由这些研究得出的数据可用于工艺流程的放大，这种技术已用来评价浸出工艺的可行性，并可对微生物浸出各种含硫化物精矿进行初步评价。高效的搅拌系统与空气弥散系统在槽浸中起着至关重要的作用，这往往成为各厂家的专利技术。目前在国外用于金矿预处理的大多是充气机械搅拌槽。

e 工业浸出技术

低品位矿所使用的工业浸出技术分堆浸、废石堆浸、原位浸出和槽浸，这些浸出方式都是使细菌繁殖与浸出同时进行。由于细菌繁殖与浸出所要求的条件往往互相矛盾，因而出现了一种把细菌繁殖和浸出在两个不同的设备中分开进行的方法，此法已用于铀矿的浸出。英国的戴维·麦基克（Davy Mckec）公司和加的夫里工学院合作，1988 年提出一种称为带有效分离作用的间接生物浸出（IBKs）工艺的概念，用于难处理金矿的生物预氧化，使金矿氧化周期由 7～10 天减为 3～4 天。

自从美国 Kennecott 铜矿公司 Utah 矿首先成功取得细菌浸铜工艺的工业应用后，低品位铀矿的细菌溶浸技术相继在加拿大、印度等国实现了工业应用，而南非、美国也已建成具有工业规模的细菌氧化提金厂。且继铜、铀、金的微生物湿法提取实现工业化生产之后，钴、锌、镍、锰的微生物湿法提取也正由实验室研究向工业化生产过渡。目前，世界上至少有 20 个国家、30～40 个矿山已经成功地大规模应用细菌浸出法来处理贫矿、废矿和难浸矿石，所应用的微生物主要是氧化亚铁硫杆菌。

硫化矿的细菌氧化浸出是目前世界上应用最广的生物冶金技术，主要特点是：

（1）与环境友好的清洁工艺，细菌氧化浸出产出的是自然环境中稳定的终产物，处理硫化矿时不产生 SO_2 污染，处理含砷金矿时无有毒的砷氧化物进入大气和水系，同时，产出废弃物的监测和处理费用也低于传统冶金流程；

（2）投资和生产费用相对较低，一般只需对矿石进行部分氧化就能达到较高的浸出率；

（3）可用于处理多金属复杂矿；

（4）设备和控制体系较简单，易于操作和维修，也使建设周期明显缩短；

（5）有较高的通用性，对矿物组成变化的适应性强，也可适用于一种较低品位的浮选精矿，从而可提高选矿回收率和总体经济效益。

微生物浸出虽然有许多优点，但其不足之处在一定程度上限制了它在工业上的应用。如反应速度慢、生产流程长、微生物的耐热性较差、容易受到金属离子的干扰等。对这些不足之处，国内外研究者正着力于改善细菌浸出动力学、加强微生物浸出设备的研究，以使生物浸出能得到工业应用。

6.5.2.2 生物浸矿的机理

A 硫化矿浸出机理

发生在硫化物矿物浸出期间的生物化学反应多半是通过一种直接或间接的机理来完成的。直接机理需要在细菌与矿物表面之间有一个紧密的物理接触，以使细菌附着在矿物表面上；而间接浸出机理包括由细菌产生的三价铁离子的作用，其作用机理示意图如图 6-49，图 6-50 所示。

a 细菌对黄铁矿直接浸出机理

$$4FeS_2 + 15O_2 + 2H_2O \xrightarrow{\text{细菌}} Fe_2(SO_4)_3 + 2H_2SO_4$$

在这个反应过程中所产生的三价铁离子没有氧化能力，因为它与细菌的分泌物产生螯合反应。

砷黄铁矿的直接接触机理按上式进行，但也有研究者认为反

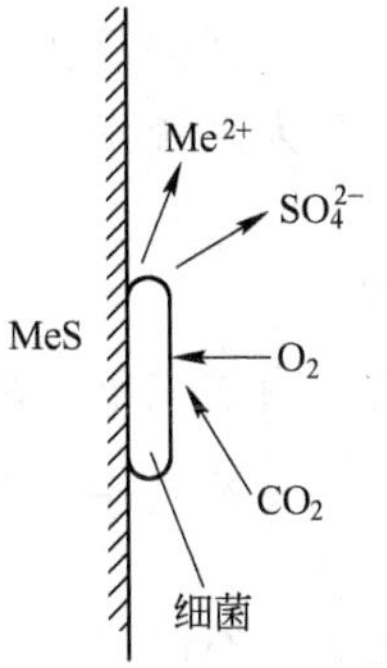

图 6-49 直接浸出机理示意图

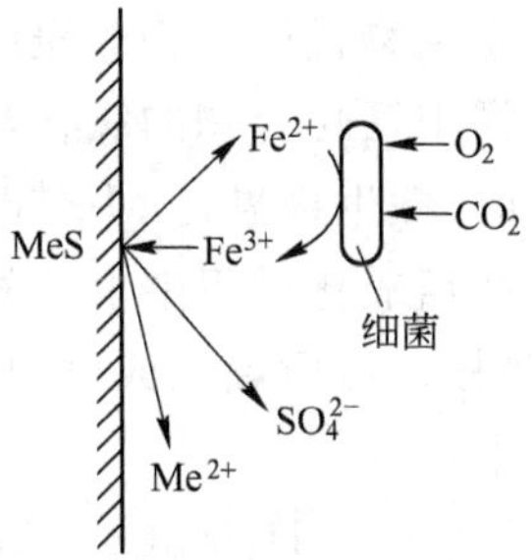

图 6-50 间接浸出机理示意图

应也许会生成作为生物氧化的一种中间产物的亚砷酸，接着再由高铁将三价砷氧化为五价砷，反应按下式进行。

$$4FeAsS+13O_2+16H_2O\xrightarrow{\text{细菌}}4H_3AsO_4+FeSO_4$$

$$4FeAsS+11O_2+2H_2O\xrightarrow{\text{细菌}}4H_3AsO_3+4FeSO_4$$

$$H_3AsO_3+2Fe_2(SO_4)_3+H_2O\longrightarrow H_3AsO_4+2FeSO_4+H_2SO_4$$

b 细菌对黄铁矿间接浸出机理

对于砷黄铁矿的反应如下：

$$2FeAsS+2Fe_2(SO_4)_3+1.5O_2+3H_2O$$

$$\xrightarrow{\text{细菌}}2H_3AsO_3+6FeSO_4+2S^0$$

$$2FeSO_4+H_2SO_4+0.5O_2\xrightarrow{\text{细菌}}Fe_2(SO_4)_3+H_2O$$

$$S^0+1.5O_2+H_2O\xrightarrow{\text{细菌}}H_2SO_4$$

$$H_3AsO_3+0.5O_2\xrightarrow{\text{细菌}}H_3AsO_4$$

$$Fe_2(SO_4)_3+H_3AsO_4\xrightarrow{\text{细菌}}2Fe_2AsO_4+3H_2SO_4$$

B 锰矿浸出机理

微生物浸出锰矿的机理主要有3种类型：锰的氧化、锰的还原、微生物代谢产物的浸出作用。埃利斯等人系统研究了微生物在海洋中锰化合物的氧化与还原机理。

a 微生物氧化 Mn^{2+} 形成锰核的机理

在锰氧化过程中，首先二价锰离子被吸附在三价锰离子核上（如微核、石质颗粒或类似物），从而使二价锰被氧化，反应方程式如下：

$$H_2MnO_3 + Mn^{2+} \longrightarrow MnMnO_3 + 2H^+$$

$$MnO_3 + 0.5O_2 + 2H_2O \xrightarrow{\text{细菌}} 2H_2MnO_3$$

上述反应说明锰氧化过程中有两个阶段，第一阶段是二价锰为 H_2MnO_3 所吸附，这个反应是非生物反应，反应速度很快；第二个反应是被吸附的二价锰为适当的细菌所催化氧化，这是一个有限的速度反应。因为电子传递系统能够经过氧化磷酸化，使细胞偶联 ATP 而使锰氧化生成 H_2MnO_3，H_2MnO_3 再成为新的吸附剂，连续吸附二价锰而增大成核，形成锰核。

b 微生物还原锰氧化物的机理

细菌浸出锰矿时也能将四价的锰还原为二价的锰，这种还原作用也有直接作用与间接作用两个方面。钟慧芳等人认为细菌还原二氧化锰过程中葡萄糖是电子供体，二氧化锰是电子受体。细菌把在氧化葡萄糖过程中的还原能力传递给二氧化锰，形成 $Mn(OH)_2$，细菌作用于葡萄糖、硫酸、碳酸盐产生酸，溶解 $Mn(OH)_2$。其反应式可以表示如下：

葡萄糖（硫酸盐，碳酸盐）$\xrightarrow{\text{细菌}} + nH^+ +$ 终点产物

$$MnO_2 + 2e + 2H^+ \xrightarrow{\text{细菌}} Mn(OH)_2$$

$$MnO_2 + 2e + 4H^+ \xrightarrow{\text{细菌}} Mn^{2+} + 2H_2O$$

但 Ehrlich 等人认为真菌黑曲霉和大肠杆菌对葡萄糖代谢的最终产物是乙二酸和甲酸，它们是 MnO_2 在酸性溶液中的有效

还原剂，其反应式如下：

$$MnO_2+H_2C_2O_4+2H^+\longrightarrow Mn^{2+}+2H_2O+2CO_2$$

$$MnO_2+HCOOH+2H^+\longrightarrow Mn^{2+}+2H_2O+2CO_2$$

而今井和民认为，氧化硫硫杆菌浸出锰的机理是细菌首先将H_2S氧化成中间还原性产物，如S、SO_2、$SO_3{}^{2-}$，MnO_2被细菌的中间代谢产物所还原，然后在细菌氧化的最终产物H_2SO_4的作用下以硫酸盐的形式溶解出来，其反应方程式如下：

$$MnO_2+H_2S+H_2SO_4\longrightarrow MnSO_4+S+2H_2O$$

$$4MnO_2+H_2S+3H_2SO_4\longrightarrow 4MnSO_4+4H_2O$$

$$2MnO_2+4SO_2+H_2O\longrightarrow Mn_2(SO_3)_3+H_2SO_4$$

$$Mn_2(SO_3)_3\longrightarrow MnS_2O_6+MnSO_3$$

$$MnO_2+H_2SO_3\longrightarrow MnSO_4+H_2O$$

6.5.2.3 生物冶金技术的应用

A 微生物冶金技术在金、银矿石中的应用

微生物湿法冶金技术在金、银矿中主要应用于氧化预处理阶段，近年来已有6个生物氧化预处理厂分别在美国、南非、巴西、澳大利亚和加纳投产。南非的Fairvirw金矿厂采用细菌浸出，金的浸出率达95%以上；美国内华达州的Tomkin Spytins金矿于1989年建成生物浸出厂，日处理1500t矿石，金的回收率为90%；澳大利亚于1992年建成Harbour Lights细菌氧化提金厂，处理规模为40t/d；巴西一家工厂于1991年投产，处理量为150t/d。我国陕西省地矿局1994年进行了2000t级黄铁矿类型贫金矿的细菌堆浸现场试验，原矿的含金只有0.54 g/t，经细菌氧化预处理后金的回收率达58%，未经处理的只有22%。1995年云南镇源金矿难浸金矿细菌氧化预处理项目启动，建起我国第一个微生物浸金工厂。新疆包古图金矿经细菌氧化预处理后，金浸出率高达92%～97%。

B 微生物冶金技术在铜矿石中的应用

最初生物浸出铜主要用于从废石和低品位硫化矿中回收铜，细菌是自然生长的，近年来这种方法已用来处理含铜品位大于

1%的次生硫化铜矿。现在，美国和智利用 SX-EW 法生产的铜中约有 50%以上是采用生物堆浸技术生产的，如世界上海拔最高4400m的湿法炼铜厂位于智利北部的奎布瑞达布兰卡，该厂处理的铜矿石含 Cu 1.3%，主要铜矿物为辉铜矿和蓝铜矿，采用生物堆浸，铜的浸出率可以达到 82%。生产能力为年产 7.5 万 t 阴极铜。我国已开采的铜矿中 85%属于硫化矿，在开采过程中受当时选矿技术和经济成本的限制产生了大量的表外矿和废石，废石含铜通常为 0.05%～0.3%。德兴铜矿采用细菌堆浸技术处理含铜 0.09%～0.25%的废石，建成了生产能力 2000t/a 的湿法铜厂，萃取箱的处理能力达到了 320 m^3/h，已接近了国外萃取箱的水平。该厂 1997 年 5 月投产，已正常运转了几年，生产的阴极铜质量达到 A 级。福建紫金山铜矿已探明的铜金属储量 253 万 t，属低品位含砷铜矿，铜的平均品位 0.4500，含 As 0.37%，主要铜矿物为蓝辉铜矿、辉铜矿和铜蓝。该矿采用生物堆浸技术已建立了年产 300t 阴极铜的试验厂，“十五”期间计划建立更大的生产厂。

C 微生物冶金技术在铂矿石中的应用

细菌浸铀也已有多年历史。葡萄牙 1953 年开始试验细菌浸铀，到 1959 年时某铀矿用细菌浸铀浸出率达 60%～80%。在 20 世纪 60 年代，加拿大就开始用细菌浸出 ElliotLake 铀矿中的铀，在该区的 3 个铀矿公司都有细菌生产厂，1986 年 U_3O_8 年产量达 3600t。1983 年成功地以原位浸出的方式从 Dension 矿中回收了大约 250t U_3O_8。到目前为止，美国、前苏联和南非、法国、葡萄牙等国都有工厂在用生物堆浸法回收铀。1966 年加拿大研究成功了细菌浸铀的工业应用，用细菌浸铀生产的铀占加拿大总产量的 10%～20%，而西班牙几乎所有的铀都是通过细菌浸出获得的，印度、南非、法国、前南斯拉夫、塔吉克斯坦、日本等国也广泛应用细菌法溶浸铀矿。我国在 20 世纪 70 年代初，也曾在湖南 711 铀矿作了处理量为 700t 贫铀矿石的细菌堆浸扩大试验，而在柏坊铜矿则将堆积在地表的含铀 0.02%～0.03%的 2 万多吨尾砂历经8年用细菌浸出铀浓缩物2t多。进入20世纪90年代后，新疆某矿山利用细菌地浸浸出铀取得了良好的经济效益。此外，北京化工冶金研究院在细菌浸矿方面做过许多研究工作，他们曾在相山铀矿进行过细菌堆浸半工业试验研究，而赣州铀矿原地爆破浸出试验及在草桃背矿石堆浸试验中也都应用了细菌技术。

D 微生物冶金技术在其他金属矿中的应用

据报道，锑、镉、钴、钼、镍和锌等硫化物的生物浸出试验比较成功。由此可知，氧化铁硫杆菌和喜温性微生物可从纯硫化物或复杂得多金属硫化物中将上述重金属有效地溶解出来。金属提取速度取决于其溶度积，因而溶度积最高的金属硫化物具有最高的浸出速度，这些金属硫化物可用细菌直接或间接浸出。除上述金属硫化物外，铅和锰的硫化物、二价铜的硒化物、稀土元素以及镓和锗也可以用微生物浸出。硅酸铝的生物降解曾被广泛研究，特别是采用在生长过程中能释放出有机酸的异养微生物的生物降解，这些酸对岩石和矿物有侵蚀作用。另外，它还应用在贵金属和稀有金属的生物吸附锰、难选铜-锌混合矿、大型铜-镍硫化矿、含金硫化矿石、稀有金属钼和钪的细菌浸取等众多方面。

6.5.3 再生资源循环利用技术

随着有色金属应用范围的扩大，充分回收和有效利用再生有色金属具有极其重要的意义和重大的经济效益。在一些发达工业国家中，由于减缓了对原生金属生产的发展速度，加速了发展再生金属的生产，再生有色金属的用量已达到了很高的比例，如再生铜已占全部铜用量的37%～48%，铅占30%～47%，锌占20%～28%，铝占19%～34%。美国在有色冶金领域内已建立了高度专业化的再生冶金部门，再生冶炼加工企业的规模一般为1～3万t/a，目前已建成了三个大于10万t/a规模的再生铝厂。欧洲各国对再生金属的利用也很重视，早在20世纪90年代就投入巨资用于有色金属循环利用的研究。

近 20 年来，中国经济发展很快，有色金属消耗量迅速上升，产生了大量可回收的有色金属废料，同时再生有色金属的生产也取得了较快的发展。2005 年初步统计，铜、铝、铅、锌 4 种再生金属利用量 373 万 t，占总产量的 23%。但是目前，再生金属产业生产相当粗放，研究与开发薄弱，资源利用水平不高，环境二次污染仍然严重。

6.5.3.1 再生铝

铝是最具回收与再生利用价值的工程金属，其回收节能效果甚佳，能反复循环利用。铝废料再生的能耗仅为制取原铝的 3%～5%。我国再生铝产量较低，1999 年再生铝产量为 21 万 t，只占当年总铝产量的 75%。生产厂设备落后，规模小，生产效率和热效率低，回收率也不高。除广东佛山 1989 年引进的一条再生铝生产线采用转炉熔炼工艺外，大部分仍采用感应电炉和单室反射炉熔炼工艺。

A 原料

我国再生铝和铝合金原料，按物理形态分为 3 类。含铝废件和块状残料，包括用板材、线材、型材生产铝制品或铸造、锻造铝制品时的废件废料，如飞机、船舶废件、废易拉罐、牙膏皮、废铝电线电缆等；铝和铝合金机加工产生的废屑；熔炼铝和铝合金过程产生的浮渣、烟炉灰等。

B 废铝再生的生产工艺

废铝再生方法一般包括预处理、熔炼和合金调配 3 个步骤。

（1）预处理。含铝废杂物料在熔炼前的预处理阶段，包括分类、解体、切割、磁选、打包和干燥等工作。预处理的目的是清除易爆物、铁质零件和水分，并使之具有适宜的块度。

（2）熔炼。经预处理的废铝在炉内熔化、精炼和调整合金成分，一般在反射炉和电炉内进行。炉内有双室（预热室和熔炼室）。精炼是熔炼的重要环节，其中包括往熔化的铝液或合金液表面上添加熔剂覆盖，以免铝液受空气氧化，同时通入气体对液体施加搅拌作用，促使其中夹杂物和氢气分离出来。精炼用的气体有氯气、氮气、氨气和其他混合气体，例如氯的体积分数为12%的氯氮混合气体。精炼用的熔剂有 $ZnCl_2$、$MnCl_2$、C_2Cl_6 和碱金属盐类的混合物，例如质量分数为 30%NaCl+25%KCl+45%Na_3AlF_6 组成的混合物。气体或熔剂的用量，视铝料被污染程度而异。精炼温度一般高于铝或铝合金熔点 75～100℃。温度过低，氧化物夹杂物不易分离出来；温度过高，则铝合金和铝中溶解的氢气量增加。

(3) 调整合金成分。由于有的合金成分在熔炼过程中有损失，在精炼处理之后要向液态铝合金中添加合金元素，使熔炼后的铝合金符合产品标准要求。

再生铝的生产一般根据废铝原料的组成，采用火法熔炼生产不同牌号的铝合金。我国生产厂规模较小，大部分仍采用感应电炉和单室反射炉。如长沙铝厂采用坩埚感应电炉熔炼生产再生铝，金属回收率 91%～95%，热效率 65%，电能消耗 600～700 kW·h/ t（合金）。上海宝华冶炼厂采用单室反射炉熔炼生产铸铝合金，金属回收率 90%，热效率 25%～35%。

C 废铝再生工厂实例

于 1993 年建成的阿卢马克斯废铝再生公司（Alumax Recycling）位于荷兰科克拉得镇（Kerkrade），是当前全球最先进的废铝再生企业之一，在对环境无害的清洁条件下回收各种废铝，将废幕墙型材、商店门窗型材、门窗废料、废型材等原料，经再生处理后铸成挤压建筑型材用的锭坯。

门窗与幕墙废型材上不但有涂层，还往往混有作为密封的聚酰胺条。熔铸成优质 6063 合金锭坯，锭坯直径 145～254mm，长度小于等于 6m。在生产这类坯锭时使用少量的原铝、纯镁与纯硅，以及作为晶粒细化剂的 Al-Ti-B 丝中间合金。

为了形成一个有效的废建筑铝型材“链”，欧洲六家大的铝建筑装修企业组建了一个废铝回收公司，将收集的废建筑型材全部集中到科克拉得厂再生，这既有利于环境保护，又保证了科克拉得厂有足够的原料。

专为熔化废料的熔炼炉其容量为50t，用天然气加热。炉内有两个室——预热室与熔化室，被气冷悬挂隔板一分为二。只有熔炼室受到直接加热，而预热室受熔炼室流出的烟气间接加热。此烟气经隔板上的孔流入预热室，其量受到严格控制，以便达到所需的预热温度，使污染物发生部分燃烧与熔化。

预热废料时，从污染物热分解出来的气体由再循环风机打入熔炼室，同时混入一定量的空气，使它们发生完全燃烧，形成对环境无害的燃烧产物。

熔炼炉有两个出铝口，上口供铝液流入铸造机，下口供炉膛清理用。

静置炉用天然气加热，有2个燃烧嘴，在此炉内调整所配合金成分，同时能精确地控制铸造温度在730℃。炉门的开闭与炉体倾斜均由液压系统控制。由于炉体倾斜角度控制精确，能保持熔液流量与水平稳定，可铸出高质量的坯锭。为此，需要添加合金元素锭、搅拌与扒渣，采用气体来净化铝液，还用Al-Ti-B晶粒细化剂添加于流槽内的铝液中。

该厂的主要特点是：在再生处理废建筑铝材时，不经脱漆与粉碎处理，不用任何盐类物质作熔剂，烟气经过严格的净化处理，不排出对环境有害的气体与固态物质；能源利用效率高，只有5MJ/kg，仅相当于原铝生产能耗（148MJ/kg）的3.4%。

6.5.3.2 再生铜

我国杂铜的回收利用是废杂有色金属回收利用最好的一种。1999年处理杂铜产出的再生金属铜量约34万t，占当年电铜总产量的29%。在再生铜的处理工艺上，尤其是在湿法冶金方面，近年来取得了很大进步。在收购环节上也加强了对杂铜原料的分类管理。

A 原料

国内再生铜的生产原料主要是铜废件、铜合金生产或机械加工过程中的废料、铜渣及铜灰、废旧电线电缆、废电路板等。黄杂铜和紫杂铜是我国再生铜的主要原料，占铜原料的90%以上。

近年来，通过废电路板回收生产的再生铜量也有一定的增长。

B 生产现状及工艺

根据原料的不同，我国再生铜的生产主要有以下几种方法：

(1) 纯净紫杂铜生产线锭铜，熔炼设备一般采用反射炉或竖炉，经熔化、氧化、还原和浇铸 4 个阶段，铜回收率大于 99.5%；

(2) 纯净杂铜生产铜合金，将纯净杂铜配入适量的纯金属或中间合金，经配料、熔化、去气、脱氧、调整成分、精炼、浇铸等环节，生产出不同牌号的铜合金，过程铜回收率 93%～95%；

(3) 废杂铜生产再生铜，国内一般采用二段法生产，废杂铜经鼓风炉还原熔炼或转炉吹炼，再经反射炉精炼成阳极铜，过程铜回收率大于 99%；

(4) 氧化铜渣生产硫酸铜。采用氧化焙烧-鼓泡塔浸出-搅拌结晶工艺生产一级品硫酸铜。

C 再生铜生产新进展

除目前常用的火法生产方法外，国内一些单位针对不同的含铜物料，采用湿法工艺处理杂铜也有不同程度的进展。如重庆市钢铁研究所用氨浸法处理复铜废钢料、用直接电解法从合金杂铜中制取电铜、采用高电流密度法从废铜料中生产紫铜管。西北矿冶研究院用乙腈法处理含铜杂料生产纯铜粉。北京矿冶研究总院用矿浆电解法从铜渣中生产铜粉和硫酸锌、废杂铜直接电解生产电解铜和铜粉等。

6.5.3.3 再生锌

1999 年我国的再生锌产量只有 2 万 t，占当年锌总产量的 12%。再生锌生产所用的原料主要来自热镀锌灰及锌渣、锌制品生产过程的废品废件及次氧化锌、含锌工业垃圾等。我国再生锌的生产主要以火法为主，有平罐法、精馏法、电热法等，生产再生锌锭和锌化工产品如锌粉、氧化锌等。在湿法回收生产再生锌方面，北京矿冶研究总院采用氨法生产活性氧化锌的工艺已应用于工业生产，活性电解锌粉的生产工艺已取得了专利并应用于工业生产，另外锌锰干电池综合回收工艺也已有工业实践，可同时回收锌、铜和二氧化锰等，金属锌回收率 81.3%，铜回收率 85.5%。同时由于再生金属原料收集困难，以废旧干电池为例，我国废旧干电池的年产量约 100 亿只，年耗锌量约 20 万 t。但由于干电池收集困难，这部分再生锌的重要原料至今仍没能很好利用。

6.5.3.4 再生镍、钴

由于中国国内的镍钴产量远不能满足国内经济发展的需要(尤其是钴)，加之国际金属钴价近年来的大幅上扬，镍钴的再生回收在中国得到了很大的发展，通过镍钴废料回收再生镍、钴化工产品的生产厂已达 20 余家，Co 的生产规模为年产 50～200t，年总产量折合金属钴量约为 2500t。

A 原料

中国国内的镍钴废料主要来自高温合金钢、镍铬合金钢废料、废硬质合金、废磁钢、废镍钴催化剂等。近年来，来自俄罗斯、美国、加拿大和非洲的进口镍钴废料占了镍钴再生原料的很大一部分。

B 生产现状及工艺

(1) 熔铸-电解造液-净化-电解流程。国内早期的镍钴废料再生厂如南京钢厂钴车间，主要是针对国内镍钴废料的特点设计建造的。废合金钢经吹炼除杂—浇铸，再经电溶解造液、中和除铁、三异辛胺萃取除 Cu、Co、氯气深度净化、净化后液返回电解生产电镍。被萃取的钴经反萃后，再经三异辛胺萃取分离、离子交换除铅、铜、不溶阳极电积生产电钴。

(2) 废料酸溶-D2 EHPA 萃取除杂-PC-88A 萃取分离镍钴-草酸沉淀流程。该流程是目前国内普遍采用的处理镍钴废料包括进口废料的流程。镍钴废料经盐酸或硫酸酸溶-D2 EHPA 萃取除 Fe、Cu、Zn-PC-88A 或 Cyanex272 萃钴-盐酸反萃-$CoCl_2$ 草酸沉淀-草酸钴煅烧生产氧化钴。PC-88A 萃余液经碳铵沉淀生产碳酸镍或浓缩结晶生产硫酸镍。北京矿冶研究总院研究采用此工艺已在国内建厂六家，其镍钴回收率均大于90%，其原则工艺流程见图6-38。

传统的湿法冶金工艺及应用已形成了一套完整的体系，但从生态环境的角度重新考虑，清洁生产过程应消耗较低的能源和资源，排放较少的三废，并且在废弃之后易于分解、回收与再生。只有保持资源平衡、能量平衡和环境平衡，才能实现社会和经济的持续发展。

6.6 有色冶金工业废弃物控制与综合利用

6.6.1 有色冶金工业废气和炉尘

6.6.1.1 有色冶金工业废气

A 二氧化硫废气的治理与利用

目前世界各国研究的烟气脱硫的方法很多，大致可分为两类：一类为干法，即采用粉状或粒状吸收剂、吸附剂或催化剂来脱除烟气中的SO_2，该法的优点是流程短，无污水、废酸排出，且净化后烟气温度降低少，利于烟囱排气扩散，缺点是脱硫效率低，设备庞大，操作技术要求高。另一类为湿法，即采用液体吸收剂洗涤烟气，以吸收所含的SO_2。这种方法的优点在于设备小，操作较容易，且脱硫效率高，缺点是脱硫后烟气温度低，不利于烟囱排气的扩散。

图6-51列出了一些使用得较多的脱硫方法，这些方法中有的已有工业装置，有的还处在试验研究阶段。目前，我国在工业上已应用的烟气脱硫方法有：亚硫酸钠法，氨-酸法，氨-亚硫酸铵法，石灰-亚硫酸钙法，钠盐-酸分解法，氧化锌法及氧化锰法等。其中以亚硫酸钠法及氨-酸法在技术上较为成熟，实际生产中采用哪种烟气脱硫方法，应根据烟气的特性，原料的来源，产品的销路及经济效益来权衡。

另外，从冶金企业的废气中回收含硫气体是获得硫酸的一个重要来源，也是降低冶金产品成本和节约基建投资的重要途径。据统计，利用废气中的二氧化硫生产硫酸，其生产成本要比专门

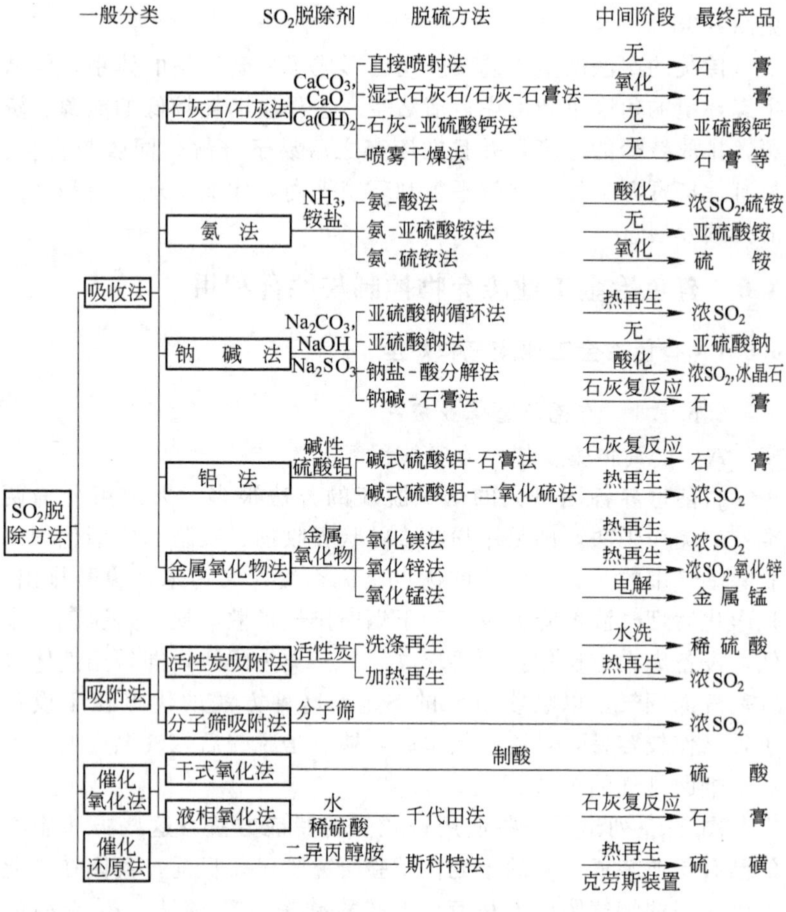

图 6-51 各种脱硫方法

的化工企业利用硫磺石或利用黄铁矿生产硫酸的成本低 50%～60%，而建厂的基本建设投资则要低 30%～40%。

加拿大 CAN-SOLV 公司在 20 世纪 80 年代发明的一种用二步法从烟气中捕获 SO_2 的技术，可用于低浓度 SO_2 的回收利用，可使排放烟气中的 SO_2 浓度小于 $10^{-3}\%$，从而达到既利用又治理的目的，其工艺流程如图 6-52 所示。

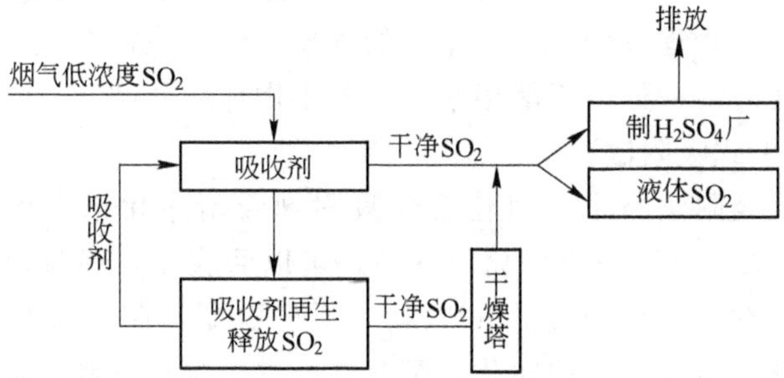

图 6-52 CAN-SOLV 原则工艺流程

吸附剂为二元胺水溶剂，具有吸附和解吸能力。吸附剂不具挥发性，在处理过程中以盐溶液的形式存在。吸附剂再生后产生纯的 SO_2 饱和水溶液作为副产品。其反应式如下：

$$SO_2 + H_2O \longleftrightarrow H^+ + HSO^{3-}$$

$$HSO^{3-} \longleftrightarrow H^+ + SO^{3-}$$

$$R_1R_2R_3N + H^+ \longleftrightarrow R_1R_2R_3NH^+$$

方程一和方程二为可逆的水合、离子反应，方程三中胺起缓冲作用，吸附后胺以胺盐类形式存在。二元胺吸附剂。该吸附剂是 CANSOLV 净化技术的关键。第 1 个胺基团在吸附剂中的作用是使吸附剂以盐的形式存在，并提供非挥发性吸附作用；第 2 个胺基团的作用是为吸附剂提供吸附平衡和再生能力。

B 含氟废气的净化与利用

含氟废气是指含有氟化氢和四氟化硅的废气，污染人类生存环境的含氟废气基本上来源于工业生产过程，如冶金工业的电解铝和炼钢过程，化学工业的磷肥和氟塑料生产，铸造工业的化铁炉等。在电解铝的生产中，一般采用含氟 54% 的冰晶石（Na_3AlF_6）作为铝土矿的溶剂，在电解过程中，放出含 HF 的气体。

含氟废气的治理目前主要有 3 种方法，即稀释法、湿式吸收法和干式吸附法。其中稀释法是向含氟气体的厂房送新鲜空气或将含氟废气向高空排放进行自然稀释，这种方法虽然投资和运行费用低廉、管理方便，但在不利的气象条件下往往会把含氟废气从一处转向另一处，不能根治，在此不做详细介绍。

a 干式吸附法

干式吸附法是采用氧化铝作吸附剂吸附净化铝电解烟气中HF的方法。该法不仅净化效率高，可以回收氟，而且所用的氧化铝吸附剂是铝电解生产的原料，不需要专门制备和处理吸附剂，此外，由于是干法净化，不存在废水二次污染和设备腐蚀问题，目前国外采用的干法净化流程有美国的A-398法、加拿大的阿尔肯法、法国的彼施涅系统等。

干法净化是基于固体物质颗粒间的吸附原理。

工业氧化铝颗粒细，微孔多，比表面积大，又具有两性化合物的特性，是较好的吸附剂。而氟化氢是酸性气体，沸点高，电负性又大，因此氟化氢很容易被氧化铝所吸附。

氧化铝对HF的吸附主要是化学吸附，同时伴有物理吸附，吸附的结果是在氧化铝表面上生成表面化合物——氟化铝。其吸收过程可以分为以下几个步骤：（1）氟化氢在气相中的扩散；（2）氟化氢通过氧化铝表面的气膜到达其表面；（3）氟化氢受氧化铝表面原子的剩余价力的作用而被吸附；（4）被吸附的氟化氢与氧化铝发生化学反应，生成表面化合物，其反应式为：

$$Al_2O_3 + 6HF \underset{\lg K_{977℃}=1.64}{\overset{\lg K_{127℃}=3.72}{\rightleftharpoons}} 2AlF_3 + 3H_2O$$

由上式可见，在较低温度下，有利于上述反应迅速向右进行。由于氧化铝表面存在着剩余价力，而HF的沸点高，电负性大，所以化学反应的速度十分迅速。因此，用氧化铝吸附HF属于气膜控制，可以改善气固两项接触状况，使氧化铝表面不断更新，减小气膜内的扩散阻力，有利于提高吸附效率。另外，HF浓度愈高，气相传质推动力越大，越有利于吸附过程的进行。

为了使吸附过程更有利的进行，要加强铝电解槽的密闭性，防止泄漏，使烟气中HF浓度尽量提高，同时也使车间内操作环境得到改善。

根据所用设备不同，可将干法吸附净化含氟烟气的方法分为两种：输送床吸附法、沸腾床吸附法。

b 湿式吸附法

湿式吸附法是采用水、碱性溶液或某些盐类溶液来吸收含氟废气中的氟化物，从而达到净化回收的目的，同时还可以得到副产品氟硅酸、冰晶石、氟硅酸钠及氟硅脲等。该法的优点在于净化设备体积小，易实现，净化工艺过程可连续操作和回收各种氟化物，净化效率高，效果好；缺点在于会造成二次污染，在寒冷地区需采取保温措施。

常用的湿式吸附法有水吸收法和碱吸收法两种，在此简要叙述它们的吸附原理。

（1）水吸收法　采用水吸收净化含氟废气，主要是基于氟化氢和四氟化硅都极易溶于水的特性。氟化氢溶于水生成氢氟酸；四氟化硅溶于水则生成氟硅酸，此反应过程可以认为是分两步进行的，首先四氟化硅和水反应生成氟化氢：

$$SiF_4 + 2H_2O = 4HF + SiO_2$$

生成的氟化氢继续和四氟化硅反应生成氟硅酸：

$$2HF + SiF_4 = H_2SiF_6$$

总反应式为

$$3SiF_4 + 2H_2O = 2H_2SiF_6 + SiO_2$$

用水洗涤吸收净化含氟废气所用的吸收设备有：文氏管洗涤器、喷射式洗涤器、拨水轮吸收室、湍流塔、喷淋塔等。

由于氢氟酸与氟硅酸都具有很强的腐蚀性，所以吸收设备的材质必须是耐腐蚀的，一般可采用塑料、玻璃钢及耐腐蚀的合金钢等。另外在 SiF_4 的吸收操作中，有硅胶析出会造成设备、管道的堵塞和腐蚀。必须注意，在水洗净化含氟废气时，为了提高净化效率，一般都采用多级吸收流程。

用水吸收 HF 和 SiF_4 后得到的氢氟酸和氟硅酸溶液，可用来制取冰晶石、氟硅脲、氟硅酸钠等产品。

（2）碱吸收法　即采用碱性溶液来吸收并中和废气中的氟化物，主要原理一是基于氟化氢和四氟化硅极易溶于水的特性；二是基于酸碱中和的原理。碱吸收法吸收净化效果较好，可用来净化铝厂含 HF 烟气，也可以用来净化磷肥厂含 SiF_4 的废气，同时又可以副产冰晶石等氟化盐。

Na_2CO_3 吸收制取冰晶石，用 Na_2CO_3 溶液洗涤电解铝厂烟气时，烟气中的 HF 与碱液反应，生成 NaF。在循环吸收过程中，当吸收溶液中 NaF 达到一定浓度时，再加入定量的偏铝酸钠（$NaAlO_2$）溶液即可制得冰晶石。其过程可分为两步进行，首先 $NaAlO_2$ 被 $NaHCO_3$ 或酸性气体分解，析出表面活性很强的 $Al(OH)_3$，然后 $Al(OH)_3$ 再与 NaF 反应生成冰晶石。总反应式为

$$6NaF + 4NaHCO_3 + NaAlO_2 \rightarrow Na_3AlF_6 + 4Na_2CO_3 + 2H_2O$$

或
$$6NaF + 2CO_2 + NaAlO_2 \rightarrow Na_3AlF_6 + 2Na_2CO_3$$

NH_3 吸收制取冰晶石，用氨水作吸收剂，洗涤吸收钙镁磷肥生产中排出的含氟废气，生成 NH_4F，并析出硅胶。在生成的 NH_4F 溶液中，先后加入 $Al_2(SO_4)_3$ 和 Na_2SO_4，则 $Al_2(SO_4)_3$ 先与 NH_4F 反应生成 $(NH_4)_3AlF_6$ 和 $(NH_4)_2SO_4$，$(NH_4)_3AlF_6$ 再与 Na_2SO_4 作用，生成冰晶石和 $(NH_4)_2SO_4$，其反应式为

$$12NH_4F + Al_2(SO_4)_3 \rightarrow 2(NH_4)_3AlF_6 + 3(NH_4)_2SO_4$$

$$2(NH_4)_3AlF_6 + 3Na_2SO_4 \rightarrow 2Na_3AlF_6 + 3(NH_4)_2SO_4$$

将冰晶石分离之后的母液中含有 $(NH_4)_2SO_4$，可以直接作为液体肥料来使用。

C　硫化氢的治理

目前，国内外处理含 H_2S 废气的方法很多，基本上依据其弱酸性和强还原性进行脱硫，根据吸附剂或氧化剂的种类可分为干法、湿法和吸收氧化法 3 大类。

表 6-23 含硫化氢废气净化的主要方法

<table>
<tr><th colspan="2">类 别</th><th>净化方法</th><th>脱硫剂或催化剂</th><th>副产品</th></tr>
<tr><td colspan="2" rowspan="4">干法</td><td>克劳斯法</td><td>矾土、氧化铝</td><td rowspan="2">S、SO_2、H_2SO_4</td></tr>
<tr><td>氧化铁法</td><td>Fe_2O_3、$Fe(OH)_3$、沼铁矿</td></tr>
<tr><td>活性炭法</td><td>活性炭</td><td>SO_2、$(NH_4)_2SO_4$</td></tr>
<tr><td>卡太苏耳弗法</td><td>活性炭、矾土</td><td>S、SO_2、H_2SO_4</td></tr>
<tr><td rowspan="12">湿法</td><td rowspan="8">化学吸收法</td><td>乙醇胺法（DMF法）</td><td>二乙醇胺（DMF）</td><td rowspan="2">H_2S、CO_2、HCN</td></tr>
<tr><td>二异丙醇胺法（ADIP法）</td><td>二异丙醇胺（ADIP）</td></tr>
<tr><td>氨水吸收法、萨尔弗曼法</td><td>NH_4OH</td><td>S、$(NH_4)_2SO_4$</td></tr>
<tr><td>碳酸钠法、西博法</td><td>Na_2CO_3</td><td rowspan="5">H_2S、CO_2、HCN</td></tr>
<tr><td>佩提法、佩提-奥托法</td><td>K_2CO_3</td></tr>
<tr><td>真空碳酸盐法</td><td>Na_2CO_3、K_2CO_3</td></tr>
<tr><td>磷酸三钾法</td><td>K_3PO_4</td></tr>
<tr><td>酚钠法</td><td>酚钠、甲苯、甲酚等</td></tr>
<tr><td rowspan="3">物理吸收法</td><td>冷甲醇法（勒克梯索耳法）</td><td>甲醇</td><td rowspan="3">H_2S、CO_2 等</td></tr>
<tr><td>N-甲基-2 吡咯烷酮法（普里索尔法）</td><td>N-甲基-2 吡咯烷酮（NMP）</td></tr>
<tr><td>碳酸丙烯酯法（福洛尔溶剂法）</td><td>碳酸丙烯酯</td></tr>
<tr><td>物理化学吸收法</td><td>环丁砜法（苏尔菲诺法）</td><td>环丁砜（二氧化四氢噻吩）、二异丙醇胺（ADIP）</td><td>H_2S、CO_2 等</td></tr>
</table>

续表 6-23

类 别	净化方法	脱硫剂或催化剂	副产品
吸收氧化法	费罗克斯法	$Fe(OH)_3$、Na_2CO_3	S、SO_2 等
	曼彻斯特法	$Fe(OH)_3$、NH_4OH	
	赛洛克斯法	As_2O_3、NaOH、$Na_4As_2S_3O_2$	
	吉阿马科-维特罗科克法（G·V法）	As_2O_3、NaOH、Na_3AsSO_3	
	氨水催化法	NH_4OH、对苯二酚	S、SO_2 等
	斯特雷伍德法（ADA法）	Na_2CO_3、ADA、偏钒酸钠等	
	塔克哈克斯法	Na_2CO_3、NH_4OH、萘醌化合物	
	螯合铁法	铁络合物	
	氧化煤法	硝基腐植酸	
	栲胶法	含丹宁栲胶	

目前国内外常用的脱硫方法列于表 6-23 中。各种净化方法的选择，应根据废气的性质、来源及具体情况而定。

（1）干法脱硫　干法是利用 H_2S 的还原性和可燃性，以固体氧化剂或吸附剂来脱硫，或者直接使之燃烧。干法脱硫是以 O_2 使 H_2S 氧化成硫或硫氧化物的一种方法，也可称为干式氧化法。常用的有改进的克劳斯法、氧化铁法、活性炭吸附法、氧化锌法和卡太苏耳法。所用的脱硫剂、催化剂有活性炭、氧化铁、氧化锌、二氧化锰及铝矾土，此外还有分子筛、离子交换树脂等。一般可回收硫、二氧化硫、硫酸和硫酸盐。

（2）湿法脱硫　与干法脱硫相比，湿法脱硫具有占地面积小、设备简单、操作方便、投资少等优点，因此脱硫除 H_2S 正向着湿法转变。按脱硫剂的不同，湿法脱硫又可以分成液体吸收法和吸收氧化法两类。液体吸收法中有利用碱性溶液的化学吸收法、利用有机溶剂的物理吸收法，以及同时利用物理吸收和化学溶剂的物理化学吸收法；而吸收氧化法则主要采用各种氧化剂、催化剂进行脱硫。这些方法一般均可副产硫、硫酸和硫酸铵等。

(3) 吸收氧化法　吸收氧化法的脱硫机理与干式氧化法相同，而操作过程又与液体吸收法类似。该法一般都是在吸收液中加入氧化剂或催化剂，使吸收的 H_2S 在氧化塔（即再生塔）中氧化成硫而使溶液而生。常用的吸收液有碳酸钠、碳酸钾和氨的水溶液；常用的氧化剂或催化剂有氧化铁、硫代砷酸盐、铁氰化合物复盐及有机催化剂组成的水溶液或水悬浮液。近年来该法发展较快，应用得到广泛推广。

D　氯化氢废气的治理

含氯废气是指含有氯化氢和氯气的废气，这些废气主要产生于化工、电镀、造纸、油脂等工业生产中，冶金工业中的酸洗工艺也常有大量含氯废气产生。

氯化氢气体是一种无色且有强烈刺激性气味的气体，对环境、设备都具有较强的腐蚀性，对人体有害，刺激人的皮肤、呼吸道，近年来已经引起了注意与重视，目前主要采用的治理方法有水吸收法、碱液吸收法和冷凝法 3 种。

a　水吸收法

基于 HCl 气体易溶于水的原理，常常采用水直接吸收氯化氢气体。吸收液中 HCl 达到一定浓度时，经净化与浓缩可得到副产品盐酸。

水法吸收的工艺设备可采用波纹塔、筛板塔、湍球塔等。水吸收法最经济、方便。上海电镀厂采用三级栅格式净化器，用水吸收氯化氢废气，通过三级吸收逐渐浓缩回收盐酸。该净化器单级吸收效率达 97%，净化后的气体中氯化氢含量可达国家规定的排放标准。

b　碱液吸收法

生产厂家可以用废碱液来中和吸收 HCl，达到以废治废的目的。也可以用石灰乳作为吸收剂，这是一种应用较多的方法。吸收可在吸收塔内进行。用盐酸分解离子型稀土精矿过程中，在分解槽上部排出含 HCl 气的废气，排气量约 $560m^3/h$，含 HCl 气 $6kg/m^3$，超标 2.72 倍，利用稀 NaOH 溶液吸收净化废气后，排空的气体中 HCl 含量由 6kg/h 降至 0.05kg/h，净化率达 99%。

含氯废气也可用联合吸收法。辽源市第一化工厂，用水-碱液二级联合吸收法处理氯和氯化氢混合废气，先经水喷淋石墨冷凝器降膜吸收后，再经碱性吸收釜用碱吸收，反应原理如下：

$$HCl + H_2O \rightarrow \text{盐酸}$$

$$2NaOH + Cl_2 \rightarrow NaOCl + NaCl + H_2O$$

年处理 HCl 气 150t，Cl_2 气 160t，产盐酸 500t、次氯酸钠 1000t（盐酸浓度≥25%、次氯酸钠含有效氯≥13%、游离碱<5%）。

金川有色金属公司第二冶炼厂一钴车间利用双碱两级吸收法治理含氯废气，所用吸收剂为氢氧化钠和碳酸钠。经过双碱两级吸收处理后，尾气中含氯量由 $9.06g/m^3$ 下降至 $0.005g/m^3$，吸收率达 95%以上。

c 冷凝法

对于高浓度的 HCl 废气，可根据 HCl 蒸气压随温度迅速下降的原理采用冷凝的方法，先将废气冷却回收利用 HCl。可采用石墨冷凝器利用深井水或自来水间接冷却，废气温度降到零点以下，HCl 冷凝下来，废气中的水蒸气也冷凝下来，形成 10%～20%的盐酸。冷凝法很难除净 HCl 气体，一般作为处理高浓度 HCl 气体的第一道净化工艺，再与其他方法配合，往往会得到较满意的结果。

E 含铅及含汞废气的治理

a 含铅废气的治理

含铅废气大体上可分成铅尘与含铅废气两种。铅尘是在铅及铅矿物的破碎、分级和研磨等机械过程中形成的，其形态不规则，粒径相对较大，一般为 1～200μm。而含铅的烟气或废气是在冶炼的工业生产加工过程中形成的固体粒子的气溶胶，它多是由熔融物质蒸发后生成的气态物质的冷凝物，在生成过程中常伴有氧化反应。铅烟的粒子很小，粒径一般在 0.01～1μm 范围内。

由于含铅废气的来源不同，性质不同，污染程度不同，因此采用的净化手段也不同。由于铅法粒径较大，目前对铅尘的净化技术也较成熟，如采用袋式滤尘器净化，均能达到较满意的效果；由于铅烟的粒径很小，采用化学吸收法较多。净化的具体方法基本上可以归纳为物理除尘法、化学吸收法及覆盖法 3 类。

物理除尘法是针对含铅自然矿物及铅物品的粉碎、研磨等工艺过程及其他工艺过程中产生大量的铅尘的净化。该类方法中常用的有布袋过滤、静电除尘、气动脉冲除尘等工艺。该类工艺对细小粒子有较高的净化效率，常用于净化浓度高、气量大的含铅粉尘和烟气。此外，文丘里管、湿式洗涤器（如泡沫吸收塔、喷淋塔）都有较好的效果，但设备的体积较大，费用较高。

化学吸收法对铅烟中微细颗粒的铅蒸气具有较好的净化效果，基于铅的颗粒可溶于硝酸、醋酸和碱液，在化学吸收法中，常用的吸收剂有稀醋酸和氢氧化钠溶液，有的采用有机溶剂加水，作吸收剂。该方法装置简单、操作方便、净化效率高。

掩盖法主要是针对铅的二次熔化工艺中铅大量向空气中蒸发污染环境而采取的一种物理隔挡方法。具体做法是在熔融的铅液液面上撒上一层覆盖粉末来防止铅的蒸发。所用的覆盖剂有碳酸钙粉、氯盐、石墨粉及 SRQF 覆盖剂等。

对覆盖剂的要求是覆盖剂的密度要比铅小，而熔点应比铅高，而且这种物性之间的差别越大越好。同时要求覆盖剂不与铅或坩埚发生化学反应。在这些覆盖剂中以石墨粉效果最好。如以石墨粉覆盖 5cm 厚时，覆盖效率可达 100%，此法无需庞大的设备，不消耗能源与动力，既能减少铅的污染还可减少铅原料的损失。

b 含汞废气的治理

在含汞矿物的矿山开采生产及其在冶炼厂的冶炼过程中，汞呈蒸气状态进入大气污染周围环境。

目前对含汞废气的治理基本上可以分为湿法、干法、气相反应、冷却和联合净化法等几种方法。

湿法（液体吸收法）即采用不同性能的液体作为汞的吸收剂，采用一定的设备，通过一定的工艺流程，对空气中的汞蒸气进行吸收以达到净化环境中空气的目的。常用的吸收剂有高锰酸钾（$KMnO_4$）、漂白粉［$Ca(OCl_2)_2$］、次氯酸钠（NaClO）、热浓硫酸（H_2SO_4）等。

固体吸附法，即采用不同性能的固体吸附剂，利用一定的设备，通过一定的工艺流程，吸附环境气体中的汞蒸气，达到净化汞蒸气的目的。为了提高吸附效率，经常需要先将吸附剂进行不同性质的预处理，然后再吸附含汞废气，使其净化的效果更佳。现常用的固体吸附剂有活性炭、软锰矿、焦炭、分子筛、树脂以及活性氧化铝、陶瓷、玻璃丝等。

气相反应法是用某种气体与含汞废气发生气体化学反应，以达到消除汞的一类方法。最常用的主要是碘升华法。

冷却法是依据汞蒸发速度与温度成正比的原理，通过降温，使空气中的汞蒸气饱和度降低，而减少空气中含汞废气的一种方法。依据外界压力与物质蒸气压成反比的关系又具体可以分为常压冷凝法和加压冷凝法。

联合净化法即由两种以上的方法联合起来的净化汞蒸气的方法。常见的有：冷凝-吸附法、冲击洗涤-焦炭层吸附法、液体吸收-充氯活性炭吸附法。

6.6.1.2 有色冶金工业炉尘

在冶金工业生产过程中，矿石的焙烧会产生大量的炉尘，这些粉尘以液态、固态或粘附在其他悬浮颗粒上等形式进入大气环境，其中大多数悬浮粉尘危害人体健康。炉尘的数量一般占入炉炉料的2%～3%，如采用先进工艺则可使炉尘的数量降至1%，例如采用富氧鼓风后可使炉尘的损失量减少30%～40%。

当炉尘的成分和原始入炉炉料的成分相接近时，收集到的炉尘可以直接掺和到炉料中重新加以利用，一般在钢铁厂和水泥厂中对炉尘都是这样处理的。

但是在有色金属冶炼厂中，收集到的炉尘大都含有贵重的有色金属和稀有金属，如在铜冶炼厂内炉尘中除含有铜以外，一般还含有锌、锗、镉、铅、铋以及贵金属等。如果仅仅作为返回料重新加入到原始炉料中使用，就会损失掉很多贵重的金属。

A 除尘装置的分类

从气体介质中将固体粒子分离捕集的设备称为除尘装置或除尘器，根据所利用的除尘机理不同，可将除尘器分为机械除尘器和电除尘器两大类。根据在除尘过程中是否采用液体进行除尘或清灰，又可分为干式除尘器、湿式除尘器。图 6-53 表示除尘器分类的一种方法。

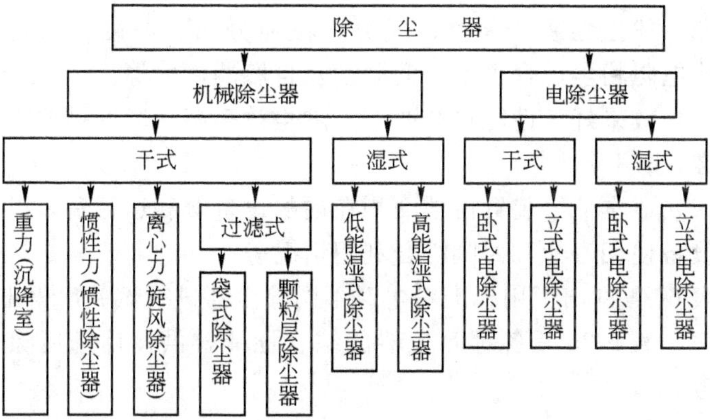

图 6-53 除尘器的分类

除上述方法外，习惯上还将除尘器分为如下 4 类：

（1）机械式除尘器　包括重力沉降室、惯性除尘器、旋风除尘器等；

（2）湿式洗涤器　包括旋风水膜洗涤器、自激喷雾洗涤器、文丘里洗涤器等；

（3）过滤式除尘器　包括袋式除尘器、颗粒层除尘器等；

(4) 电除尘器　包括干式电除尘器、湿式电除尘器等。

在实际使用的一种除尘器中，往往同时利用几种除尘机制，一般是按其中的主要作用机制而分类命名的，例如卧式旋风除尘器中，有离心力的作用，同时还有冲击和洗涤作用。近年来，为了提高除尘效率，陆续出现了几种综合多种除尘机制的各种新型除尘器，如声凝聚器、热凝聚器、流通力/冷凝洗涤器、高梯度磁分离器、电液滴洗涤器及电管等。

B　除尘器的选择

除尘器的选择要兼顾净化效率、处理能力和动力消耗等各方面的因素。在全面衡量装置的技术指标和经济指标的基础上进行选择。

通常情况下，选择除尘器应考虑以下因素：

(1) 处理气体量；

(2) 粉尘性质、种类、成分、粒径分布、浓度、密度、黏度、比电阻粉尘、含水率、润湿性及自燃爆炸性等；

(3) 效果好　性能符合要求，除尘效率高；废气排放满足国家标准；

(4) 成本低　装置占地面积在内的设备费和运行费，以及安装费设备使用寿命和回收综合利用情况等。

表 6-24 列出了用标准粉尘对不同除尘器进行试验后得出的 5 级效率，表 6-25 是各种除尘器的综合性能，供设计选用除尘器时参考。

表 6-24　除尘器的分级效率

除尘器名称	全效率/%	不同粒径下的分级效率				
		0～5μm	5～10μm	10～20μm	20～44μm	>44μm
带挡板的沉降室	58.6	7.5	22	43	80	90
简单的旋风除尘器	65.3	12	33	57	82	91
长锥体旋风除尘器	84.2	40	79	92	99.5	100

续表 6-24

除尘器名称	全效率/%	不同粒径下的分级效率				
		0～5μm	5～10μm	10～20μm	20～44μm	>44μm
喷淋塔	94.5	72	96	98	100	100
电除尘器	97	90	94.5	97	99.5	100
文丘里除尘器（ΔP=7.5kPa）	99.5	99	99.5	100	100	100
袋式除尘器	99.7	99.5	100	100	100	100

表 6-25 除尘器的性能

除尘器名称	适用粒径范围/μm	效率/%	阻力/Pa	设备费	运转费
重力沉降室	>50	<50	50～130	少	少
惯性除尘器	20～50	50～70	300～800	少	少
旋风除尘器	5～15	60～90	800～1500	少	中
水浴除尘器	1～10	80～95	600～1200	少	中下
卧式旋风小膜除尘器	≥5	95～98	800～1200	中	中
脉冲式除尘器	≥5	95	1000～1600	中	中上
电除尘器	0.5～1.0	90～98	50～130	大	中上
袋式除尘器	0.5～1.0	95～99	1000～1500	中上	大
文丘里除尘器	0.5～1.0	90～98	4000～10000	少	大

4 种类型的除尘器主要应用场合如下：

（1）旋风除尘器适用于尘粒较粗，含尘浓度较高、希望分级、不要求十分高的效率条件下净化；

（2）湿式除尘器适用于细尘粒而除尘效率要求也高，含尘气流可以冷却，含湿量大也无关系，含尘气体会燃烧，既要除尘又要除去气态污染物的场合下净化；

（3）布袋除尘器适用于除尘效率要求高，干法收集有价值的粉尘（如面粉、水泥、药品等）含尘气流温度高于露点，处理气体量不是很大、气流温度不高的情况下净化；

（4）静电除尘器适用于细尘粒除尘要求很高、废气处理量很大，需要回收有价值的物质、气流温度较高、粉尘比电阻适中（$10^4 \sim 10^{11}\Omega \cdot cm$）的情况下净化。

6.6.2 有色冶金工业废渣

6.6.2.1 有色冶金工业废渣的种类和组成

据统计，我国有色金属冶炼渣每年约产 225 万 t（不含赤泥量）。其中，铜渣 100 万 t，铅锌渣 55 万 t，镍渣 20 万 t，汞渣 27 万 t，锑渣 14 万 t，锡渣 6 万 t。从中流失有色金属 5 万～10 万 t。我国数量最多的有色金属渣是氧化铝厂的残渣——赤泥。其次是铜渣，另外还有铅、锌、锡、镍钴、锑、汞渣等。几种有色金属冶炼渣的化学组成，见表 6-26。目前对有色冶金渣的利用率很低，仅少量铜渣、赤泥等用于生产水泥、矿渣棉等。

表 6-26 几种有色金属冶炼渣的化学组成 %

渣别	SiO_2	CaO	MgO	Al_2O_3	Fe	Cu	Pb	Zn	As	Sb	Ag	Ge	Ni
铜渣	30～40	4～15	1～5	2～10	25～38	0.2～1	<2	2～3	0.5	0.2			
铅渣	20～30	14～22	1～5	10～24	20～40	0.3	0.2～0.4	2					
锌渣	12～14				33	0.7	0.5	2			0.03	0.004	
镍渣	42～44	2～3			20～25								0.12～0.13
锡渣	29	2.3～4.0			30		0.13						

有色冶金工业废渣长期堆放于露天，渣中的某些成分经过迁移和转化，对周围环境造成不同程度的污染。这类废渣如不经治

理就任意排放，就会对环境和人畜造成危害。国内已发生过多起事故：含砷渣污染水源，造成人畜中毒和死亡；含汞废渣污染饮用水和食物；镉渣严重污染农田土壤，造成大米含镉量超标。

根据《有色金属工业固体废物污染控制标准（GB5085—85)》，可将湿法冶金工业的固体废物分为一般性固体废物、有毒固体废物以及介于两者之间的、要经过测定后才能确定其危害程度的固体废物。根据《国家危险废物名录》有色金属采选和冶炼过程中产生的含铬废物、含铜废物、含锌废物、含砷废物、含硒废物、含镉废物、含锑废物、含碲废物、含汞废物、含铊废物、含铅废物等均为危险废物，必须根据《危险废物贮存污染控制标准》规定的收集、贮存、运输、处置危险废物的设施、场所等进行贮存。

冶炼炉渣中除了含有可回收利用的金属外，其他主要成分是 FeO、SiO_2、CaO、MgO、Al_2O_3 等造渣氧化物。根据其物相组成和各成分间的比例以及性质的不同，可选作生产铸石、水泥等建筑材料的原料，也可用作其他原材料。例如，富春江冶炼厂将水淬渣用于船厂喷砂除锈，义乌冶炼厂的转炉渣用于制造磷肥等。在这方面虽然已取得了不少成绩，但目前我国有色冶金工业废渣的利用率只有 17%，而日本的有色冶金工业废渣利用率达到了 55%，可见我国在有效利用有色冶炼废渣方面尚有很大潜力。

6.6.2.2 铅锌渣

A 铅渣作建筑材料

熔融的鼓风炉炉渣，经烟化炉用烟化法回收铅、锌后的水淬渣，可用作以下建筑材料。

(1) 水淬渣代替骨料用于生产灰渣瓦。该水淬渣的物理机械性能接近甚至优于河砂，故可代替河砂作骨料。此渣又因其非晶体结构而具有一定的活性，这种活性在石灰、石膏或水泥熟料的激发下，表现为相当程度的水硬性。

在同样条件下，水淬渣瓦（掺量 30%）的抗折强度比河砂作骨料的水泥瓦高15%左右。

(2) 水淬渣用作生产水泥的辅助原料。生产水泥的原料配比为，石灰：水淬渣：黏土：萤石：白煤＝100：4：10：0.4：14。将配料在300℃下干燥，然后球磨到粒度120目左右，制成5～20mm的球粒在1200～1300℃下煅烧，冷却后掺入煅烧量15%～30%的钢渣和4%的生石膏，研磨成细粉即可获得水泥成品。

加入水淬渣可调整硅酸盐制品的某些化学成分，特别是Fe_2O_3，并可起助熔作用，降低煅烧温度。水淬渣粒较细，有利于物料的均匀化。

(3) 制铅锌渣铸石。铅锌渣通过磁选分离出磁性铁后，剩余渣可用来生产铸石。磁选后的铅锌渣中，除氧化镁和二氧化硅含量偏低外，其余的成分与铸石的成分相近。故加入15%左右的石英砂作为附加剂，就可用于生产铸石。

铅锌渣铸石制品的抗压强度达245.17～294.20MPa，与普通铸石相近，耐磨性比普通铸石好。

B 锌渣水淬后作建筑材料

锌渣有热馏残渣、锌白渣和浸取渣等，渣内含锌量尚高。采用烟化炉回收锌后，余渣水淬后可作建筑材料。如苏联用铜-锌渣制造铸石。

烟化炉水淬锌渣可做筑路材料。此渣是炼锌过程中烟化炉排出的熔渣经水冲急冷而成的颗粒渣。烟化炉水淬渣呈细颗粒状、质脆、细粉易于飞扬和流失，对环境造成污染。过去由于长期没有利用，占用了大量土地。通过研究认为，烟化炉水淬渣作筑路材料是稳定的，不会造成二次污染（放射性总比效应符合现行放射防护标准）。烟化炉水淬渣混合料强度能满足主要干道基层或次要干道基层的要求。如配比为，锌渣：碎石：土：石灰＝55：5：37：7，其抗压强度为1.84MPa；锌渣：土：石灰＝70：20：10，其抗压强度为1.57MPa；锌渣：石灰＝85：15，其抗压强度为1.64MPa。总之，用烟化炉水淬渣作道路基层是可行的。

烟化炉水渣用于道路工程，可大量利用锌渣，从而能解决环境和堆渣占地问题。以路宽 9m、基层厚 30cm 计算，每公里可用锌渣近 3750t，减少锌渣占地 250m^2，代替石灰、土使用，可少挖地 250m^2。

C 综合处理法

有些综合性的冶炼厂，如铜、铅、锌冶炼厂，其大部分渣可在本厂范围内转移到其他工序中回收利用，最后弃渣只有铜水淬渣。如铅反射炉二次铜铅渣送铜鼓风炉处理回收铜；铅反射炉渣送铜鼓风炉回收铜；回转窑铅渣送铜鼓风炉回收铜、金、银；鼓风炉铅送回转炉处理回收铅、锌等。最后，可使固体废弃物达到全部回收利用。

6.6.2.3 炼铜渣

炼铜渣一般采用深度脱铜的电热方法回收炼铜厂炉渣的有用成分，转炉渣一般作为返料送回反射炉回收铜，连续吹炼炉渣送铜鼓风炉（反射炉）处理。炉渣在提取各种有色金属以后可用于生产建筑材料、泡沫渣、碎石等。

反射炉排出的炉渣是炼铜过程中形成的最主要的固体废弃物。但国内直接用转炉渣作返料回收铜的尚不普遍。这里就炼铜渣的处理和利用情况予以介绍。

A 生产铜渣水泥

铜渣水泥是以炼铜密闭鼓风炉水淬渣和发电厂液态渣液为原料，掺入少量激发剂（石膏和水泥热料）经磨细制成的水泥。其各项技术性能符合 GB164—82 钢渣矿渣水泥标准。经工程使用证明，与其他品种水泥相比，铜渣水泥具有后期强度高，抗冻、抗碳化性能好，收缩率小等特点。这种水泥生产工艺简单，成本低，建厂投资少，节约能源。

生产铜渣水泥可耗渣 60%～75%。其生产流程为：将铜渣和电厂液态渣等原料晒干，过秤混匀，经皮带运输机输送到水泥磨内磨细，然后装包出厂。

B 作水泥掺和料

生产矿渣水泥的掺和料高炉水渣紧缺，影响了矿渣水泥的生产。用铜渣代替部分高炉水渣，掺量可达 5%～45%，生产的 325 号矿渣水泥完全符合要求。

C 制铜渣水泥小型砌块

用铜渣水泥作胶凝材料，用铜渣、尾砂作骨料生产小型砌块，耗渣量大（90%以上），可减轻对环境的污染和节省排渣费用，且节约用地。这项应用有深远的意义，值得推广。

生产流程：把计量好的尾砂、铜渣、水泥加水拌和，然后成型、脱模，自然养护，即得成品。成品自重轻，后期强度高。本流程可实现机械化或半机械化，生产效率高，节约能源，经济效益好。

D 配制铜渣砂浆

铜渣是有一定活性的工业废渣，是一种较理想的建筑骨料。用它代替黄砂配制的砂浆，有较高的和易性、密实性和抗冻性。

E 用作公路基材和铁路道渣

用铜鼓风炉水萃渣，按石灰：铜渣：土＝10：75：15 的配比制成的混合料，可用作路基材料。此处石灰是胶结材料，用量及质量必须严格掌握。

铜渣基材具有较高的机械强度，且在使用后的一年内还有明显的增长，水稳定性好。由于铜渣颗粒坚硬粗糙，一经压实，就有相当高的初始强度；又由于胶凝作用，在一定时间内强度会逐渐增长。这种路基，受雨水侵袭不会翻浆，施工方便。

另外，铜渣还可直接用作铁路轨道底渣。铁道部于 1980 年 4 月，在（80）铁鉴字 704 号文中明确批复："同意采用铜陵矿渣（黑砂）作底渣"。这为铜矿渣在铁路建设中大量使用开创了先例，扩大了使用范围。使用该渣的优点是：铜渣道床不易下沉，渗水快，不腐蚀枕木，成本低。

F 生产铸石

国外生产铸石的方法有熔铸法和烧结法。

a 熔铸法

为提高铜的回收率，炼铜时必须使熔渣过热。这种铜渣不易结晶，不适于制造耐磨材料，为此，国外采用在浇注钢渣耐磨制品时，以过量的熔渣包住铸模的方法，延长矿渣在结晶温度范围内（800～1080℃）的停留时间。铜矿渣浇注温度为 1200℃左右。

用铜浓熔铸法可制管、弯管、泵零件等耐磨材料制品。熔铸的流程为：将熔液（1200℃左右）一次浇入铸槽，经过 2～3d 的退火后，清除过剩矿渣，脱去铸模，即得成品。

b 烧结法

用铜矿渣生产烧结铸石的主要困难是，烧结温度范围狭窄，只有 10℃的间隔。若采用玻璃态的（即水淬的）铜矿渣代替结晶态的铜矿渣，特别是采用还原焙烧气氛，烧结范围可扩大至 250℃，有利于铜矿渣烧结铸石的生产。

烧结铜渣铸石的流程是：将水淬铜渣磨细、成型，再进行焙烧。成型方法有干压法（在 19.61MPa 压力下成型）和喷注法（用铸模机压入铸模中成型）。

铜渣铸石是一种高度耐磨、耐压和具有抗酸性能的良好材料。

G 生产矿渣棉

将铜渣与电厂的水淬成粒状玻璃态的炉渣（即液态渣）混合配料，在池窑内熔化并经离心机微孔甩成细丝，构成矿渣棉。用铜矿渣生产的矿渣棉，其纤维细长而柔软，平均粒径 4～5μm，渣球含量 7%左右，容重 100kg/m^3，热导率 280.5W/（m · K）。

6.6.2.4 炼镍钴渣

A 用镍钴渣制取硝酸钴

硝酸钴是生产环烷酸钴的主要原料之一。一般用金属钴加硝酸制取硝酸钴，造价较高。从冶炼镍钴的残渣可制取硝酸钴，降低其造价。其基本工序如下：

（1）溶解 将镍钴渣用浓盐酸在高温下溶解，钴、锰、铜、镍、铁进入溶液，过滤后将滤渣弃去；

（2）除铜、铁 将滤液加热至 80～90℃，用铁丝置换除铜，沉淀渣回收铜，除铜后的溶液在60～80℃下，用氯酸钠作氧化剂将二价铁氧化成三价，再以碳酸钠调整pH＝3.5，使铁完全沉淀；

(3) 沉淀钴锰 除铁后的溶液在80℃和pH＝1.5～2.2的条件下，以次氯酸钠溶液将钴、锰沉淀，分离后的溶液送去回收镍；

(4) 硝酸溶解除锰 以硝酸处理沉淀物，使钴进入溶液而锰留在渣中，过滤分离；

(5) 蒸发浓缩 将硝酸钴溶液蒸发浓缩，则得到含钴8%左右的硝酸钴产品。

此法比较简单，但钴的回收率低。

B 从镍磷铁电解镍阳极泥中提取贵金属

从镍磷铁（钙镁磷肥生产的副产物）电解制镍的残渣——阳极泥中提取贵金属铂、钯、金并兼得铜、镍的方法，在义乌化肥厂进行了半工业性试生产，形成了比较合理的工艺生产线。其流程是：水洗阳极泥→焙烧、熔炼→二次电解→二次泥焙烧、熔炼→水溶液氯化→铜片置换→铂精片→铂、钯、金。该工艺实现了综合回收，技术可行，能获得较高的精矿品位Pt＋Pb＋Au＞6.12%，提取率为Pt 70%，Pb 90.1%，Au 94.7%，Ni 81.3%，Cu 85.8%。

C 镍渣用于生产建筑材料

镍渣是镍冶炼中镍熔炉电炉或鼓风炉产生的炉渣。水淬镍渣可以制砖、制水泥混合材料等。会理砖瓦厂曾用88%的水淬镍渣和5.2%的生石灰、3%～4%的二水石膏，再加3%～4%的水泥，混合磨细后，或者采用轮碾机进行湿碾后，制造砖瓦。

D 炼镍钴渣利用实例

金川有色金属公司是我国镍钴的主要产地。该公司和有关单位对镍钴的处理曾进行了大量工作，从而掌握了从镍钴渣中回收钴、镍、铜、贵金属及铂族元素等的一系列方法。例如，镍转炉渣含Ni 0.97%～2.33%，Co 0.24%～0.6%，Cu 0.6%～

1.15%；用电弧炉进行贫化处理，贫化渣含 Co 0.097%，产生钴冰铜含 Co 1.2%～2.0%，Ni 14.8%～18.2%；金属回收率为 Co 84%～87%，Ni 87%～94%。镍钴转炉渣含 Co 0.3%，经电炉贫化缓冷处理后，再选出富钴合金，钴回收率达 80%。在镍钴电解流程中产生的各种渣，亦可分别进行镍和钴的回收。

沈阳冶炼厂用加锌除钴产生的锌钴渣、氧化焙烧后硫酸浸取的方法，最后得硫酸钴，钴回收率为 85%。

中条山有色金属公司的铜转炉渣中含 Cu 1.2%，Co 0.44%，Sn 0.6%。用电炉贫化产出钴冰铜，含 Co 1.6%，贫化渣含 Co 0.085%，钴回收率 87%。

6.6.2.5 炼锡渣

云南云锡公司是我国锡的主要产地。该公司第一冶炼厂的反射炉富锡渣，直接送烟化炉挥发处理，弃渣含锡可降到 0.07%，达到国际先进水平。

云南鸡街冶炼厂产生的锡渣进行烟化炉处理，弃渣含锡为 0.106%。柳州冶炼厂的反射炉富集渣，用鼓风炉处理，熔渣入烟化炉硫化挥发，从烟尘中回收锡，挥发渣中含 Sn 0.09%～0.12%。广州冶炼厂的锡渣，用硫化挥发法处理，从烟尘中回收锡，锡挥发率为 91%。

锡渣还可以作水泥混合材。

6.6.2.6 炼锑渣

湖南锡矿山矿务局是我国最大的锑产地。锑冶炼产出的砷碱渣是有害废渣，比较难处理。现已研究出湿法工艺，综合回收二次锑精矿，返回鼓风炉炼锑，并副产结晶砷酸钠混合盐，可用作玻璃澄清剂。

碱性精炼中生成的炉渣浮于锑液表面而被耙除。因其含砷且水溶液呈碱性而被称为砷碱渣。砷碱渣主要组成为：亚锑酸钠、砷酸钠、碳酸钠、硫酸钠以反耙渣时夹带的少量金锑。除亚锑酸钠及夹杂的少量金属锑以外，其他各组分水溶性较好。故先用碳酸化浸出-过滤的方法，将其分成两大部分。不溶性的亚锑酸钠及夹杂的少量金属锑组成的滤饼，经洗涤干燥后成为优质的二次锑精矿。滤液为砷酸钠，碳酸钠、硫酸钠、硫化钠的混合盐溶液。滤液通过蒸发-结晶-分离的方法，生产晶体砷酸钠混合盐。

锑渣可借反射炉进一步回收锑。锑冶炼时由鼓风炉和竖炉产出的锑废渣，可作生产水泥的掺和料。例如，锡矿山矿务局已用锑废渣生产水泥，供该矿务局矿坑填充时使用。

6.6.2.7 炼汞渣

我国汞冶炼产生的高炉汞渣含 Hg 0.002%～0.003%，沸腾炉汞渣含 Hg 0.003%，都需要进行治理。贵州汞矿用强化离心选矿方法处理汞渣，汞回收率达 99.87%，溢流残渣含 Hg 0.0549%。

6.6.2.8 赤泥

A 废旧阴极炭块的综合利用

工业铝电解槽的炭阴极，原则上是不消耗的，但是经过5～7年之后，它浸透着大量电解质，并且受到表面上产生的钠和碳化铝的侵蚀而破裂，最终漏出电解质和铝，不得不因此停槽检修，重新铺砌新阴极。此种排放出来的废弃炭阴极量很大。以中国年产 200 万 t 铝而论，每年排放废弃炭阴极量约为 40000t，其中含有 70%的碳和 30%的固体电解质，二者都是值得回收利用的，价值 1 亿元之巨。如果任其废弃于旷野之中，则会严重污染土地，危害于人类生态环境。如果加以利用，不仅保护了环境，还可化废为宝。

美国凯撒铝公司把这种废旧内衬加以利用已有多年。该公司所属的几个电解铝厂（Ravehswood，Chalmette，Mead & Tacoma三个铝厂）每年产出总量高达 40000～50000t 的废旧内衬，其中查尔梅特（Chalmette）铝厂每年从废旧内衬和洗涤液中回收 12000t 冰晶石，价值几百万美元，以及价值 100 万美元的其他产品。回收的冰晶石可以返回工厂去应用。

据报道，此种材料可用于以下 3 个方面。

a 作为水泥制造中的补充燃料

水泥的组成为 $CaO\text{-}SiO_2\text{-}Al_2O_3\text{-}Fe_2O_3$ 系，它是一种大宗的廉价建筑材料。废旧内衬中的炭正好作为水泥制造中的补充燃料。其中的碱金属氟化物可在炉料烧结反应中作为催化剂，因此可降低熟料烧结温度，并减少燃料用量。

由于废旧内衬中含有很高的碱量，所以它不适用于制造低碱水泥。但是水泥原料中碱含量特别低的则例外。此外，废旧内衬材料比较坚硬，所以它不能和煤（水泥窑的燃料）放在一起磨，而应该分开磨。内衬材料中有金属铝是不利的，因为它在水泥窑中不会很快地氧化，如果残留在水泥成品中，则是非常有害的。碱金属氟化物会使水泥窑内生成结块，水泥的颜色也会因采用废旧内衬而有所改变。

我国山东铝厂用此种炭阴极材料作为铝土矿烧结过程中的补充燃料。

b 作为化铁炉的萤石代用品

化铁炉内用石灰石和萤石作熔剂，其作用是降低炉渣的熔点和黏度。萤石（CaF_2）是一种比较贵的矿物原料。废旧内衬中正好含有相当多的氟，故它可作为熔剂。

试验在直径为 45.7cm 的小鼓风炉内进行。炉缸容量为 118kg 铁，预热的空气从 4 个风口进入炉内。炉膛的面积为 $180cm^2$。进风口的位置在出铁口以上 60cm 处。在添加废旧内衬的试验中获得下列结果：化铁炉的运行状态是正常的，生铁的质量是好的，属于灰口铁，未被铝污染。试验中，废旧内衬材料磨成 50%为 100 目以下的细粉，与同样大小的石灰石粉混合，并配入膨润土（bentonite）作黏结剂，制成团块，其配比为 61：27：2。废旧内衬材料并不影响灰口铁的力学强度。实验结果是令人满意的，但是还需要作进一步试验，以查明它对化铁炉内衬材料的影响，以及经济上的合理性。至于用它代替炼钢中的萤石，由于问题较多，还未能轻易给予定论。

B 从废旧内衬材料中回收氟盐

长久以来就认为，铝电解槽废旧阴极炭块是一种有价值的物料，不能轻易弃置不用。因为其中含有高达70%的碳，其发热量估计为6960～11600kJ/kg。其中最有价值的化合物为氟盐，大约占30%。如果把炭分离开，可获得珍贵的氟盐。

美国凯撒公司用高温水解法（Pyrohydrolysls）处理废旧内衬材料，在温度1200℃下，燃烧废旧内衬材料，并通入水蒸气，使与氟盐起反应，生成HF，此时内衬材料中所含的氰化物亦分解。HF用水吸收后，得到质量分数为25%的水溶液，可用来制造工业用氟化铝。同时，使废旧内衬对环境的污染问题得以解决。

东北大学翟秀静和邱竹贤研究了用很经济的浮选法分离废旧阴极材料中的碳和冰晶石。在此法中，碳以炭末的形式上浮，而电解质以底流的形式下沉。但是由于阴极材料中电解质等透入碳的晶格之间，二者不能截然分离，故浮选所得的溢流碳中电解质的质量分数约为5%，底流电解质中碳的质量分数约为5%，尚需在600℃左右温度下，加以焙烧，把这部分剩余的炭烧掉。

从工业电解槽捞出来的炭渣，也可用浮选法分离碳和电解质。

6.6.3 有色冶金工业废水

A 含汞废水处理

汞是一种毒性很强的金属，极易与蛋白质的巯基结合，这种结合很不容易分离。汞会引起人体消化道、肾脏、口腔、肝脏等的损害。

含汞废水的处理方法主要有：混凝沉淀法、硫化法、活性炭吸附法、还原法、离子交换法、腐殖酸酶交换吸附法、转化法等。具体采用哪一种方法，取决于汞的存在形式和浓度、废水中共存离子的状况等。

B 含铅锌废水处理

锌是人体必需的微量元素之一，缺锌会引起人的很多不良反应。但是过量的锌也会对人体造成危害，会引起肠胃的炎症，如恶心、呕吐、腹痛、腹泻等，同时伴有头晕、周身乏力。误食氯化锌会引起腹膜炎，导致休克而死亡。

铅及其化合物对人体的许多系统都有毒害作用。急性铅中毒会引起腹绞痛、肝炎、高血压、神经炎、中毒性脑炎等疾病；慢性铅中毒会导致神经衰弱症。铅中毒引起的血液系统的症状主要是贫血和铅溶。此外，铅中毒还可以引起泌尿系统的症状。

含锌废水的处理方法主要有：化学法、离子交换法、超滤法等。

含铅废水的处理方法主要有：沉淀法、离子树脂交换法、活性炭及腐殖酸煤吸附法等。

C 含铬废水处理

铬的主要价态为三价铬和六价铬。三价铬是人体所必需的微量元素，有激活胰岛素的作用，同时可以增加人体对葡萄糖的利用。一般认为，三价铬在动物体内的肝、肾、脾等器官不易积累，而在肺内有一定的积累，对肺有一定的伤害作用。研究表明，三价铬对抗凝血活素有抑制作用。相对而言，对人体有较大危害作用的是六价铬。六价铬对人体的危害主要表现为：对皮肤有刺激和过敏作用，六价铬经过伤口进入皮肤，会因腐蚀作用而引起铬溃疡；对呼吸系统有损害作用，主要表现为鼻中隔膜穿孔、咽喉炎和肺炎；损伤内脏，引起肠胃功能降低，胃痛、甚至肠胃道溃疡，对肝脏还可能造成不良影响。

含铬废水的处理方法有：电解法、铁氧体法、化学还原法、活性炭吸附法。

D 含镉废水处理

金属镉对人体有很大毒害作用，主要积累在胃、肝、胰腺和甲状腺内，在胆囊、睾丸和骨骼中也有一定存留量，镉在人体内存留时间为 3～9 年。镉中毒的症状是恶心、呕吐、腹痛、腹泻等，严重的会眩晕、虚脱、上肢麻木，甚至休克死亡。发生在日本富山省的骨痛病便是典型的镉污染的公害病。镉代替了骨骼中的钙而使骨骼变软、萎缩、并发生肾功能衰竭和感染等合并症而死亡。

含镉废水的处理方法主要有：离子交换法、化学法、电解浮上法、腐殖酸树脂法等。

E 含镍、含铜废水处理

镍在人体中主要存留在肺、脊髓、脑、五脏中，其毒性主要表现在抑制酶系统，如酸性磷酸酶。急性镍中毒的现象是恶心、呕吐，镍及其盐类可以导致镍皮炎，接触部位首先呈红斑、红斑丘疹、毛囊性皮疹，以后发生溃疡等症状。

皮肤接触铜化合物，可以引起皮疹和湿疹，高浓度铜的化合物可以引起皮肤坏死。长期接触大量铜尘和铜盐的工人会引起呼吸系统症状。铜盐对眼睛的伤害是产生结膜炎、眼睑水肿，严重者发生眼混浊和溃疡。

含镍、含铜废水的处理方法主要有：离子交换法和反渗透法。

F 含砷废水处理

砷及含砷化合物都是剧毒的，三价砷的毒性比五价砷的毒性强，有机砷的毒性大于无机砷。积累在体内的砷及其化合物具有致癌、致畸作用。

砷在废水中可能以硫化砷阴离子或含氧阴离子的形式存在。亚砷酸根离子 AsO_2^-、砷酸根离子 AsO_4^{3-} 及这些酸的盐可在不含有硫化氢和硫离子的弱酸性、中性和碱性介质中存在。有自由的硫离子时才有 AsO_2^- 和 $(AsO_4)^{3-}$ 阴离子存在。

含砷废水的处理方法主要有：硫化沉淀法、软锰矿法、石灰石法等。

G 含氟、含氰废水处理

氟化物中氟化氢及其水溶物氢氟酸的毒性最大，长期饮用含氟高于 1.5mg/L 的水会引起氟中毒。氟化物主要损伤人的骨骼，使上下肢长骨疼痛、骨质疏松、骨质增生或变形，甚至发生骨折，氟化物还能伤害皮肤，引发湿疹和各种皮炎。

氰化物包括硫氰化物是剧毒物质，废水中的氰化物（包括络合状态的氰化物），在酸性条件下，会成为氰化氢气体逸出而产生毒害作用。氰化钾对人体的致死剂量为0.25g。氰化物通过皮肤、肺、特别是从黏膜吸收进入人体内。氢氰酸与细胞内的三价铁结合，特别是与含铁的呼吸酶结合，可以麻痹人体组织的正常呼吸。氰化物对人体中毒的症状是初期呼吸兴奋，然后经过麻痹、横转侧卧、昏迷不醒、痉挛、窒息、呼吸麻痹等过程，最后死亡。含氟废水的处理方法主要有多种，国内外常用的有化学沉淀法、絮凝沉淀法、吸附法等，用于除氟的常用吸附剂主要有活性氧化铝、斜发沸石和活性氧化镁。

含氰废水的处理方法主要有：逆流清洗-蒸发法、碱性氯化法、二氧化氯协同氧化剂破氰法、电解氯化法、臭氧氧化法及离子交换法等。

6.7 有色冶金工业清洁生产工程实例

6.7.1 株冶和韶冶锌冶炼过程的生命周期评价和清洁生产措施

6.7.1.1 生命周期评价方法

锌冶炼过程生命周期评价范围包括锌冶炼工艺系统所有主辅工序。依据物料流向，株冶锌冶炼系统划分为焙烧、浸出、电解、锌品生产、渣处理及辅助工序6个子模块。韶冶则划分为烧结、熔炼、锌精炼、碳化硅生产、动力与电站、运输6个模块。锌冶炼系统外的电、焦炭、煤及铅锌精矿开采、锌材料的使用及回收、运输等过程的环境负担未加考虑。功能单位定义为吨（t）基础锌（含锌99.995%）。

对于锌、铅、硫酸等共产品，环境影响分配采用系统扩展和替换方法，即锌产品承担共生产过程及废弃物处理过程的环境影响。环境影响主要考虑能源消耗、温室气体排放、酸雨、重金属污染以及固体废弃物5个方面，并分别用能源总需求（GER）、温室效应指数（GWP）、酸化指数（AP）、重金属当量（HME）及固体废弃物负担（SWB）等5个环境指数（Ecoindicator）表征。

6.7.1.2 生命周期评价结果

2000年株冶湿法炼锌及韶冶ISP炼锌工艺环境影响指数值如表6-27所示。从表6-27可以看出，株冶能源总需求指数GER明显高于韶冶火法工艺，而火法工艺全球变暖指数GWP又远高于湿法工艺，达5倍多，在酸化指数上，株冶湿法工艺为火法工艺的近2倍，在重金属指数和固体废弃负担上，两者差别不大。

表6-27 株冶和韶冶锌冶炼过程的环境影响指数

影响指数	GER/t（标准能耗）	GWP/t（CO_2-eq）	ACP/kg（SO_2-eq）	HME/kg（Pb-eq）	SWB/t
株冶/湿法	2.692	2.156	18.969	0.137	0.323
韶冶/火法	2.128	10.926	10.994	0.202	0.582

株冶、韶冶在酸化指数、全球变暖指数方面差强人意，在火法工艺上，中国SO_x和CO_2排放值远高于日本，接近日本的3倍；湿法工艺上，两者CO_2排放相差不大，但株冶SO_x排放几乎达到日本的7倍。因此，下一步应将SO_2等酸雨气体及CO_2温室气体排放控制作为我国锌冶炼过程环境改善的重点和关键。另外，中国在能源使用方面，不论火法还是湿法，直接碳质“脏”能源使用率较高，国外已经在火法冶炼中用天然气等清洁能源部分取代煤、焦等较“脏”能源，而在中国基本上不使用天然气。在湿法冶炼中，国外企业主要使用电力能源，而中国仍大量使用焦、煤气。这是造成国内锌冶炼排放大量的酸雨气体与温室气体，也是进一步调整能源结构时必须重视的问题。

火法（韶冶）冶炼过程的烧结、熔炼及动力与电站是ACP和GWP的主要贡献者，湿法（株冶）冶炼过程的渣处理、辅助工序是ACP和GWP的主要贡献者，是锌冶炼工艺环境指数改善的关键。

6.7.1.3 锌冶炼清洁生产措施

A 锌冶炼过程SO_2零排放措施

无论是株冶还是韶冶，目前SO_2气体排放量都远高于国外水平，因此，实施 SO_2 气体排放控制，实现 SO_2 零排放是将来一段时间内株冶、韶冶治理污染、改善环境的重要工作。具体地，韶冶 SO_2 排放主要源自烧结机头、烧结机尾、电站锅炉以及硫酸生产，其中烧结机头低浓度 SO_2 烟气排放的 SO_2 约占排放总量的 50%左右。株冶锌生产过程的 SO_2 排放主要来自于锌挥发窑、锌多膛炉收尘及硫酸生产，其中锌挥发窑为 SO_2 排放总量的 66.5%，应作为 SO_2 零排放工程的重点。

目前，国内外烟气脱硫主要采用石灰石/消石灰（浆）作为吸收剂，但投资与运行成本高，且脱硫石膏渣处理与堆放也存在问题。吸收剂除石灰石/消石灰外，也可使用氨水、氢氧化钠、亚硫酸钠溶液、氢氧化镁浆、氧化锌浆或氯基硫酸铝溶液。例如目前韶冶硫酸生产尾气就是采用氨水吸收处理，吸收产物硫酸氢铵作为化肥销售。当然相对于石灰而言，氨水、氢氧化钠、亚硫酸钠溶液作吸收剂原料成本高，但它通过吸收产物直接销售或循环利用能显著降低运行成本，因而在冶炼、化工厂得到了一定推广。

锌矿烧结、浸出渣挥发产生的烟气同时还含重金属，采用氢氧化钠或氨水作吸收剂。脱硫产品中有重金属杂质，既不能直接向外销售，又不能返回工艺过程回收利用。若采用铅锌冶炼过程产生的次级氧化锌作吸收剂，同时利用富余生产设施处理脱硫产物（亚硫酸锌），回收有价金属，不仅节省脱硫剂和回收副产品加工费用，而且脱硫效率高（达 90%～97%），回收利用 SO_2，不产生二次污染，适宜于锌冶炼烟气脱硫处理。早在 20 世纪 60～70 年代，日本安中冶炼厂（Annaka Refinery）就采用氧化锌吸收酸分解脱硫技术处理锌浸出渣挥发窑的低浓度 SO_2 烟气。

氧化锌脱硫有吸收-热分解、吸收-酸分解、吸收-空气氧化三种工艺路线，具体可视企业情况而定。SO_2 污染控制除了采用烟气脱硫技术外，还应通过清洁生产，例如使用水电、天然气等清洁能源，从源头控制 SO_2，产生与排放。

B 韶冶锌冶炼能源结构调整

仅从能源消耗量角度考虑，ISP 工艺在所有炼锌工艺中，能耗最小，同时韶冶能耗已达到国内外 ISP 厂家中的先进水平。但是韶冶采用的主要为冶金焦、无烟块等“较脏”的碳质能源，使用过程中排放大量 CO_2 温室气体和 SO_2、NO 等酸雨气体，从而导致韶冶锌产品全球变暖指数（GWP）、酸化指数（ACP）远高于国外同类企业水平。随着关于控制温室气体排放的京都议定书签订与实施，国外著名锌冶炼公司，例如澳大利亚的 Pasminco 公司已经主动采取措施，降低 CO_2 温室气体排放，并已取得显著成绩，到时高 CO_2 排放将成为韶冶锌产品进入国际市场的绿色壁垒。因此，韶冶应及早行动，调整能源结构，采用清洁能源，以达到清洁生产的目的。

具体讲，韶冶近期可以根据国家西电东送、西气东输工程建设进度，在成本可以接受的情况下，尽可能多采用水电、天然气等清洁能源，最终在锌蒸馏等设备上使用电力能源，从而减少 SO_2 与 CO_2 排放。实际上在国外，例如日本，锌蒸馏炉采用的都是电能，因而 SO_2 与 CO_2 排放较少。远期，韶冶应基于国外在太阳能炼锌方面的研究成果，积极探讨太阳能炼锌在 ISP 系统上应用的可能性。

C 株冶挥发回转窑原料调整与工艺改造

LCA 发现挥发窑渣处理作业存在重大问题。(1) 采用脏能源“焦粉”作燃料，能源效率低、能耗高、温室气体排放量大；(2) 低浓度 SO_2 烟气未经处理即排放，是株冶重要酸雨气体排放源，导致株冶锌产品酸雨指数居高不下；(3) 浸出渣中的铁未得以回收利用，造成最终固体废渣量大。挥发窑已成为影响株冶锌系统环境绩效的关键，因此宜将之作为株冶进一步环境改善与推行清洁生产的重点。其中低浓度 SO_2 烟气脱硫处理，株冶正在采用前面介绍的氧化锌脱硫技术进行技术改造。

6.7.2 铅锌硫化矿浮选的清洁生产

南京栖霞山锌阳矿业有限公司所属铅锌矿地处长江南岸，是华东地区最大的铅锌硫银有色金属中型矿山。该矿选矿厂日处理1300t 高硫铅锌矿，产出选矿废水 $5400m^3/d$，尾矿等矿渣400t/d。为了矿山能够可持续发展，近几年来锌阳矿业有限公司通过和广东工业大学共同进行合作研究，并投入较多的改造资金，使铅锌硫化矿选矿过程的清洁生产水平得到了较大提高。

6.7.2.1 新工艺提高资源利用率

1998 年以前，锌阳矿业有限公司所属选矿厂磨浮设计为两个生产系列，产出硫化铅、硫化锌、硫化铁 3 种精矿，浮选工艺为铅、锌、硫依次浮选，浮选药剂制度为：矿浆在自然 pH 值条件下，用 $ZnSO_4+Na_2SO_3$ 作锌硫抑制剂，丁铵黑药＋苯胺黑药作为捕收剂优先选铅；铅尾用石灰作 pH 值的调整剂，$CuSO_4$ 作活化剂，310 复合黄药作捕收剂选锌；锌尾用 310 复合黄药选硫。

为了进一步提高铅、锌、硫的浮选指标和矿产资源综合利用率，同时简化浮选流程结构和浮选药剂制度，为后续扩大生产规模创造条件，1998 年锌阳公司选矿厂采用了广东工业大学、中南工业大学联合研制的浮选新工艺——硫化矿电位调控浮选清洁利用新技术。经过工艺流程结构和药剂制度的不断完善，选矿厂电位调控浮选清洁利用新工艺的生产技术指标与 1997 年的传统工艺指标相比有明显提高，如表 6-28 所示。

表 6-28 硫化矿电位调控浮选清洁利用新工艺与原工艺生产指标对比表

类别	原矿品位/%				精矿品位/%				回收率/%			
	Pb	Zn	S	Ag/$g\cdot t^{-1}$	Pb	Zn	S	Ag/$g\cdot t^{-1}$	Pb	Zn	S	Ag
原工艺	2.93	6.33	17.93	73	52.1	52.6	37.5	743	85.9	87.0	68.8	51.5
新工艺	4.47	8.00	26.28	128	62.8	53.3	38.3	1131	90.0	91.9	77.9	58.1

采用新工艺后（2003 年 5～9 月），铅精矿品位和回收率分别提高 10.7%和 4.1%，锌精矿品位和回收率分别提高 0.7%和4.9%，硫精矿品位和回收率分别提高 0.8%和 9.1%，产品总回

收率增加了 24.7 个百分点。

6.7.2.2 选矿废水的处理与回用

锌阳公司选矿厂每天总用水量为 5900m^3，3 种精矿产品及尾矿充填等带走 500 m^3/d，最终产生 5400 m^3/d 的废水。选矿废水由 5 股废水混合而成，它们分别是铅精矿溢流水、锌精矿溢流水、硫精矿溢流水、锌尾浓缩水和尾矿水。选矿混合废水中含有较复杂的各种选矿药剂成分和多种重金属离子，处理难度较大，而选矿生产每天还需要补充 5900m^3 的新鲜水。根据清洁生产的原则，最佳的办法莫过于找到一种可行的废水回用工艺，这种工艺既能使废水得到全部回用，又能保证生产工艺的最优化运行。为达到此目的，经过大量的水处理试验和选矿对比试验研究，并结合各种实用的废水回用技术，最终提出了部分废水优先直接回用，其余适度净化处理后再回用，全部废水回用于选矿生产的方案，其工艺流程如图 6-54 所示。

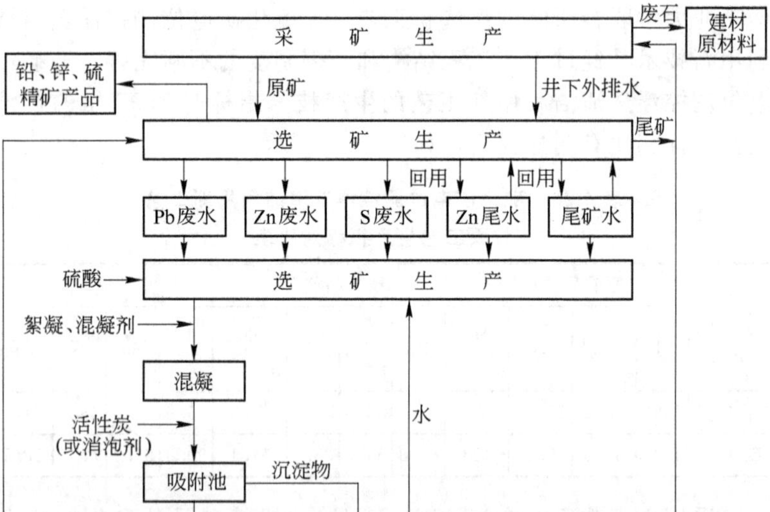

图 6-54 浮选废水回用工艺流程图

从图 6-54 可看出，尾矿浓缩废水和锌尾水多数可直接回用于选矿工序中的选硫作业，其余类型的废水需经过处理后再回用，处理方法为混凝、吸附工艺，吸附的沉淀物经浓缩后作为采矿区充填料或建材原材料，其中吸附采用活性炭作为吸附介质。

A 部分选矿废水优先直接回用

(1) 尾矿水直接回用于选硫和破碎作业。尾矿浓缩废水 pH 值为中性，含有大量捕收能力极强的 310 复合黄药、起泡剂、硫酸根离子等，废水量 650t/d，由于本身为选硫的母液，应对选硫十分有利，但对选铅和选锌相对不利。故可把尾矿浓缩废水直接回用于选硫作业，从而充分利用尾矿浓缩废水中的选硫残留药剂进行选硫。在试验成功基础上，2002 年 1 月对尾矿水路进行了改造，通过近两年的生产使用表明，尾矿水直接用于选硫后，选硫作业的回收率由 91.70%提高到 96.43%，尾矿硫品位由 2.97%降低到 2.23%，选硫 310 复合黄药由 370g/t 降低到 310g/t，选硫回收率作业回收率提高 4.73%。尾矿水直接用于选硫工业的生产指标对比表如表 6-29 所示。

表 6-29 尾矿水直接用于选硫工业的生产指标对比表

时间	水源	硫回收率 /%	尾矿硫品位 /%	310 复合黄药用量 /$g \cdot t^{-1}$
2002.2～2003.9	尾矿浓缩废水	96.43	2.23	310
2001.1～2002.1	新鲜水	91.70	2.97	370

(2) 锌尾水部分优先直接回用于选锌作业和精矿冲矿。锌尾水在该公司各种选矿废水中属于流量最大的废水，现在每天废水量约 2700t，占废水处理量的一半，该废水 pH=12.40 左右，水中含有的主要选矿药剂成分有选锌和选铅的一些残留药剂。经分析，锌尾水直接回用于选锌不但没有坏处，而且对于节约选锌药剂成本和适当提高锌选矿指标还有好处，完全可以直接回用于选锌。另外，锌尾水直接用作硫精矿、锌精矿、铅精矿泡沫冲矿水，使精矿在陶瓷过滤机过滤时处于碱性环境中过滤，有利于改

善脱水效果。

如果将锌尾水用作为选锌作业补加水和各种精矿泡沫冲矿水，可以用掉 1800 t/d 左右，还能大大减少生产石灰加入量，减少废水处理量和废水处理费用。在试验室对比试验成功的基础上，2003 年 5 月完成了锌尾水直接用于选锌和精矿冲矿作业的改造，使用后指标和药剂变化见表 6-30。

表 6-30 锌尾水直接用于选锌生产指标对比表

时 间	石灰/kg·t^{-1}	选锌药剂用量/g·t^{-1}			选锌补加水	名称	品位/%			回收率/%		
		捕收剂	硫酸铜	起泡剂			Pb	Zn	S	Pb	Zn	S
2003.1～4	9.5	351	387	49	总废水	锌精矿	1.57	53.39	30.81	4.8	90.7	15.7
						铅精矿	61.64	5.06	18.53	89.5	4.1	4.5
						原　矿	4.47	7.99	26.74	100	100	100
2003.5～8	7.4	264	353	52	锌尾水	锌精矿	1.25	53.25	30.38	3.9	91.9	16.0
						铅精矿	62.75	5.22	18.01	90.0	4.2	4.4
						原　矿	4.47	8.00	26.28	100	100	100

从 2003 年半年的锌尾水直接用于选锌的生产实践可以看出，由于锌尾水中含有选锌的药剂，捕收剂用量由 351g/t 降低到 264g/t、硫酸铜的用量从 387g/t 降低到 353g/t，石灰总用量由 9.5kg/t 降低到 7.4kg/t，分别有不同程度的降低；锌回收率从 90.7%提高到 91.9%，同时由于回水中选锌的药剂浓度降低，铅的精矿品位由 61.64%提高到 62.75%。

综上所述，占整个废水总量 75.05%的锌尾水和尾矿水可分别直接回用于选锌和选硫作业。

B 选矿废水经过适度净化处理后再回用

铅精矿、锌精矿溢流废水，根据其水质特点也可以返回到各自的作业工序，但由于铅、锌精矿的溢流水量较小，水量不够稳定，生产较难控制，因此仍然集中到一起处理后再回用。对于硫精矿溢流水，由于呈碱性，对选硫不利，必须处理后再回用。多余的锌尾浓缩溢流水为高碱性水，由于含有较多的选矿药剂，如铜离子等对选铅十分有害，pH 值高对选硫也不利等，因此这些水必须经过处理后再回用。有关该类废水的混凝、沉淀具体工艺流程和实验效果可参照文献。

C 整个工艺的综合运用效果

根据 2000 年对该公司选矿废水处理设计，2001 年 4 月完成了选矿污水处理站的建设，经过近 2 个月的调试，7 月交付正常生产。到目前为止，整个废水净化与回用工程系统的设备运行正常，废水流动顺畅，混凝沉淀效果很好，出水中重金属含量明显降低，净化处理后出水的回用对浮选生产指标影响很小，现场工业调试结果基本达到了设计要求。对该公司历年的生产报表进行统计分析，表 6-31 中除了硫的回收率基本稳定外，其余金属的回收率均有一定程度的提高。

表 6-31 近年来废水回用对选矿指标的实际影响表

选矿废水利用情况	废水利用率/%	时间	精矿品位/%				精矿回收率/%			
			Pb	Zn	S	Ag/$g \cdot t^{-1}$	Pb	Zn	S	Ag
不回用	0	1987～1993	49.1	47.3	35.1	1614	76.9	74.1	76.9	39.1
部分混凝沉淀后回用	30～50	1994～2001.6	53.0	50.6	38.7	777	84.9	86.9	67.6	43.5
尾矿水直接回用，其余适度处理再回用	95～100	2001.7～2003.4	61.6	53.4	38.9	1269	89.5	90.7	76.8	60.5
尾矿水、锌尾水直接回用，其余适度处理再回用	100	2003.5～2003.9	62.8	53.3	38.3	1131	90.0	91.9	77.9	58.1

从表 6-31 可看出，自采用硫化矿电位调控浮选工艺以后，废水回用率大大上升，而且直接回用的比例也提高到 75%。这

说明电位调控浮选更有利于废水的直接回用。

6.7.2.3 选矿尾矿处理和利用

该选矿厂每天产出选矿尾矿约 400t，由于不像别的选矿厂那样建有尾矿库，产出的尾矿无法储存和净化处理。20 世纪 80 年代前，选矿的尾矿是经长江排放的，给长江造成了严重的污染，为此每年都要交几十万元的排污费。近年来通过研究，找到了一条解决矿山尾矿问题的最佳方案：最大限度地提高选矿回收率以降低尾矿产率；对尾矿进行分级处理，粗粒尾砂代替水砂打坝，细粒尾矿用于井下胶结充填；部分全尾矿浓缩脱水后外销用作水泥辅料，从而实现了尾矿固体废物的零排放，不但实现了矿产资源的有效合理利用，也消除了尾矿废渣对环境的污染，做到了矿山开采和保护环境的有机统一。固体废物的利用流程如图 6-55所示。

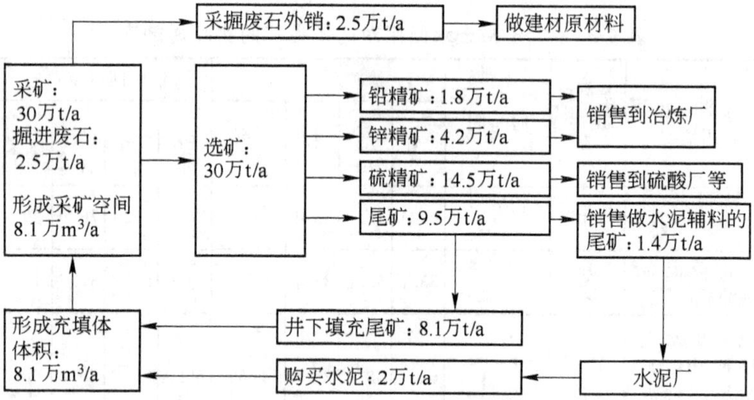

图 6-55 固体废物利用流程图

7 绿色的矿业工业

7.1 金属矿业工业概述

矿业工业是从事矿产资源开发的工业，包括采矿和选矿两个环节。

我国采矿历史悠久，距今4700年前，就开始采冶青铜。历经夏商，由唐到元明，采矿业盛极一时，只是解放前的近百年来才日益衰落。新中国成立以后，我国的采矿工业从露天到地下开采都有了较大的发展。据统计，我国现有矿业城市426个，总人口达3.1084亿。全国矿业城市的国内生产总值达3.0147万亿元，它占全国GDP的37.3%，人均GDP为3.687万元，相当于全国人均国内生产总值的4.65倍。

7.1.1 金属矿业工业

7.1.1.1 *矿产资源概况*

目前，中国正处于矿产资源消耗量增长最快的时期，工业、人口的增长对矿产资源的需求量增大。2002年，矿石和砂石黏土采掘量48.49亿t，其中：原煤13.80亿t，铁矿石2.31亿t，磷矿石2301万t，10种有色金属产量1012万t。其中，我国10种有色金属连续四年位居世界第一，磷矿石和硫铁矿产量分别居世界第二位和第三位，先后发现和扩大了一批重要矿床，如：白云鄂博稀土金属矿、德兴铜矿、金川镍矿、柿竹园钨矿、栾川钼矿、阿什勒铜矿、焦家金矿、玉龙铜矿、大厂锡矿、厂坝和兰坪铅锌矿、紫金山铜金矿等。

我国矿产资源总量虽然很丰富，但人均占有量不足世界平均水平的一半，居世界第80位。如果按45种主要矿产计算，人均占有量仅有世界人均的60%。据了解，目前我国已开发利用的铜矿资源占全国总探明资源储量的67.1%；铅占全国总探明资源储量的68.2%；锌占全国总探明资源储量的71.5%；铝资源数量不多，且质量较低；镍、钼、锡、锑等资源则由于过度开采，后备资源十分有限。

7.1.1.2 矿业工业概况

新中国刚成立时，比较完整的矿山仅300多座，经过五十多年的努力，先后建成上海、鞍山、武汉、攀枝花等大型钢铁基地，白银、金川、铜陵、德兴、个旧等大型有色金属基地。至2002年，全国各类矿山企业已发展到153723个（不包括海域石油和天然气）。其中大型矿山489座，中型矿山1025座，小型矿山和砂石黏土采场15万余处，小型矿山占到了全国矿山总数的85%～98%，小型矿山的产量占全国总产量的40%～60%。

随着我国经济的快速增长，资源利用率过于低下，资源短缺问题将越来越突出。

目前，我国矿业工业存在的问题是：生产规模偏小，制约了矿业工业生产力水平的提高，难以实现高水平的采矿、选矿、冶炼和深加工；采、选矿的技术水平和设备不适应我国共生、伴生矿产多的特点，矿产资源的综合利用效率不高；矿产开发秩序混乱，滥采乱挖现象时有发生，不断流失大量矿产资源，使许多矿山的开采寿命急剧缩短；我国900余座县级以上国有金属矿山中，已有三分之二进入开采中晚期。九大有色金属资源基地中，接近枯竭的矿山占56%，有保障的仅占19.5%。

7.1.2 金属矿业工业生产技术

矿体指空间上具有一定位置、形状、大小的矿石集合体，是矿床基本单位。矿体中金属的富集程度称为品位，常用重量百分数或百万分之几（ppm）来表示。不同矿体的品位是不一样的，在21世纪对许多金属来说，其趋势是开采的矿石品位越来越低。很明显，品位越低则要求矿石的总吨数越大，才能保证矿床具有经济价值。

7.1.2.1 采矿技术

矿石的性质决定着用现有技术提取和精制某些金属的难易程度。镍从硫化矿中回收比从硅酸盐矿石中回收要容易得多，因而硫化物矿石的开采品位可以降低到 0.5%，而硅酸盐矿石必须为 1.5%才能保证是经济的。

A 地下开采

金属地下矿山的采矿方法很多，有时一个矿山采用几种采矿方法，甚至一个矿体因不同矿段的地质条件不同，需要采用几种不同的采矿方法，或同一采矿方法的不同回采方案。这里仅介绍比较常用的留矿法、充填法和崩落法 3 种。

a 充填采矿法

这种方法是将矿石从采矿场中自下而上地逐层采出（用凿岩爆破法），同时又用充填料分层充填于采空区内。充填料的作用是支护矿体两盘围岩，防止其塌落。

充填法以 1.6～3m 高度左右的分层逐渐向上回采，回采作业包括：凿岩、爆矿，通风、出矿、支护和充填。凿岩可以使用气腿式凿岩机、上向式凿岩机和凿岩台车等设备，炮眼深度在 3～4m左右。爆破下来的碎石使用电耙和装运机运到溜矿道，溜矿道用混凝土支护。矿石放到运输平巷里的矿车内，再转运到地面。

充填料可以用废石、炉渣，选矿厂尾矿和河砂等。充填料输送到采空区可以用矿车、电耙、装运机，压气充填机等机械设备，也可以使用管道水力输送。后者就是水砂充填，它的效率高而经济。填充采矿法的示意图如图 7-1 所示。

b 留矿采矿法

留矿法在我国有色金属矿山广泛使用，特别在中南地区用来开采钨锡薄矿脉。与充填法相比，留矿法也是在采矿场中自下而上分层采矿，它的特点是采下矿石不是立即全部运出采矿场，而是大部分暂时留在采空区内，少部分矿石（约 30%左右）从采

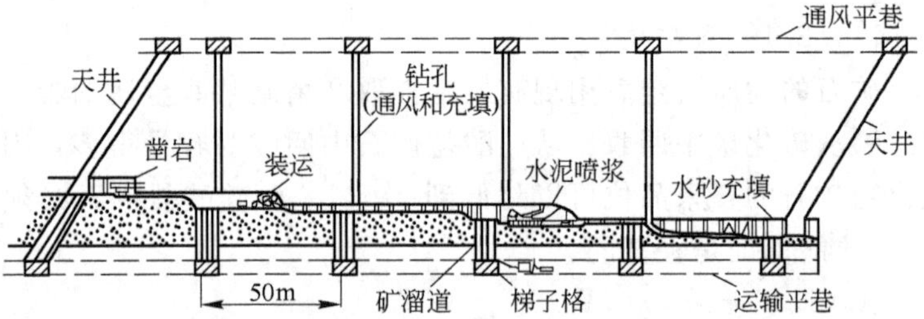

图 7-1　填充采矿法示意图

矿场底部由放矿漏斗中放出去。留矿的目的，一方面为了暂时支护采空区两盘岩层，另一作用是工人可以站在矿堆上进行回采作业。

c　崩落采矿法

崩落采矿方法的特点是采矿场内的矿石被采下以后，围岩也随之崩落，不需要用暂留矿石或充填料充填采空区，矿石是在覆盖层下放出，围岩一般是靠地压的力量自然崩落，但少数情况下也需要辅以人工强制崩落。采用这种采矿方法将导致地表陷落，因此，在围岩不稳固和地表允许陷落的条件下才适用。这种采矿方法一般可以采用高效率的深孔凿岩设备和大型装运设备，因此采矿强度和效率都很高。

B　露天开采

露天开采的特点是必须先将矿体上部的覆盖岩石和矿体周围的岩石剥离掉，使矿体露出来，然后才能进行采矿。这就是说，露天开采一吨矿石，必须先采出（剥离）一吨或几吨废石。因此，露天开采只适宜于开采近地表的、比较厚的矿体，剥离量和采矿量的比例要在一定范围内，超过这个范围时，用露天开采就不经济，而只能用地下开采。

一般说来，建设一个露天矿要经过以下几个步骤：

（1）矿区的地表准备，例如伐木、修路、河流改道等；

（2）矿床的疏干，降低矿区的地下水位和隔断地表水源，这是保证露天矿生产正常进行的必要前提之一；

（3）矿山的开拓，露天矿山的开拓主要包括两个内容：一是开掘倾斜沟道，建立从地表到各个台阶的通道，二是开掘水平的开段沟，建立最初的工作线，即形成工作台阶，我国有色金属露天矿的台阶高度一般为 8～14m 左右；

（4）剥离，就是将矿体上面的覆盖岩石采出，排弃到废石场；

（5）采矿，这个步骤相当于地下开采的回采工作。

露天矿的剥离和采矿工作包括以下几项主要作业：穿爆、采装、运输、排土等。

C 砂矿床开采

砂矿床的种类很多，有锡、钨、金、铬、钛、锆、铌、钽、金刚石等矿产，其中以锡、金、钛、锆、金刚石等砂矿为主要的，例如砂锡矿床就是目前世界上锡的主要来源。当前我国锡金属的开采总量中，砂矿床开采占主要地位。其他有用矿物的砂矿床我国也很丰富。

我国砂矿床的开采，除少数小型砂矿用人工淘洗法开采外，主要是采用水力机械化开采，就是利用水流的力量来冲采矿层和剥离表土。

开采露天砂矿也和开采露天脉矿一样，首先要剥去表土，然后把砂矿床开成几个台阶。在台阶上设置水枪，用水枪喷出的高速水流冲击工作面以破碎矿岩，冲采下来的矿砂和水混合到一起形成“矿浆”，矿浆沿工作面流入采场的运砂沟，再汇集到矿浆池，然后再用砂泵运到选矿厂。

7.1.2.2 选矿技术

选矿是通过破碎、筛分、磨矿、分级、选别、浓缩、过滤等一系列机械加工作业来完成的。这些作业按照一定生产程序的相互联系，称为选矿流程。

目前，广泛应用的选矿方法有重选、浮选、磁选和电选 4 种，它们是利用各种矿物在比重、表面的润湿性、导磁性和导电性等方面的差别来进行矿物分选的。此外，在钨锡矿石的选矿中，还常采用手选（根据矿物颜色的不同）、光电选矿（利用矿物对光电感应的不同）来进行粗块矿物的分选。

A 重力选矿

重力选矿主要就是利用矿物和脉石（废石）比重和粒度的不同，在水流中运动速度的差别（即快慢），使矿物和脉石分开的一种选矿方法。这种选矿方法广泛应用在有色金属的钨、锡以及铅、锌、锑、汞矿石的选矿。

对粗级别的矿石（大于 2mm）采用跳汰，对于细级别（小于2～0.075mm以至 0.03mm）采用摇床，对矿石和脉石比重差小，并且准备在粗粒级弃去大量尾矿时，采用重介质选矿。

B 浮游选矿

通过往矿浆中加入一些化学药剂（浮选药剂）可以改变矿物的润湿性，提高需浮矿物的疏水性，增加不需浮选矿物的亲水性，达到浮选分离的目的。根据浮选过程中药剂作用性质的不同，浮选药剂大致可以分为 5 类。

a 捕收剂

它能与矿物表面发生反应，增加矿物的疏水性，提高可浮能力。如丁基黄药是浮选有色金属硫化矿常用的捕收剂，它具有链状结构，它的一端是疏水的（即非极性端），另一端是亲水的（即极性端），在矿浆中亲水的一端选择性的吸附在硫化矿物的表面上，疏水的一端朝外面，阻碍着水与矿物表面的接近，从而提高了矿物的可浮性。

捕收剂一般都是有机物，它通常由亲水端和疏水端两部分组成。浮选有色金属硫化矿常用的捕收剂有：黄药、黑药及硫醇等。浮选氧化矿如黑钨矿、白钨矿、锡石、白铅矿、孔雀石等常用的捕收剂有脂肪酸及其皂类，如油酸，氧化石蜡皂等。浮选硅酸盐或硅铝酸盐矿物，如长石、绿柱石等，常用的有胺类捕收剂，如烷基第一胺等。浮选具有天然可浮性矿物，如辉铜矿、石墨、自然硫等，常用的捕收剂有煤油。

b 抑制剂

当矿石中有几种矿物需要逐个浮出，但它们又都能与所加捕收剂发生作用，造成一起浮起时，就需要加入抑制剂，使暂时不需要浮选的矿物不能与捕收剂发生作用，暂时不浮。如从铅锌硫化矿中用黄药优先浮选方铅矿时，就应先加入少量的氰化钾抑制闪锌矿。抑制剂的作用就是阻止捕收剂与矿物表面发生作用。浮选中常用的抑制剂有：石灰、氰化物、水玻璃、重铬酸盐等。

c 活化剂

它的作用是促使捕收剂与矿物表面发生作用，提高矿物的可浮性。如白铅矿不能直接用黄药浮选，若先加入适量的硫化钠，使其与白铅矿表面反应生成易与黄药作用的硫化铅薄膜，白铅矿的可浮性就提高了。又如在铅锌分离浮选中，被氰化钾抑制的闪锌矿，可以用硫酸铜来活化它。常用的活化剂有：硫化钠、硫酸铜、硝酸铅等。

d 介质调整剂

在浮选过程中，为了给矿物表面和浮选药剂的相互作用创造良好的条件，消除矿浆中有害成分和矿泥的有害影响等，必须使矿浆保持一定的酸碱度，才能得到最好的浮选效果。所谓调整主要是调整矿浆的酸碱度，使之有利于浮选。

有色金属硫化矿的浮选多半是在弱碱性矿浆中进行，为此需要添加石灰、碳酸钠等碱性无机盐，当需要在酸性矿浆中进行浮选时，通常加入硫酸。

e 起泡剂

在浮选过程中，它促使空气在矿浆中的分散，并使气泡有一定的大小和一定的稳定性，以便于矿粒的粘附，并携带矿粒至矿浆表面。常用的起泡剂有松油、2 号浮选油、樟脑油及甲酚等。

在工业生产中，浮选是在浮选机中进行的，常用的浮选机是机械搅拌式浮选机。矿浆从进浆管进入后，随着叶轮的搅拌，空气被吸入矿浆，并被分散成许多小气泡，与捕收剂发生过作用的矿物则粘附在气泡上迅速上浮成为精矿泡沫，脉石则不能浮起，从槽侧排出。

C　磁力选矿

磁力选矿就是利用磁铁对磁性矿物的吸引（非磁性矿物不受磁铁吸引）来选别矿石。图 7-2 是铁矿选矿厂常用的选别磁铁矿的湿式磁选机的工作示意图。当细磨后的矿浆进入磁选机时，磁铁矿粒便立即被靠近磁铁的辊面吸起，并随着辊筒的旋转（筒内磁铁团定在原来位置不动）带到接近冲洗水管的辊面（离开磁场）处，被冲洗水冲下排出磁铁矿；而非磁性的脉石，则不受磁场磁力的吸引，由辊筒下面槽底的尾矿管排出。

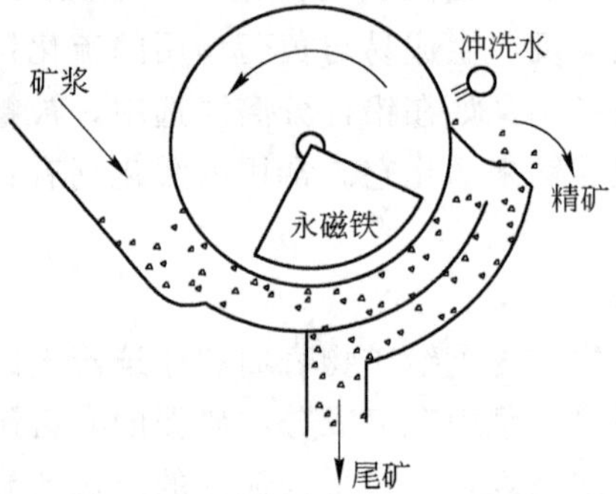

图 7-2　湿式辊式磁选机工作示意图

生产中应用的磁选机，结构型式有辊式、带式、盘式及环式等数种。根据被选矿物的磁性不同，磁选机按所要求的磁场强度分为两类：一类是强磁场磁选机，磁场强度大于 50.25A/m，用于选别赤铁矿、褐铁矿、黑钨矿等弱磁性矿物；另一类是弱磁场磁选机，磁场强度小于 20.10A/m，用于选别磁铁矿、磁黄铁矿及钛铁矿等强磁性矿物。这两类磁选机，根据被选矿物在矿石中的分布粒度的粗细，又有干式和湿式之分。干式磁选机用来选别粗粒的干矿；而对于细嵌布的磁性矿物，为了使物料充分松散，常以矿浆状态给入湿式磁选机中选别。

D 电力选矿

电力选矿就是利用矿物导电性的差别而在电场（电力作用的空间）中受电力作用的不同来分选矿石。图 7-3 是生产中常用的电晕选矿机工作示意图。当矿石由给矿漏斗进入电选机后，导电性高的矿粒便立即在高压电极和辊面之间（即高压电场）得到电荷，并很快传给圆辊再传入地中，此种矿粒便按原来下落路径进入导电体产品接矿槽；而导电性差的矿粒（或非导电体）则因传递电荷的性能差，就被与矿粒电荷相反电荷的圆辊表面所吸引，直到矿粒上电荷消失而下落（或被刷子刷下）进入非导电体产品的接矿槽，这样，就使导电性能不同的矿物得到分选。

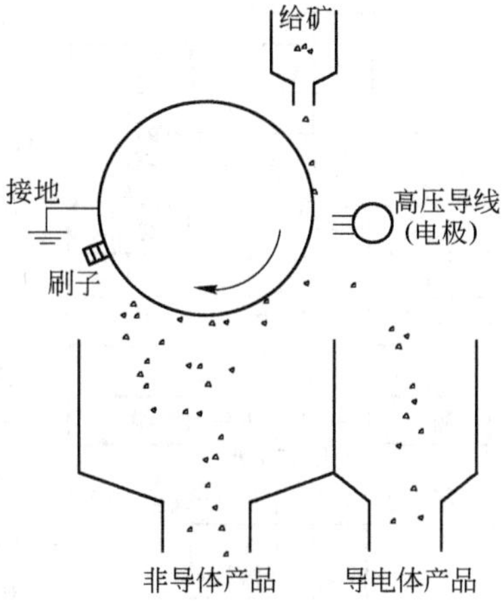

图 7-3 电晕选矿机工作示意图

实践中，电选常用于对锆英石、金红石、独居石、钛铁矿、钽铌矿、白钨矿、锡石、金刚石等粗选精矿的精选，以得出合格精矿。

7.1.3 金属矿业工业污染物排放

据统计，我国现有矿山中 80%的矿产资源为共伴生矿。单位产品能耗高，水耗大，产生的污染物种类和数量差别悬殊。不少有色金属本身就有毒性，如铅、汞、镉、镓、铊、锌、铜等。另外，矿石加工过程中使用选矿药剂、氰化物和氯气等有毒试剂。

图 7-4 所示为某铅锌选矿场生产工艺流程及排污环节。

尽管不同种类和类型的矿山对水、大气、噪声环境的影响差

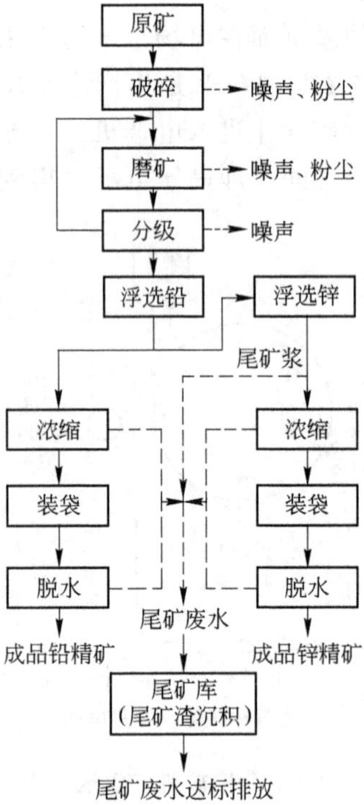

图 7-4　某铅锌选矿场生产工艺流程及排污环节

别很大，但其采选活动无一例外地影响地表生态环境，改变土地利用类型，减少地表植被覆盖率，引起地表径流的变化和土壤表层的丧失，导致水土流失、地表形态破坏。

7.1.3.1　*废石和尾矿*

A　*废石*

废石是各种矿山在开采中剥离及掘进时所产生的废石。废石产生量大，世界上被开采矿石只有 1/3 得到利用，2/3 成为废物，我国各种金属矿山每年排放的废石和尾矿约 5 亿 t。这些废物甚至以有害的形式堆积在人类生存的环境中，形成了一个很大的污染源。同时，矿石的开采对地表和植被造成了严重的破坏，开采和运输过程产生的灰尘直接影响了当地的大气环境。

B　*尾矿*

尾矿是矿山开采的原矿石经选矿或其他工艺回收有用组分后废弃的固体物料，一般堆存在尾矿库中，是工业固体废弃物的主要组成部分。目前，我国有较大的尾矿库 400 多座，各类矿山累计产生尾矿 59.7 亿 t，占地 670km^2 以上，而且每年仍以 3 亿 t 的速度增长，尾矿产量占全国工业废弃物产量的 30%。

我国大型正规矿山对尾矿的处理在很大程度上是采用荒地筑坝堆存，并采取一系列可靠的措施来进行维护管理，每年要花费 10 多亿元用于堆放尾矿。中、小型非正规矿山尾矿设施简陋，或根本就不建尾矿库，一般就近排入河沟、河谷或低洼地。显然，大量的尾矿物质如果不加妥善处理和堆存，日久天长就会大面积侵蚀农田、污染水系系统、破坏自然景观和生态环境。

由于尾矿多已加工至0.15～0.07mm以下，通常储存在尾矿库或就近排入河道、沟谷、低洼地，经风吹雨淋会对空气、水体造成严重污染，破坏了周围的自然环境，对人类产生很大危害。例如我国近年日益频繁的沙尘暴现象，据科考专家指出，其中一部分沙源就是没有处理的尾矿砂。

7.1.3.2 矿山废水

矿山废水主要来自采矿生产中排出的矿坑污水、废石场的雨淋污水和选矿厂排出的洗矿、尾矿废水。除此之外，在矿山开采、选矿、运输、防尘及防火等诸多生产及辅助工艺均需要使用大量的水。根据矿体特性，废水中主要污染物有悬浮物、选矿药剂、酸、铁以及根据矿石成分的不同而含有的硫化物及各种重金属离子。

A 采矿工业污水

采矿工业中最主要和影响最大的是矿山污水，一般呈酸性。大多数金属矿体往往伴生着多种金属和硫化物。在开采过程中，这些矿物（主要是黄铁矿以及白铁矿）在空气、水和细菌的共同作用下，经如下的反应：

$$FeS_2 + 3O_2 \rightarrow FeSO_4 + SO_2$$

$$FeS_2 + 2H_2O + 7O_2 \rightarrow 2FeSO_4 + 2H_2SO_4$$

$$4FeSO_4 + 2H_2SO_4 + O_2 \rightarrow 2Fe_2(SO_4)_3 + 2H_2O$$

$$Fe_2(SO_4)_3 + 6H_2O \rightarrow 2Fe(OH)_3 \downarrow + 3H_2SO_4$$

二价铁反应转化为三价铁，形成硫酸-硫酸高铁溶液。酸和铁都是可溶的，而水的pH值低，反过来又使水接触到的其他金属和化合物的溶解性增高，溶出矿石中的多种离子。因此，矿山废水中多含有各种重金属，如：Hg、Cr、Cd、Pb、Zn、Ni、Cu、Co、Mn、Ti、V、Mo和Bi等。

酸性采矿废水一般不能直接循环利用，若排入河流、湖泊等水体，将导致水体pH值发生变化，不利于细菌和微生物的生长，妨碍水体自净。酸性废水的排入导致水质酸化，同时含有重金属离子的酸性废水会毒化土壤，导致植被和农作物枯萎、死亡。如土壤中含铜达20mg/kg时，小麦会枯死；达到200mg/kg时，水稻会枯死。此外，重金属污染的水还会使土壤盐碱化。

采矿废水中还含有有机污染物，如碳水化合物、蛋白质、脂肪和木质素等。油类污染物是采矿废水中较为普遍的污染物，当水面油膜厚度在10^{-4}cm以上时，它会阻碍水面的复氧过程，阻碍水分蒸发和大气与水体间的物质交换，改变水面的发射率和进入水面表层的日光辐射，对局部区域气候可能造成影响，主要是影响鱼类和其他水生生物的生长繁殖。

B 选矿工业废水

选矿工业产生的废水分为选矿厂废水和尾矿池排出的废水。

(1) 选矿厂废水　按其排放源不同而分为两类：一部分是浓缩精矿及中矿用的浓缩脱水设备的溢流，其水量一般少于选厂总水流量的5%；另一部分是浮选等选矿过程的水流（某些冲洗水也属于此类），其总量约占总废水量的95%以上。选矿厂废水中主要有害物质是重金属离子，矿石浮选时用的各种有机和无机浮选药剂，如，剧毒的氰化物（氰化钾和氰化钠）、氰铬合物、亚硫酸钠等；废水中还含有各种不溶解的粗粒及细粒分散的杂质；废水中往往还含有钠、镁、钙等的硫酸盐、氯化物或氢氧化物。选矿厂废水中的酸主要是含硫矿物经空气氧化与水混合而形成。

(2) 从尾矿池排出的废水　此种排出水含有Fe、Mn、Co、Ni、Cu、Zn、V等重金属离子，还有一些悬浮固体，有时候还会有低浓度的氰化物。有些选矿厂尾矿池的排出水中含有数种其他离子，这也是由于使用选矿药剂造成的。

选矿厂每年排出大量的废水。例如：浮选法处理1t原矿石，污水的排放量一般在3.5～4.5t左右；浮选-磁选法处理1t原矿石，污水排放量为6～9t；若采用浮选-重选法处理1t原矿石，污水排放量可达27～30t。废水中悬浮物为500～2500mg/L，有时高达5000mg/L，且废水中还有多种化学物质，污染物浓度高，往往对水质和土壤造成严重污染。

选矿厂的毒性大，易产生二次污染。浮选厂生产时使用的黄药、松醇油和硫化钠等药剂在矿浆中发生一系列物理、化学及物理化学变化，形成许多复杂的产物，造成二次污染。常用的浮选药剂中，最毒的是氰化钾或氰化钠，每浮选一吨铅、锌矿石，要排出4.5～6.5m^3的废水，内含氰化物20～50g，平均浓度约为4～10mg/L。氰化物对鱼类及其他水生物危害较大。当折合成氰离子浓度为0.04～0.1mg/L时，就能使鱼类致死。人的口服致死量：氰化钾为120mg，氰化钠为100mg。铁矿浮选时所用的胺类捕收剂中，环烷胺和芳香胺的毒性大，脂肪胺和游离的季胺毒性较小，烷基愈大（≤8），毒性也愈大。在水中最大的容许浓度：十二碳脂肪胺（月桂胺）为0.4mg/L，C7-C9胺为0.44mg/L（对嗅觉而言）和0.7mg/L（对味觉而言）。空气中的胺类的容许浓度约为0.001mg/L。

7.1.3.3 大气污染

矿山生产离不开凿岩和爆破，凿岩产生粉尘，爆破产生大量的CO、NO、CO_2气体和粉尘，此外有的矿物中还含有一定量的H_2S等有毒有害气体。我国矿业界每年约排放2000亿m^3废气。这些气态的和微粒状的大气污染物对人体的危害是十分严重的，呼吸性粉尘可使人体产生矽肺病；CO浓度超标时可使人的血液输氧系统闭塞而致死，是煤矿工人发生死亡事故的主要原因。SO_2的危害却更为严重，它的浓度为5×10^{-6}对呼吸的刺激就很严重了，它甚至影响生物生长。在大气中SO_2能与氧气化合生成吸水性很强的SO_3，与湿气结合后生成了硫酸，进而形成酸雨，不仅影响生物，还会对建筑物、钢构件、电力线路等产生有害的化学反应。矿区的粉尘颗粒悬浮于大气中就产生了大气污染，危害土壤、植物和水体。据调查，西部的矿山尾矿，也是造成沙尘暴的原因之一。

7.2 绿色的金属矿山建设

绿色矿山的概念不仅是简单地把矿山环境进行绿化、美化，绿色矿山是一种对人类的社会环境和自然环境不产生有害影响的清洁生产模式，是指矿山企业从矿山设计、资源的开采运输到综合利用全生产过程都贯彻科学和环保理念。

7.2.1 绿色矿山的开发模式

绿色矿山开发的要素包括：矿石远景储量、矿权，管理控制(政府投资占少量股份)、财政事项、基础设施、健康、安全与环境等。考虑到这些因素，政府应确保：地质和采矿数据库的有效性、保障矿山开采权的现代采矿法规的透明管理、建立公平的有保障的财政制度、允许外币的兑换和利润返回投资人所在国、尽可能提供基础设施条件和建立现代健康、安全与环保法律和规程以及健全的管理制度。

绿色矿山开发模式包括 3 个方面的内容：

(1) 区域生态环境容量（承载矿山“三废”污染的能力）与矿业开发规模的协调性，为此，在矿产开发前要同时进行区域环境评价和制定区域矿业发展规划，使二者协调；

(2) 矿产资源开发经济价值与生态环境资源社会价值的协调性，为此，要通过技术创新，实现矿产采、选、冶过程对环境的最小扰动和最小污染，使开发的矿产资源及矿山其周围生态环境具有相同的价值；

(3) 矿产资源开发速度与生态环境资源开发速度的协调性，即在矿产资源开发的前期、中期、后期均有相关的矿山环境保护治理工作并按同一速度进行，矿山闭坑的同时或稍晚即完成矿山环境的根本治理和生态修复。

7.2.2 绿色矿山的主要内容

7.2.2.1 绿色矿山的开采与经营

A 矿山开采

《中华人民共和国矿产资源法》规定，勘查、开采矿产资源必须依法分别申请、经批准取得探矿权、采矿权，并办理登记，开采矿产资源必须采取合理的开采顺序、开采方法和选矿工艺。矿山企业的开采回采率、采矿贫化率和选矿回收率应当达到设计要求。同时，《矿产资源开采管理办法》第五条规定，采矿权人申请办理采矿许可证，应向登记管理机关提交《开采矿产资源环境影响评价报告》，新建矿山必须对矿山地质环境进行预测评估。

在满足国家和地方有关规定的要求以后，在矿山开采过程中，还应做到以下几个方面。

(1) 矿山开采应按照矿山储量和地质条件进行规范设计和建设。在开采主要矿产的同时，对具有工业价值的共生和伴生矿产应当统一规划，综合开采，综合利用，防止浪费；对暂时不能综合开采或者必须同时采出而暂时还不能综合利用的矿产以及含有有用组分的尾矿，应当采取有效的保护措施，防止损失破坏。

(2) 矿山生产必须严格遵守“采剥并举，剥离先行”的原则，按计划开采；按矿床矿石质量分布规律，进行合理搭配、均衡开采，做到质量、产量稳定供矿。大中型矿山采用分台段平面推进机械化开采方式，禁止“一面墙”高台段人工浅孔凿岩爆破方式开采。露天矿山应由上而下分台阶开采。

(3) 尾矿堆积坝整体外坡坡比不得陡于设计规定值，部分高程堆积坝边坡过陡的，不得出现局部失稳，并满足坝体稳定安全系数和渗流控制要求，无明显沉陷、滑坡、裂缝、流土、管涌，外坡坡面无沼泽化和较多（大）的冲沟，运行工况正常，在堆积坝整体外坡坡比陡于设计规定值时，应当由具有资质的中介机构进行稳定性分析，其分析方法和分析结论应当满足规范要求。

B 矿山的经营

矿山企业实行产权多元化、清晰化的股份制改造。将企业办的公安、学校、医院、离退休管理等职能移交给地方政府。将尚存的资源、尚有效益的经营性资产重组为有限责任公司、股份有限公司或股份合作制企业，吸收其他企业、个人和本矿职工入股，实行国家、企业、个人共同持股，实现产权多元化、清晰化。

建立严谨高效的法人治理结构，使股东会、董事会、经理层、监事会在决策、执行、监督上各司其职，各负其责，形成有效的风险机制及约束机制。精简二级机构，理顺部门职责，形成精干、高效的组织机构。

建立、健全主要负责人、分管负责人、安全生产管理人员、职能部门、岗位安全生产责任制；制定安全检查制度、职业危害预防制度、安全教育培训制度、生产安全事故管理制度、重大危险源监控和重大隐患整改制度、设备安全管理制度、安全生产档案管理制度、安全生产奖惩制度等规章制度；制定作业安全规程和各工种操作规程等。

7.2.2.2 绿色矿山的管理

矿产资源管理的法制化和科学化是矿产资源保护和开发利用的重要保障，矿山管理中的绿色理念包括两方面。

一方面是政府为矿业开发创造良好的市场环境和政策环境，完善矿业开发和环境保护的法规体系。绿色矿山要求的是资源、经济、环境三者的协调发展，矿山企业不同于其他企业，它依赖的是不可再生的自然资源，所以国家对关于矿产资源开发利用应有严格的法律、法规的约束。

另一方面是矿山企业对生产过程中出现的问题和产生的灾害所采取的防治措施。

A 保证坑道围岩稳定性的措施

（1）对膨胀性围岩塑性变形破坏，一般采用以下措施：消除地下水影响，做排水措施；事先做好充分准备，速挖速撑，及时衬砌封闭，使岩体性质及应力状况不致过大变化；超挖回填块石砂砾石，然后浇筑衬砌。明显的塑性岩体，应分两次支护：初始支护提供一定支承抗力，使围岩不致发生松散，同时又允许其有一定变形，二次支护保证长期稳定。

（2）对硬岩、中硬围岩的坍塌、掉块变形破坏，一般采用以下一些措施。

支撑：这是一种临时性的保护措施，在采空区支护中用得最多，材料多用木质或钢质结构。

衬砌：这是一种永久性加固措施，在井巷中用得最多，材料多用条石、混凝土，甚至钢筋混凝土，在力学特征上与支撑一样都是“被动”地承受荷载。

锚杆：这在铁路、公路、水工硐室或隧道中常用的方法，方法是将锚杆放入钻孔中，锤击尾部，使其前端开叉，然后用强力拉伸锚杆的同时灌浆，因此这是一种预应力锚杆，其主要优点在于，由于施加了预应力，锚杆系统给围岩造成一个均匀的径向压力，围岩应力条件得到改变，还能提高围岩整体强度，使强度得到提高的岩体系统围绕硐室形成一个加固拱。与前两种方式在力学特征上的不同之处在于其“主动”承受荷载、加固围岩。

喷-锚：即锚杆技术与喷射混凝土技术相结合：喷射混凝土技术实际就是一种将含有粗骨料（根据实际情况也可不加粗骨料）的混凝土喷射到围岩表面，同时加入速凝剂。其原理解释为，围岩失稳总是从最不稳定的某一处块体坠落、错动变形开始，累进到总体失稳，因此，喷射层能保证这些危险块体不发生变形失稳，从而提高围岩总体稳定性，前面提到的“新奥法”先进施工技术就是利用这一技术，近年来，又将锚杆与喷射混凝土技术的优越性接合起来，从而大大提高了对围岩的支护能力。

（3）对坚硬、性脆围岩体的岩爆问题，可采取如下一些措施。

超前钻孔：目的是释放岩体中的高应力。

超前支撑及紧跟衬砌法：用于顶板有危险的巷道掘进超前开

挖顶板，超前作顶板支撑可减少岩爆危害或者紧跟开挖工序，使用锚杆支撑及金属挂网护顶。

喷雾洒水：向新开挖岩体表面洒水，增加岩体湿度，降低岩体脆性。

(4) 地面塌陷的防治 对因坑道顶板冒落产生的地面塌陷要预留足够安全柱，保护安全柱不受破坏，提供足够强度的支持结构。

对因地下水疏干引起的地面塌陷要设置过滤装置，控制降深速度，对岩溶通道局部灌浆或帷幕灌浆，切断地表水的灌入等。

B 边坡变形破坏的防治

(1) 边坡变形破坏的防治原则以防为主，主要预防措施包括：对露天采矿应制定合理的开采边坡的布置和开挖方案，如采矿坑长轴方向平行于最大主应力方向；采矿弃碴的堆放要选择正确地点，堆放方式，坡度都要合理，避免堆积于稳定性差的斜坡上。

事先查清矿山建设区可能造成斜坡稳定性下降的因素，采矿时需避免造成这样的因素，并尽可能将不利于斜坡稳定的因素变为稳定因素。

当斜坡影响区为人口密集的城镇区或重大干线时，采矿以绕避为主，当不能绕避时，须做到上一步中的内容。

(2) 当斜边开始变形，但变形很微弱时（即还不致失稳），须及时消除引起变形的因素，若变形继续加大或者已进入破坏性蠕变阶段时，应通过经济比较考虑搬迁还是治理。主要治理措施包括以下几点。

消除（或减少）引起边坡稳定性下降的因素，防止前缘流水冲蚀，如修筑导流堤、防波堤等，防止前缘人工开挖。尽量减小地表水、地下水作用，如尽量减小前缘地表水的涨落落差、夯实或堵塞地表裂缝、修筑地表排水沟、修筑地下排水坑道等。尽量减少人工爆破的数量或药量等其他长期动静荷载，同时，减轻荷载，如斜坡中上部塌方，但注意不能在滑体滑移、弯曲变形的隆起部位减载。防止风化，如在露天开采的易风化边坡抹灰浆。

采用以下措施，提高抗滑力。

改良岩土体强度：固结灌浆（对岩质边坡），对土质边坡有化学加固法，焙烧法，电渗排水，对临时性边坡还用冻结法。

工程支、挡，挡土墙：阻挡松散岩土体倒坍或崩落，抗滑桩（或锚固桩）。

预应力锚栓：由钢杆或钢索构成，用于岩质边坡且变形体较完整时。

喷射混凝土：在岩体表面喷射混凝土，可抗风化，提高岩体表层特别是不连续面强度，该方法可与预应力锚栓一并使用。

滑坡前缘加载：特别是在前缘鼓丘部位加载效果很好。

C 地表水、地下水疏干的防治

地表水、地下水疏干的防治包括：充分重视采矿前的环境水文地质勘查评价，充分了解矿区环境水文地质条件，分析采矿可能出现的环境水文地质问题，并提出合理可行的防治措施。

矿山开采设计中要充分重视环境水文地质问题，对于运输巷道、通风斜井及掘井、采矿巷道等的布置要充分考虑矿区含水层、隔水层及构造断裂、裂隙等的分布及与地表水、老窑水等的关系，尽量避免沟道充水水源。

矿山施工中加强超前探测工作，在坑道施工中除充分利用前期勘察资料分析水情外，还应注意掘进工作面地层岩性特征、透水、含水、渗滴水情况，采用超前探水钻孔等手段探测有没有渗、流水现象。

必要的工程措施，在地表修建防水工程防止地表水及大气降水渗入矿井，排出地下已知的影响地下施工的老窑水、蓄水断层水等。如果斜井或坑道必须通过含水层或富水断裂时，应及时采取衬砌、隔水措施。

7.2.2.3 绿色的矿山技术体系

矿山绿色技术体系包括环境保护和绿色技术的使用等。具体地说：

（1）采用新型的采选冶技术设备，改进采选工艺，提高采选矿效率，减少资源的损失，降低环境污染；

（2）加大伴生矿产采选冶技术的研究，提高资源的综合开发利用率；

（3）加大矿产资源开采区污染物的治理力度，例如，某些硫化物和砂粒在矿区内就可以处理和除掉，适用于黄金和其他金属生产的生物氢化冶金法能消除传统冶金法生产的二氧化硫和重金属，生物采矿技术（包括可能的矿物原地复原）有着好的前景，但该工艺投资很少，不产生环境污染，因而有关生物采矿技术的研究将会产生巨大的经济和社会效益；

（4）重视矿山的生态建设，做好矿山的生态修复技术的研究，为矿山的可持续发展创造条件；

（5）提高技术圈（体系）中技术品的审美效应，审美效应主要表现人和技术圈“美的和谐”。矿山企业的生产设备与环境的协调，可以达到设计成绿色，如野外勘查、钻井的井架，从而体现宜人性的特点。矿山开采后形成的塌陷区，可以改造成人工湖，尾矿进行生态修复后可以改造成公园，作为旅游景点等。

7.2.3 绿色矿山生产技术

7.2.3.1 采矿工业的节能降耗

采矿工业主要在两个方面使用电能。其一，用电力驱动旋转设备，如空气压缩机、通风机、水泵、鼓风机等以及用电力驱动的物料运输设备，如提升机、带式输送机等；其二，用电工艺系统，如电加热和电化学工艺流程。在这两个主要方面的应用中，提高设备使用效率，改进设备使用方法或采用新技术都可节省费用，降低成本。

A 电动机驱动设备节能

a 压缩空气系统

压缩空气系统是采矿生产中能耗最大的系统，其节能途径主要是减少和控制地下泄漏。有人认为压缩空气泄漏有助于地下通风，但这是极不经济的。通风机每千瓦功率的通风量是 $22.65m^3$，空气压缩机每千瓦功率的压风量只有 $0.17m^3$。控制泄漏是一项持续进行的工作，必须成为日常维修计划的一部分。快速接头、排放冷凝水的常开阀、管路和软管裂纹是泄漏的主要因素。维护良好的压缩空气管路输送系统应确立的目标是减少占总供气量的10％泄漏量，而许多陈旧老化的压缩空气系统的泄漏量可选70％。减少压气泄漏的主要益处之一，是在高峰期可以停开1台或多台空气压缩机，停开的空气压缩机可用作备用设备，因而可降低能耗。

b 通风机

通风机是采矿生产中第二大耗能设备。通风机的选择要使通风机在某一排量点时运转效率最高，一旦风量调节器偏离了那一点，通风机的运转效率会迅速下降。可利用一种速度控制或者采用通风机进气口导流叶片，以改变风机的性能特性曲线，以便更有效地调节每一流量调定点。数台通风机并联运转给同一风道送风会增加气体量，但要在同一压力下运转。因此，关闭或开动1台通风机就必须考虑其他各台通风机的工作压力。增压通风机串联工作会增加系统的工作压力，但各台通风机必须输送同等的风量。在选择通风机类型时，除了要考虑在可能的最高效率点上运转外，还必须考虑上述的两种运转方式。

c 水泵

以速度控制取代阀控制调节流量也可使水泵更有效地运转，但这种方法只能改变输送压头的动态（管道摩擦）部分。在改变水泵的速度之前，是否必定能适应静压头或扬程要求必须另外考虑。

d 物料运输设备

带式输送机、提升机、搅拌机、磨矿机等都有其各自的工作周期特性，轻载时可以令其低速运行，甚至停掉部分机组，这样可以节省不少费用。电动机轻载运转时效率和功率因数都很低。

轴承、齿轮箱、皮带和密封件等都应当有预防维修计划和可靠的集中维修计划。应当装配诸如温度和振动传感器之类的自监控装置以便在设备运转中发出相应信号。

B 电气节能新技术

a 电破碎

岩石破碎的能量利用率极低，97%以上的能量都消耗于热和噪声。电破碎是众所周知的一项很有希望的节能破碎技术。它利用很细的金属丝进行高能量放电产生冲击波破碎岩石。这项技术已发展到样机试验阶段，并在岩体表面和利用一次爆破产生的大块岩石进行了破碎试验。方法很简单，像平常爆破作业那样在岩石中钻孔，用一根细导线一头接电源，一头插到孔底。再往孔中注水作为传压媒质。接通电源导线放电，岩石就会破碎。现已证明，用这种技术破碎重达 5t 的大块岩石是轻而易举的，放电电源再充电只需几分钟的时间。但此法的成本较高，还不能投入商业应用，尚需进一步开发研究。

b 激光破碎

激光破碎是另一项很有前途的技术。利用脉冲激光可完全取代凿岩爆破法，直接在岩体表面上进行破碎。这项技术利用内含高压水射流的每秒 3000～15000 次的脉冲激光器。预计在工业应用中连续破碎岩体表面可形成细碎的岩石流。然后将这种浆体直接运往矿物处理厂进行处理。利用这种方法可降低吨矿开采成本，减少矿石贫化。提高矿石回收率，同时，也可不再使用装载运输设备和取消一次和二次破碎，从而使采矿生产成为安静、无振动、无烟雾的流程。

c 微波碳再生

在黄金开采工业中，作为碳浆法回收金流程的一个组成部分，利用活性炭从溶浸液中吸附氰化金络合物，要从吸附流程中排除载体碳和回收金络合物。在将活性炭输给金回收流程前，必须进行碳再生处理，这项工作是通过升温处理（温度大于7700℃）实现的。高温将碳中吸附的有机物烧掉，使其孔隙膨胀，以利于下一步吸附金络合物。目前，在碳浆法工艺流程中，在回转窑中用电能加热或天然气燃烧使碳再活化。这是一种外部加热方法，大部分能量用于烘干潮湿的碳，因而能效不高。安大略水电公司与加拿大矿物与能源科学技术中心研究了一种微波加热法，它利用 915MHz 的微波将碳加热到 800℃。此法有一加热舱，利用采矿和磨矿过程中的废热预烘干碳使其含水量降到 10%，这样，总能耗可比一般方法低 57%。

微波处理工艺有以下三个主要优点：利用热空气进行预干燥可使电能效率提高 15%，因而可降低生产成本；设备维护费用也可望得到降低，但目前由于磁控管的寿命问题使这项节省不显著；新设备的基本投资比传统设备低 25%～30%。碳的特性得到改善，再生活性炭的吸附率近乎百分之百。一座处理量为 15kg/h 的小型生产系统已在加拿大一金矿运行（约占其生产能力的 35%）。

d 电解

电解需要大量电能，然而，工作效率又常常不能处于最佳状态，这种情况往往是最初设计选用的电路结构和操作方法造成的。从许多电解和电镀作业实例可以看到，所需的直流电源中含有大量的交流脉动成分并且电源的功率因数很低。交流脉动总的说来是很不利的，虽然脉动可使电解液得到加热，但这完全可用便宜得多的蒸汽来代替；再则，交流脉动往往产生电解液过热，遂须采用冷却措施，从能源利用角度看是应该加以克服的；另外，从工艺上看，交流脉动使电解液中产生不需要的结晶，对工艺操作也不利。因此，一般都要求脉动最大不超过 3%，然而现今许多地方这个指标高达 16%～20%。低功率因素主要在于一些电压调节系统，许多地方是用改变可控硅的触发角来将很高的供电电压调低而不是用改变变压器抽头的方法来调整电压，这是不合适的。问题的解决是很简单的，只要增加自动变压器分接调压装置，就可将系统损耗从 21%降到 12%，不要两年就可收回投资。

7.2.3.2 浮选新技术

A 新型选矿药剂的应用

近几年来在选矿药剂方面，我国着重研制了对各种矿石适应性强、高效、耐低温、无毒的药剂；研究同时配制、同时添加的复配药剂。例如，N-丙烯基-O-烷基-硫代氨基甲酸酯（ATC）类捕收剂的浮选性能与 ECTC 相当，而好于 ECT，已在铜、锌硫化矿浮选中得到了应用；三硫代碳酸盐（TC）比二硫代碳酸盐（即黄药，DTC）更易于氧化成相应的二硫醇盐，可有效地用于硫化矿混合浮选中；以松节油为起始原料合成萜烯二硫代羧酸乙酯和萜烯黄原酸乙酯的混合物，它比丁黄药对硫化铜的捕收能力更强；1-羟基-2-萘甲羟肟酸是 H_2O_5 的同分异构体，能有效地捕收稀土矿物，粗选粗精矿品位为 37.02% REO，稀土回收率为 80.10%，是一种很有前途的稀土捕收剂；次甲基二乙基二硫代氨基甲酸酯的含硫有机浮选剂，对浮选尾矿中金的提取率 >90%；磺化氧化石蜡皂捕收剂用于包钢选矿厂弱磁选铁精矿反浮选去除氧化矿杂质，与氧化石蜡皂相比，在 37～38℃时，选矿效率提高 2.97%，药剂用量降低 45%，在 22℃时，选矿效率提高 1.35%，药剂用量降低 54%。

B 泡沫中分选（SIF）（粗粒浮选新方法）

泡沫中分选（SIF）技术是基于将矿浆直接给入液体介质表面上的泡沫层中。泡沫相分选始于 20 世纪 70 年代。原理是将调过浆的给料送入泡沫 150～1000mm 深的介质顶部，疏水性的粒子留在泡沫的上层，亲水性的粒子随给料水冲走。优点在于大的气-液界面，给料通过泡沫的时间长，紊流度低，矿物粒子吸附在几个气泡上而不是一个气泡上，粒子的湿周长。这些都有利于粒子与气泡的作用，适合于粗粒回收。据称能有效分离的粒度 5～10倍于机械浮选机的极限粒度。主要的缺点是对细粒级（<75μm）的选择性差。不同疏水度的玻璃粒子（接触角 0～−82°）的试验表明，疏水度和泡沫中表面积大小强烈地影响泡沫相分选过程，因此接触角、泡沫深度、给料中粒子的浓度、

充气速度和冲洗水流量等是值得注意的因素。从泡沫相分选的优点不难发现，SIF 技术为粒度达几个毫米的粗粒矿物分选提供了一种有效的方法。因此，SIF 技术能大幅度节省磨矿能耗和浮选药剂。

C 载体浮选（细粒浮选）

最初的载体浮选研究是用石灰石作载体从高岭土中除去钛杂质。近年的研究和实践表明，载体浮选是提高细粒（泥）浮选效果的好办法。以疏水性强的粗粒煤为载体浮选亲水性的难浮的低品位褐煤细泥（$-38\mu m$），载体粒度、细泥与载体量比对浮选过程有重要的影响。在合适的条件下，可将含灰 16.3%、硫 2.0% 的难选褐煤细泥用疏水性强的粗粒煤为载体浮选（仅用起泡剂异辛醇）得到含灰 8.30%、硫 0.72% 的精煤，回收率达 81.00%。其机理归于稍带负电荷的载体粒子和高负电荷的褐煤细粒煤的静电力作用。

D 无捕收剂浮选

无捕收剂浮选是一种比较理想的情况，即无须捕收剂即可实现浮选，但一般情况下，还是加有起泡剂，有外加电位调控的，也有加调整剂调控使表面达到有利于浮选的状态。调控一定的电位范围，硫化矿表面生成疏水物质——金属富硫化合物或中性硫分子，可不用或少用黄药做捕收剂进行电位调控浮选。

脆硫锑铅矿在自然 pH 值介质中，有无二乙基二硫代氨基甲酸钠（DDTC）存在时的界面电化学行为表明，脆硫锑铅矿在无 DDTC 存在时，因存在明显的硫钝化膜，可实现无捕收剂浮选，可浮电位范围为 0.173～0.373 V。黄铜矿可在矿浆电位 0.087～+0.2 V 时实现无捕收剂浮选，而在戊黄药捕收剂溶液中，矿浆电位浮选的合适范围为 0.2～+0.205 V。没有外加电位调控，铁闪锌矿在酸性条件下，也可实现无捕收剂浮选，浮选回收率大于 80%，此时，硫酸铜的活化效果不明显。因此，对有价硫化矿可无捕收剂浮选，在一定的 E_h 范围（在该范围内有价硫化矿能无捕收剂浮起）调浆，然后将该矿浆在快速充气浮选机快速浮选，快速浮选可使在整个浮选过程中 E_h 基本保持不变。对像黄铜矿和辉铜矿这样的混合矿，黄铜矿可无捕收剂浮选，而辉铜矿须加少量非黄药类捕收剂浮选。

7.2.3.3 生物选矿技术

选矿过程的清洁生产可以通过优化分离工艺、优化浮选捕收剂配方等方法来实现，但是通常都离不开化学药品的应用，有机、无机浮选药剂都会有残留。另外，选矿废水的处理大都采用混凝等物理化学方法，成本高，且带来二次污染，这些都难达到清洁生产指标。

微生物因其繁殖快、种类多、分布广、容易培养、代谢能力强、容易变异等特点在各个领域都得到了广泛的应用。生物技术在矿物工程中的应用，称之为矿物生物技术。矿物生物技术具有能充分利用资源、成本低、投资小、基本上无污染等优点，近年来它已成为矿物工程领域中发展最快、研究最为活跃的领域之一，其应用也越来越普遍，应用范围正不断扩大。

A 金属的生物吸附与沉淀

金属离子是选矿废水中的主要污染物，常规去除废水中的重金属离子的方法是化学沉淀法、电解法、离子交换法和膜技术分离法等，这些方法最突出的缺点在于处理低浓度金属废水时，操作繁琐，运行费用较高，能耗大，且易造成二次污染。而微生物法的优势在于：不产生二次污染；操作的 pH 值及温度范围宽；高吸附速率，高选择性；对稀溶液的处理效果好。许多研究集中在细菌、真菌对重金属的生物吸附作用，现已发展到用藻类及一些高等植物材料。非活体生物材料能快速结合重金属离子，可用于贵金属的回收、金属的富集以及从水体中去除重金属离子。活体细菌对重金属离子也有吸附作用，但是重金属离子对细菌的毒性作用限制了其应用。用于生物吸附的原核微生物主要有芽孢杆菌属、假单胞菌属、链霉菌属等。

B 生物浮选

生物浮选是将微生物技术与传统的浮选工艺结合起来处理各

种难选矿石的一种方法，微生物外膜上的某些特殊基团可选择性地吸附在矿物表面，使矿物表面物理化学性质发生改变，利用此特性实现矿物之间的分离。目前研究较多的有：利用细菌对矿物进行预处理，改变其表面性质如润湿性，增加矿物间的可浮选性差别；生物浮选在煤炭脱硫上的应用研究；生物絮凝剂、捕收剂、浮选调整剂在选矿中的应用研究；用微生物及其代谢产物处理传统浮选药剂，提高药剂的功效。

传统的选矿过程是用化学药剂对矿物进行预处理，这样势必会在后续的工艺中残留化学药剂。但是用细菌或者其代谢产物替代传统的化学选矿药剂，就满足了清洁生产中的污染物产生指标，减少了选矿废水中的有机、无机浮选药剂含量，避免了环境污染。

生物浮选技术是国外问世不久的一种新的选矿方法，虽然有前面提到的许多优点，但是目前还处于萌芽阶段，还有大量的基础性研究和应用研究工作待进行，尤其是发现或培育作用力强、选择性好、成本低的高效低耗菌，以及工业浮选条件下的应用研究。

C 矿物的生物浸出

矿物的生物浸出是借助某些微生物的催化作用，使矿石中的金属溶解的湿法冶金过程，它特别适合于处理贫矿、废矿、表外矿及难采、难选、难冶炼矿的堆浸和就地浸出。因其成本低、环境污染小、操作简单等优点引起世界各国的广泛兴趣。自从美国 Kennecott 铜矿公司 Utah 矿首先成功取得细菌浸铜工艺的工业应用后，低品位铀矿的细菌溶浸技术相继在加拿大、印度等国实现了工业应用，而南非、美国也已建成具有工业规模的细菌氧化提金厂。继铜、铀、金的微生物湿法提取实现工业化生产之后，钴、锌、镍、锰的微生物湿法提取也正由实验室研究向工业化生产过渡。目前，世界上至少有 20 个国家、30～40 个矿山已经成功地大规模应用细菌浸出法来处理贫矿、废矿和难浸矿石，所应用的微生物主要是氧化亚铁硫杆菌。

近年来，利用生物预氧化强化难浸出金精矿的浸出以提高金的提取率的研究备受关注。其优点有：投资费用和生产成本低，一般只需对矿石进行部分氧化就能达到较高的金氰化浸出率；设备建造时间短，操作简单；可直接回收贱金属；金回收率高，往往大于90%不造成环境污染，因为硫被氧化成SO_4^{2-}而不是SO_2；对于难处理金矿，除了利用微生物氧化金矿物，然后氰化浸出以外，还可以利用微生物的代谢物直接吸附金。据报道，美国曾尝试使用异养菌从各种溶液中生物吸附金，例如，活性的藻类经过与原始溶液接触15～20h以后可以吸附98%的金。细菌浸出法处理贫矿、废矿的应用正符合清洁生产的原则。研究发现，硫脲直接浸出金、银的回收率分别为23%和45%，而对细菌浸出残渣硫脲进行浸取可将金、银的回收率提高到92%和78%，提高了资源的利用率。

微生物浸出虽然有许多优点，但其不足之处在一定程度上限制了它在工业上的应用。如反应速度慢、生产流程长、微生物的耐热性较差、容易受到金属离子的干扰等。对这些不足之处，国内外研究者正着力于改善细菌浸出动力学、加强微生物浸出设备的研究，以使生物浸出能得到工业应用。

7.2.3.4 金属矿山的生态环境保护

A 新建矿山生态环境保护

新建矿山企业和新上矿产资源开采项目的管理必须达到法制化，必须符合生态环境准入条件，企业建设要达到标准化，管理达到规范化、科学化，采取有效的生态环境保护措施，避免和减少对大气、水资源、耕地、草原、森林等生态系统的影响和破坏，加强对地表水、地下水补给平衡系统和生态环境脆弱区的保护，严格执行新建、改建、扩建矿山环境影响评价制度、地质灾害危险评估制度和“三同时”制度，推行“边开采，边保护，边复垦”的生态环境保护的“三边”措施。不符合生态环境准入条件的不得颁发采矿许可证和审批用地。

B 现有矿山生态环境保护和治理

加强现有生产矿山的监督管理和监测工作，矿山废渣、废石和矿石的堆放要符合环境影响评价报告所规定的治理要求，尽量减少大气悬浮物的含量和空气污染，矿山废水、废液和废气的排放要达到国家和地方规定的标准，露天开采矿区要推广分层剥离开采制度，加强次生地质灾害的防范和治理，废弃巷道和采空区要及时回填，已发生的次生地质灾害要及时治理，疏干排出的地下水要充分利用，以保护珍贵的地下水资源。

C 闭坑和关闭矿山治理

严格执行闭坑矿山报告审批制度。闭坑矿山企业要做好闭坑后矿山生态环境恢复治理工作，达到资源、环境和土地复垦要求，验收合格后，办理闭坑手续。严格执行土地复垦履约保证金制度，鼓励矿山企业增加矿山生态环境保护和治理的投入，坚持谁治理谁受益的原则，保持矿山企业和生态环境的可持续发展。

7.2.4 绿色矿山的建设与恢复

7.2.4.1 实施清洁生产工艺，预防和减少污染

矿业开发过程中，应将清洁生产工艺贯穿于采、选、冶以及其他生产活动的每个环节，即清洁的投入、清洁的生产过程和清洁的产出，尽量使选矿厂向无尾矿或少尾矿方向发展，注重绿色科技在环保和资源开发中的作用，走绿色矿业的发展道路，从根本上防治环境污染和生态破坏。例如：在铜、铅、锌矿石浮选时矿山尽可能采用无毒或低毒药剂，采用含氰选矿药剂的选矿厂也应将 NaCN 用量控制在 10g/t 以下，再加上适当处理，使尾矿水中 CN^- 含量不会超标。在铜铅分离时也尽可能不用或少用重铬酸盐。此外，在捕收剂或起泡剂的生产和应用时，也严格按照国家标准进行。

7.2.4.2 在水源处防治矿山酸性废水

A 矿坑封闭

实现矿坑封闭的方法是建筑封闭墙，以便防止硫化物与空气接触，因此可抑制硫化矿发生化学反应，降低水从矿坑外逸的流量。

所有通向矿坑的巷道都要加以封闭，一般是利用垒石、砌筑或夯实土进行封闭。在设计上，封闭墙一般并不要求完全堵住矿坑水流的外排；隔墙一般都做成风门状，即阻止空气进入但又让水逸出。为此，要设计一个保留巷道，使其不断被水充满。有时在封闭墙下面灌注泥浆帷幕以防止漏水，也可在进行封闭的同时打钻孔，这样，可以在矿井巷道充满水之后泄放压力。如果钻孔的设计和布置良好，在矿井巷道充满水以后应当有水流出。

但是这种方法也有缺点，由于地下水位局部升高，结果在另外不应有水的地区又有水流出；顶板崩落会造成新的开口，使空气有可能连续进入矿坑，结果导致封闭方法失败。水文地质条件有可能使得这种方法达不到满意的效果。究竟是否适合采用矿坑封闭墙，这要根据现场的详细水文地质勘察来确定。

B 矿坑地下水补给的控制

在一定水文地质条件下，可以设法尽量减少矿山附近地下水的补给和流动，从而尽量缩小矿山酸性废水的产出量。有的岩层本来透水性差，由于进行开采，结果在其中形成一些透水性高的通道。对于这种岩层，上述方法尤其适用。

在采矿过程中，废水主要朝下运动，这是因人工巷道互相连通造成的。当废水沿人工巷道下排时，一部分流经回采工作面里，因回采工作面含硫化物高的充填废石，这部分废水因流经硫化物而使酸度及重金属浓度增高。在水平与旧巷道之间沟通不良的地方，废水的下降运动受到阻滞，数据表明，pH 值的下降，取决于矿体类型以及同岩石的接触时间，接触时间越长，酸度越高。总的来看，从断裂区和围岩出来的水，其 pH 值超过 6.5，在矿井下水平穿过矿体的钻孔，从其中取出的水样 pH 值约为 5，在一些旧水平上分布已用废石填充的回采工作面，其水样 pH 值一般低于 3.5。下水平的排水则高得多，pH 值在 5～6 之间。

在对矿坑地下水补给进行控制时，首先通过地质勘察，绘制地下水补给地区图，确定地下水补给的来源，以及酸性废水受水的运动路线和地下水补给水量和方式的影响。然后，使用灌浆、抽吸及其他方法使水流改道，截断地表水及地下水源对矿坑水流的补给，减少每年流入矿坑上水平的大部分水流。从而使上水平冲刷出来的酸盐数量以及被富酸水量浸滤处理的重金属数量减少。

C 地下水流疏干系统

在有利的水文地质条件下，在开采之中和开采之后，可以把不断向深井渗漏的水源岩层（蓄水层）疏干。对正在生产的矿山来说，应在地下水进入矿坑并使矿坑大气中的硫化物发生氧化之前，就将这些地下水排至地表，这样才能避免过大的处理费用。倘若矿坑已经废弃，情况也是一样，但是，经济效果则不相同。如有可能的话，无论是生产矿山还是废弃矿山，都应当将疏干工程与市政或工业供水结合起来。

选用钻井疏干方法有一个原则，这就是总的抽水量要足以将储存的水量抽干。通过抽水之后，必须将含水层疏干，要不然就必须恰好将邻近蓄水带的渗漏量和进入含水层的补给量加以抵消。如果要开采的矿带上下部分布有含水层，则必须采用多含水层钻井疏干。所谓重力排水井或泄水井，也可用来疏干含水层，其优点是可节省扬升式排水费用。

与传统的矿山酸性废水处理方法相比，钻井疏干法费用较低。

7.2.4.3 采用先进治理技术修复环境污染

A 生物修复技术

生物修复是利用各种天然生物过程发展起来的一种现成处理各种环境污染的技术，具有处理费用低、对环境影响小、效率高等优点。生物修复一般可分为植物修复和微生物修复。植物修复是以植物忍耐和超量积累某种或某些污染物的理论为基础，利用植物及其共存微生物体系清除环境中的污染物的一门环境污染治理技术；而微生物修复则是利用微生物促进有毒、有害物质降解的环境污染修复技术。植物修复和微生物修复往往是相互联系、共同作用的。矿业开发过程中，采用生物修复技术不但可以有效治理有机物和重金属污染，还可以促进矿区土壤复垦和生态重建。

B 地球化学工程学修复技术

将地球化学作用用于改造环境，主要是利用自然的地球化学作用，尽可能的不干扰自然界，依据元素循环来去除有关的化学元素。由于地球化学工程学模拟自然界的各种自清洁作用，就地取材改善人类生存的环境，它不会带来新的污染，因而具有广阔的应用前景。

利用矿物岩石及矿物材料进行土壤污染的修复，如黄铁矿可吸附土壤中的Cu、Pb、Zn等重金属，褐煤是土壤重金属污染的吸附剂等等。

利用污水的化学成分和化学性质进行水污染的修复。矿山废液的处理，可以采用废液的地下注入来消除污染，如将含硫酸废水注入到灰岩溶洞以中和废硫酸，利用蒙脱石和膨润土的强吸附性除去废液中的重金属污染，矿井水的处理亦可如此。

利用矿物岩石的吸附性等进行大气污染的修复，如沸石可吸附去除空气中的二氧化硫，黄铁矿及黏土矿物吸附空气中的重金属。另外，采用地球化学障（Geochemical barrier）也可有效防治和修复污染。

7.3 金属矿山的生态恢复

7.3.1 金属矿山的生态恢复

7.3.1.1 矿山生态恢复

生态恢复是相对于生态破坏而言的，生态破坏可理解为生态系统的结构发生变化、功能退化或丧失、关系紊乱。生态恢复一般泛指改良和重建已损害或退化的生态系统，恢复生态学潜力和生态系统良性循环的过程。生态整体包括生物多样性、生态过程和结构、区域、历史的环境以及可持续的耕作实践等的临界变异范围。所以，生态恢复并不是意味着在所有场合下恢复原有的生态系统，这既没有必要，也没有可能，生态恢复的关键是恢复生态系统的功能，并使系统能够自我维持。

生态恢复过程一般是由人工设计和进行，并是在生态系统层次上进行的。生态恢复的难度和所需的时间与生态系统的退化程度、自然恢复能力以及恢复方向密切相关，而且自然恢复能力存在地域差异。在寒冷的阿拉斯加，即使是先锋植物阶段的演替（地衣苔藓植物群落）也需25～30年时间，而在热带地区只需3～5年即可完成。

矿山生态恢复就是矿山开采后土地治理和恢复，是为了建立与当地自然生态相和谐的人工生态系统，恢复矿区废弃地的生物学潜力，并且有利于矿区土地的重新利用。

7.3.1.2 矿山生态恢复或重建的原则

对于老矿山生态环境已受到了不同程度的破坏，应该从整体上对矿山的生态环境进行重建。退化生态系统的生态恢复必须遵循自然规律，同时也应发挥人类的主观能动性，依据经济条件，采取适当的技术，修复受损生态系统并使之有益于人类生存与生活。对于新建矿山，则要求工程开始前应进行生态风险评价，在设计时应拟出对策，制定生态修复预案。在生产过程中，应力求使破坏的程度最小，在发现破坏后应及时对生态环境进行恢复。

具体来说要遵守如下5个原则。

(1) 立法原则　以法律的形式确定矿山经营者对造成的各类生态环境破坏及其治理所承担的法律责任；并以法规的形式确定治理工作必须达到的景观、环境和生物群落方面的质量标准。

(2) 生态风险评价原则　在矿山建设前，应根据有关法律对矿区各类资源的赋存情况、开采和选矿可能引起的生态环境破坏的程度以及矿山经营者本身从事矿山经营和生态环境破坏后重建的技术经济能力等方面进行生态风险评价。

以上两个原则，在发达国家都已普遍得到实施。例如，澳大利亚要求矿业开发者必须申请采矿许可证，申请时需提交复垦计划和交付矿山复垦抵押金。得到采矿证后，还要编写环境评估报告，该报告包括采矿计划、复垦计划、废水和废石的排放及其处理工艺、矿山及矿工的安全、污染物的检测与控制等。报告得到批准后才能正式进行开采。在中国也开始着手制定法规，如国务院制定的《土地复垦规定》已于1989年1月1日开始施行。

（3）地域性原则　不同的区域具有不同的气候、水文条件和地貌，地域的差异性要求生态恢复必须具体问题具体分析。依据长期定位试验，探寻最优模式，逐步示范推广。

（4）生态学与系统学原则　生态学原理（生态演替、物质循环与转化、生物多样性、生态位、食物链网）要求生态恢复依据生态系统自身规律分阶段进行，循序渐进系统论则要求生态恢复应在生态系统层次上展开。按照整体性思想，构建生态系统结构和生物群落，使物质循环和能量转化处于最佳状态，力求土壤和生物协同演进，恢复后生态系统持续发展。

（5）风险最小、效益最大原则　由于生态系统的复杂性、环境要素的突变性、认识的局限性，人们往往不可能准确估计和把握生态恢复的后果以及生态演替的最终方向，具有一定的风险性。因此我们必须深入研究、系统分析，将风险降到最低限度。生态恢复工程投入较高，在考虑经济承受力的同时，还要考虑经济效益和收益周期。风险最小、效益最大是生态恢复的重要目标之一，这是实现三大效益完美统一的必然要求。

7.3.1.3　生态环境的恢复或重建的设计内容

矿山生态环境的恢复或重建工作包括如下内容：坑洼和塌陷等景观破坏的恢复，废弃物的堆置处理，三废对周围环境污染的治理，摧毁植被的恢复和生物群落破坏的重建（野生物种或人工驯化物种）等等。上述的每一项治理有其自己的独特内容，如对破坏的土地在西方国家可以用来修田、造林、建人工湖、建自然保护区、建度假村和游乐场所、靶场和水库等，同时上述各项之间又互有联系，从整体上考虑也是最重要的，就是建立一个有相应功能的生态系统。也就是说，要结合矿山具体情况，可以设计建设一个与当地自然界相和谐的人造生态系统，如农业生态系统、城市生态系统等，或建立一个自然生态系统，以恢复和丰富这一地区原有的自然资源。

A　自然生态系统的建立

它包括地表景观的稳定化处理、无害化处理、植被和生物群落的建立。

首先，稳定化处理是保证采矿所形成的坑洼、回填的平地不再塌陷是稳定的，废石场的坡面不再出现滑坡，尾矿库和堤坝是稳定的等。对堆放的有害物进行无害化处理，不会再污染环境，对于会引起尘土飞扬的要用土壤等覆盖。采矿的边坡、废石场和尾矿库等往往不具备植物扎根的土壤、植物成活的一定水分和生长的适宜的营养成分等，需要人工主动去创造，主要是土壤条件的改善和植物物种的筛选。植被的恢复是重建任何动物群落的第一步，随着植被的逐渐恢复，动物群落可以在一个较长的时期内自然形成，或人工驯化放养以加快形成。

黄金堆浸场的治理，一般是先经无害化处理消除氰化物对环境的危害，再用推土机将堆浸场推成与附近景观相适应的形状，然后覆上表土、洒水和撒上树种或草种。

攀钢矿山地处金沙江干热河谷地区，由于干旱时间长和高温，废石场的植被恢复难度大。该矿山先用推土机将废石场推平，造成人造平地，铺上风化土和表土层，或在平整排土场上，先铺上风化土和生活垃圾以增加肥源，然后再盖表土，表土厚30～40cm，利用雨季，在挖的小穴（直径×高为20cm×20cm）内播耐热的山毛豆种，在大穴（80cm×80cm）内植大叶桉树。前者的成活率97%，后者保存率71%，全矿需要复垦的面积86.04万m^2，已覆土绿化面积43.97m^2，占55.75%，较好地恢复了排土场的生态环境。

B　人类生态系统的建立

建立什么样的生态系统，不仅取决于需要，而且取决于可能。对于那些有毒有害废弃物的堆场，不宜于建立农业或城市生态系统，否则后患无穷。例如，1978年美国发生了“拉布卡纳”。拉布卡纳为美国加州尼加拉瀑布附近的一条废弃的运河河道。从 1940 年至 1952 年伏卡电化学公司向该地排入 800 多万吨化学废弃物。1953 年该公司以 1 美元象征性的价格将该地转让给当地的教育委员会。此后，陆续在这块土地上造了大量居民区和学校。从 1977 年起，由于废弃物的泄漏对大气和水土的影响，当地陆续出现了各种怪病和儿童夭折。1978 年当时的美国总统宣布该地区紧急戒严，将几百万居民相继撤离出来。这是在美国历史上首次因化学废弃物污染而宣布紧急戒严的重大事故。

C 多功能生态系统的建立

一个大的矿山往往是一个小社会，一个大城镇不仅有矿山生态系统需要重建，而且还有城镇污染的治理。既然是小社会，常常包含农、林、牧、副、渔多功能的生态环境的建立。

如果矿区植被稀疏，水资源缺乏，水土流失和荒漠化危害严重，生态系统极其脆弱，矿区的建设应重视和加强生态恢复，坚持水土保持和防治荒漠化与矿区建设同步规划、同步实施，工程措施和生物措施并举，营造多功能防护林等，以促进矿区持续、稳定和健康的发展。

包头市西郊全巴图地区生态回复和建设工作就是一个多功能生态系统恢复的经典案例。1968 年以前，全巴图地区经济状况良好，粮食除自给自足外，尚能保证完成国家的订购任务，曾经被评为内蒙古自治区种粮先进单位。此后，受到包钢尾矿坝和一电储灰场工业废水的渗漏污染，加之对地下水和土地资源的不合理利用，致使该地植被逐渐遭受破坏，土壤严重盐碱化、沙化，可耕地面积逐年减少，人畜得病，部分村庄被迫搬迁，该地区成为包头市最贫困的地区。1992 年该地区开始实施多功能的、良性循环的和开放的生态经济示范工程，该工程的总体方案在规划上将全巴图地区划分为 6 个不同类型的功能区：污染防治区、农业开发区、林经开发区、林牧结合区、水产养殖区和旅游区，计划用 10 年时间实施完成。一期（1992～1994 年）为典型示范工程，其主要任务已基本完成。在污染控制区已引种、筛选、培育、驯化了一批抗逆植物物种，并形成了抗逆植物园雏形，起到对污水堵源截流和改良土壤的效果。在农业开发等区，共治沙地4000亩，改造盐碱地1900亩、旱地2500亩，种植抗旱耐盐碱的经济植物枸杞1500亩，罗布麻530亩，果树1200亩，该地林木覆盖率由1991年的12%增长到1994年的16%，可耕地面积由2.4万亩增加到2.7万亩。水产立体养殖和养殖业已初具规模。昭君岛旅游区已于1994年6月建成运营，预计年收入800万元。该示范工程实施以来，全巴图地区人均收入由1991年的311元增长到1993年的544元。使当地居民看到了绿色的希望，迁往他乡的农户已有回迁。该地恶化的生态环境得到了初步控制和改善，良性循环的生态经济系统正在建立和发展。

在生态环境恢复或重建的操作上，正如上所述，可以分期实施，近期与长远的结合，生物与工程措施相结合，特别是今天，在矿山设计建设时，就应考虑到采取措施使矿山生态环境破坏限制到最小程度。

矿床开采和环境保护必须相协调。几内亚宁巴山铁矿设计的变化就是一个很好的例子。1944年宁巴山被划为“整体自然保护区”，同时也发现了铁矿，1957年完成地表找矿，1971年和1975年完成钻探和坑探。在这期间，环保科学家和矿山设计人员都在独立地作全面评价。地质和采矿人员只研究矿床，并不很关心自然财富。1987年和1989年，几内亚政府颁布了环保法及其实施条例。仅从这个时期开始，在几内亚政府的推动下，矿山设计人员和宁巴山自然保护机构才开始进行有效合作。为了执行几内亚的新法律，设计创办人在1990年决定进行一项对环境影响的研究工程，并委托中央海外装备研究局（BCEOM）实施。对技术设计方案提出了一些重要的修改，从而可减少对环境的破坏。其主要措施是限制削低山峰，以防降雨状况变化，移动装载平台，以上措施共损失储量5000万t；另外还包括恢复可耕土地，投资20万美元，装矿站移至森林区外和调整铁路线，投资200万美元；增加输送机长度2.5km及隧道工程，投资580万美元；隔开胎生蟾蜍繁殖区，投资10万美元；将废石集中于一个山谷中，以限制恶化环境和更好地控制水污染，这使废石的运输距离大约增加1500m，筑澄清水坝，废水处理，以保护流入象牙海岸的卡瓦利河，投资120万美元；钻凿居民村用水井，投资20万美元；粉尘源捕集，道路洒水，投资20万美元；为保护遗址和风景建绿色屏障，投资50万美元；开采后遗址调整，废石场调整等；此外，还有便于动物迁移及修建挡音墙限制噪声等措施。由此可见，开发一个无污染的宁巴山铁矿需要增加投资共1020万美元。

7.3.1.4 矿山废弃地的生态恢复技术

A 物理修复（phys-remediation）

物理修复就是利用物理措施对于废弃地的表面进行固定处理。例如利用石块在尾矿的表面覆盖或是利用水泥将尾矿的表面封严封实；采用客土、换土、翻土和去表土的方法，使耕作层土壤中的重金属浓度降至临界浓度以下；通过热处理法将污染土壤加热（蒸汽、红外辐射、微波和射频），使土壤中的挥发性污染挥发并收集起来进行回收或处理；利用电解法，在污染土壤中通入直流电，使重金属在电解、电迁移、电渗和电泳等的作用下在阳（阴）极被移走。

B 化学修复（them-remediation）

化学修复就是在废弃地表面施用化学物质，固定表层尾矿。采用沉淀法、有机质法、抑制剂法等改良措施，向污染土壤投加改良剂，增加土壤有机质、阳离子代换量和黏粒含量以及改变pH、E_h和电导等理化性质，使土壤中的重金属发生氧化、还原、沉淀、吸附、抑制和拮抗等作用，以降低重金属的生物有效性。

C 生物修复（bioremediation）

生物修复就是利用微生物、植物和动物将土壤、地下水或海洋中的危险污染物降解、吸收或富集的生物工程技术系统。相同的表达有生物恢复（biorestoration）、生物清除（bioelimination）或生物再生（bioreclamation）；相近的概念有生物净化（biopurification)。但生物净化是指自然生态系统中生物对外源污染物进行的自发清除过程；而生物修复则强调人为控制下的生物技术的应用。

物理修复和化学修复的优点是速成，但是所需投入较大，而且不能改变原有的丑陋景观。生物修复具有投入较少，治理后不仅能够有效阻止对周围环境的污染，而且能够美化环境，改变小气候、水文等条件，还可产生一定的经济效益。

生物修复的技术方法有：原位生物修复技术（投菌法 Bioangmentation、生物培养法 Bioculture、生物通气法 Bioventing、农耕法 Land farming、植物修复 Phytoremedying)、异位生物修复技术（预制床法 Prepared bed、堆肥式处理 Composting、生物反应器 Bioreactor、厌氧处理 Anaerobic reactor）和原位-异位联合生物修复技术（水洗-生物反应器法 Washing-bioreactor、土壤通气-堆肥法 Bioventing-composting)。

依据参与修复的生物类型可分为微生物修复、植物修复、菌根生物修复、菌根根际生物修复、动物修复。

(1) 微生物修复　早期的生物修复主要指的是微生物修复，即从污染土壤中筛选出能降解污染物的细菌、放线菌、固氮菌、酵母和酶菌，通过实验室的驯化、修饰等提高其生物降解能力，制成菌剂再用于污染土壤的修复。因为适宜的细菌或真菌剂竞争不过土著的微生物群，而导致目标微生物或其代谢活性的丧失，田间试验效果很不理想。

(2) 动物修复　土壤中的某些低等动物（如蚯蚓和鼠类）能吸收土壤中的重金属。据此，在重金属污染的土壤中放养蚯蚓，待其富集重金属后，采用电激、灌水等方法驱出蚯蚓集中处理，能一定程度地降低污染土壤中重金属的含量。

(3) 菌根生物修复　菌根是土壤中的真菌菌丝与高等植物营养根系形成的一种联合体。进入 20 世纪 90 年代，研究人员利用菌根能有效降解和转移环境污染物的特点，将其应用到生物修复中。据报道，VA 菌根外生菌丝的重量约占根重的 1%～5%，这些外生菌丝能帮助植物从土壤中吸收矿质营养和水分，促进植物生长，提高植物的耐盐、耐旱性。不但能修复土壤，同时也能改善土壤质量、提高植物抗病力和作物产量，如球囊霉对提高土壤质量非常有效，Noyd HK 等把菌根真菌根内球囊霉和近明球囊霉接种到牧草上成功地恢复了矿渣地的植被，达到了植物修复的目的。目前，国内外科研人员已将菌根生物修复技术用于污水除去污泥、污染土壤的治理。

（4）菌根根际生物修复　菌根根际既包括菌根的根——真菌菌丝表面，也包括从菌根发出侵染周围土壤的外延菌丝的菌丝表面，后者主要与土壤中的营养的固定、吸收、转移和植物传递有关，植物以积累的光合产物作为交换，从某种意义上说，菌根根际生物修复是微生物修复、植物修复、菌根生物修复三种技术的综合。它能较好地解决工程菌株田间试验时存活时间短的问题，对污染物的耐受程度高，应用方法简便，经济实用，二次污染小。

（5）植物修复（phytoremediation）　植物修复也称之为生物修复（bioremediation）、植物生物修复（botanical bioremediation）和绿色修复（green remediation）。植物修复技术是以植物忍耐和超量积累某种或某些化学元素的理论为基础，利用植物及其共存微生物体系清除环境中的污染物的一门环境污染治理技术。广义的植物修复技术包括利用植物固定或修复重金属污染土壤、利用植物净化环境中有机污染物等方面。狭义的植物修复技术主要指利用植物清洁污染土壤中的重金属。

植物修复技术主要包括两大方面的内容：一是水的植物修复，包括根际过滤技术（rhizofiltration，指利用超积累植物和耐重金属植物从污水中吸收、沉淀和富集有毒金属）、水力泵技术（hydraulic pumping，指通过天然植物的泵吸收作用去除大量水分的作用过程）、废物填埋淋洗技术（landfill leachate，指由大气降水渗入固体或有害废弃填埋物后所引起的有害物质随地表径流或地下水迁移的作用过程）、人工湿地构建技术等类型；二是土壤的植物修复，包括植物萃取技术（phytoextration，利用金属积累植物或超积累植物将土壤中的金属萃取出来，富集并搬运到植物根部可收割部分和植物地上的枝条部位）、植物固化技术（phytostabilization，利用耐重金属植物或超积累植物降低重金属的活性，从而减少重金属被淋洗到地下或通过空气载体扩散进一步污染环境的可能性）、植物蒸发技术（phytovolatilization，指与吸收和释放挥发性化合物到大气圈有关的植物修复过程）、根际生物降解的植物诱导技术（phytostimulation of rhizophere biodegradation，指与植物或植物组织分泌物刺激根圈微生物降解污染物作用有关的植物修复过程）等类型。土壤的植物修复多为原位生物修复，其机理主要有植物吸收和植物固定作用。据报道，蕨类植物对锡的富集能力很强，杨柳科柳属的某些植物种类能大量富集镉，十字花科的芸苔属植物能富集铅，其中芥子草能富集铅、隔、锌、铜。

用于植物修复的最好的植物应具有以下几个特性：即使在污染物浓度较低时也有较高的积累速率；能在体内积累高浓度的污染物；能同时积累几种金属；生长快、生物量大；具有抗病能力。经过不断的实验室研究及野外试验，人们已经找到了400余种超积累及改进植物性能的方法。

矿业废弃地常具有极端的环境条件，植被恢复的难度较大。矿业废弃地影响植物定居的主要胁迫因子有：物理结构不良，持水保肥能力差；极端贫瘠，N、P、K及有机质含量极低或者养分的不平衡；重金属含量过高，影响植物各种代谢途径，抑制植物对营养元素的吸收及根的生长，加剧干旱。在重金属毒性较大的情况下，施用无机肥也无益于植物的生长。极端pH值，酸性条件会加剧重生金属的溶出和毒害，并会导致养分不足。强碱性也会引起植物的养分不足以及酶的不稳定性等，干旱或过高盐分引起的生理干旱，尾矿松散易流动、风扬现象及表面温度过高等。

矿业废弃地的生态恢复应以恢复生态学作为它的理论基础，通常处理的步骤是先用物理法或化学法对废弃地生态系统进行处理，消除或减缓尾矿、废石对生态系统恢复或重生的物理化学影响，再铺上一定厚度的土壤。若矿物具有毒性，还需有隔离层再铺土，然后种上植物。

7.3.2 金属矿山的复垦

7.3.2.1 金属矿山的复垦的现状

土地复垦是指对在生产建设过程中，因挖损、塌陷、压占等造成的破坏土地，采取整治措施，使其恢复到可利用状态的活动。采矿业是破坏土地最严重的行业，因此有时狭义地讲土地复垦是专指对工矿业用地的再生利用和生态系统的恢复，也就是所谓的矿山复垦。它是研究人类生产活动造成的废弃地的恢复与利用的方法和技术，主要是研究人为因素造成的土地资源破坏及其重建问题。

据有关资料，我国因采矿直接破坏的森林面积累计达 106 万公顷，破坏草地面积为 26.3 万公顷，全国已形成 288 万公顷的废弃地。因采矿、尾矿、废石堆积直接破坏和占用土地 140200 万公顷，并以每年 4.67 万公顷的速度增加。大面积的矿山废弃地毁坏了大片森林草原和农田，将生产性用地变成非生产性用地。

此外，废弃地还造成水土流失，同时又是巨大的污染源。矿业固体废弃物的污染持续时间相当长，废石堆的污染会持续 500 年，未经处置的尾矿污染也在 100 年以上。有资料表明，我国每年因固体废弃物污染造成的经济损失超过 90 亿元，如果把未充分利用的资源浪费计算在内，则每年因固体废弃物堆置造成的经济损失约 300 亿元。

因此，对已废弃不用的矿山及时进行复垦，以恢复其自然面貌和生态平衡的问题，已经成为矿山生态系统恢复的主要内容之一。我国的复垦工作起步较晚，还未能引起普遍重视。我国近代土地生态环境恢复与重建始于 20 世纪 50 年代末，1989 年颁布《土地复垦规定》、《土地复垦技术标准》等一系列相关法规和条例，土地复垦工作纳入了法制化轨道。但与国外相比，我国的复垦率仅为6%，而美国已达到90%以上。

7.3.2.2 矿山土地复垦中的生态学原理

矿山土地复垦的目标，无论是恢复到原有的农田生态系统，还是重建成社会-经济-自然复合生态系统，都是一个多层次的复杂生态系统。在生态系统的动态变化中，有两个功能在起作用：一是通过系统中共生物种的协调作用形成生态系统在结构和功能上的动态平衡；二是系统中的物质循环再生功能，就是以多层营养结构为基础的物质转化、分解、富集和再生。从经济学观点来看，自然生态系统中的生物成员能合理、高效地利用环境中的资源，达到结构和功能最优化，对矿区废弃土地的复垦就是应用了此基本原理。

A 生态位原理

生态位是生态学研究中广泛使用的名称，又称生态龛或小生境，通常是指生物种群所占据的基本生活单位。对于生物个体与其种群来说，生态位是指其生存所必须的或可被其利用的各种生态因子或关系的集合。每一种生物在多维的生态空间中都有其理想的生态位，而每一种环境因素都给生物提供了现实的生态位。种群和生态位是一一对应的，否则将导致剧烈的种内和种外、种与种之间的斗争。当确定某种生物的种养位置时，便可根据生物对生态因子的要求条件确定它在三维空间的某一立方体内。生态位理论中还有一个重要观点，就是生态位丰富并逐渐达到饱和，有利于生态系统的稳定、高效。

生态复垦就是根据生态位原理，充分利用空间、时间及资源，不仅提高了复垦地生产的经济效益，也减少了生产对环境的污染。

B 限制因子原理

生物的生长发育离不开环境，并适应环境的变化，但生态环境中的生态因子如果超过生物的适应范围时，对生物有一定的限制作用，只有当生物与其居住环境条件高度相适应时，生物才能最大限度地利用环境方面的优越条件，并表现出最大的增产潜力。

（1）最小因子定律　即植物的生长取决于数量最不足的那一种物质，最小因子定律这一定律说明，某一数量最不足的营养元素，由于不能满足生物生长的需要，同时也将限制其他处于良好状态的因子发挥效应，农业生态系统因为人为的作用也会促使限制因子的转化，但无论怎样转化，最小因子仍然是起作用的。

（2）耐性定律　在最小因子定律的基础上，人们发现不仅因为某些因子在量上不足时生物的生长发育会受到限制，但某些因子过多也会影响生物的正常生长发育和繁殖。1913 年谢尔福德把生态因子的最大量和最小量对生物的限制作用概念合并为耐性定律。即各种生物的生长发育过程中对各种生态因子都存在着一个生物学上限和下限，它们之间的幅度就是该种生物对某一生态因子的耐性范围。因此在农业生态工程建设与生态工程技术应用时，必须考虑生态因子的限制作用原理。

C　生物与环境相互适应、协同进化原理

生物的生存、繁衍不断从环境中摄取能量、物质和信息，生物的生长发育依赖于环境，并受环境的强烈影响，外界环境中影响生物生命活动的各种能量、物质和信息因素称为生态因子，生态因子既有对生物和生命活动所需的利导因子，也有限制生物生存和生命活动的限制因子。利导因子促进生物的生长发育，而限制因子则制约生物生长与生产的发展，因而在当地的生态农业工程建设中必须充分分析当地利导因子及限制因子的数量和质量，以选择适宜的物种和模式。

生态系统作为生物与环境的统一体，既要求生物要适应其生存环境，又同时伴有生物对生存环境的改造作用，这就是所谓的协同进化原理。协同进化原理认为生物与环境应看作相互依存的整体，生物不只是被动地受环境作用和限制，而在生物生命活动过程中，通过排泄物、死体、残体等释放能量、物质于环境，使环境得到物质补偿，保证生物的延续，封山育林，植树种草，退耕还林，合理间套轮作都是为了改善农业生态环境。同时在对可更新资源（再生资源）利用中做到保护其可更新能力，确保资源再生和循环利用，达到永续利用，充分保护环境，提高资源利用率。

D 整体效应原理

系统是由相互作用和相互联系的若干组成部分结合而成的具有特定功能的整体，其基本的特性就是集合性，表现在系统各组分间相互联系、依赖、作用、制约的不可分割的整体，整体的作用和效应要比各部门之和来得大。农业是个多部门组成的产业，它是由农业生物、环境资源以及社会经济要素构成的社会-经济-自然的复合系统。农业生态工程与技术的建设要达到能流的转化率高，物流循环规模大，信息流畅，价值流增加显著，即整体效应最好，就要合理调配组装协调农业的各个生产部门，使整个系统的总体生产力提高，整体效应的取得要取决于系统的结构，结构决定功能。因此我国生态农业及农业生态工程强调不同层次上，根据自然资源，社会经济条件按比例有机组装和调节，以整体协调优化求高产、高效、持续发展。

生态工程及技术的建设与应用都是以最终追求综合效益为目标的。在其建设与调控中，将经济与生态工程建设有机交织地进行，如矿山农业开发与生态环境建设结合、资源利用与增殖结合、矿山生态和环保防污建设等等，就是将所追求的生态效益、经济效益和社会效益融为一体。

7.3.2.3 矿山复垦的类型

采矿总的可分为地下和露天开采两大类，采矿工艺不同，对矿区土地和生态的破坏形式和特征也不同。采矿造成的土地资源破坏基本分为压占、塌陷和挖损 3 类。

压占土地包括地下开采的矸石排放、露天开采的大量剥离物、选矿尾矿渣和坑口粉煤灰等，其主要特征是破坏景观、污染矿区环境。

塌陷主要是地下开采沉陷引起的，其主要特征是地表下沉、产生附加坡度和裂缝等，如高潜水位矿区常常由于地表下沉引起土地盐渍化和沼泽化，甚至积水，完全丧失耕种能力。

挖损主要是指露天采矿场的挖损，它导致土壤结构完全破坏，经常会留下几十米甚至上百米的大坑，其破坏程度较地下开采的破坏程度要大。

在矿区土地复垦过程中，根据其用途可分为农业复垦、林业复垦、渔业复垦、自然保护复垦、水资源复垦和工业复垦等。其中农业复垦和林业复垦是最普遍的。在我国由于耕地面积有限，目前复垦的核心便是恢复耕地。而作为被破坏土地开发可靠、经济的林业土地复垦虽已得到愈来愈广泛的重视，但是其研究和应用仍局限于单一植被恢复为主，很少或基本未考虑自然生态系统的恢复，无法满足矿区生态系统恢复的要求。

被破坏土地岩土的机械组成和理化性质是确定复垦类型的基础，在确定了岩土的生物适宜性后才能合理、经济地选择复垦类型。

A 按复垦工艺划分

从土地复垦的工艺来看，一般分为有覆土复垦工艺和无覆土复垦工艺两种。

(1) 有覆土矿区土地复垦工艺可概括如下：表土的采集、储存和复用-岩石的排弃和回填-场地整备-铺垫表土-耕作种植。采石场中土壤的粒度组成较大，大粒度矿石的比例较高而不适于植物生长；排土场及尾矿场的土壤质地大多有别于耕地土壤；土壤的理化性状如粒度组成、孔隙状况等不适于生长植物以及土壤中含有对植物生长有害的元素和化学物质而使土壤必须加以处理方可种植作物。

(2) 无覆土工艺为：场地工程整备-种植。矿山排土场、尾矿场甚至风化较好的采石场，其表层土质与耕作土壤相近，无需进行表面覆土即可种植，如表层土质与耕作土有较大的差别，如酸性或碱性过高、黏粒含量偏低、某些化学物质的含量过低或过高、土壤肥力低等，可以选择适宜的植物品种在无覆土的情况下进行种植。

B 按复垦对象划分

按复垦的对象，一般可分为尾矿库复垦、崩落塌陷区稳定后的复垦和采空区复垦。

(1) 尾矿库复垦：尾矿库占用了大片土地，又是产生沙暴和污染水系的根源。在采矿结束后的尾矿库顶部种植农作物、牧草，或植树造林是环境保护的重要内容。值得注意的是尾砂中有害物质能否侵入复垦后的食物链中，对人是否存在潜在危害有待进一步研究。

(2) 崩落塌陷区稳定后的复垦：各矿区的地势、地貌、区域气候、地下水位的高低不同，地下采矿引起地表大面积的塌陷对地表损害程度亦不一样，必须根据未来土地的使用方式进行复垦。

(3) 采空区复垦：利用废石或尾矿充填采空区，然后铺覆表土，把采空区恢复成有用的土地。可用来种植农作物、牧草或植树造林，或做旅游胜地。其中又可分为无覆盖层采场的浅采场（有水或无水）和深采场复垦；有覆盖层或多覆盖层的浅采场或深采场复垦。

C 按复垦的技术划分

按复垦技术，矿山复垦可分为工程复垦、生物复垦和综合利用复垦。

(1) 矿山工程复垦：即利用矿山的开采技术所进行的复垦。工程复垦是指根据采矿后形成废弃地的地形、地貌现状，按照规划的新复垦地利用方向的要求，并结合采矿工程特点，采用采矿设备，纳入采矿工艺，对废弃地采用矸石充填、粉煤灰充填、挖深垫浅等手段进行回填、平整和覆土并采取必要的防洪、排涝及环境治理等措施。采场排土中有内排工艺技术和外排工艺技术，覆土时有机械覆土技术和水力复垦技术。其目标是造地，为生物复垦阶段生物群落的建立，创造一个良好的生态环境。

（2）生物复垦：即利用生物的作用所进行的复垦。生物复垦包括土壤培肥、植被重建，其核心是迅速建成人工植被群落，即在建好的生态环境上建立人工植被，形成人工群落，关键技术在于解决土壤熟化和培肥问题，加速复垦地“生土”熟化过程。其出发点是在新恢复的土地上选种适宜作物，形成景观好、稳定性高和具有经济价值的植被面。其主要技术包括被破坏土地的生物适宜性评价、复垦土壤改良技术、人工林营造、促进生长技术、植物物种选择技术和施肥、种子丸衣、菌根、吸水剂增产等复垦增产技术。

（3）综合利用复垦：即从复垦后土地的综合利用的考虑来合理安排的复垦。如当复垦区的水多时，可以作为水体来加以利用，也可以不利用水体，而进行排水后再行充填，整平、复后再加以利用；有的土地不拟再种时，也可以不覆土而作为其他非种植的土地而加以利用。

D 几种废弃地的复垦模式

金属行业土地复垦涉及到尾矿库、排土场、废石堆等。中条山有色金属公司在尾矿库复垦恢复农田；铜陵有色金属公司在五公里尾矿库和扬山冲尾矿库纯尾砂上种植草坪草；山西铝厂孝义铝矿、江西永平铜矿对排土场边坡、平台的复垦植被；江西德兴铜矿在1号尾矿库尾砂滩上无土种植水蜡烛和无叶节节草等都取得了一定的成效。图7-5～图7-7分别展示了排土场复垦工艺、采矿场复垦工艺和尾矿场复垦工艺流程。

图 7-5 排土场复垦工艺流程

近年来，随着人们对环境的重视，金属矿山复垦研究有了很大进展，科学、经济、有效的复垦正在代替简单的疆土工程。表7-1列举了我国部分有色金属矿山复垦工作的简要情况。

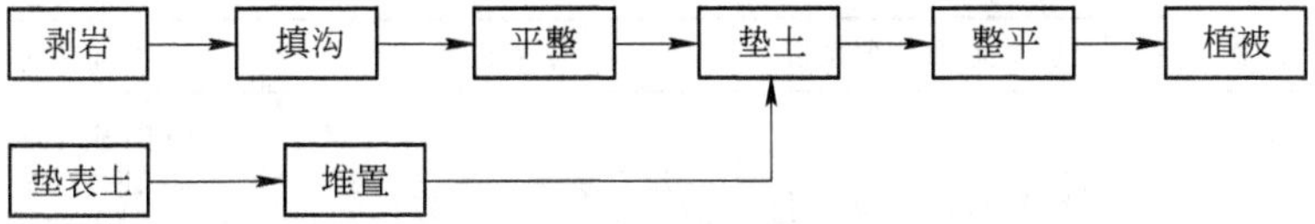

图 7-6 采矿场复垦工艺流程

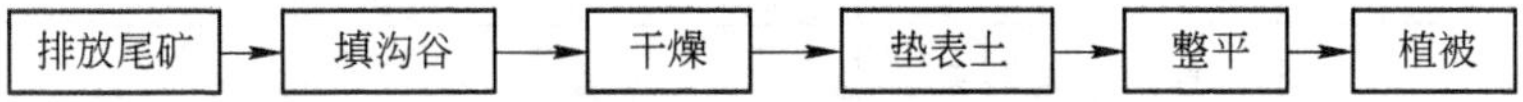

图 7-7 尾矿场复垦工艺流程图

表 7-1 有色金属矿山复垦实例

矿山名称	复垦工作简要情况	技术特点	主要参加单位
篦子沟铜矿	1975～1987 年在尾矿库覆土造田 526 亩，种植小麦、玉米、薯类、瓜类、蔬菜等多种作物	1987～1990 年对作物的可食性、适宜作物种类、防止土壤退化、生态影响等进行研究	中条山有色金属公司、北京矿冶研究总院
胡家峪铜矿	1993～1997 年在毛家湾尾矿库覆土造田 70 亩，种植花生、高粱、玉米、小麦、大豆等农作物	尾砂作为生长基质进行改良熟化，尾砂与土壤混合大大减少了覆土费用，种植的作物产量高，连续四年分析监测了尾砂、种子、籽粒中的重金属浓度，同时开展了水工、土工、粉尘控制、社区发展、人群健康等综合研究	中澳矿山废弃物研究管理中心，中条山有色金属公司
铜宫山铜矿	1993～1997 年在五公里尾矿库无土复垦植被 245 亩，种植了杨树、柳树、刺槐、黄杨、紫荆等树和灌木，混播种植了草坪草和豆科植物，植被复垦率达到 90％	开展了多项课题研究，无土复垦纯尾砂上直接种植，大大节省了土源和复垦工程费用，使用了对豆科植物根瘤菌接种技术，建立无土复垦植被、生态恢复示范场	中澳矿山废弃物研究管理中心，铜陵有色金属公司

续表 7-1

矿山名称	复垦工作简要情况	技术特点	主要参加单位
孝义铝矿	国家"八五"攻关项目，采场、排土场复垦 1180 亩、复垦率 74%，恢复农田与植被	建立剥采、排土与复垦联合新工艺，使用了内生菌根真菌微生物工程技术，使土壤活性增加	中国科学院生态研究所，北京矿冶研究总院，孝义市科委，孝义铝矿
永平铜矿	1983 年起在采场和排土场种植马尾松、湿地松、爬藤等，复垦面积几百亩	使用生活垃圾改良土壤，选择种植耐酸性的植物，成活率达到 60%～80%	永平铜矿
平果铝土矿	截至 1998 年底用尾矿中取得的土复垦造田 50 亩	用压滤技术把尾砂中的水基本脱干，实现尾矿干式运输到采空区，达到复垦土源	平果铝业公司，北京矿冶研究总院
德兴铜矿	1987～1990 年在 1 号尾矿库纯尾砂上种植了水蜡烛和无叶节节草，并建立了养鱼塘	利用尾矿库搞养殖业，增加了经济收入	德兴铜矿

7.3.2.4 复垦的土壤重构

A 土壤重构

土壤重构（soil reconstruction，soil restoration）即重构土壤，是以工矿区破坏土地的土壤恢复或重建为目的，采取适当的采矿和重构技术工艺，应用工程措施及物理、化学、生物、生态措施，重新构造一个适宜的土壤剖面与土壤肥力条件以及稳定的地貌景观，在较短的时间内恢复和提高重构土壤的生产力，并改善重构土壤的环境质量。

土壤重构的目的是重构并快速培肥土壤，消除污染，改善土壤环境质量，恢复和提高重构土壤的生产力，恢复土壤生态系统。对主要以土壤为重构材料的，恢复重构土壤的生产力是主要方面；对以矿区废弃物为主要重构物料的，应该在恢复重构土壤生产力的同时采取相应的污染处理与防治措施，减轻或消除土壤以及对作物的污染。

土壤重构不是一次性的行为而是一个长期的过程。它开始于矿产资源的开采规划设计和土壤/介质剖面层次的重建，终止于重构土壤生产力的恢复与提高、土壤环境质量的改善乃至区域生态的恢复，贯穿于矿山开发及整个土壤重构过程的始终。

B 土壤剖面重构

土壤剖面（soil profile）在土壤学上是指一个具体土壤的纵切面。一个完整的土壤剖面包括土壤形成过程中所产生的发生学层次及母质层次，不同层次的组合形成土体构型。土壤剖面重构（soil profile reconstruction），概括地说就是土壤物理介质及其剖面层次的重新构造。是指采用合理的采矿工艺和剥离、堆垫、贮存、回填等重构工艺，构造一个适宜土壤剖面发育和植被生长的土壤剖面层次、土壤介质和土壤物理环境。可根据矿区具体条件，考虑重构物料特性，并分析所在区域的土壤形成条件，预测土壤发育过程，来制定土壤剖面重构计划。

土壤剖面重构是土壤重构最为基础的第一步。土壤/介质剖面重构是决定土壤重构成败与效益高低的关键，人为构造一个适宜的土壤初始剖面层次是土壤重构最重要的任务之一。只有构造一个适宜土壤肥力因素发育的土壤介质层次，才有可能以较小的投入在较短的时间内进一步有效地培肥改良复垦土壤，达到土壤重构的目的和效果。土壤剖面重构与采矿工艺密切结合往往是最为有效的方法，需要根据当地具体的区域土壤地理条件，将矿山设计、开采与重构工艺融于一体。

土壤剖面的自然发育是极其缓慢的，人类有目的的重构、培肥与改良措施可使重构土壤层次产生加速分化，在较短时间内形成与地带土壤相适应的耕作土壤剖面层次。土壤剖面重构必须全面考虑到区域各土壤形成因素对重构土壤发育过程的影响，要求不能有影响植物生长发育的障碍层次，也不能有潜在的能发育成障碍层次的层次存在。对含有有毒有害物质或具有较强放射性的物料，要采取有效的隔离、包埋及其他处理措施，防止其对土壤和周围环境的污染。

C 复垦土壤重构的类型

按煤矿区土地破坏的成因和形式，土壤重构主要可分为以下3类：即采煤沉陷地土壤重构、露天煤矿扰动区土壤重构和矿区固体污染废弃物堆弃地土壤重构。排土场土壤重构是露天煤矿土壤重构的主要内容。沉陷地土壤重构根据所采取的工程措施可分为充填重构与非充填重构。充填重构是利用土壤或矿山固体废弃物回填沉陷区至设计高程，但一般情况下很难得到足够数量的土壤，而多使用矿山固体废弃物来充填，这既处理了废弃物，又复垦了沉陷区被破坏的耕地，其经济、环境效益显著，一举而多得。主要类型有：煤矸石充填重构、粉煤灰充填重构与河湖淤泥充填重构等。但要注意某些废弃物可能造成土壤、植物与地下水的污染。非充填重构是根据当地自然条件和沉陷情况，因地制宜地采取整治措施，恢复利用沉陷破坏的土地。据分析估计，矿区固体废弃物只能满足约四分之一沉陷区充填重构的需要，还有约四分之三的沉陷区得不到充填物料，需要采取非充填复垦重构措施。非充填复垦重构措施包括疏排法重构、挖深垫浅法重构、梯田法重构等重构方式。

按土壤重构过程的阶段性，可分为土壤剖面工程重构以及进一步的土壤培肥改良。而土壤剖面工程重构是在地貌景观重塑和地质剖面重构基础之上的表层土壤的层次与组分构造。土壤培肥改良措施一般是耕作措施和先锋作物与乔灌草种植措施。按复垦所用主要物料特性的不同，可分为土壤的重构、软质岩土的土壤重构、硬质岩土的土壤重构、废弃物填埋场及堆弃地的土壤重构等等。

在不同土壤类型区，自然成土因素对重构土壤的影响和综合作用不同，土壤的发育和形成过程各异。按区域土壤自然地理因素和地带土壤类型来划分，复垦土壤重构可分为：红壤区的土壤重构、黄壤区的土壤重构、棕壤区的土壤重构、褐土区的土壤重构、黑土区的土壤重构等等。

复垦土壤重构可分为工程措施重构与生物措施重构。工程重构主要是采用工程措施（同时包括相应的物理措施和化学措施），根据当地重构条件，按照重构土地的利用方向，对沉陷破坏土地进行的剥离、回填、挖垫、覆土与平整等处理。工程重构一般应用于土壤重构的初始阶段。生物重构是工程重构结束后或与工程重构同时进行的重构“土壤”培肥改良与种植措施，目的是加速重构“土壤”剖面发育，逐步恢复重构土壤肥力，提高重构土壤生产力。生物重构是一项长期的任务，决定了土壤重构的长期性。根据土壤重构目的和用途，复垦土壤重构可分为耕地土壤重构、林地土壤重构、草地土壤重构，其中耕地土壤重构的标准最高。

耕地土壤重构是将恢复后的土地用于作物种植，是沉陷区土壤重构的重点研究目标，它要求重构土地平整、土壤特性较好、具备一定的水利条件。工程重构结束后应及时进行有效的生物重构措施，进一步改良培肥土壤。林地土壤重构是将重构后的土壤作浇灌种植，是重构物料特性较差时的主要重构方式，它对重构土壤层的标准要求较低，地形要求亦不是很严，允许地表存在较大的坡度。林业重构一般侧重其环境与生态效益，在此基础上才能考虑经济效益。所选先锋树种应该对特定恶劣条件有较强的适应性。对未达到土壤环境质量标准的废弃地的重构，可栽植能吸收降解有害元素的抗性乔灌品种，达到逐步净化重构土壤的目的。草地土壤重构国内研究较少，西方发达国家相关研究较多，可与乔灌措施相结合使用。

D 矿山复垦土壤重构的一般方法

矿山复垦土壤重构的方法因具体重构条件而异，不同采矿区域、不同采矿类型、不同采矿与复垦阶段的土壤重构方法各不相同。矿区土壤重构的一般方法如图 7-8 所示。

土壤重构方法的确定首先要考虑到具体的采矿工艺和岩土

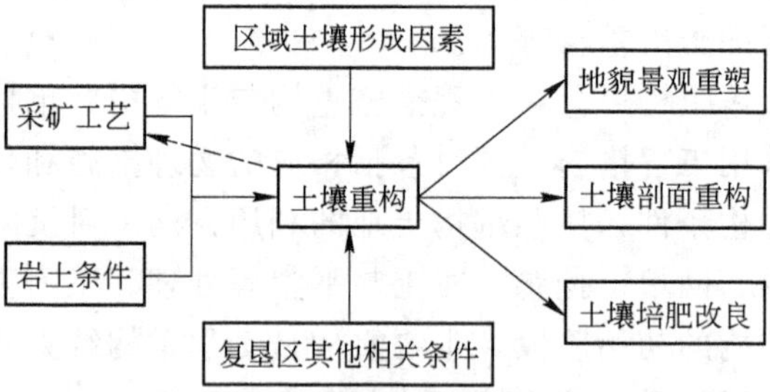

图 7-8 复垦土壤重构的一般方法

条件；其次应该考虑到重构后的“土壤”物料组成与介质层次要与区域自然成土条件相协调；第三还要考虑到破坏土地复垦后的利用方向、法律法规要求、复垦资金保证等其他一些相关因素。

土壤重构所用的物料既包括土壤和土壤母质，也包括各类岩石、矸石、粉煤灰、矿渣、低品位矿石等矿山废弃物，或者是其中两项或多项的混合物。所以在某些情况下，复垦初期的土壤并不是严格意义上的土壤，真正具有较高生产力的土壤，是在采取人工定向培肥条件下，重构物料与区域气候、生物、地形和时间等成土因素相互作用，经过风化、淋溶、沉积、分解、合成、迁移、富集等基本成土过程而逐渐形成的。

7.3.2.5 土壤培肥改良技术

土壤培肥改良技术就是对土壤团粒结构、pH 值等理化性质的改良及土壤养分、有机质等营养状况的改善，这是矿区农用地复垦的最终目标之一，具体包括以下技术措施。

A 表土转换

为维持质地好、易培肥的土壤剖面，在采矿前先把表层（30cm）及亚表层（30～60cm）土壤取走并加以保存，待工程结束后再放回原处。这样虽然破坏了植被，但土壤的物理性质、营养条件与种子库基本保持原样，本土植物能迅速定居。该技术的关键在于表土的剥离、保存和复原，应尽量减少对土壤结构的破坏和养分的流失。

B 客土覆盖

废弃地土层较薄时，可采用异地熟土覆盖，直接固定地表土层，并对土壤理化特性进行改良，特别是引进氮素、微生物和植物种子，为矿区重建植被提供了有利条件。该技术的关键在于寻找土源和确定覆盖的厚度，土源应尽量在当地解决，也可考虑底板土与城市生活垃圾、污水污泥；覆土厚度则依废弃地类型、特点及复垦目标而定，一般覆土 5～10cm 即可。

C 土壤物理性状改良

土壤物理性状改良的目标是提高土壤孔隙度、降低土壤容重、改善土壤结构。短期内可采用犁地和施用农家肥等方法，但植被覆盖才是解决这个问题的永久性方法。此外，粉煤灰可以变重土和轻沙土为中间结构土壤，增加土层保水能力和孔隙度；降雨能有效地淋浸出土壤中的盐分，覆盖有机物料、修筑梯田都是常用的增加淋漓效果的方法；深耕则能有效解除土壤压实。对容重和水分入渗率的影响比穿透阻力和土壤水分含量要大。

D 土壤 pH 值改良

对于 pH 值不太低的酸性土壤可施用碳酸氢盐或石灰来调节酸性，既降低土壤酸碱度，又能促进微生物活性，增加土壤中的钙含量，改善土壤结构，并减少磷被活性铁、铝等离子固定。但在 pH 值过低或产酸较久时，宜少量多次施用碳酸氢盐或石灰，也可施用磷矿粉，既提高土壤肥力，又能在较长时间内控制土壤 pH 值。炼铬厂废弃物和粉煤灰一般呈碱性，可采用硫磺、氯化钙、石膏和硫酸等酸性试剂进行中和改良。

E 土壤营养状况改良

土壤营养状况改良主要包括以下改良物：

(1) 化学肥料，其合理施用是矿区复垦增产的有效措施，综合施加氮、磷、钾肥要比单施某一种肥料好。由于土壤盐害会阻碍植物对氮、磷、钾肥的吸收，在施肥前经过一番天然淋溶实属必要。

(2) 有机废弃物，由于污水污泥、生活垃圾、泥碳及动物粪便等有机废弃物的分解能缓慢释放出氮素等养分物质，可满足植物对养分持续吸收的需要；有机物质还是良好的胶结剂，能使土地快速形成结构，增加土壤持水保肥能力。虽然有机废弃物中存在重金属和毒性有机物，但可采用污染源控制、化学浸提法与微生物淋滤法、堆沤等措施予以处理。因此，有机废弃物已成为当前矿区土壤基质改良的主要手段。

(3) 固氮植物，利用生物固氮（主要是豆科植物）是经济效益与生态效益俱佳的改良方法。生物固氮在重金属含量较低的废弃地上潜力很大，据研究，固氮植物每年每公顷可以固氮 50～150kg。对于具较高重金属毒性的废弃地，必须采用相应的工程措施解除重金属毒性，才能保证成功的结瘤与固氮。

(4) 绿肥，提高土壤养分肥力水平的作用相当于十年以上的培肥功能，多为豆科植物，根系发达，生长迅速，适应性强，含有丰富的有机质和氮、磷、钾等营养元素，可为后茬作物提供各种有效养分，改善土壤理化性状，并能加快矸石风化速度。

(5) 微生物，具有迅速熟化土壤、固定空气中的氮素、参与养分转化、促进作物吸收养分、分泌激素刺激作物根系发育、改进土壤结构、减少重金属毒害及提高植物的抗逆性等功能。利用微生物的分解特性，采用菌根技术快速熟化和改良土壤，恢复土壤肥力的活性。在矿区土地复垦中受到越来越多的重视，已成为世界各国复垦研究的新热点。

7.3.2.6 植被恢复技术

植被修复技术的核心是植被品种的筛选。按照复垦规划，对计划植被的作物、牧草、林木品种进行的选择工作，是矿区植被恢复成败的关键因素之一。根据矿区的气候和土壤条件，植被筛选应着眼于植被品种的近期表现，兼顾其长期优势。通过实验室模拟试验、现场种植试验、经验类比等过程筛选确定。一般筛选的原则是：速生能力好、适应性强、根系发达、抗逆性好；优先选择固氮植物；当地优良的乡土品种优于外来速生品种；树种选择宜突出生态功能，弱化经济价值。具体而言，我国各矿区土地复垦的适宜植被差异较大，但多年生豆科牧草、一年生和两年生禾本科、茄科植物与刺槐、沙棘、柠条等乔灌木是主要的适选品种。

A 修复植物在露天矿采矿区复垦中的应用

露天矿采矿区经回填以后，土壤存在的问题为：矿区土壤中Fe、Zn等植物所需的元素含量不高，属于自然背景值水平，而且有的露天矿重金属污染非常严重；矿区土壤肥力水平偏低，耕层有机质平均含量不高，下层更低，氮、磷养分明显不足，尤其缺磷；开采区不同深度的土层中的有益微生物的种类主要有细菌、真菌、放线菌、固氮菌、纤维分解菌等，其数量随土层深度的增加而减少，表层土壤有机质较下层丰富，适宜微生物繁殖和生长。

采矿区复田后地势平缓，较开采前高度有所降低。因此，在采矿区复垦初期，应大量增施有机肥和化肥，迅速播种牧草，提高土壤肥力。豆科植物中的草木樨、沙打旺、红豆草、香豌豆等皆适于播种。在重金属污染的土壤上，可种植高山甘薯、圆叶遏蓝菜、粗脉叶澳洲坚果等具有积累重金属元素和有毒有害元素的园艺植物，以净化土壤。

在露天矿采矿区复垦期间，依据其平缓的地势以及复垦土层覆盖厚度，发展果林是一条理想的复垦途径。

部分水源比较充足的矿区可以考虑种植适宜的梨、葡萄、杏等一系列对土壤要求不严或者对土壤适应性强的水果品种，尤其是杏对土壤地势的要求不严格，在黏土、砂土、沙砾土、盐碱土甚至岩石缝中均能生长。

在水源不充足的矿山复垦区，可以选择种植优良的柿、核桃等一些对土壤要求不严的干果类果树品种，一些土壤偏酸的地区可以考虑种植板栗，中性土壤可以考虑种植山楂。露天矿采矿区复垦以后，土地起到了深翻的作用，深层的速效氮、磷、钾等容易被植物吸收，有效成分增加了土壤的肥力，通过深翻可减少病虫害，对农作物的生长很有利。在这种情况下，发展农田生态系统，种植蔬菜或进行温室蔬菜栽培是可行的。一般适宜陆地栽培的普通蔬菜作物均适于在采矿复垦区进行栽培，如：大白菜、生菜、黄瓜、西红柿、茄子、南瓜、西葫芦、丝瓜、萝卜、胡萝卜、马铃薯、大葱、芫荽、豆角、辣椒等等。

B 修复植物在露天矿排土场复垦中的应用

排土场地势高，剥离物疏松裸露、混杂堆积，所以复垦第一步是整治排土场，使之符合复垦要求。排土场上部虽平坦，但不宜发展农田，应选择播种生长迅速、覆盖率高、固土性好、耐瘠耐旱的草类和灌木植物，以固土护坡，改善矿区生态环境。为防止边坡滑塌，可采取垂直于边坡种植沙棘、酸枣、枸杞等园艺灌木植物与牧草相间成带的种植方式。

沙棘在此方面功能奇特，应用广泛，其在矿山复垦中的应用值得推广。沙棘对高温、低温、干旱、瘠薄、盐碱、风沙等均具有较强的适应性，能在这些恶劣的环境中生存。沙棘对其周围的生态环境又能产生巨大的影响，使不良的生态条件向良性转化，因其根系庞大，有固氮能力，萌蘖能力强，枯枝落叶多，果实经久不落，因而能固土护坡、涵养水源、改良土壤。经过科学家多年探索，沙棘已被中国政府列入治理水土流失、改善生态环境的首选植物和先锋树种。沙棘可以在短时期内（3～5 年）在排土场边坡（包括平台）上，形成封闭的人工沙棘灌丛，其土壤培肥和水土保持效果显著。而且一定密度的人工灌丛可以大幅度减轻排土场平台的风蚀强度，固留大量的风蚀物、凋落物，迅速改良表层土壤，加速植被的恢复。因此，以沙棘为主的人工灌丛，应该成为排土场环境综合整治的主要模式进行推广。

C 修复植物在煤矸石山复垦中的应用

煤矸石是煤炭开采、洗选加工过程中产生的废弃岩石，约占煤炭产量的 15%左右。我国是世界上最大的煤炭生产国和消费国，2000 年全国煤矸石排放总量达 1 亿多吨，约占全国工业废渣排放量的 1/4。目前全国煤矸石的总积存量已达 30 亿 t 以上，形成矸石山 1000 多座，占地 12 万公顷。而且排放量仍在逐年增长。矸石山几乎成为我国煤矿的“标志”。煤矸石在矿区主要以矸石山形式堆放，这不仅压占土地，破坏了矿区的自然景观，而且由于不合理的排放工艺，矸石山自燃放出大量粉尘和有毒有害气体，污染环境。

据文献报道，煤矸石中有效氮素极贫乏，是限制植物生长的首要原因，所以在配合建立有机氮库的同时，栽植豆科植物是煤矸石山复垦的理想选择。据 Dancer Han-dley 和 Bradshow 的实验表明，豆科植物可以在煤矿废弃物上积累氮 100 kg/hm^2，故豆科植物成为煤矸石山复垦的首选植物。园艺植物中的象牙红、紫穗槐、刺槐、紫藤、鸡血藤等木本观赏植物和草本植物中的刀豆、菜豆、豇豆、豌豆、蚕豆等蔬菜作物及紫云英、金钱草等花卉植物都可列入选择范围。

D　修复植物在尾矿库复垦中的应用

开采出来的煤炭、矿石经洗选后，大量脉石废渣（即尾矿）通常是以矿浆状态排出的。尾矿库是堆存尾矿的场地，多由堤坝围截而成。尾矿库坝占地多、面积大，又极易被暴雨冲刷，造成水土流失，使岩石块和废石裸露于表面，有时甚至会出现溃坝现象。在尾矿坝的覆土绿化上，一般采用种植沙棘与桑树、紫穗槐混交林的方法。造林方式为植苗造林，为提高成活率，也可采用植苗加直播的办法。首钢矿业公司在此项目上已经取得了一定的成绩，1997 年、1998 年两年投资 300 万元，共种植沙棘、条桑、紫穗槐 265.4 万株，植被成活率达 95%以上。昔日风起沙飞的荒沙滩，变成了郁郁葱葱的绿洲。但是尾矿库经常发生溃坝现象，溃坝后的覆土绿化工作难度比较大。此时的尾矿坝，在应用工程措施（重新调整尾矿坝高度差，调整平台之间坡度等）的前提下，应加大绿化密度，增强立体绿化强度。在原有乔、灌结合的基础上，加植蕨类植物和马齿苋科植物，形成乔、灌、草结合的立体防护措施，增强其抗冲刷能力。

E 修复植物在生活区绿化上的应用

矿山生活区主要存在严重的有害气体污染和粉尘污染，而且土壤贫瘠。所以在改良土壤的基础上，一定要选择适应性强，防污能力和净化功能好的园艺植物。同时针对干旱多风的气候特点，在尽量保持水分的情况下，选择适当的园艺绿化树种、花卉、草被等，还可达到理想的绿化效果。

一般来说，在矿山生活区可供选择的修复植物有以下几类。

（1）巷道绿化树种：丁香、迎春、珙桐、枫香、合欢、日本冷杉、柳杉、梓树、臭椿、银杏、白皮松、圆柏、垂柳、山楂、海棠等。

（2）绿化灌木：珊瑚树、大叶黄杨、黄杨、金叶女贞、小叶女贞、冬青、日本小檗、紫叶小檗、紫叶榛、紫叶黄栌、金叶假连翘、花叶假连翘、花叶胡颓子等。

（3）藤本植物：爬墙虎、金边扶芳藤、银边扶芳藤、五叶地锦、花叶蔓长春花、紫藤、凌霄、木香、常春藤等。

（4）花卉植物：1）抗 SO_2 花卉有：美人蕉、紫茉莉、九里香、唐菖蒲、郁金香、菊、鸢尾、玉簪、仙人掌、三色堇、金盏花、福禄考、金鱼草、蜀葵、半支莲、蛇目菊等等；2）抗 HF 花卉：金鱼草、菊、百日草、美人蕉、紫罗兰、风铃草、耧斗菜、葱兰、萱草、一串红等等。

（5）草坪植物：草地早熟禾、高羊茅、多年生麦草、白三叶、结缕草、狗牙根、野牛草、地毯草、马蹄金等。

7.3.2.6 有色金属矿山尾矿库复垦与生态恢复技术实例

由北京矿冶研究总院开发、北京环境保护产业协会推荐的有色金属矿山尾矿库复垦与生态恢复技术适用于有色金属和其他矿山尾矿库、排土场、渣场、露天采矿坑等被破坏、损毁土地使用价值的恢复。

A 基本原理

对矿业开发形成的尾矿库、排土场、渣场、露天采矿坑等损毁压占的土地，采取综合整治措施，经过工程复垦、生物复垦和监测、管理、修复三个阶段，使其变成农田、林地、草场、鱼塘，恢复土地的使用价值和环境生态。

B 技术关键

该技术突破单一覆土工程和植被的传统复垦模式，以安全、稳定、可持续利用和生态恢复为目标组织水工、土工、农业、植被、环境监测、初区发展和公众健康等专业联合投入形成彻底解决矿山环境影响的新的复垦模式。

（1）场地稳定技术：尾矿库坝墙、排土场堆稳定性评估、加固设计和库面排水。

（2）污染防治技术：渗流水污染预测及防治、粉尘控制。

（3）土壤熟化技术：土壤培肥、菌根接种、微生物移植和生物酶平衡。

（4）农业种植及生物多样性技术：适生品种筛选、互生植物配置。

（5）以尾矿砂作为主要生长基质的尾砂直接植被技术：场地可大可小、各形各异，均能实施该技术。

（6）有土复垦农业种植技术：复垦后2～3年成为有持续农业生产力的农田，其农作物产量达到或超过当地平均水平，粮食作物无污染，可以食用。无土复垦生态恢复技术，使复垦后的土地具有自我维持和发展能力，植被覆盖率可达到95％以上。达到生物多样目标，草坪、灌木、乔木多品种互生，昆虫小鸟等小动物在此栖息。

C 投资效益

a 经济效益

有土复垦农业种植采用本地土源1.2万m^3，节约覆土费用24万元，即每亩节约200立方米覆盖用土壤，覆土费用4000元。创造农业用地地价60万元，农作物年产值32309元，折合538元/亩。

无土复垦生态恢复采用该技术可节约土源51000m^3，节约覆土费用102万元。即每亩节约覆盖用土壤200m^3，覆土费用

4000 元。创造城市用地价值 1020 万元。

b 环境效益

无土复垦生态恢复示范场把过去寸草不生的尾矿变成郁郁葱葱的城市绿地，生态环境明显改善，成为人们乐于光顾的休闲地。减少了水土流失，起到防旱抗洪涝作用。

7.4 矿山污染物控制和综合利用

7.4.1 金属矿山废水的控制与处理

7.4.1.1 矿山废水污染控制

减少矿山废水排放量，一方面要选择污染程度小的采选矿工艺和废水处理工艺；另一方面要设法减少选矿工艺过程的生产清水用量，尽可能地增大循环用水量，使进入生产工艺过程的生产清水小于或等于精矿、尾矿带走的水，使选矿不再排废水。通过适当改造用水系统及强化管理，能做到进一步减少废水排放，最终实现无废水排放。

A 矿山水资源破坏和污染防治措施

超前开采利用疏干水。在矿山开采前或开采过程中，对即将被疏干或破坏的含水层，选择合适的疏干方式，统筹安排，充分利用或储存疏干水，既能满足矿石开采的需要，又可解决供水水源的问题。

建立反渗透帷幕。在开采地段周围设置一道封闭的反渗透围墙，用于防止地下水流入矿坑或井巷，保护地下水不枯竭、不被污染，使地下水仍保持或接近天然状态。

填堵导水通道。对塌陷的地质构造形成的含水层及井巷导水通道，采用回填、注浆等方法封堵；对渗漏严重的河床，采取河流改道、修整河底的方法即可减少矿井涌水，又可保持水资源。

B 井下污水控制

目前推广的经济型水泵工艺或区域化水泵工艺所采用的矿浆水处理系统都是按闭路循环设计的。在井下中央硐室采用斜管沉淀仓对采区分级脱水后的矿浆水进一步净化处理，大部分矿浆水净化后在井下供采掘循环使用。只有少部分经过浓缩后的高浓度矿浆水用小流量高扬程矿泥泵排至地面进入洗矿厂或脱水厂处理。

对于小型矿山，地面无洗矿厂，所产生的矿浆水都在井下中央硐室处理，中央硐室采用浓缩旋流器和高频振动筛对矿浆水进一步处理，可以做到矿浆水不升井。在大中型矿井中工作的采矿机、转载机、掘进机等使用的液压油、齿轮油，液压支架使用的乳化油，由于管理不善产生泄露，随矿井水排至地面污染环境。应采取如下措施：一是要加强对设备的管理；二是完善各类用油设备的密封性能，防止漏油；三是研究开发水介质单体液压支柱，不使用乳化油，对于井下防灭火的灌浆和水砂充填处理采空区的充填污水，可在井底硐室处理后循环使用。

C 选矿厂污水减排措施

根据选矿工艺生产用水要求，结合给水排水的具体特点，采用循环供水系统进行分类供水，使废水在一定的生产过程中多次重复使用，充分提高复用率。

一方面完善改造选矿厂的回水设备及设施，减少选矿工业废水的排放点，使产生的废水尽量全部进入生产回水系统；另一方面将球磨机、颚式破碎机、中细碎破碎机、脱水真空泵、干燥窑所使用的设备冷却水及脱水车间浓密机溢流水分开，组成一个净循环水系统，以供给脱水原生产及生产高压水管网，使这部分净循环水由原来直接排入浊回水系统，变为经一次或多次使用后再排入浊回水系统；第三方面将碎矿地面卫生冲洗水进入沉淀池沉降净化，溢流清水进入生产回水系统循环使用，泥砂回收进入流程再选。从而达到节约生产新水耗量，减少回水量的目的。

D 加强对选矿药剂的使用管理，尽量避免选矿药剂所造成的对废水的二次污染

首先在研制和试用新型药剂时，必须考虑到它的毒性，必要时应进行药剂对生物的毒性测试。已经在生产上使用的毒性较大的浮选药剂，例如含酚类的起泡剂等，必须加强对尾矿水的管

理，设法排除其对水源的污染。严格控制用药量，在制定选矿工艺及操作时应保证去毒处理的有毒物数量最少或达到“无害化”，即需要进行专门的去毒处理或者净化只限于生产废水部分。

7.4.1.2 *矿山废水的处理方法*

A 中和法

中和法是目前处理酸性废水比较成熟的方法。常见的中和剂有石灰、石灰石、苏打、苛性碱等；也有采用粉煤灰、煤矸石、电石泥等作为中和剂；也可用碱性废液或废渣（电石渣、石灰渣）中和酸性废水。由于石灰来源广、价格低、操作简便，常被用做中和剂。石灰石与石灰比较中和时产生的泥渣体积小，占地较少，含水量较低，易于脱水，但中和反应速度不如石灰快。苏打及苛性碱作中和剂，虽然效果好，但价格昂贵，一般不采用。为了提高沉铁效果，中和法一般与将 Fe^{2+} 转变为 Fe^{3+} 的氧化或曝气过程相结合使用。

某铅锌矿废水水质和工艺流程如表 7-2 及图 7-9 所示。

表 7-2 废水处理前后水质对比 10^{-5} mol/L

名　　称	Fe	Zn	Cu	Cd	As	pH 值
处理前水质	330	379	7.01	1.00	2.03	3.28
处理后水质	痕量	1.00	0.005	0.02	0.04	8.50

国内在矿山酸性废水采用中和法的处理方面，基本上沿袭石灰乳中和法。应用石灰石作中和剂处理酸性废水，经历了石碾法、石灰石中和滚筒法、普通中和滤池、升流式膨胀滤池和升流式变滤速膨胀中和塔法。这些方法在处理含盐酸、硝酸及低浓度的酸性废水方面，均得到了广泛的应用。

美国环保局认为石灰石加石灰乳串联工艺处理含重金属离子的矿山酸性废水是经济的方法，比单纯的石灰乳中和法能降低30%的处理成本。在日本，处理酸性废水通常使用石灰石作中和剂，使 pH 达到 5 左右，再加入中和剂石灰，pH 值继续升高。即通过所谓的二段中和法处理含重金属离子的酸性废水。二段中

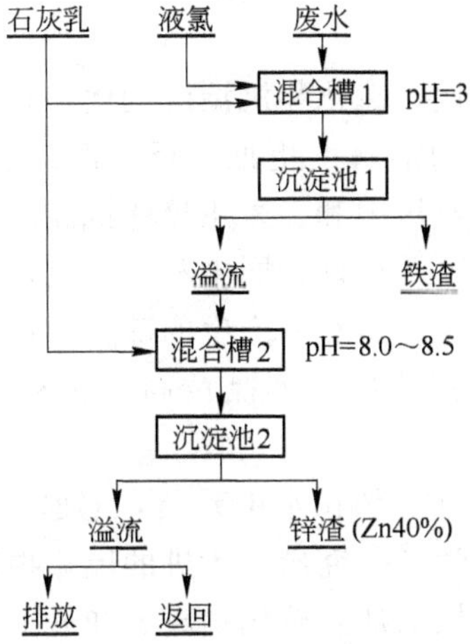

图 7-9 铅锌矿废水中和法处理流程

和法在三菱金属、细仓矿业、同和矿业及小坂矿业等东北地区的矿山得到了广泛的应用。

B 硫化物沉淀法

由于矿山废水排放量大，加之沉淀物既不易浮又不易沉，故采用中和沉淀法难以有效处理重金属含量高的废水。而金属硫化物的溶度积要比金属氢氧化物溶度积小得多，因此，通过向污水中投入硫化物，使污水中的金属离子形成硫化物沉淀，然后用浮选沉淀物的方法逐一回收有价金属（即通过添加浮选药剂，先抑制某种金属，浮选另一种金属，然后再活化，浮选其他的有价金属）。

该法中的浮选剂主要有捕收剂和起泡剂。捕收剂是用以增强沉淀物的疏水性和可浮性的药剂，而起泡剂主要用于降低水的表面张力，使浮选泡沫具有适当的稳定性。硫化剂主要有：Na_2S，H_2S，CaS，FeS 等。

某铜矿矿山废水处理前水质指标为：Fe 720mg/L，Zn 23mg/L，Cu 50mg/L，SO_4^{2-} 2148.5mg/L，pH = 2.6。可以看出污水中含 Cu、Fe、SO_4^{2-} 离子较高，适合用硫化法来沉淀，经

处理后，Fe 降到 6mg/L，其余金属均为痕量，SO_4^{2-} 为 809.3mg/L，pH＝6.5。

与中和沉淀法相比，硫化物沉淀法的优点是：重金属硫化物溶解度比其氢氧化物的溶解度更低，反应时最佳 pH 值在 7～9 之间，处理后的废水不用中和。采用硫化沉淀浮选法处理废水的适应性强，沉淀物的可浮性好，同中和法相比，该法在酸性环境中反应稳定，渣量少，易脱水。产生的硫化物比氢氧化物溶解度更小，去除效率高，泥渣中金属品位高，有利于贵金属的回收利用。

为了防止硫化物沉淀剂在水中残留，遇酸生成硫化氢气体，产生二次污染，英国学者研究出了改进的硫化物沉淀法，即在需处理的废水中有选择性的加入硫化物离子和另一重金属离子（该重金属的硫化物离子平衡浓度比需要除去的重金属污染物质的硫化物的平衡浓度高）。由于加进去的重金属的硫化物比废水中的重金属的硫化物更易溶解，这样废水中原有的重金属离子就比添加进去的重金属离子先分离出来，同时能够有效地避免硫化氢的生成和硫化物离子残留的问题。

C 絮凝沉淀法

絮凝沉淀法首先要考虑通过加酸、碱或强电解质（通常使用石灰乳），使废水中的悬浮物从稳态中解脱，促使微细颗粒趋向于结合成粗颗粒聚合体，再加入絮凝剂加速粗颗粒聚合体的形成和沉降。采用的无机絮凝剂主要有聚合氯化铝（PAC）、聚合硫酸铁（PFS）、聚丙烯酰胺（PAM）和聚合氯化铝铁（PAFC）等。

某矿业公司选矿废水经尾矿库自然沉降后外排溢流水约 1500m^3/d，该废水外观呈乳白色，含有大量微细粒悬浮物，SS 平均浓度在 3000mg/L 左右，部分重金属离子超标，自然状态下静置半个月也不澄清，呈现出超稳定胶体状态。

尾砂库溢流水处理工艺如下：尾砂库溢流水通过管道自流进入旋流折板反应池，在反应池首端加石灰乳，调 pH 值至 11，通过压缩双电层和电性中和等机理使胶体脱稳，反应时间为5rain。然后再加入聚合氯化铝（PAC）进行絮凝反应（投加量为20mg/L），反应时间为25rain。待反应充分后，通过配水孔口自流进入斜管沉淀池进行固液分离。上清液自流进清水池调pH值外排或直接回用作精矿焙烧烟气脱硫系统的补充水。斜管沉淀池底流先通过排泥管汇入泥浆池然后泵入尾砂输送管送至尾砂库沉淀。尾砂库溢流水处理工艺见图7-10。

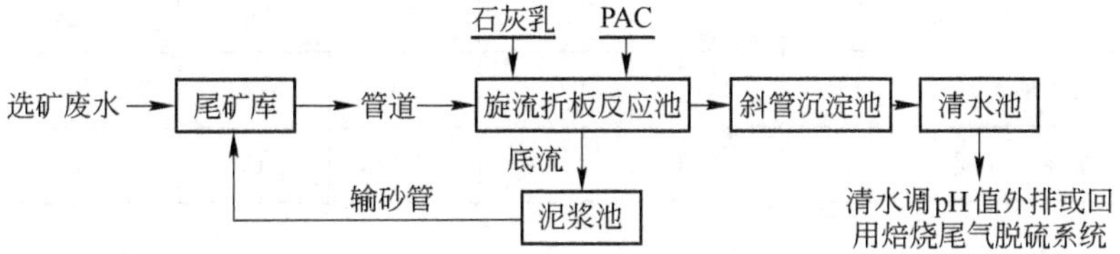

图7-10 尾砂库溢流水处理工艺流程

该工程自从2004年8月底运行以来，系统一直运转正常，出水水质稳定。污水处理设施处理前后水质监测结果见表7-3。

表7-3 处理前后水质监测结果

监测地点	pH值	色度	污染物含量/mg·L^{-1}					
			As	COD_{Cr}	SS	Zn	Cd	Pb
总排处理前	6.54	2125	5.85	75.7	3137	0.05	0.001	0.06
总排处理后	8.31	5.8	0.058	62.98	38	0.01	0.001	0.01
排放标准	6～9	50	0.5	100	100	2.0	0.1	1.0

D 沉淀浮选法

沉淀浮选法是将废水中的金属离子转化为氢氧化物或硫化物沉淀，然后用浮选沉淀物的方法，逐一回收有价金属。该法具有处理效率高、适应性广、占地少、产出泥渣少等优点，因而它成为处理废水常用的方法。

某铜矿酸性废水水质见表7-4。该废水含较高的Cu、Fe和很高的SO_4^{2-}，在废水处理时必须予以回收。图7-11为处理上述废水的有效工艺。首先，利用空气曝气将 Fe^{2+} 转变为 Fe^{3+} 。此后，控制低 pH 值将 Fe^{3+} 沉淀得铁渣（氢氧化铁）。在较高 pH 值下沉淀铜的同时，其他金属离子也会随之沉淀，为优先得到铜，在混合液中加入 SDS 和 CMC 进行浮选，得到含 $Cu(OH)_2$ 50%以上的铜渣，再接着沉淀分离得含 $CaSO_4$ 99%的钙渣，处理后的废水达到排放标准排出。

表 7-4 铜矿废水处理前后水质 10^{-5} mol/L

名称	Cu	Fe	Pb	Zn	SO_4^{2-}	pH 值
处理前水质	223	3312	0.09	3.0	8341	2.0
处理后水质	0.03	0.13	0.03	痕量	3154	8.0

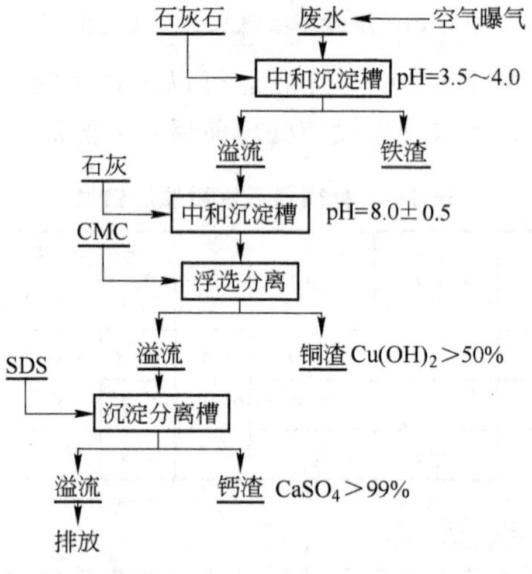

图 7-11 沉淀浮选法处理废水流程

E 微生物法

硫酸盐还原菌（SRB）种类较多，广泛分布于海水、淡水和适宜的陆地环境中。从微生物学角度，人们将硫酸盐还原菌分为 11 个属 40 多种。根据不同的生理生化特性，可以分为异化硫酸盐还原细菌和异化硫还原细菌（异化是指还原的硫酸盐组分并未同化为细菌的细胞组分，而是作为产物释放）。前者利用乳酸盐、丙酮酸盐和乙醇等作为碳源和能量基质，还原硫酸盐生成硫化物；后者则不能还原硫酸盐，只能还原元素硫。

人们根据从酸性矿山废水中分离出来的铁氧菌和硫酸盐还原菌的特征及硫化矿物在细菌作用下溶出的机理，控制这些细菌来抑制金属的溶出，或有目的地利用细菌加速金属溶出，或利用细菌具有吸收或沉积各种离子与其表面的亲和力，来处理酸性矿山废水，可以取得良好的处理效果。

微生物法处理含硫酸盐酸性矿山废水主要分三个阶段。第一阶段在厌氧条件下，通过异化硫酸盐生物还原反应，利用硫酸盐还原菌（SRB）将硫酸还原为硫化物；第二阶段利用光合硫细菌或无色硫细菌（CSB）将硫化物氧化为单质硫；第三阶段为出水中单质硫的分离及回收问题。某金矿排水采用微生物法去除 SO_4^{2-} 的连续式系统分为初级厌氧、好氧分解和二级厌氧消化三个阶段，连续式系统的反应装置如图 7-12 所示。

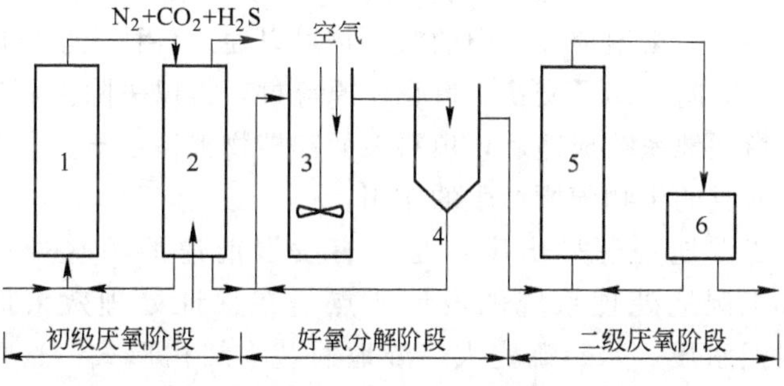

图 7-12 微生物法还原 SO_4^{2-} 的基本流程

1—初级厌氧反应器；2—吹脱塔；3—好氧反应器；4—沉淀池；5—二级厌氧反应器；6—溢流池

微生物法处理酸性矿山废水具有费用低、适用性强、无二次污染、可回收短缺原料单质硫等优点，成为最有潜力的含硫酸盐矿山酸性废水的处理方法。

日本松尾矿山利用酸性废水中水解硫酸铁吸附浓缩的氧化铁硫杆菌，经载体培养、泥渣回流等措施，使氧化槽保持很高的铁氧菌浓度，用于氧化 Fe^{2+}，可使 97% 的 Fe^{2+} 被氧化。自 1981 年运行以来，工艺效果良好，松尾矿山酸性废水处理工艺也因此成为利用微生物技术处理无机酸性废水的典范。

F 人工湿地法

湿地是介于陆地和水生环境之间的过渡带，是一种具有多种功能和使用价值的生态系统。人工湿地法就是利用自然湿地生态系统中物理、化学、生物的协同作用，通过沉淀、吸附、阻隔、微生物同化分解、硝化、反硝化以及植物吸收等途径去除悬浮物、有机物、N、P 和重金属等。观测表明，氢离子、铁离子和悬浮物的去除率可达 90% 以上。

物理作用即当污水进入湿地，经过基质层及密集的植物茎叶和根系，使污水中的悬浮物固体得到过滤，截留住污水中的悬浮物，并沉积在基质中。这一过程也有人称之为物理沉积。化学作用是指由于植物、土壤-无机胶体复合体、土壤微生物区系及酶的多样性，人工湿地污水中的污染物可以通过各种化学反应如化学沉淀、吸附、离子交换、氧化还原等过程得以去除。而生物作用主要指湿地系统成熟后，填料表面和植物根系由于大量微生物生长而形成的生物膜所产生的作用。

人工湿地处理矿山废水是很有发展前途的污水处理新工艺。人工湿地处理系统的设计要点是在保证处理效果的前提下，根据水质、水量确定人工湿地的基本结构形式，选择合适的水生植物种类，注意进水量、水深、停留时间等运行参数的控制和调整。

该工艺具有运行可靠，易于管理，投资省，无需处理污泥等高效低耗的优点，它的基建投资和运行费用相当于二级常规处理工艺的 1/2～1/5。因而人工湿地处理系统对我国经济尚不发达、技术力量相对薄弱的现状更具有重要的现实意义。但人工湿地处理系统也有占地面积大，寒冷地区冬季的处理效果差等缺点。

在国外，人工湿地已被广泛应用于处理各种不同的污水。在处理矿山废水方面也有了很大的发展，其中较为典型的当属在英国 Comwell 对矿山废水的处理。Comwell 因它的锡矿而闻名，但锡矿井关闭后，对矿区造成了严重的水污染。从 Wheal Jane 废弃的 Conish 锡矿井流出的含有 Cd、Zn、As 和 Fe 的强酸性矿井水注入了 Camon 河，造成了附近地区严重的水体污染。国家河流管理局针对这一情况，提出了一个非常有效的长期解决方案。工艺流程为：

Jean Adit→缺氧池→石灰石缺氧池→好氧池→厌氧池→碎石过滤池→Camon 河

近几年，国内人工湿地技术发展迅速。广东凡口铅锌矿利用人工湿地处理矿山废水，经过十多年的发展与完善，由最初 1 个池增加到 4 个池，占地面积 15.87 万 m^2，平均水深 2.5m，日处理污水能力 2.98 万 t。在这个湿地系统内，香蒲是唯一的优势植物群落。从 1984 年下半年到 1989 年底 5 年半的时间里对湿地系统进水口和出水口的水质进行连续监测，监测结果如表 7-5 所示。

表 7-5 凡口人工湿地出、入水口水质情况 (X±SE)

金属名称	入 水	出 水	工业排放标准
总悬浮物	4635±384	28.1±11	500
Pb	1.61±0.41	0.157±0.019	1.00
Zn	1.96±0.41	0.309±0.026	5.00
Cd	0.022±0.005	0.003±0.0002	0.10
Cu	0.044±0.012	0.017±0.005	
Fe	17.26±6.26	0.49±0.17	
Al	12.43	0.002	

续表 7-5

金属名称	入 水	出 水	工业排放标准
Ca	195.71	41.25	
Co	0.013	0.001	
K	5.00	2.50	
Mg	112.86	33.75	
Na	8.86	3.88	

注：pH 值入水为 8.03±0.08，出水为 7.78±0.03。

G Fenton 试剂氧化法

黄药（黄原酸盐）是金属硫化矿浮选过程中经常使用的捕收剂。经浮选后的选矿废水中残余一定量的黄药，该种废水一般排入尾矿库自净，而某些矿山因自然条件限制或环境保护的要求无法修建尾矿库，必须将废水加以处理后排放或回用。

近年来，高级氧化工艺（AOPs）在处理有毒有害废水中得到了成功应用。在众多 AOPs 技术中，Fenton 法以其简单、快速、可产生絮凝等优点而备受人们的青睐。

Fenton 试剂之所以具有很强的氧化能力，是因为其中含有 Fe^{2+} 和 H_2O_2。H_2O_2 在 Fe 催化下分解产生氧化性能很强的羟基自由基（·OH），并引发更多的其他自由基，其反应机理如下：

$$Fe^{2+}+H_2O_2=Fe^{3+}+\cdot OH+OH^-$$

$$Fe^{3+}+H_2O_2=Fe^{2+}+H_2O+H^+$$

$$Fe^{2+}+\cdot OH=Fe^{3+}+OH^-$$

$$Fe^{3+}+\cdot HO_2=Fe^{2+}+O_2+H^+$$

$$\cdot OH+H_2O_2=H_2O+HO_2\cdot$$

$$HO_2\cdot=O_2+H^+$$

$$O_2\cdot+H_2O_2=O_2+OH^-$$

整个体系的反应十分复杂，其关键是通过 Fe^{2+} 在反应中起激发和传递作用，使链反应能持续进行直至 H_2O_2 耗尽。Fenton 试剂处理有机物的实质就是羟基自由基与有机物发生反应。

Fenton 试剂对废水中黄药的去除主要是·OH 自由基先将黄原酸根氧化为过氧化物——过氧化黄原酸根，进一步被氧化为 CO_2，从而污染物质得到去除。Fenton 试剂处理废水中黄药的机理如下：

$$ROCS^{2-} + \cdot OH \rightarrow ROCSSO^{-} + H_2O$$

$$ROCSSO^{-} + \cdot OH \rightarrow CO_2 + H_2O$$

7.4.2 尾矿资源的综合回收利用

7.4.2.1 尾矿的特性

尾矿库中的尾矿堆积坝是由选矿厂在选出精矿后排出的尾矿，通过水力输送到尾矿库，在库内尾矿由坝顶向库内逐渐沉积，尾矿浆逐渐澄清，最后澄清水由库内的排水系统排至坝外或回收重复利用。库中的尾矿由于选矿工艺、水力输送及入库筑坝要求等因素所致，其尾矿具有以下特性。

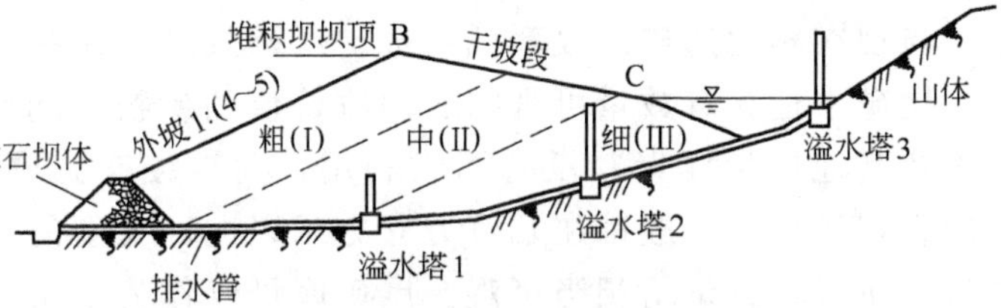

图 7-13 尾矿库纵向剖面图

(1) 由于选矿工艺的要求，矿石经过破碎、磨矿，其粒度很细才能入选，致使尾矿的粒度也就很细，一般－0.074mm 占全尾矿的 70%以上，有的甚至达 90%以上。全尾矿加权平均粒径一般为 0.03～0.05mm 左右，极个别的粗一些。所以尾矿库中的尾矿第一特性是均质、粒度细，其中没有任何掺杂物。

(2) 尾矿通过管道水力输送到尾矿库，由坝上放矿向库内冲积，而形成全尾矿从坝顶向库里逐渐分级（见图 7-13）。尾矿在长期冲积堆筑中由粗到细连续过渡，尾矿堆积体大致形成如图 7-13 中所示的Ⅰ、Ⅱ、Ⅲ区，即粗、中、细 3 个区。其物理力学抗剪指标内摩擦角值由外向里也逐渐减小，黏聚力 C 值虽因向里粒度细而增大，但因里面细粒固结较差增加也不显著。所以尾矿堆筑的坝体维持其稳定，基本以工区的粗尾矿砂为支撑体。尾矿库中的尾矿由外向里由粗到细逐渐分级，其力学性质由外向里变弱，支撑坝体稳定的是外层的粗粒级尾矿。

（3）由于长期的冲积堆筑过程，尾矿中有价金属品位一般同样是由外向里逐渐减少的。重金属类尾矿一般富集在工区，个别轻金属才会向里富集。

（4）尾矿库中的尾矿经过几十年的冲积、堆筑和固结，均具有一定的抗剪强度，如果遇水再加人工破坏或扰动，就很容易产生液化，液化了的尾矿砂没有任何强度而变为流动状态。

7.4.2.2 尾矿的资源利用价值

首先，矿山中的尾矿库是为了澄清尾矿浆，防止尾矿污染，保护环境而设置的堆弃尾矿的场地。改革开放以前，我国的选矿工艺技术远落后于发达国家。由于当时的技术经济条件所限，与现在相比选矿回收率低，选矿厂排放的尾矿品位普遍较高，尾矿中还含有数量可观的有回收价值的矿物（选矿回收的矿物及其他伴生元素）没有回收利用，而被废弃到尾矿库。尾矿库容积较大，一般都在几百万立方米以上，大型的为几亿立方米，所以，其价值相当可观。尾矿库可以作为二次资源库进行回收利用。

云南铝业公司先后兴建了 28 个尾矿库，35 座尾矿坝，有效地储存了超过 1 亿 t 的尾矿。随着矿山资源转向贫乏，该公司进行尾矿再选作业。现已有老厂五级、个旧老阴山脚、黄茅山木登洞三个尾矿库作为原矿再回采。有一个 50t/d 的试验车间专门对旧尾矿的处理进行半工业性试验，两个选矿车间（工段）专门处理旧尾矿。从 1971 年开始到 1985 年底，共处理旧尾矿 112.4 万 t，回收精矿及富中矿、贫中矿含锡 1286.107t，铜精矿含铜 443t。

第二，我国矿产资源中共（伴）生矿物较多，据不完全统计，在有色金属矿床中，约 90%的矿床含两种以上有价组分，几乎所有的矿床都含有多种有价矿产资源组分。例如，我国特大型斑岩铜矿——德兴铜矿除含有硫化铜外，还伴生有 50 多种金属矿物和 40 多种非金属矿物。包钢白云鄂博矿是铁、稀土、铌等多种矿物的矿床，现已查明有 71 种元素，170 多种矿物，主要有铁矿物、稀土矿物、铌矿物、硅酸盐矿物等 10 余种。而目前包钢选矿厂选矿工艺主要以选铁为主，其他多种矿物均以选完后的尾矿形式贮存在尾矿库内。

湖北大冶铁矿是一个多金属共生矿。截止 1984 年，其尾矿库堆积尾砂量共 1181 万 t，尾矿砂粒细小，$-8\mu m$ 加溢流占 51.2%，矿泥量就更大。已查明的元素有 34 种，其中 Fe、Cu、S、Co、Ni、Au、Ag、Se 这 8 种元素达到综合利用指标；Pb、Zn、Pt、Bi、Cd 等 5 种元素已具综合回收的社会经济效益；Fe、In、Re、Ca、Ti 等 5 种元素，可列入进一步开发的可能性之列。研究结果，确定首先脱泥再选，以大大改善选别效果，提高选别指标。采用该矿现有或近似的生产工艺流程时，尾矿中绝大部分磁铁已被回收，赤铁矿、黄铁矿、黄铜矿大部分（50%～60%）已被回收，褐铁矿、菱铁矿约 30%被回收。

第三，与原矿相比尾矿中伴生有色金属矿物呈现出 3 个特征：（1）金属品位较低甚至很低；（2）泥化与氧化程度较高；（3）目的矿物表面在一定程度上受到了原流程中抑制剂的遮盖。常规综合回收分选流程结构和药剂制度只能考虑后两个特征，因而难以得到最终合格精矿且回收率较低。只有针对以上 3 个特征提出的新型流程结构和新型药剂制度才能产出最终合格精矿并创造出显著的经济效益。

针对尾矿中金属矿物含量很低的特点，采用反浮-正浮或多级粗选串流浮选工艺均可显著提高目的矿物的品位和回收率。江西某钨尾矿中含 0.029% Bi、0.018% Mo 和 75g/t Ag，杨斌清采用粗选分支串流浮选工艺对该尾矿中的铋、钼和银进行了综合回收研究，获得了良好的分选指标。铋精矿品位 14.8%，回收率 87.7%；银富集在铋精矿中，品位 366g/t，回收率 81.5%；钼精矿品位 46.33%，回收率为 67.12%。雷贵春采用尾砂擦洗-二粗二扫工艺对某大型铜矿尾矿库中的硫进行了综合回收研究。尾矿中含硫 9.84%，经分选可获得品位为 40.78%的硫精矿，回收率为 86.51%。按 500t/d 的生产规模和年作业 330d 计，可年创直接经济效益 282 万元。包钢选矿厂稀土浮选尾矿中含铁 24%左右，采用反浮-正浮工艺流程，铁精矿产率为 26.55%、品位为 61.65%、回收率为 59.46%。若年处理稀土浮选尾矿 50 万 t，则可年产铁精矿 13 万 t，直接经济效益预计可达到 1000 万元/a。

7.4.2.3 尾矿资源的综合回收利用途径

目前，我国尾矿的综合利用率仅为 7%，与国外综合利用率为 60%的先进水平相距甚远。尾矿整体利用的开发是矿山实现少尾化和无尾化过程的最有效途径，是矿山实现尾矿资源化、无害化最有前景的发展方向。

矿山尾矿综合回收利用，包括了两个方面的含义：一是残留有价值元素的回收；二是剩余其他渣料的直接综合利用。

A 回收尾矿中的有价金属资源

a 铁矿尾矿回收

我国铁矿尾矿中一般含铁 8%～12%，如按全国现有铁矿尾矿 26 亿 t 估算，铁资源量仍有 2.08～3.12 亿 t。如果能回收 50%，则可获得 1 亿～1.5 亿 t 铁，其价值相当可观。尾矿中除铁外，还含有 Cu，Co，V，Ti，Ni，Pb，Zn，S，P 及稀有稀土元素。如包头白云鄂博铁矿中含有大量稀土、铌、钛、钍、钾等，均有回收价值。大冶铁矿已堆存尾矿 9000 多吨，已查明尾矿中 34 种元素，其中包括铁 239 万 t，铜 2 万 t，金 3267kg，银 2934kg，此外钴、镍、硒、硫也达综合回收指标，如加以回收，直接经济效益可达 1.8 亿元。

近年来，我国黑色冶金矿山企业，大都通过增加再选设备，从尾矿中再回收铁精矿，均取得了较好的经济、社会和环境效益。

表 7-6 我国几个黑色金属冶炼公司综合利用尾矿情况

企 业	尾矿处理量 /万 t·a⁻¹	尾矿铁品位 /%	铁精矿量 /万 t·a⁻¹	利 润 /万元·a⁻¹
首钢矿业公司	670	9.35	25.0	4717.0
鞍钢弓长岭矿山公司	300	9.95	11.05	2589.0
本钢歪头山矿选厂	228	7.62	3.92	302.8
马钢南山铁矿选厂	150	8～11	6.2	161.2

以攀枝花铁矿山为例，铁精矿是目前攀枝花矿的主要产品，按设计年产铁矿石（原矿）1350 万 t。同时，尾矿中还含有钒、钛、镍、铬、铜、锰、钪等有色金属。按目前铁矿石的生产规模，除铁精矿外，从尾矿中每年可回收钛精矿 27.5 万 t，硫钴精矿 3 万 t，氧化钪 7.2 万 t，价值 2 亿元左右。铁的价值只占矿石总价值的 38.67%，而有色和稀有金属的价值却占 60%以上，即尾矿的价值高于主要产品的价值。

根据攀枝花矿投产以来的生产实践，工艺研究达到的指标，概算综合回收有用组分的数量和价值，如表 7-7 所列。

表 7-7 攀枝花矿综合回收产品和价值概算

组分名称	设计数量 /万 t	价值 /万元	比例 /%	组分名称	设计数量 /万 t	价值 /万元	比例 /%
原 矿	1350	80961	100	硫钴精矿	5.26	706.9	0.87
铁精矿	902.10	31309	38.67	钛精矿	48.41	7262.3	8.97
五氧化二钒	3.31	3612.6	4.46	氧化钪	12.69	38070.0	47.02

另外，攀枝花矿尾矿中有益元素的回收还有很大的潜力。要提高尾矿中回收金属的价值，必须提高加工深度。通过这些有益元素的回收，所创造的经济效益还能大大提高。

例如，攀枝花矿钛精矿售价400元/t，但加工成焊料型钛白粉售价9000元/t，金红石型钛白粉15000～16000元/t。可利用攀枝花矿生产的钛精矿，采用硫酸法制取钛白，有可能的话从钛白的水解液中回收钪，至于硫钴精矿，可通过深加工直接用来制造搪瓷密着剂。这种方法生产的密着剂，比用纯氧化钴镍搪瓷密着剂的成本低40%。此外，还可从提钒的废渣中，回收品位99.99%的金属镓以及副产品三氯化铁和人造金红石。此法得到的三氯化铁成本低廉，是一种合格的净化剂，可解决攀枝花地区的净化工业用水问题。

b 黄金尾矿回收

我国黄金矿山主要采用浮选＋氰化生产工艺。在20世纪70、80年代，因生产技术落后，回收率普遍较低，尾矿金品位大多数在每吨1g以上，技术水平低的矿山尾矿金品位能达到2～3g；对于品位高和难选冶的金精矿，尾矿金品位高达3～5g，甚至更高。同时尾矿中还含有Cu，Pb，Zn，S，Fe，Ag，Sb，W等，综合利用价值很高。随着黄金资源的贫乏和选冶技术水平的提高，这部分高品位老尾矿已成为黄金矿山新的资源。

湘西金矿沃溪矿区系石英脉型含金、锑、钨的多金属矿石。1号尾矿库堆存的老尾矿有35.27万t，金、锑、钨的平均品位分别为4.18g/t、0.714%、0.16%。该尾矿多为1955～1964年“先冶后选”的尾矿及1959～1965年地表堆存的氧化矿经选别后的尾矿。该尾矿中的金属是微细粒金，其中－10μm微粒金占29.61%，而且，脉石关系密切，与脉石连生及包裹的金占39.77%金的粒度特性和赋存状态决定了该尾矿有部分微粒金用机械磨矿的办法难以使其单体解离或暴露。针对老尾矿的工艺矿物学性质，采用浮选金锑＋尾矿氰化的工艺流程处理。通过对浮选系统进行改造及采用活性炭火法再生工艺及使用Y89-3浮选金、锑，实际生产过程中，金、锑的选冶回收率分别达到67.40%、35.73%。同时由于对开采方法进行改进（液下泵代替采砂船开采）及含氰尾水采用INCA法治理，使系统生产成本大幅度降低，按年处理4万t计，比初步设计时的总成本4616万元降低了126.4万元。处理老尾矿的保本品位为1.65g/t，当采矿品位达尾矿库平均金品位4.18g/t时，每年可实现利润525.78万元。

c 铜尾矿回收

从铜矿尾矿中，根据尾矿成分可以选出铜、金、银、铁、硫、萤石、硅灰石、重晶石等多种有用成分。

铜陵公司铜官山铜矿是有色行业中最早开发尾矿再选的矿山。该矿响水冲尾矿库从1952年到1967年共堆存尾矿860万t，经钻孔勘察，探明可供回采的再选尾矿数量为620万t。尾矿平均含硫5.82%，含铁28.73%。采用先选硫后选铁的工艺流程，1975～1988年共处理尾矿459万t，硫精矿总产61.1万t，铁精矿总产83.5万t，实现利润总额为2500万元，其中年最高利润达281万元。武山铜矿尾矿中含有多种有用元素，其中：Cu 0.69%，Si 7.94%，Fe 0.12%，As 0.12%，Ba 0.85%，CaO 0.281%，Mg 0.086%，Al_2O_3 1.17%，SiO_2 46.88%，Au 0.614 g/t，Ag 17.14 g/t，尾矿中的Cu、S、Au、Ag均具有很高的综合回收价值。该矿共贮存尾矿约70万t，用简易的浮选方法仅回收硫精矿，可达年利润282.71万元，硫品位36.83%，回收率达89.42%。大屯选矿厂从铜尾矿中回收萤石，试验采用一粗一扫，5～7次精选可得95%～97% CaF_2的萤石精矿，回收率为33%～35%。平水铜矿尾矿含重晶石（$BaSO_4$）9%～13%，已积存尾矿85万t。试验表明，如将尾矿矿浆直接入选，采用选择性较好的埃罗索－22捕收剂，可获质量较好的重晶石精矿粉，含$BaSO_4$ 97.07%，回收率83.95%，密度4.41g/cm^2，－200目含量100%。估计每年可产出重晶石精矿粉1.15万t。

d 铅锌矿尾矿回收

我国铅锌多金属矿产资源丰富，矿石常伴生有铜、银、金、铋、锑、硒、碲、锡、钨、钼、锗、镓、铟、铊、硫、铁及萤石等。我国银产量的70%来自铅锌矿石。因此，铅锌多金属矿石的综合回收工作意义特别重大。

柴河铅锌矿至2000年积存尾矿363万t。该矿先将尾矿用螺旋溜槽重选，再将重砂作浮选处理，获得了合格的锌、铅、硫精矿，并使银得到综合回收。按处理尾矿85万t计，送浮选的矿量为15万t，可产铅精矿1890t（46%Pb）、硫精矿10542t（35%S）、硫化锌精矿5840t（45%Zn）、氧化锌精矿18991t（35%Zn）。另外，铅精矿中含银3212kg，总产值1227万元（不含硫精矿价值），利润330万元。

B 用作矿井充填料

在采矿过程中，当开采地表需要保护的矿床，稀有、贵重金属或有色金属的高品位矿床，有自燃危险的金属矿床，地表水体下或强含水层下富矿、赋存条件复杂的富矿体以及深部矿体时，往往采用充填法。因矿山开采诱发的地面崩塌、滑坡、塌陷等地质灾害和安全事故已十分普遍，是安全生产的重大隐患。用充填法采矿，是保护围岩不发生塌陷、实现采矿工业安全生产与环境协调发展最可靠的技术支持。该法的充填料可利用废石及尾矿，或水泥和尾矿胶结物等。

过去惯用的充填材料为碎矿石，为此需建一套采石、破碎、运输系统，既费力又花钱。尾矿是一种较好的充填料，而且有利于保护生态环境。用尾矿作充填料，充填费用仅为碎石充填费用的1/4～1/10，且具有就地取材、来源丰富和运输方便等优点。用作充填材料时，对尾矿的化学成分和物理性质的要求有：

（1）有用矿物的含量甚低，预计几十年甚至更长时间内的选矿技术难以经济地回收；

（2）尾矿中绝大多数矿物的性质稳定，不易风化或水解，不易氧化自燃，不析出大量有毒、有害或恶臭的气体。

目前，充填采矿法采矿量占全国有色金属采矿量的11.2%左右，采用充填法的矿山每开采1t矿石需回填0.25～0.4m^3或更多的充填材料，现在我国约有20多个冶金矿山采用充填采矿法，其使用条件和采用的充填料如表 7-8 所示。

表 7-8 冶金矿业采用充填法的实例

矿山名称	选用充填的原因	充填料
凡口铅锌矿	矿山品位高，要求限制围岩移动，防止溶洞水灌入坑内	水泥加尾砂胶结充填料
黄沙坪铅锌矿	矿石品位高，矿体形状较复杂	废石
凤凰山铜矿	为保护地表河流、农田，防止地表水侵入坑内	分级尾矿
铜官山铜矿	露天、坑内同时开采	露天废石
招远金矿	老洞多，采用充填法易于处理残采问题	分级尾矿
711 矿	矿体变化大，稀有金属矿床	废石
湘西钨矿	保护地表河流、建筑物，减少贫化率	围岩、废石
金州石棉矿	阻岩不稳定的薄矿脉	围岩和废石
托里铬矿	要求贫化率、损失率尽可能低	水泥和尾矿胶结充填料
麻阳铜矿	地表有农田，品味较高	分级尾矿

我国现行的尾矿充填技术是以分级的尾矿作为充填填料充入下采空区。但是普遍存在设备投入大、原材料成本高、脱水速度慢、水泥凝结慢、早期强度低、接顶率低等缺陷。目前，较先进的充填技术基本上是以早强快硬型水泥熟料或普硅熟料与活性混合材料或非活性混合材料以及速凝添加剂、膨胀材料、增塑材料、保水材料共同粉磨生产低标号胶凝材。此类胶凝材各项性能虽得到改善，但还存在熟料用量大，强度低，制作成本高等缺点，无法生产低成本 32.5MPa 水泥。以全尾砂充填时，水泥凝胶材用量往往超过 15%甚至达到 25%，导致充填成本难以降低。全尾矿充填技术主要是以少量低成本水泥以及高浓度不分级的全粒级尾矿作为充填填料充入井下采空区的一种方法。其核心技术是大幅降低水泥制作成本，调整充填技术要求，每吨充填

32.5MPa水泥可比市场同标号水泥降低30～100元，抗折、抗压强度均超过国家普硅同标号水泥标准，并改善了充填性能，减少了设备投入。

凡口铅锌矿是一个大型地下开采矿山，采选综合能力达4000～4500t/d。采矿方法以胶结充填为主，这就需要大量充填骨料。所以，合理地利用采矿废石及选矿尾矿这些矿山固体废弃资源便成了重要的发展方向。20世纪60～70年代，充填主要靠外购碎石、河砂，严重制约矿山的采矿生产。长期以来，曾先后使用过压气罐压气输送碎石胶结充填、直通孔或斜溜槽输送碎石胶结充填、盘区机械化胶结充填采矿法、高浓度全尾砂胶结充填。80年代建立了处理能力800t/d的磨砂厂，用人造磨砂取代外购碎石、河砂，并实现了废石100%利用，充填成本大大降低。废石充填法分废石干式充填和废石胶结充填。废石干式充填主要用于间柱采空区，废石胶结充填主要用于FDQ法矿层和间柱底部结构层的空区充填。使用废石充填可避免充填体强度过剩，造成不必要的材料浪费，据统计每年可节约成本300万元。

C 生产硅酸盐水泥

在水泥的原料中一般配入20%的黏土和铁粉，如以尾矿代替，既可节约土地，也可省去开采和加工的能耗。在不改变传统生产工艺的情况下，可直接应用于旋窑、立窑水泥的生产，尤其适合立窑水泥熟料的生产。根据尾矿性质和水泥生产工艺的不同，尾矿使用量可达到20%～50%，水泥产品各项物理指标完全达到并超过32.5MPa型硅酸盐水泥标准要求，而且具有易磨性好、改善安定性、缩短安定期、提高早期强度、保持后期强度、改善凝结时间等优点。以年产10万t水泥生产企业为例，水泥配料中使用20%～50%的尾矿，年可增加纯利润100万～150万元，不仅经济效益显著，还可为矿山和水泥企业带来显著的社会效益和环境效益。马钢桃冲铁矿利用这一技术建立起一座年产20万t的水泥厂。另外，尾矿中含有氟化钙的包头矿和湖南铅锌矿，用尾矿作矿化剂加入到原料中，使水泥熟料烧成时温度降低到 150℃左右，有利于熟料的节能增产。

D 生产建筑材料

矿山现存尾矿即使将有用元素再提出后，仍留下大量无提取价值的废料。这种废料仍含有可利用的有价物质，可将其视为一种“复合”的矿物原料，它们除含有残余的微量金属组分外，主要是石英、长石、辉石、石榴石、角闪石以及由它们蚀变而成的黏土、云母类等铝硅酸盐矿物以及方解石、白云石等钙镁碳酸盐矿物，化学成分主要为硅、铝、钙、镁氧化物和少量钾、钠、钛、铁、硫氧化物，与广泛应用的建材、轻工、无机化工原料十分接近。因此可用来开发作为生产小型空心砌块混凝土、陶瓷建筑材料、日用及工艺美术陶瓷、微晶玻璃花岗岩等的原料。

矿业固体废弃物作为建筑材料用途很广。如以铁矿尾矿砂为主制成的尾矿砖，是一种良好的墙体材料；以水泥、水渣、尾矿粉为原料，与加气剂按一定比例配制而成的加气混凝土，是轻质多孔建筑材料；10000km 国家二级公路，仅碎石一项就需石材数亿立方，以粗粒尾矿代替碎石做路基垫层，筑路的费用可节省 1/3。

细粒尾矿约占尾矿排放总量的 2/3 以上，目前这种尾矿仍以尾矿库的堆存为主。经实验研究，以细粒尾矿作主要原料可生产出多种建筑产品。尤其是以石英为主要成分的尾矿，不仅可以生产免烧墙体砖、贴墙砖、人造大理石、水磨石、加气混凝土和仿花岗岩等，也可作为玻璃和陶瓷的生产原料。制作烧结砖尾矿用量大，生产效率高，每块生产成本仅 0.10～0.15 元，而且尾矿使用量 70%～80%。制作免烧砖尾矿使用量 30%～85%。山东建材学院利用焦家金矿尾矿和少量当地廉价黏土，研制出符合国家标准的陶瓷砖和地砖。丹东市建材研究所利用金矿尾渣加入塑性较好并带有颜色的黏土原料，经烧结制成一种新型建筑装饰材料——废矿渣饰面砖，各种性能均达到规定标准。已建成投产的黄梅山铁矿装饰面砖厂，年生产饰面砖达 10 万 m^3。年处理尾矿 4000t，该厂的建成已为矿山带来明显的经济和社会效益。

尾矿还可用于制作混凝土制品，利用改性后的尾矿制作的混凝土制品具有性能稳定、质量优良、成本低廉等优点，适用于路沿石、挡土石、涵管、道板、水泥板、水泥管等预制构件的生产。东北地区的铁矿，性质基本相同，一般考虑将其尾矿用作建筑材料。如大孤山的尾矿中绝大部分是石英、铁矿物和少量的角闪石、绿泥石、方解石等，有害杂质极少。该矿与鞍山市矿渣砖厂、鞍山市建材研究所、辽宁工业建筑设计院、辽宁省建筑科学研究所研制成功用大孤山的铁尾矿制作加气混凝土，并生产出加气混凝土砌块、楼板、屋面板、墙板、保温板、保温管等，且用这些产品建筑了两幢二层楼和一幢三层楼，楼房至今使用情况良好。目前，加气混凝土制品已广泛用于工业及民用建筑。它具有容重轻、保温性高和可加工性等特点，是一种很有前途的建筑材料。

E　微晶玻璃

微晶玻璃也称玻璃陶瓷，是一种由基础玻璃控制晶化行为而制成的微晶体和玻璃相均匀分布的材料。微晶玻璃同普通玻璃的区别在于它具有结晶结构。而同陶瓷材料的区别则在于它的结晶结构要细得多。制作尾矿微晶玻璃主要原料有铁尾矿、石英砂、$CaCO_3$、Al_2O_3、MgO、Na_2CO_3、K_2CO_3、$BaCO_3$、硼砂等，其中尾矿用量可达 60%，试样制品成型时采用水淬烧结工艺，如图 7-14 所示。

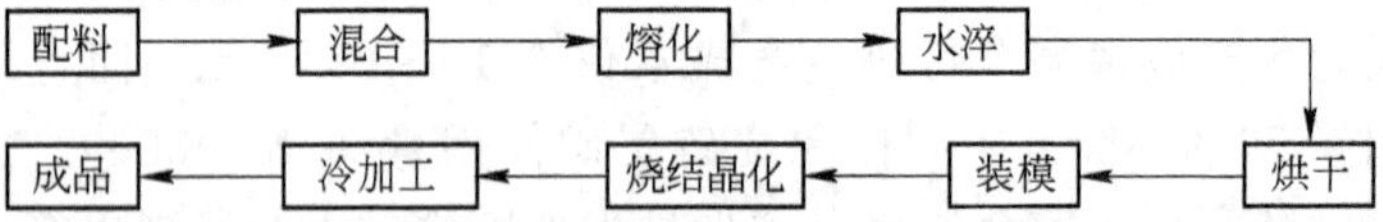

图 7-14　生产微晶玻璃的水淬烧结工艺流程

热处理工艺为：核化温度 770℃、保温时间 60min；晶化温度 870℃、保温时间 60min，升温速率 5℃/min。

黄金尾矿中的 SiO_2 含量常高达 62%～72%，与钠钙硅酸盐玻璃的 SiO_2 含量非常接近，在对其进行除铁后可用作制造玻璃的主要原料。徐惠忠曾采用磁选、淘洗和酸洗工艺对黄金尾矿进行除铁，使尾矿中的全铁含量降至 0.24%～0.62%，再用该尾矿 70%、纯碱 10%、石灰石 18%、硝酸钠 1%和中砂 1%混合后置于坩埚中，在 1350℃下熔制 4h，所制得的熔块基本呈无色透明状，且无析晶、结团及气泡等瑕疵。这说明用黄金尾矿生产玻璃是可行的。在不对黄金尾矿除铁的情况下，亦可用其生产低档玻璃制品，如招远市玻璃厂用黄金尾矿生产玻璃瓶罐。

唐山地区铁尾矿微晶玻璃，通过添加不同的着色剂，可生产出不同颜色的尾矿微晶玻璃，并可开发出高性能、低成本的高档建筑装饰或工业用耐磨损、耐腐蚀材料，达到了资源的再回收利用，有利于环境保护，又提高了材料的技术含量和经济价值。

湖南川口钨矿选厂尾矿的主要组分为石英，SiO_2量在 92%左右。以其作主要原料（含量约占 60%），分别添加 TiO_2 和 Fe_2O_3晶核剂，所制得的玻璃陶瓷性能较天然大理石和花岗岩优异。

F 尾矿用作土壤改良剂和肥料

不同尾矿具有不同的化学和矿物组成，有些尾矿可用于生产农用肥料。如含磷较高的磷石膏尾矿渣，经过适当处理就可以作为尾矿磷肥用于农业生产。美国、印度等国家还利用石膏尾渣治理盐碱土，调节土壤中的苏打含量。

过去，人们曾认为只要有 C、O、H、N、P、K、Ca、Mg、Fe 和 S 等 10 种元素就能足够维持植物正常生长和发育需要。但后来的研究证明，植物生长除上述常量元素外，尚需要其他微量元素，如 B、Mn、Cu、Zn、Mo、C、Cl、Na 等。为了满足植物生长对某些微量元素的需要，就必须施用一定的微量元素肥料。施用微量元素肥料的增产效果是明显的。田间试验表明，针对作物和土壤等特点，施用某微量元素肥料，其增产幅度一般为 8%～30%，个别的甚至可成倍增产。

锰矿床采选中所产生的废石及尾矿是极好的锰肥，它和锰的纯盐比较，对植物有更多的作用。因为它们往往是一种综合肥料，除了锰之外还可含有磷酐、氯离子、硫酸盐离子以及氧化镁、氧化钙等。尤其是废石及尾矿中锰往往呈 MnO_2 状态，它进入土壤中可使土壤中的有机体迅速氧化，而使有机体所含营养物质迅速析出，变成易被吸收状态。

又如，土地极度缺钼对庄稼生长和人体也很不利。据有关单位对河南某些食道癌发病区环境地质调查，土壤中极度缺钼就是引起食道癌的主要原因。如能将某些钼矿的尾矿作为微量化学肥料施用于缺钼的土壤，不仅有助农业增产，而且有助于降低食道癌发病率。

此外，磁铁矿石尾矿中还含有少量的磁铁矿，具有载磁性能。对这类尾矿可进一步磁化而生产出磁尾复合肥，即在尾矿中掺入一定比例的N、P、K和部分微量元素，再经磁化而成。将尾矿磁肥适量施于农田，能改善土壤的团粒结构和透水、透气能力，促进土壤养分的释放和有利于作物的吸收。试验表明，施肥后的水稻、小麦可增产10%～20%。

我国磁铁矿矿石约占铁矿总储量的1/3，尾矿中磁铁矿具有载磁性能，加入土壤中可引起磁团粒结构的活化，使土壤的结构、孔隙度和透气性得到改善。马鞍山矿山研究院利用这一性能开发研制出了土壤改良剂，经小区种植对比试验和大区示范试验，农作物增产效果明显：早稻、中稻和大豆的增产率分别为12.63%、11.06%和15.5%。随后该院又同当滁县太仓村合作建成复合磁肥生产线，年产磁化复合肥5000t，以加磁后的尾矿代替膨润土作复合肥的黏结剂，既节约了成本，又增加了肥效，深受当地农民的欢迎。黑龙江鸡西选矿厂用尾矿研制出镁钾肥；河南某选矿厂用尾矿做主要原料生产出钙镁磷肥。

7.5 金属矿业城市的可持续发展

德国学者克里斯塔勒（Walter Christaller）有句名言：“城市在空间上的结构，是人类社会经济活动在空间的投影”。矿业城市的产生与发展也符合他的这个观点。与普通城市不同的是，矿业城市的发展既要遵循城市发展规律，又要遵循矿业发展规律。

7.5.1 中国矿业城市特点和存在的主要问题

矿业城市也常被称作资源型城市，是随着社会分工的发展，以矿产资源为开采对象的采掘业与加工业及其相配套的社会劳动集中到一定规模后形成的城市。

7.5.1.1 矿业城市的主要类型及发展阶段

从资源类型来看，我国的矿业城市主要有煤炭城市、林工城市、有色冶金城市、石油城市、黑色冶金城市等类型。

根据矿业城市发展的不同阶段，可将矿业城市分为幼年期、中年期、老年期矿业城市（表 7-9)。其中约 10％资源已经枯竭，约 80％处于中晚期，即将面临资源枯竭问题，只有约 10％处于幼年期。

表 7-9 中国不同发展阶段矿业城市的数量及所占比例

发展阶段		合计	煤炭	钢铁	化工	石油	建材	有色	黄金	复合
矿业城市合计/个		129	55	15	10	11	6	19	5	8
幼年期	个数/个	12	5	0	1	3	0	1	0	2
	比例/%		9.1	0	10.0	27.3	0	5.3	0	25.0
中年期	个数/个	102	39	14	8	7	6	18	5	5
	比例/%		70.9	93.3	80.0	63.6	100.0	94.7	100.0	62.5
老年期	个数/个	15	11	1	1	1	0	0	0	1
	比例/%		20.0	6.7	10.0	9.1	0	0	0	12.5

从产业结构的角度来看，我国矿业城市大致可分为 4 种类型：

(1) 矿业为主导产业，同时有几种非矿支柱产业，产业结构是合理的；

(2) 有多种支柱产业，矿业是其一，产业结构也是合理的；

(3) 矿业是主导产业，没有其他支柱产业，产业结构是脆弱的；

（4）资源枯竭或接近枯竭，由此矿业衰退，接续产业没有形成，没有支柱产业，在市场竞争中困难重重。

处于资源枯竭型的矿业城市，全国约有15座。主要特征是经济萎缩、财政收入锐减；社会事业整体发展滞后，矿山环境问题突出；结构调整、转产就业压力很大，部分职工生活特殊困难，群体性事件时有发生，社会不稳定因素增加，亟待给予扶持。此外产业结构脆弱的第三类型矿业城市（镇）为数不少，为防止其蜕变到第四类型，必须加紧结构调整。

7.5.1.2 中国矿业城市的空间分布

矿业城市的空间分布极不均衡，明显地表现出中部地区密集，西部内陆和东部沿海稀少的格局。全国129个矿业城市，中部有64座，占矿业城市总数的49.6%，几乎占到一半；西部有29座，占22.5%；东部36座，占27.9%。各类不同矿业城市，东、中、西部的分布也不均衡，煤炭城市、化工城市、有色冶金城市多分布在中部，各占56.4%、50%、63.2%；钢铁城市、建材城市、黄金城市多分布在东部，各占46.7%、50%、60%；石油城市主要分布在中部和东部，各占36.4%；复合型的矿业城市主要分布在中部和西部，各占37.5%。东、中、西部矿业城市分别占其城市数量的12%，25.9%，24.2%。

7.5.1.3 中国矿业城市发展状况及存在问题

A 中国矿业城市的总体特征

a 对矿产资源的高度依赖性

矿业城市对矿业的高度依赖性主要表现在两个方面：一是资源的存在性是工业区与矿业城市得以发展的必要条件；二是矿产资源的储量、品位和禀赋直接影响着矿业城市主导企业的效益与生命周期。

b 主导矿业企业对城市发展具有重大影响

矿业城市中，矿产资源的勘探、开采、冶炼、加工、销售等在城市发展中占有举足轻重的地位，影响着整个城市经济的运行。在城市发展过程中，主导企业为矿业城市的发展提供了大量的资金，主导矿业企业交纳的资源税及其他税收，成为城市财政收入的主要来源，对城市的发展起了巨大的推动作用。

c 城市空间结构的分散性

中国矿业城市的布局一般都存在“点多、线长、面广”的特点，实际建成区比重低，不少矿业城市中间夹杂着良田、菜地等非城市景观，集聚度低。尤其是煤矿城市，由于受“随矿建镇”模式的影响，形成了“大分散、小集中”，“百里煤城、城乡交错”的格局。城镇分散，布局失调，功能弱化的弊端日益显现。

d 城市功能的双重属性

矿业城市作为生产力的一种空间存在形式，有着城市与基地的双重属性。它既具备一般城市的共同属性，即地区行政中心、经济中心、文化中心、科技中心、交通中心和信息中心。又具有特殊属性，即一种或数种资源与产品优势，使矿业城市又成为国家的重要工业基地。

e 主导企业功能的二元性

矿业城市中主导企业办社会的情况很普遍。这样，就派生出两个城市功能主体，一是以市政地方为主体经济社会运行的城市功能圈；二是以大中型企业为主体经济社会运行的城市功能圈。企业办社会成为中国矿业城市普遍现象。

B 矿业城市发展中存在的主要问题

产业结构不合理。产业结构的不合理主要表现在三个方面：三次产业发展比例不合理；第二产业内部结构单一化、畸形化的现象也很严重；第三产业层次低，如信息通讯、咨询业、旅游服务等尚处于起步阶段。

大部分矿业城市经济效益不高，从人均 GDP、百元固定资产实现工业总产值、百元产值实现利税三个指标来衡量矿业城市的经济效益。总体来看，除石油城市外，矿业城市的经济实力、发展潜力及经济效益不高。

国有经济占比例很大，吸引外资能力差。矿业城市工业企业产权结构单一，大型国有企业在城市经济结构中占有举足轻重的地位，非公有经济成分在城市中发展的空间很小。再加上多分布于内陆，利用外资远低于全国城市的平均水平。

建设资金不足，城市基础设施薄弱。由于矿业城市的经济效益较低，使财政收支低于全国城市人均财政收支水平，基础设施建设严重滞后。

工资低，就业岗位严重不足，社会矛盾突出。矿业城市的职工工资除石油城市之外，普遍较低，生活水平在全国平均水平之下。在矿产资源濒临枯竭的矿业城市，失业人群非常庞大，再就业艰难。目前，近400个矿山面临闭坑威胁，将直接影响到300万矿工和近1000余万家属的工作和生活。由于没有建立符合国际惯例的“矿山补偿基金”，企业难以转产，给矿工生活带来很大影响。就矿工总体而言，目前石油行业状况稍好，煤炭、有色冶金、化学工业企业的矿工较为困难。

生态环境恶化，地质灾害严重。矿业城市的工业结构为超重型、高耗能、高耗水、高排污的重工业，其百元产值的耗水量、耗能量、排污量远远大于其他类型的工业，矿业开发既给城市带来了财富和物质资源，又给城市环境带来不良影响。正在开采的或已废弃的金属矿产地既产生诸如岩溶塌陷、采空区塌陷、矿坑突水、滑坡、崩塌、泥石流、侵占农田等环境地质灾害，又会产生严重的水体、大气和土壤的污染，已成为两大环境公害。

现有的426座矿城中处于老年期的矿城已有47座，占总数的12%，这些矿城资源枯竭，矿业经济衰退，替代产业尚未完全形成，环境恶化，就业困难，面临“矿竭城衰”的严峻挑战。即使是处于成长期、中年期的矿城，也由于支柱产业单一，城市发展速度慢，经济稳定性差，城市功能发育不全，再加上缺少区位优势，在市场竞争中也处于劣势。

7.5.2 矿业城市经济转型模式

资源型城市可持续发展的关键是产业结构的适时、有效调整，在确保其经济和社会效益获得稳定增长的同时，谋求人口得到有效控制，自然资源得到合理开发利用，生态环境保持良性循环发展。从政府与市场的作用来分析，可以把矿业城市经济转型分为政府主导型和市场主导型两种模式。分析和研究发达国家矿业城市经济转型的模式与路径，对于我国矿业城市的经济转型具有积极的借鉴意义。

7.5.2.1 政府主导型模式

在矿业城市的经济转型中，由政府起主导作用的模式属于政府主导型模式。日本以及欧盟的德国和法国等国家都属于此类。但是德、法两国和日本转型的具体措施又有很大的区别，据此可以将此类模式进一步区分为专门委员会负责模式和产业政策指导模式。

A 专门委员会负责模式

欧盟的德、法两国为解决落后的矿业城市和地区的经济转型问题，采取了政府主导的模式，主要通过成立专门的委员会，制定全面而详细的转型战略和计划，来促进矿业城市和地区的经济转型。德国的鲁尔地区是这种模式的典型代表。

鲁尔区位于德国经济最发达的北莱茵—维斯特法伦州（简称北威州）的中部，是北威州的 5 个区之一，包括 11 个县市，其中有多特蒙德、艾森、杜伊斯堡等比较有名的工业城市。鲁尔区共有 550 万人口，约占统一后德国人口的 6.7%。德国人口密度为每平方公里平均 246 人，北威州为 520 人，鲁尔区高达 3475 人。

鲁尔区是世界上最大的工业区之一。蒂森公司、鲁尔煤矿公司等一批著名的采矿和钢铁康采恩在这一地区创建。19 世纪上半叶，鲁尔区开始了大规模的煤矿开采和钢铁生产，并逐步发展成为世界上最著名的重工业区。目前，鲁尔区和北威州其他地区（主要是科隆西部地区），年产煤约占德国西部总产煤量的 90%。鲁尔区的钢产量占德国西部总产量的 70%。鲁尔区密集着炼钢、轧钢、制铁、炼油、汽车、造船、机器和电气设备制造等工厂。

20 世纪 50 年代后期，随着石油、天然气的大量开采利用，以及新一轮科技革命浪潮的冲击，鲁尔老工业基地的经济结构传统产业受到严重挑战。过度开采造成资源趋于枯竭，生产成本直线上升，产品市场萎缩，工人大量失业。到80年代末期，鲁尔区面临着严重的失业问题。为摆脱危机，适应新形势下经济发展的需要，鲁尔区实施了一系列的老区整治措施，概括起来，主要有以下几方面。

（1）设立地区发展委员会　鲁尔区发展初期，由于缺乏对土地利用、城镇布局、环境保护方面的全面规划，造成矸石成堆，污水遍地，地区环境质量不断恶化，区域形象受到了严重的损害。为从全区角度进行全面规划、统筹安排，鲁尔区从1920年开始，建立鲁尔煤管区开发协会，以协调市、县各项建设事业。协会的工作任务是实施“总体开发规划”，具体是：保护森林绿地；处理地区垃圾；改善环境质量；建设职工业余所需要的各项文化、娱乐设施；研究全区各市县的发展规划；接受各市县的委托咨询；进行规划示范；开展全区的测绘工作等等。

（2）资助政策导向的变化　由于煤炭、钢铁、造船是当地的主要产业，联邦政府一直对这些产业进行补助，希望通过补助使这些老的传统工业能够走出困境，但结果是，在高投入、高资助以后，鲁尔区仍在进一步衰落。因此，联邦政府调整了对老工业基地的资助办法，将一部分资助金用于煤炭、钢铁、造船等部门环保、废厂房利用等项目，比如对于可促进当地基础设施建设的环保和废厂房利用等项目，可得到占投资额80%的资金。资助金由联邦政府和州政府各承担一半。另一部分资金用于帮助该地区投资生产新产品，扶持当地的新兴产业、服务业和中小企业的发展，以创造新的就业岗位。同时资助再就业培训，使企业中的富余劳动力能够重新找到新的工作岗位。

（3）清理改造传统产业，初步完善基础设施　1968年，鲁尔区开始着手进行产业结构调整，拯救老企业。重点采取了对矿区进行清理整顿，将采煤业集中到盈利多和机械化水平高的大矿井，调整企业的产品结构和提高产品技术含量等措施。

(4) 吸引资金和技术，大力扶持新兴产业　为优化投资结构，北威州规定，凡是信息技术等新兴产业的企业在当地落户，将给予大型企业投资者28%、小型投资者18%的经济补贴。据统计，目前，北威州从事数据处理、软件及信息服务的企业就超过11万家，电信公司380多家，其中绝大多数位于鲁尔区内。

(5) 大力发展科教事业　在德国政府和欧盟的资金支持下，鲁尔区建立了30个技术开发中心。从1961年起在波鸿、多特蒙德、埃森等地陆续建起大学，大量培养适合产业现代化需要的高级人才。鲁尔区重视高技术的市场化，这里所有大学和研究所，都有“技术转化中心”，以帮助企业把技术转化成生产力。鲁尔区的各种技术园内，已有600多家公司和机构，提供了近万人的就业岗位。

经过数十年持续不断的努力，鲁尔区以煤、钢为主导的产业，已被新的替代产业所取代，通过积极拓宽制造业领域，开发第三产业，成功地实现了经济结构转型。在实施区域政策的过程中，鲁尔区将注意力更多地放在了内生资源的开发利用和中小企业的发展上。现在大部分矿山和钢铁厂关闭了，在煤炭污染过和炼钢炉烧烤过的土地上，是绿荫环绕着的高科技产业园、贸易中心和文化体育设施。

德国鲁尔地区的实践表明，这种专门委员会负责模式的特点在于：

(1) 转型前矿业城市规模较大，矿业产业从业人员众多。由于德国、法国等国家工业化和城市化的历史较长，矿业城市一般规模较大，矿业产业在当地经济中占有很大比重，从业人员人数众多。加上矿业产业大多已经处于成熟期或衰退期，矿业生产成本很高，在这种基础上实现经济转型的难度非常大。

(2) 由专门成立的权威机构负责经济转型的规划和协调工作。对于鲁尔地区这样大规模的矿业地区来说，经济转型是一项非常复杂的系统工程，涉及的利益关系非常复杂，为了协调各方面的利益，提高转型的效率，鲁尔地区成立了专门负责的机构，并通过制定完善的转型规划来指导本地区的经济转型。

(3) 经济转型与体制转轨紧密结合。在经济转型的同时，鲁尔地区在体制转轨方面也采取了一系列措施，如对一些国有企业及相关企业进行股份制改造，大力扶持发展私营企业和中小企业等。

B 产业政策引导模式

日本为解决九州等地的矿业城市的经济转型问题，也采取了政府主导模式，但与德、法两国不同的是，日本主要通过制定一系列产业政策来引导矿业城市的经济转型。

日本的矿产资源极其匮乏，煤炭是其少数储量相对较为丰富的矿产资源之一，这使得日本政府对于煤炭等资源产业一直非常重视。20 世纪 50 年代以后，由于煤炭生产成本居高不下，以及海外廉价石油的冲击，日本的煤炭产量大幅度下降，煤矿数目急剧减少，煤矿工人大量失业，给九州等以煤炭工业为主的地区带来了一系列严重的经济和社会问题。在这种背景下，日本政府于 1961 年组织了煤炭矿业调查团，并于 1962 年制定了第 1 次煤炭政策。此后，日本政府又相继在 1964 年、1966 年、1968 年、1972 年、1975 年、1981 年制定了第 2 次到第 7 次煤炭政策，目的是为了防止煤炭工业崩溃，稳定煤炭生产规模，同时加速九州等地煤矿工业的现代化建设。日本政府为此付出了总计达 2500 亿日元的巨额财政补贴，但这些政策并没有根本改变煤炭工业日益衰落的局面。面对这种情况，日本政府于 1986 年和 1991 年又先后出台了第 8 次和第 9 次煤炭政策，实施煤炭工业合理化政策，不断调整其国内煤炭工业结构，分阶段逐步减少国内煤炭产量，同时积极扶持九州等产煤地区的产业转型，逐步实现煤炭的进口替代。为了保障煤炭产业政策的顺利实施和九州等产煤地区的顺利转型，日本政府对这些地区的经济转型采取了一系列有力的援助政策。由于这些政策的有效实施，九州地区最终顺利实现了经济转型，现在已经成为日本重要的高新技术产业区。

从日本九州地区经济转型的实践可以看出，这种产业政策指导模式有如下特点：

(1) 经济转型始终在政府产业政策的指导下进行。日本政府一般通过产业政策对经济进行强力干预，这被认为是日本战后经济迅速发展的重要原因。在矿业城市的经济转型中，正是日本政府在立足本国煤炭产区的具体情况的基础上，根据国内外市场的变化适时制定和调整煤炭产业政策，并通过一系列援助措施，帮助九州地区摆脱了困境，最终成功地实现了经济转型。

(2) 完全退出传统产业，重新选择替代产业。起初日本政府并不想放弃煤炭工业，但资源禀赋和市场环境的恶化，使日本政府认识到必须进行产业结构的升级与转换。这样，在中央政府和九州地方政府的努力下，通过扶助煤炭产区建设“新产业城市”和“技术密集型城市”等系列措施，吸引三菱重工、东芝、本田等外地企业进入九州，实现了产业结构的高级化。

(3) 经济转型开始的时间较晚，政府负担沉重。九州地区是在煤炭工业的衰退期才开始进行经济转型的，当时面临着煤炭资源日益枯竭、煤炭开采成本居高不下和国外廉价石油冲击的严重局面。为了妥善安置煤炭工业的大量失业人员，大力扶持发展新兴产业，保障九州地区经济转型的顺利实现，日本中央和地方政府付出了数千亿日元的财政补贴。

7.5.2.2 市场主导型模式

在美国、加拿大等国家的矿业城市经济转型中，市场起着主导作用。

以美国休斯敦为例，在1901年发现得克萨斯油田时，休斯敦只是个农牧区的小集镇。1929年后随着石油的大规模开发而逐渐发展成为一座城市。二战的爆发加快了休斯敦的石油开发。伴随着石油开采，休斯敦的石油化工业迅速兴起，城市日益繁荣。到了20世纪60年代，休斯敦的石油开采业开始整体下滑，但由于邻近的墨西哥湾的大规模油气资源开发，加上便利的港口运输条件，休斯敦逐步从石油开采向石油化工等下游产业延伸，为石化工业服务的机械、钢铁、水泥、电力、造纸、粮食、交通运输和通讯等各个产业也纷纷发展起来，逐步形成了一个结构合理、高度完善的石油工业下游产业群。此外，1962 年美国宇航中心在休斯敦的兴建，也直接带动了与航空航天相关的电子、通信、军事、仪器仪表、精密机械等产业的迅速发展。同时，这些新兴产业的崛起推动了为其服务的教育、科研、金融、医疗和国际贸易等第三产业的快速发展。现在，休斯敦已经不再是一个以石油开采和加工为主的单一性城市，而已经成为一个资金、技术和人才密集的现代化综合性城市。

从休斯敦经济转型的实践可以看出，市场主导型模式一般具有如下特点。

(1) 经济转型主要通过市场机制的自发调节来进行。因为美国、加拿大等国家实行的是自由市场经济体制，在资源配置和利用方面企业具有决定权。所以企业投资的流向对矿业城市的发展方向起决定性作用，而这种资金的流动主要受各产业和各地区的资金报酬率高低的影响，不断地从资金报酬率低的产业和地区流向资金报酬率高的产业和地区。最终，一些像休斯敦这样具有良好市场条件的矿业城市成功实现了经济转型，逐渐发展成为综合性的城市，而另外一些市场条件不好的矿业城市则日益衰落，甚至成了人去城空的“鬼城”。

(2) 转型城市规模较小，矿业产业从业人员较少。在美国、加拿大等国家，矿产资源的储量非常丰富，且露天开采比例高，开采成本低。而矿区城市规模普遍较小，加上大量先进技术的采用，矿业从业人员较少。另外，这些国家大多属于移民国家，人们对于迁徙习以为常。因此，这些国家矿业城市的经济转型面临的障碍相对较少，转型的难度相对较小。

(3) 经济转型开始的时间比较早。出于追逐更高利益的内在动机，在矿业产业的成熟期，随着矿业产业增长速度的放缓和利润率的平均化，一些矿业企业就开始积极主动地寻找资金报酬率更高的产业，这使得这些国家的矿业城市在矿业产业进入衰退期以前就已经开始了自发的经济转型。

7.5.3 矿山二次资源的开发利用

矿山二次资源是指矿山尾矿、固体废料、废水（液）、废气、余热、余压、坏损土地以及待治理的生态环境要素的总称。

汤中立院士认为，采用循环经济的理念和模式是解决中国矿产资源危机、资源综合利用的有效途径。二次资源的开发利用具有很大的潜力，利用循环经济的理念和发展模式，引用新技术、研制新材料、开发新产品、综合开发利用所谓固体废弃物，不仅可以有效治理废石尾矿带来的环境污染问题，对解决资源危机和矿业城市的可持续发展也具有举足轻重的作用。

7.5.3.1 矿山二次资源的特点

与矿山开采的一次资源相比，矿山二次资源有以下显著特点。

(1) 资源要素与环境要素密不可分。矿山各类废弃物既不是单纯的资源问题，也不是单纯的环境问题。对废弃物进行综合利用的同时也治理了废弃物对环境的污染；同样，在进行生态环境治理时，其结果是获得坏损土地利用功能的恢复、水体的净化、空气的洁净，即获得了生态资源效益。

(2) 矿山二次资源利用的“多解性”。所谓“多解性”是指二次资源在利用的途径、方式、产品方案等方面存在各种可能性。矿山二次资源的物质组分与原生矿差别不大，但经过一次开发后，作为原生矿的主要组分、伴生组分、脉石矿物等等，在二次资源开发时都有可能成为利用的对象。

(3) 二次资源利用具有资源消耗与资源再生双重性质。二次资源利用一方面消耗了矿山排弃的物质，使废物资源化、变废为宝；另一方面又使占损土地得到治理，环境生态功能得到恢复。后者正是矿业城市可持续发展的基础。

(4) 矿山二次资源是“节能型”资源。所谓“节能型”资源是指其开发的能耗低，或者直接利用了二次资源中的能量，减少了一次能源消耗。我们知道，原生矿床的能源消费主要集中在凿岩爆破至选矿厂碎矿磨矿工序，当尾矿废石等资源再利用时，其能耗要比一次资源利用时低得多。

7.5.3.2 矿山二次资源利用现状

目前，我国矿山二次资源的总体利用水平比较低。尾矿的利用量和治理率不到7%，废石治理率国有矿山个别矿种近50%，低的达7%左右，利用水平则更低。煤矸石的利用率大约20%左右，矿山土地复垦（生态重建）率国有矿山26.83%，集体和个体矿山为9.18%。从利用水平看，我国矿山二次资源大有潜力。在二次资源综合利用技术水平方面，我国虽与世界先进水平有一定差距，但总体而言，满足矿山二次资源利用的一般技术需求不存在问题。例如煤矸石发电、制砖技术、低品位矿石堆浸技术等在我国已十分成熟；从废液、烟尘中回收稀散元素的技术达到国际先进水平。目前要做的主要工作是各种二次资源利用技术的推广、试验与应用。

7.5.3.3 矿山二次资源综合利用与矿业城市可持续发展

从城市的概念看，城市是具有多种产业（商贸、信息、服务等）功能相互协调的综合性社区，是一定区域范围内的政治、经济和文化中心。现代城市的存在和发展除了要具备支撑城市综合功能的物质基础外，还应具备良好的生态环境和人文环境。矿业城市可持续发展道路的选择，首先应从城市概念的基本属性出发，从“综合社区功能”的要求出发选择矿业城市可持续发展的途径。

当前，我国矿业城市的普遍问题是产业结构单一，城市环境问题严重，服务设施不全，服务业不发达，城市的综合功能差。加之受计划经济的影响，不少矿业城市的建设没有与当地社会、经济、文化的发展有机结合，使矿业城市丧失了应具有的区域政治、经济、文化中心的地位。随着矿产资源的枯竭，矿业城市不仅不能对当地社会经济发展起支撑作用，反而还成为当地社区发展的严重负担。从城市的综合功能和区域地位出发，矿业城市在未来存在着很多可持续发展的机遇。这是因为在宏观背景上，我国国民经济多年来一直保持着持续高速增长，经济的不断繁荣带动了各行各业的发展和城镇化建设步伐的加快，这为矿业城市的发展带来了机遇，有助于矿业城市调整产业结构，增强城市综合功能，把矿业城市的改造融入全国城镇化建设的规划中，从而在整个国民经济和社会发展中找准矿业城市的位置。

矿山二次资源综合利用在矿业城市可持续发展中具有决定性和基础性的地位。要把产业结构单一，城市功能不全的矿业城市转化为具有可持续发展能力的现代化城市，成为区域社会经济发展的产业中心、贸易中心、文化中心和生活娱乐中心，首先要解决的是过去矿业留下的各种废弃物、塌陷区及采掘后的断崖残坡。矿山二次资源的利用其意义就在于获得了可持续发展的物质基础和生态环境保障。它的作用体现在以下几个方面：

（1）矿山二次资源综合利用是矿业城市向多功能综合性城市转化的初期性产业之一。矿业城市要实现可持续发展，需要有新的产业带动。其途径一是外部资金和产业的引进，这需要有良好的投资环境和城市基础作保障；二是靠内部资源的挖潜，开辟新的产业，创造投资机会，其中矿山二次资源是最重要的途径。它一方面维持了矿业的持续生产，为矿山企业和环保产业提供了新的生产领域；另一方面使矿区生态环境重建，生态资源再生，从而获得了城市可持续发展的资源、环境基础。

（2）矿山二次资源综合利用可以促进矿业城市投资环境改善。投资环境是自然环境、社会环境、基础设施和政策环境的总和。矿山二次资源综合利用促进了矿业城市生态环境的改善和城市综合功能的增强，对改善投资环境具有强大的促进作用，从而为吸引外部资金进入创造了条件。

（3）矿山二次资源综合利用为矿业城市创造了新的就业机会。矿山二次资源利用在全国矿业城市全面启动，其投资规模和产业链效应将十分巨大，从而提供大量就业机会，为缓解矿业城市日益严峻的就业压力创造了条件。

（4）矿山二次资源利用的综合效益。二次资源利用的效益包括资源效益、环境效益、经济效益和社会效益。它的意义在于间接效益的巨大影响深远，对于塑造矿业城市的新形象，创造良好的投资环境，拓展城市的生存和发展空间都具有重要作用。

从产业经济学和资源科学的角度看，矿山二次资源是综合利用产业和环保产业经济的对象，可以从中获得资源性产品和能源产品，表明矿山各类废弃物具备资源的基本属性；从矿山环境保护和地质灾害防治的角度看，二次资源又是污染和灾害产生的重要因素，是影响可持续发展的障碍。待治理的生态环境要素之所以也是二次资源，是因为当环境舒适度不能满足人们对生态环境质量的要求时，就存在对较好环境舒适度的需求，优质的生态环境要素便成为稀缺资源，成为环保投资的动因。

参考文献

1 张凯，崔兆杰. 清洁生产理论与方法. 北京：科学出版社，2005

2 李家瑞，朱宝珂，翁飞. 工业企业环境保护. 北京：冶金工业出版社，1992

3 熊文强，郭孝菊，洪卫. 绿色环保与清洁生产概论. 北京：化学工业出版社，2003

4 钱汉卿. 化工清洁生产及其技术实例. 北京：化学工业出版社，2002

5 杨永杰. 环境保护与清洁生产. 北京：化学工业出版社，2002

6 张钟宪. 环境与绿色化学. 北京：清华大学出版社，2005

7 P. T. 阿纳斯塔斯. 绿色化学理论与应用. 北京：科学出版社，2002

8 赵玉明. 清洁生产. 北京：中国环境出版社，2005

9 臧树良，关伟，李川. 清洁生产、绿色化学原理与实践. 北京：化学工业出版社，2006

10 顾国维. 绿色技术及其应用. 上海：同济大学出版社，1999

11 北京有色冶金设计研究总院等编. 重有色金属冶炼设计手册（铅锌铋卷）. 北京：冶金工业出版社，2002

12 陈佛顺. 有色冶金环境保护. 北京：冶金工业出版社，1984

13 朱慎林，赵毅红，周中平等. 清洁生产导论. 北京：化学工业出版社，2001

14 陈家镛. 湿法冶金手册. 北京：冶金工业出版社，2005

15 赵由才，牛冬杰. 湿法冶金污染控制技术. 北京：冶金工业出版社，2003

16 郭斌，庄源益等. 清洁生产工艺. 北京：化学工业出版社，2003

17 罗庆文. 有色冶金概论. 北京：冶金工业出版社，1986

18 张景来，王剑波. 冶金工业污水处理技术及工程实例. 北京：化学工业出版社，2003

19 周中平，赵毅红，朱慎林. 清洁生产工艺及应用实例. 北京：化学工业出版社，2002

20 童志权. 工业废气净化与利用. 北京：化学工业出版社，2001

21 关坪，陈冰冰. 环境保护管理与污染治理. 北京：国防工业出版社，1995

22 刘今. 中国冶金百科全书：有色金属冶金. 北京：冶金工业出版社，1999

23 邱竹贤. 有色金属冶金学（下卷）. 沈阳：东北大学出版社，2001

24 威廉斯，R. E，唐建文译. 采矿、选矿、冶金工业废物的产生和处理. 北京：冶金工业出版社，1985

25 陈家镛等. 湿法冶金的研究与发展. 北京：冶金工业出版社，1998

26 L. 史密斯，J. 米兹，E. 巴斯. 工业废弃物的再循环利用. 北京：科学出版社，2004

27 付文遠等. 钢铁冶炼工艺. 北京：机械工业出版社，1981
28 刘光复. 绿色设计与绿色制造. 北京：机械工业出版社，2000
29 惠秀娟. 环境毒理学. 北京：化学工业出版社环境科学与工程出版中心，2003
30 许平，潘琳编. 现代十大设计理念　绿色设计. 南京：江苏美术出版社
31 Evans，A. E. 金属矿床学导论. 北京：北京大学出版社，1985
32 中国冶金百科全书总编辑委员会《有色金属冶金》卷编辑委员会，冶金工业出版社《中国冶金百科全书》编辑部编. 中国冶金百科全书：有色金属冶金. 北京：冶金工业出版社，1999
33 王淀佐. 矿物浮选与浮选剂理论与实践. 长沙：中南工业大学出版社，1986
34 朱聪斌. ISO14000 环境管理体系标准及其实施的意义. 污染防治技术，2002，15（1）：55～58
35 祖赤，文建林，赵红艳. ISO14000 环境管理体系在我国企业中的建立及实施. 湖南林业科技，2005，32（2）：76～77
36 余育新，张永亮，朱易春，董呈杰，王洪昌. ISO14000 环境管理体系在现代企业中的建立及应用. 重庆工学院学报，2004，18（5）：67～69
37 沈德富，顾晓彬，吴玉军. 论清洁生产与环境管理体系. 环境与可持续发展，2006（2）：62～65
38 王建雄，李学翔. 中国与世界环境管理体系接轨的回顾. 科技情报开发与经济. 2002，12（6）：90～91
39 沈德富，顾晓彬，吴玉军. 论清洁生产与环境管理体系. 环境与可持续发展，2006（2）：62～65
40 张子健，张号. 环境管理体系认证审核风险的探讨. 能源与环境，2004（3）：43～45
41 殷瑞钰，张春霞，齐渊洪等. 钢铁工业绿色化问题. 冶金环境保护，2004（4）：13～16
42 杨再鹏，孙杰，徐怡珊. 清洁生产与循环经济. 化工环保，2005，25（2）：160～165
43 张祖军，陈奎儒，刘继光. 绿色产品设计概论. 机械工程与自动化，2004，10（5）：91～94
44 曹华林. 产品生命周期评价（LCA）的理论及方法研究. 西南民族大学学报，2005，2（2）：281～285
45 李同升，韦亚权. 工业生态学研究现状与展望. 生态学报，2005，4（4）：869～878
46 周爱民，古德生. 基于工业生态学的矿山充填模式. 中南大学学报，2004，6（3）：468～473
47 巨建涛，袁守歉. 短流程及电弧炉炼钢新技术. 工业加热，2003（4）：18～22

48 刘德明. 电弧炉炼钢新技术. 天津冶金，2005（5）：53
49 杨天钧. 中国高炉炼铁技术的进展. 中国冶金，2004（6）：1～7
50 朱孔林. COREX炼铁技术新进展. 上海宝钢工程设计，2000（3）：36～38
51 A. Eberle，D. Siuka，C. BOhm，W. Schiffer. COREX技术的现状及最新进展. 钢铁，2003，10（10）：68～73
52 张同文. 钢铁联合企业二氧化硫减排与控制. 工业安全与环保，2004，30（7）：37～39
53 殷瑞钰. 绿色制造与钢铁工业——钢铁工业的绿色化问题. 中国科协2003年学术年会特邀报告专辑，11～12
54 殷瑞钰. 绿色制造与钢铁工业. 钢铁，2004（35）：61～66
55 邱定蕃. 加压湿法冶金过程化学与工业实践. 矿冶，1994，12（4）：55～63
56 李东波，张兆祥. 氧气底吹熔炼—鼓风炉还原炼铅新技术及应用. 有色金属（冶炼部分），2003（5）：12～15
57 谭荣和. 密闭鼓风炉炼铅锌的技术进展. 有色冶炼，2002，12（6）：90～93
58 刘维平，邱定蕃，卢惠民. 湿法冶金新技术进展. 矿冶工程，2003（23）：39～44
59 何蔼平，刘爱琴，彭楚峰. 铜的湿法冶金进展. 中国有色金属学报，2001，5（11）：67～73
60 沈江南，裘俊红，黄万抚. 液膜分离技术及其在金属离子分离富集中的应用研究进展. 江西有色冶金，2006，3（1）：28～33
61 张娟，许梦国. 矿业城市的可持续发展研究. 资源与产业，2006，8（3）：1～4
62 汪安佑. 资源型矿业城市产业发展战略与策略选择. 工业技术经济，2004，8（1）：7～10
63 罗开贤，胡岳华，孙伟. 凡口矿选矿废水资源化综合利用技术研究. 有色金属（选矿部分），2003（4）：34～39
64 刘志勇，陈建中，康海笑，周明罗. 酸性矿山废水的处理研究. 四川环境，2003（23）：50～55
65 闫善郁，王洪德. 矿山废水控制与处理. 煤矿安全2005，7（36）：27～30
66 刘凤荣. 园艺植物在矿山复垦中的应用. 山西农业大学学报，2005，3：282～286
67 胡振琪，魏忠义，秦萍. 矿山复垦土壤重构的概念与方法. 土壤，2005，37（1）：8～12
68 周爱民，古德生. 基于工业生态学的矿山充填模式. 中南大学学报，2004，6（3）：468～473
69 刘金庭. 铜浮渣回转短窑的设计与改进. 中国有色冶金，2005，2（1）：34～37
70 W. E. Woldt，B. I. Dvorak，M. F. Dahab. Application of fuzzy set theory

to industrial pollution prevention: production system modeling and life cycle assessment. Soft Computing [J], 2003 (7): 419～433

71 Jurgis K. Staniskis, Zaneta Stasis kiene. Cleaner production financing: possibilities and barriers. Clean Techn Environ Policy [J], 2003 (5): 142～147

72 Jurgisk Staniskis. Cleaner production in the developing world. Clean Techn Environ Policy [J], 2005 (7): 145～147

73 Zhao Youcai and R. Stanforth, Integrated hydrometallurgical process for production of zinc from electric arc furnace dust in alkaline medium, Journal of Hazardous Materials, 2000, B80, 223～240

74 杨飚. 宝钢清洁生产总览. 城市环境与城市生态. 1999, 13 (2): 61～62